稀有金属冶金学

李洪桂　主编

北　京
冶　金　工　业　出　版　社
2020

图书在版编目(CIP)数据

稀有金属冶金学/李洪桂主编．—北京：冶金工业出版社，1990.5（2020.1 重印）

ISBN 978-7-5024-0713-1

Ⅰ．稀…　Ⅱ．李…　Ⅲ．稀有金属—冶金学
Ⅳ．TF84

中国版本图书馆 CIP 数据核字(2001)第 037275 号

出 版 人　陈玉千
地　　址　北京市东城区嵩祝院北巷 39 号　邮编　100009　电话　(010)64027926
网　　址　www.cnmip.com.cn　电子信箱　yjcbs@cnmip.com.cn
责任编辑　王　优　高　娜　美术编辑　李　新　版式设计　张　青
责任校对　王贺兰　责任印制　李玉山
ISBN 978-7-5024-0713-1
冶金工业出版社出版发行；各地新华书店经销；北京兰星球彩色印刷有限公司印刷
1990 年 5 月第 1 版，2020 年 1 月第 9 次印刷
787mm × 1092mm　1/16；21 印张；496 千字；325 页
34.80 元

冶金工业出版社　投稿电话　(010)64027932　投稿信箱　tougao@cnmip.com.cn
冶金工业出版社营销中心　电话　(010)64044283　传真　(010)64027893
冶金工业出版社天猫旗舰店　yjgycbs.tmall.com

前　言

本书为有色金属冶金专业（本科）的专业课教材，全面介绍稀有金属冶金过程（包括稀有金属化工材料生产过程）的原理及工艺，虽然稀有金属种类繁多，但其冶金过程的原理及工艺均大同小异，故选择其中的钨、钼、钛、锆、铪、钽、铌、稀土金属为代表进行阐述，对其他稀有金属可举一返三。

全书基本上按各金属的生产流程从纵向逐一进行介绍，但考虑到各种稀有金属提纯和致密化的原理、工艺及设备基本相同，仅由于各金属性质及化学成分上的差异而在技术参数上有所不同，为便于读者全面掌握，避免重复脱节，故将其组合在一起集中在第五篇中介绍。

本书除作为高等院校教材外，亦可供从事稀有金属、放射性金属冶金的生产、科研、设计人员及研究生参考。

参加本书编写的有中南工业大学李洪桂（绪论、第一篇、第五篇）、郑清远（第四篇）、刘茂盛（第二篇）、孙培梅（第三篇），全书由李洪桂修改定稿。

本书的初稿曾由东北工学院、北京科技大学、南方冶金学院、成都科技大学、北京有色金属研究总院有关同志审阅并提出了宝贵的意见，特表示衷心感谢。

由于编者水平有限，书中错误在所难免，敬请读者批评指正。

编　者

1989年10月

目　　录

第三篇　钽 铌 冶 金

第四篇 稀土金属冶金

第五篇　高纯及致密稀有金属生产

绪 论

一、稀有金属的概念

对“稀有金属”包括的范围，目前在学术上尚没有统一的划分标准。根据我国惯例，一般认为它包括周期表中约59个金属（包括人造元素），表1中位于粗线框中的元素都属稀有金属。称它们为稀有金属并没有严格的科学标准，一般人们容易理解为它们的共同特点是在地壳中的丰度很小，这种理解是没有足够科学根据的。大部分稀有金属的丰度的确很小，但有些稀有金属的丰度并不小，如钛的丰度为0.45%，在地壳中占第九位，比常见元素氢（丰度为0.15%）、碳（丰度为0.02%）多数倍到数十倍。稀有金属锆（丰度为0.017%）、钒（丰度为9×10^{-3}%）比常见的锌（丰度为8.3×10^{-3}%）、铜（丰度为4.7×10^{-3}%）、铅（丰度为1.6×10^{-3}%）多数倍。即使丰度较小的钨、钼、铪也比锑多一倍左右。故丰度的大小不是称它们为稀有金属的主要原因。

将它们称为“稀有金属”是历史原因造成的。某些稀有金属由于在地壳中比较分散，或其矿物没有特别引人注目的特征，因而被人们发现较迟，研究较少；某些稀有金属则由于制取较困难，因而其生产和应用都较迟，如稀有金属中发现最早的钼也是1778年才被发现，其它稀有金属绝大部分在十九世纪和二十世纪初才被发现，铼则在1924年才被发现；至于它们的应用则比常用的金属更迟得多，许多稀有金属到二十世纪中期才大量应用，有的直到目前还没有找到广泛用途。这些在历史上就给人们形成了“稀有”的概念，故当时称为稀有金属。但随着科学技术的发展，人们对稀有金属的研究、生产、应用日益增加，对某些稀有金属而言，“稀有”二字已失去了其原有的含义，也有许多稀有金属被划为普通金属之列，如有些国家将钛、钨就不列为稀有金属，也有的将镍、钴、铬等列为稀有金属。总之，“稀有金属”这个概念主要是历史上的原因造成的，而且其包括的范围也随具体条件而变。

二、稀有金属的技术分类

稀有金属根据其物理化学性质或其在矿物中的共生情况，可分为以下五类。

1．稀有轻金属　包括元素周期表第Ⅰ族主族的锂、铷、铯和第Ⅱ族主族的铍，其共同特点是比重轻。锂、铷、铯、铍的比重分别为0.53、1.55、1.87、1.85；化学活性强，其氧化物和氯化物都很稳定，难以还原成金属，一般都用熔盐电解法或金属热还原法制取。

2．稀有高熔点金属　包括周期表第Ⅳ族副族的钛、锆、铪，第Ⅴ族副族的钒、铌、钽，第Ⅵ族副族的钨、钼，第Ⅶ族副族的铼。其共同特点是熔点高，它们中熔点最低的钛的熔点也达1668±4℃，而钨的熔点达3410±20℃；抗腐蚀性强，具有多种原子价。钛由于比重轻，某些国家将它划归轻金属。

在生产工艺上，一般都是先制取其纯氧化物或卤化物，再用还原法或熔盐电解法从中制得金属粉末或海绵体，然后用粉末冶金法或高温真空熔炼法制得致密金属。

3．稀土金属　包括元素周期表第Ⅲ族副族的钪、钇、镧及镧系元素（从原子序数为58的铈到原子序数为71的镥），其共同特点是最外两层电子结构相同，钇及钪也与之相似，

表 1 元素周期表

	I A	II A	III A	IV B	V B	VI B	VII B	VIII			I B	II B	III A	IV A	V A	VI A	VII A	O
1	H 1 氢 1.00797																	He 2 氦 4.0026
2	Li 3 锂 6.939	Be 4 铍 9.0122											B 5 硼 10.811	C 6 碳 12.01115	N 7 氮 14.0067	O 8 氧 15.9994	F 9 氟 18.9984	Ne 10 氖 20.179
3	Na 11 钠 22.9898	Mg 12 镁 24.305											Al 13 铝 26.9815	Si 14 硅 28.086	P 15 磷 30.9738	S 16 硫 32.064	Cl 17 氯 35.453	Ar 18 氩 39.948
4	K 19 钾 39.102	Ca 20 钙 40.08	Sc 21 钪 44.956	Ti 22 钛 47.90	V 23 钒 50.942	Cr 24 铬 51.996	Mn 25 锰 54.938	Fe 26 铁 55.847	Co 27 钴 58.9332	Ni 28 镍 58.71	Cu 29 铜 63.546	Zn 30 锌 65.37	Ga 31 镓 69.72	Ge 32 锗 72.59	As 33 砷 74.9216	Se 34 硒 78.96	Br 35 溴 79.904	Kr 36 氪 83.80
5	Rb 37 铷 85.47	Sr 38 锶 87.62	Y 39 钇 88.905	Zr 40 锆 91.22	Nb 41 铌 92.906	Mo 42 钼 95.94	Tc 43 锝 [99]	Ru 44 钌 101.07	Rh 45 铑 102.905	Pd 46 钯 106.4	Ag 47 银 107.868	Cd 48 镉 112.40	In 49 铟 114.82	Sn 50 锡 118.69	Sb 51 锑 121.75	Te 52 碲 127.60	I 53 碘 126.9044	Xe 54 氙 131.30
6	Cs 55 铯 132.905	Ba 56 钡 137.34	La 57 镧 138.91	Hf 72 铪 178.49	Ta 73 钽 180.948	W 74 钨 183.85	Re 75 铼 186.2	Os 76 锇 190.2	Ir 77 铱 192.2	Pt 78 铂 195.09	Au 79 金 196.967	Hg 80 汞 200.59	Tl 81 铊 204.37	Pb 82 铅 207.19	Bi 83 铋 208.980	Po 84 钋 [210]	At 85 砹 [210]	Rn 86 氡 [222]
7	Fr 87 钫 [223]	Ra 88 镭 [226]	Ac 89 锕 [227]	Ku104 铲 [260]	Unp105 • [262]	Unh106 • [263]	107 • [261]											

镧系元素

Ce 58 铈 140.12	Pr 59 镨 140.907	Nd 60 钕 144.24	Pm 61 钷 [147]	Sm 62 钐 150.35	Eu 63 铕 151.96	Gd 64 钆 157.25	Tb 65 铽 158.924	Dy 66 镝 162.50	Ho 67 钬 164.930	Er 68 铒 167.26	Tm 69 铥 168.934	Yb 70 镱 173.04	Ln 71 镥 174.97

锕系元素

Th 90 钍 232.038	Pa 91 镤 [231]	U 92 铀 238.03	Np 93 镎	Pu 94 钚 [244]	Am 95 镅* [243]	Cm 96 锔* [247]	Bh 97 锫* [247]	Cf 98 锎* [252]	Es 99 锿* [254]	Fm 100 镄* [257]	Md 101 钔* [257]	(NO)102 锘* [255]	(Lr)103 铹* [256]

因而它们的物理化学性质非常相似，而且在矿物中共生在一起，在冶炼过程中的行为也大体相似，因此其相互分离是生产中难题之一。

4. 稀有分散性金属　包括周期表第Ⅲ族主族的镓、铟、铊，第Ⅳ族主族的锗，第Ⅵ族主族的硒、碲。其共同特点是只有极少的独立矿物，一般都是以类质同相形态存在于其它矿物中。如镓往往以类质同相形态存在于铝土矿中，铟往往存在于有色重金属硫化矿中，锗往往存在于煤或有色金属硫化矿中，因此不可能直接得到这些金属的精矿，而在处理上述含稀散金属的物料以提取有色金属的过程中，它们常常富集在某种副产品中（如处理闪锌矿提锌时，其中的铟部分富集到焙烧的烟尘中），因此一般都是从这些副产品中提取稀散金属。另外，由于这种副产品中稀散金属含量仍然很低（一般小于0.1%），故进一步富集是其生产的关键环节之一。

铪和铼一般也是呈类质同相存在于其它矿物中，如铪存在于锆英石中，铼常存在于辉钼矿及铜的硫化矿中，从这方面来说与稀散金属相似，但其物理化学性质与稀有高熔点金属相似，故常列入稀有高熔点金属，铼有时列入稀散金属。

5. 稀有放射性金属　包括各种放射性金属钫、镭、钋、镭及锕系元素（钍、铀及超铀元素），它们由于性质相近，因此在矿物中往往共生，其生产方法与稀土金属类似。

三、稀有金属在国民经济中的地位

随着近代科学技术的发展，对材料提出了日益严格的各式各样的要求，而由于稀有金属具有各种优良性质，因而在国民经济各部门及近代科学技术各领域中（如航天、能源、电子、化工等）都占有日益重要的地位，在有些领域中，稀有金属材料的应用甚至成为促进该领域在某一阶段发展的主要因素之一。在航空及航天技术中，由于比重轻、高温强度大的钛材的应用，因而才使制造宇宙飞行器及马赫数较大的超音速飞机成为可能。

在能源方面稀有金属钍、铀是重要核燃料；由于稀有金属锆同时具备耐高温、耐腐蚀、热中子俘获面小等优良性质，因此它是原子能反应堆不可缺少的结构材料；稀有金属铪等则因其热中子俘获面大而用作反应堆的控制棒；钇及某些稀土金属氧化物为制作超导材料的主要成分。

在化学工业中，由于稀有金属钛材、钽材、铌材都同时具有高强度、耐高温、耐腐蚀等一系列优良性质，因此广泛用于制造在高温、高压、强腐蚀性条件下工作的化工设备，用它们代替不锈钢使设备寿命成十倍地提高。优质钛材在化工设备上的应用，给某些化工过程带来了重大的变革，也使某些过去被认为难以实现的化工过程成为可能。同时，许多稀有金属特别是稀土金属的化合物、钼铼化合物为重要的催化剂。

在电子工业中，高纯度稀有金属锗是主要的半导体材料之一。此外铌、钨、钼、钛、锆、铟、镓都是电子工业的重要材料；稀有金属钽用以制造比容大、性能稳定的优质电容器，成为航空及航天设备中的重要电子元件。

在钢铁工业中，稀土金属及稀有高熔点金属都是冶炼优质钢的重要添加剂，少量（0.2%左右）稀土或钼或钒加入钢中，都能大大改善钢的结构，从而大大提高其强度和耐冲击性能，故大量用以炼制各种低合金钢。钨用以炼制高速切削钢，钼、钒也是许多特种钢的重要组成分。

稀有高熔点金属（特别是钨）的碳化物都具有很高的硬度和耐磨性能，因此广泛用作硬质合金。

此外在医疗、激光、超导、航海、农业等各个领域无不要使用稀有金属及其化合物材料。近年来还发现许多含稀土金属及其化合物的功能材料如钕-铁-硼磁性材料等在各个尖端技术领域中具有重要的意义。

我国具有丰富的稀有金属资源，许多稀有金属的藏量占世界第一位。但由于历史的原因，我国稀有金属冶金工业在技术水平、生产规模、生产成本等方面都与世界先进水平有一定差距，因此发展我国稀有金属冶金的科技、教育事业为当前重要问题之一。

四、稀有金属生产的主要阶段

稀有金属生产流程各不相同，但一般说来其生产过程都经历以下四个阶段：

1．精矿分解　在精矿中稀有金属往往与其伴生元素形成牢固的化合物，如白钨矿中钨就是以稳定的$CaWO_4$形态存在。精矿分解的任务就是利用化学试剂将这种稳定化合物破坏，并使稀有金属与伴生元素初步分离。如白钨矿盐酸分解时发生如下反应：

$$CaWO_{4\,(s)} + 2HCl_{(aq)} = CaCl_{2\,(aq)} + H_2WO_{4\,(s)}$$

生成的$CaCl_2$进入溶液，与H_2WO_4分离。

2．纯化合物制取　由于稀有金属性质活泼，其化合物较稳定，故将这些化合物还原成金属往往需很强的还原性气氛。在这样的还原气氛下，如果夹杂有其它元素化合物，则它们也会被还原并成杂质进入稀有金属，故在将稀有金属化合物还原成金属以前一定要将它们提纯，以保证产出的金属的纯度，同时也有利于有价元素的综合回收。

纯化合物的制取一方面包括除去有害杂质，另一方面也包括将共生的各种性质相近的稀有金属相互分离。

3．金属生产　即用还原法、电解法或热离解法从上述纯化合物制得金属。对熔点较高的稀有金属而言，往往得到其粉末或海绵体。

4．高纯致密稀有金属生产　即根据用户的要求将稀有金属的粉末或海绵体制得致密金属，对某些用户而言还要求将其进一步提纯。

五、稀有金属冶金过程的特点

由于稀有金属其原料、物理化学性质及应用等方面的特点，导致其冶金过程相对于黑色金属及有色重金属而言有许多特点，主要有：

（1）稀有金属冶金的原料（包括矿物原料、其它过程的废料或副产品等）一般品位较低，另外由于稀有金属矿往往是多金属复合矿，故其成分往往非常复杂，如钨精矿中就常有钨、钼、钽、铌、锡、钪等有价元素及其它伴生元素。同时，随着资源的开发和利用，其品位日益降低，成分日益复杂，为提高选矿、冶金的总回收率，越来越要求冶金过程直接处理多金属混杂的低品位精矿或中矿，这更增加了其原料的复杂性。

（2）稀有金属冶金流程一般较复杂，且生产过程往往需采用许多学科领域中的先进技术，互相配合。由于下述一系列原因：稀有金属冶金原料复杂，含有多种有价元素；许多稀有金属性质十分相似，难以分离提纯；稀有金属性质活泼易与碳、氮、氧等作用，而这些杂质将严重影响其使用性能；用户对产品不论在化学成分和物理性能上都有着严格的要求；因此在现有技术条件下为使产品在质量和数量上达到要求，并综合回收有价元素，一般需经过较多工序，即流程一般较长，同时无论在工艺上和设备上都有着较高的要求，需综合采用选矿、化工、有色冶金、物理冶金等多方面的新技术和新设备，如萃取、离子交换技术、高温高真空技术和设备等。

（3）由于原料复杂、含多种有价元素以及生产流程长等特点，再加上许多共生的稀有金属性质相近难以分离，以及生产过程中消耗化工原材料较多等原因，故导致相似元素分离、综合利用、三废防治问题在稀有金属冶金过程中占有十分重要的地位。

（4）用户对稀有金属冶金产品的要求是各式各样的，不仅在化学成分上而且在物理性能上也往往有各种特殊要求，如有时要求为有一定粒度和形状的粉末，有时为多孔的烧结体或合金、镀层等。因而在稀有金属冶炼中出现了一个倾向，即在化学冶金法制取金属的同时，就控制适当条件使产品不仅具有一定的化学成分，同时具有一定的物理性能，成为合格材料或半成品。有时用化学冶金法直接制取某些稀有金属材料（如镀层、超细的管材等），比一般金属加工更为简捷有效。

（5）由于稀有金属发现较晚，其生产和应用研究都很不够，因此生产方法和流程都不够成熟，正处在不断发展和变革的过程中。

第一篇 钨钼冶金

第一章 概 论

第一节 钨钼冶金简史

钨冶金和钼冶金有着十分相似的发展史，钨钼都是由瑞典化学家K.W.席勒(K.W. Scheele）分别于1781年和1778年发现的，接着人们用碳还原氧化物的方法分别于1783年和1781年制得了金属钨和钼。到二十世纪初，钨钼一系列应用的开发，例如1900年制成高速切削钨钢、1904年开始用钨作灯丝、1927～1928年研制成碳化钨基烧结硬质合金、1910年发现含钼的炮钢具有优异的性能，1909～1910年钨钼同时用于电子工业等，促使钨钼冶金事业同时得到迅速发展，钨钼精矿的产量及其制品的消费量迅速提高，1984年至1986年世界年产钨精矿（按金属钨计）均在45000吨以上，钨的年消费量亦在43000吨以上，钼精矿的年产量（按金属钼计）达10万吨左右，钨钼冶金工业已成为一个重要的工业部门，相应地钨钼冶金技术亦得到迅速发展。

我国在1911年正式发现钨矿物，到1918年钨精矿产量已居世界首位，但直到解放初期才正式建立钨冶金工业，三十多年来在钨冶金技术和产量方面都有长足的进步，无论是钨精矿或是钨冶金中间产品的产量在世界上都有举足轻重的地位。同样，五十年代末期我国开始建立钼冶金工业，目前在全世界也具有一定的地位。

第二节 钨钼及其主要化合物的性质

一、金属钨、钼的性质

1．钨、钼的物理性质及机械性质 钨、钼同属于元素周期表第Ⅵ族副族，致密钨、钼的外表均为钢灰色，它们的主要物理性质及机械性质如表1-1-1所示。

从表1-1-1可知，钨钼的共同特点是熔点高和沸点高，钨的熔点是所有金属中最高的，钼的熔点在金属中仅次于钨、铼、钽。钨钼的导电性能都较好，电子逸出功都较小。在机械性能方面其硬度和抗拉强度极限都与加工及热处理状况、杂质含量有密切关系，但钼的硬度及强度极限均比钨小，因而较钨易于压力加工。

2．钨钼的化学性质 钨钼的化学性质十分相似。

常温下致密钨钼在空气中十分稳定，在400℃时轻微氧化，高于500～600℃则迅速氧化生成WO_3和MoO_3。在氢气中一直到钨钼的熔点都不发生反应，但钼在1000℃左右能吸收少量氢形成固溶体。在氮气中致密钨到2000℃、钼到1500℃才发生反应生成相应的氮化物。炽热温度下钨钼能与水蒸气作用生成WO_2和MoO_2。

常温下钨在任意浓度的盐酸、硫酸、硝酸、氢氟酸和王水中都是稳定的，80～100℃下只与盐酸、硫酸发生微弱反应，硝酸和王水对它有明显的腐蚀，而在氢氟酸和王水的混合酸中则迅速溶解。常温下钨与碱溶液不发生反应，但在氧化剂（如KNO_3等）存在下高温

表 1-1-1　钨、钼的主要物理性质和机械性质

	钨	钼
原子序数	74	42
原子量	183.85	95.94
稳定同位素及其所占百分数	180(0.14)；182(26.41)；183(14.40) 184(30.64)；186(28.41)	92(14.84)；94(9.25)；95(15.92) 96(16.67)；97(9.55)；98(24.14)；100(9.63)
晶体结构及晶格常数，Å	α-W：体心立方 a=3.16524（25℃） β-W立方晶格 a=5.046（630℃以下稳定）	体心立方，a=3.14737
密度，g/cm^3	19.3	10.2
熔点，℃	3410±20	2620
沸点，℃	5700±200	4650
德拜温度，K	400	450
蒸气压（kPa）		
与温度(K)关系式	$\lg p=\frac{-44000}{T}+0.5\lg T+7.884$ （298～3298K）	$\lg p=\frac{-34700}{T}-0.236\lg T-0.145\times 10^{-3}T+10.80$ （298～2893K）
2000K时蒸气压	3.38×10^{-13}	2.40×10^{-8}
2800K时蒸气压	7.75×10^{-7}	1.54×10^{-3}
熔化热，kJ/mol	40.13±6.67	27.6
升华热（25℃），kJ/mol	847.8	664.5
蒸发热（沸点时），kJ/mol	823.85±20.9	589.66±20.9
热容(J/mol·K)		
与温度(K)的关系式	$C_p=24.85-1.194\times10^5T^{-2}+1.669\times10^{-3}T+4.234\times10^{-10}T^3$(298～3298)	$C_p=22.92+5.44\times10^{-3}T$ (298～1800)
298K	24.02	24.54
1000K	26.82	28.36
2000K	31.55	33.80
电阻率（25℃），Ω·cm	5.5×10^{-6}	5.2×10^{-6}
导热率（300K），W/M·K	178	138
线膨胀系数，K^{-1}（20～100℃）	4.59×10^{-6}	4.98×10^{-6}
电子逸出功，eV	4.8	4.37
热中子俘获面，*b*	18.0	2.7
硬度HB，kg/mm^2		
烧结棒（条）	200～230	150～160
锻造件	350～400	240～250（2mm钼板）
弹性模量（丝材），kg/mm^2	35000～38000	28500～30000
抗拉强度极限，kg/mm^2		
未退火丝	180～415	140～260
退火丝	110	80～120

熔融，则钨与碱剧烈反应生成钨酸盐。

金属钼的耐蚀性总的来说是良好的，但比钨较差，常温下在硫酸和盐酸中稳定，但在硝酸和王水中能缓慢溶解。在氢氟酸中稳定，但在氢氟酸和硝酸的混合酸中迅速溶解，加热到80～100℃则溶解加快，$HNO_3:H_2SO_4:H_2O=5:3:1$（体积比）的混合酸可作为钼的溶解剂，而钨在其中则不溶。在热碱溶液中钼缓慢被腐蚀。

钨、钼在常温下与氟作用，250℃以上与氯作用生成相应的高价化合物。

二、钨钼主要化合物的性质

钨钼均属周期表Ⅵ族副族，其外层电子结构相似，分别为$5d^4 6s^2$和$4d^5 5s^1$，因此它们化合物主要为+6价，此外还有+2，+4，+5等价态，同时钨钼化合物的性质也十分相似，分别介绍如下。

1．氧化物 钨、钼的主要氧化物为WO_3、MoO_3和四价的WO_2、MoO_2，此外还有其他中间氧化物，钨-氧系有$WO_{2.9}$、$WO_{2.72}$等，其相图如图1-1-1所示；钼-氧系主要有Mo_nO_{3n-x}，如Mo_9O_{26}和Mo_4O_{11}等。

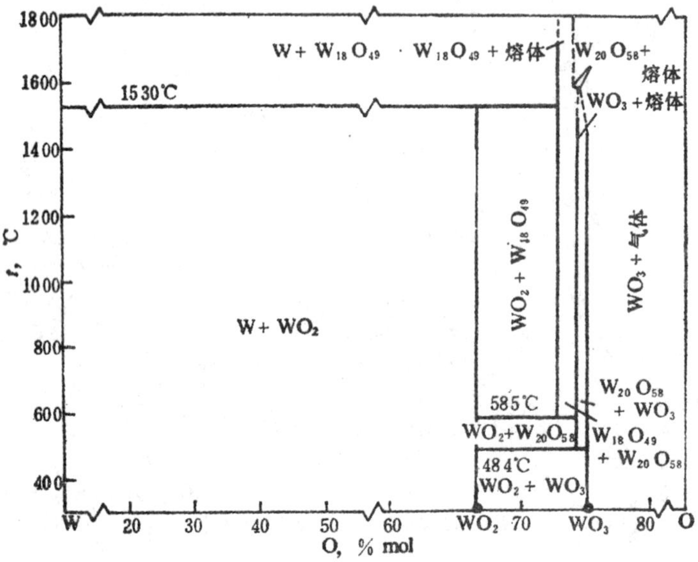

图 1-1-1 钨-氧系平衡图（总压力为0.101MPa时）

（1）三氧化物 WO_3和MoO_3的化学性质十分相似，它们均为酸性氧化物，能溶于碱或氨水生成相应的钨酸盐或钼酸盐；在800～900℃都能被氢还原成钨或钼；高于800℃左右都能显著升华。但它们的性质亦有差异，如WO_3不溶于除氢氟酸外的所有无机酸，而MoO_3除溶于氢氟酸外，在盐酸及硫酸中亦能少量溶解，它们的主要性质如表1-1-2所示。

MoO_3的蒸气压与温度的关系如下：

$$\lg p = -12480/T - 4.02\lg T + 23.73(\mathrm{kPa})\ (\text{熔点～沸点})$$

（2）二氧化物WO_2、MoO_2将WO_3或MoO_3分别在570～600℃及470～500℃下用氢还原，则可分别得WO_2或MoO_2，它们均为深褐色粉末，实际上不溶于水、碱和稀酸，硝酸能将其分别氧化成WO_3或MoO_3，WO_2的生成热为589.5±6.3kJ/mol，MoO_2的生成热为587.6±1.6kJ/mol。

（3）中间氧化物 将WO_3或MoO_3还原均可得相应的中间氧化物。钨的中间氧化物主要有$WO_{2.9}$和$WO_{2.72}$。$WO_{2.9}$为蓝色粉末，$WO_{2.72}$为紫色，它们的生成热分别为807.5kJ/mol和754.0kJ/mol。工业上所谓的蓝色氧化钨实际上是氧指数介于2.72～2.94的钨氧化物的混合物。将仲钨酸铵在450℃下在氢气氛中离解所得的蓝钨中亦含有大量铵钨青

表 1-1-2　WO_3及MoO_3的主要性质

	性　状	密度，g/cm³	熔点，℃	沸点，℃	生成热，kJ/mol	溶解度；g/l
WO_3	黄色粉末	7.2～7.4	1472	1837	842.5±2.9	0.02
MoO_3	略带浅绿的白色粉末	4.69	795	1155	744.8±0.8	0.4～2 (20℃)

铜，铵钨青铜的分子式可近似用$[(NH_4)_2O]_{0.3\sim0.15}\cdot WO_{2.8\sim3.0}$表示。

钼的中间氧化物主要有Mo_8O_{23}、Mo_9O_{26}（蓝～黑色）和Mo_4O_{11}（蓝～紫色）。

2. 钨酸和钼酸　钨酸有黄钨酸、胶态白钨酸和粉状白钨酸等形态。将盐酸加入热Na_2WO_4溶液往往得黄钨酸，加入冷Na_2WO_4溶液得胶态白钨酸，控制适当条件亦可得粉状白钨酸。黄色钨酸有固定的脱水温度，高于180℃则脱水成WO_3。胶态钨酸则无固定的脱水温度。

用酸作用于Na_2MoO_4溶液则析出白色的含水三氧化钼，含水三氧化钼低于61℃为$MoO_3\cdot 2H_2O$，61～120℃为$MoO_3\cdot H_2O$（或H_2MoO_4），高于120℃则成MoO_3。

钨酸和钼酸性质上的重要差别是钨酸在水中和盐酸中的溶解度大大地小于钼酸，如表1-1-3所示。这一性质可用以从钨酸中除去部分钼。

钼酸在水中的溶解度在15℃和80℃时分别为2.12和5.185g/l。

表 1-1-3　H_2WO_4和H_2MoO_4在盐酸中的溶解度，g/l

HCl浓度 g/l	20℃		50℃		70℃	
	H_2MoO_4	H_2WO_4	H_2MoO_4	H_2WO_4	H_2MoO_4	H_2WO_4
400	440	7.02	551.3	9.45	535.6	6.48
270	192.6	4.32	270.0	4.86	265.0	5.25
200	101.5	1.7	124.5	2.50	135.9	2.16
130	29.2	0.65	18.6	0.69	42.6	0.67
80	10.9	0.25	6.48	0.28	13.0	0.25
40	3.8	0.13	2.46	0.09	4.6	0.01

3. 正钨酸盐和正钼酸盐　碱金属及铵的正钨（钼）酸盐均溶于水，碱土金属（除镁外）及铁、锰、铜等金属的正钨（钼）酸盐均难溶于水。其中工业上意义较大的为其钠盐和钙盐。

（1）正钨酸钠和正钼酸钠　从Na_2WO_4或Na_2MoO_4的碱性溶液中可结晶出正钨酸钠或正钼酸钠晶体，其分子式可用$Na_2WO_4\cdot nH_2O$或$Na_2MoO_4\cdot nH_2O$表示，它们的性质大同小异，如表1-1-4所示。从表可知，它们的共同特点是在水中溶解度大。

（2）钨酸钙和钼酸钙　用$CaCl_2$[或$Ca(OH)_2$]与Na_2WO_4或Na_2MoO_4的碱性溶液作用，可得钨酸钙或钼酸钙，它们均为白色粉末。与酸作用均能生成钨酸或钼酸，在水中溶解度都很小，对$CaWO_4$而言20℃时为0.0133g/l，90℃时为0.0023g/l；对$CaMoO_4$而言20°时约为0.058g/l，100℃时约为0.235g/l。

4. 同多酸及其盐类　将正钨酸盐溶液或正钼酸盐溶液酸化，则WO_4^{2-}或MoO_4^{2-}都将

表 1-1-4　正钨酸钠和正钼酸钠的主要性质

化合物 \ 性质	熔点，°C	密度，g/cm^3	含结晶水数，n	溶解度（无水盐），%				
				0°C	10°C	15.5°C	40°C	100°C
正钨酸钠	695	4.18	6°C以上$n=2$ 6°C以下$n=10$	35.4	41.9		43.8	49.2
正钼酸钠	627	3.28	10°C以上$n=2$ 10°C以下$n=10$			39.27		45.57

聚合成各种同多酸根，但对MoO_4^{2-}而言，在pH2.5以下时还会形成MoO_2^{2+}，这是钨钼在水溶液中性质上差异之一，可用以进行钨、钼分离。现将钨、钼的主要同多酸及其盐分别介绍如下：

（1）钨的同多酸及其盐　将正钨酸盐溶液酸化时，WO_4^{2-}的聚合过程及其与pH的关系可用下图表示：

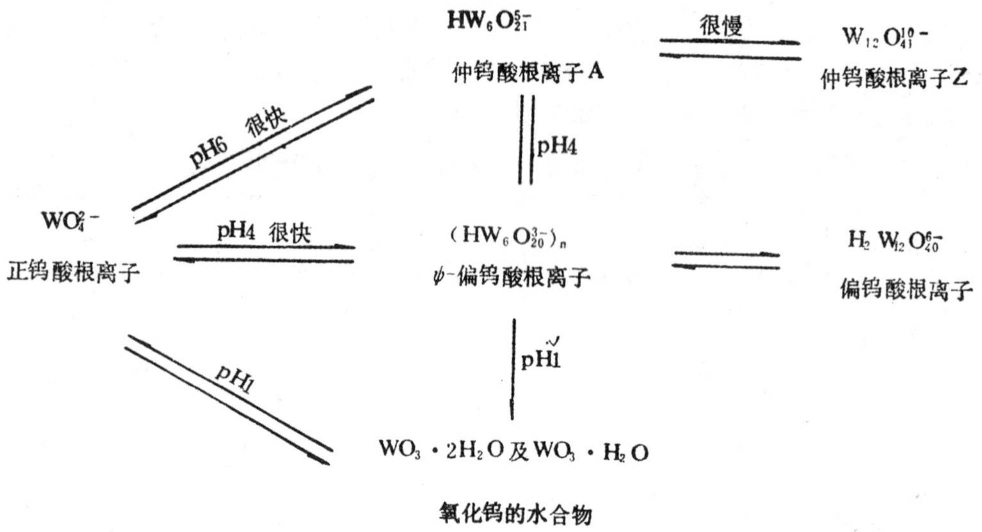

上述聚合过程的反应及其平衡常数如下：

$$7H^+ + 6WO_4^{2-} = HW_6O_{21}^{5-} + 3H_2O \qquad \lg K = 53.98 \pm 0.02$$

$$14H^+ + 12WO_4^{2-} = W_{12}O_{41}^{10-} + 7H_2O \qquad \lg K = 110.3 \pm 0.05$$

$$18H^+ + 12WO_4^{2-} = H_2W_{12}O_{40}^{6-} + 8H_2O \quad \lg K = 132.5 \pm 0.03$$

1）仲钨酸盐

仲钨酸铵　简称APT，分子式为$5(NH_4)_2O \cdot 12WO_3 \cdot nH_2O$，当温度低于50℃，则$n=11$，针状结晶；温度高于50℃，则$n=5$，片状结晶。

将$(NH_4)_2WO_4$溶液蒸发、或用酸中和或冷冻均可得仲钨酸铵结晶，其反应为：

$$12(NH_4)_2WO_4 \longrightarrow 5(NH_4)_2O \cdot 12WO_3 \cdot nH_2O + 14NH_3 + (7-n)H_2O$$

$$12(NH_4)_2WO_4 + 14HCl \longrightarrow 5(NH_4)_2O \cdot 12WO_3 + nH_2O + 14NH_4Cl + (7-n)H_2O$$

仲钨酸铵在水中溶解度小，其溶解度与温度的关系如下：

温度，℃	17	29	45
溶解度(无水盐)，%	1.064	2.014	3.467
温度，℃	49	52	70
溶解度(无水盐)，%	4.341	3.280	7.971

仲钨酸钠　$5Na_2O\cdot12WO_3\cdot nH_2O$，室温下$n=28$；60～80℃$n=25$，其溶解度随温度升高而急剧升高，按无水盐计在12.4℃和101.8℃分别为5.52%和70.6%。

铵钠复盐　即仲钨酸钠与仲钨酸铵的复盐，将Na_2WO_4溶液中和到pH 6.5～6.8，再加入NH_4Cl，则产生铵钠复盐沉淀。反应为：

$$10Na_2WO_4+6NH_4Cl+12HCl+9H_2O=3(NH_4)_2O\cdot Na_2O\cdot10WO_3\cdot15H_2O+18NaCl$$

铵钠复盐的溶解度小，在饱和的NH_4Cl溶液中仅0.3g/l，同时将其晶体用20%NH_4Cl溶液处理时，又能转化成仲钨酸铵：

$$6[3(NH_4)_2O\cdot Na_2O\cdot10WO_3\cdot15H_2O]+14NH_4Cl=5[5(NH_4)_2O\cdot12WO_3\cdot11H_2O]+2HCl+34H_2O+12NaCl$$

此性质在冶金中曾用以从Na_2WO_4溶液中制取APT。

2）偏钨酸及其盐　偏钨酸及其盐类（包括钙盐、铁盐）的特点是在水中溶解度大，因此当溶液中存在偏钨酸根离子时，则难以用沉淀剂如Ca^{2+}、H^+等将它沉淀完全，此时应加NaOH长期煮沸，使之转化为WO_4^{2+}。

偏钨酸盐中，偏钨酸铵在工业上有较大的意义，其分子式可用$(NH_4)_2O\cdot4WO_3\cdot8H_2O$表示，简称AMT，一般钨酸（特别是白钨酸）与钨酸铵溶液或仲钨酸铵溶液作用、或将仲钨酸铵在225～350℃部分脱氨、或用隔膜电解、离子交换等方法均可制得偏钨酸铵，偏钨酸铵的特点是在水中溶解度大，20℃时为303.9g/100gH_2O。

（2）钼的同多酸及其盐　将正钼酸盐溶液酸化，则当pH为6.5时保持为MoO_4^{2-}，pH6.5～2.5之间则聚合成$Mo_7O_{24}^{6-}$、$Mo_8O_{26}^{4-}$、$Mo_6O_{20}^{4-}$等同多酸根离子，pH2.5则产生MoO_2^{2+}，pH 1时则MoO_2^{2+}离子在溶液中占绝大部分，钼的重要同多酸盐如下：

1）仲钼酸铵$[3(NH_4)_2O\cdot7MoO_3\cdot4H_2O]$　与上述仲钨酸铵一样，将$(NH_4)_2MoO_4$溶液蒸发可得仲钼酸铵。仲钼酸铵在水中溶解度大，在20℃和80～90℃分别为300和500g/l，水溶液呈弱酸性、仲钼酸铵在150℃开始分解析出NH_3并转化成四钼酸铵$(NH_4)_2O\cdot4MoO_3$，500℃完全分解成MoO_3。

2）四钼酸铵$[(NH_4)_2O\cdot4MoO_3]$　用酸中和$(NH_4)_2MoO_4$溶液到pH2～3则析出四钼酸铵，其溶解度小，在pH2～3时仅0.5～1g/l（按MoO_3计），四钼酸铵为钼冶金过程中的重要中间产物。

5．杂多酸及其盐类　在弱酸性及酸性溶液中，当有杂质硅酸盐、磷酸盐、砷酸盐等存在时，钨能以W_3O_{10}形态取代SiO_4^{4-}等离子中的氧而形成杂多酸及杂多酸盐，如$H_3[P(W_3O_{10})_4]$、$H_3[As(W_3O_{10})_4]$、$H_4[Si(W_3O_{10})_4]$、$K_4[Si(W_3O_{10})_4]\cdot18H_2O$等，其反应为

$$SiO_4^{4-}+12WO_4^{2-}+28H^+=H_4[Si(W_3O_{10})_4]+12H_2O$$

其中构成杂多酸的杂质原子称为中心原子，能作为钨杂多酸中心原子的杂质还有B、Be、

Se等十余种。

与钨一样，在钼酸盐的弱酸性或酸性溶液中$Mo_3O_{10}^{2-}$亦将与各种中心原子形成 钼的杂多酸及其盐，如 $(NH_4)_3[P(Mo_3O_{10})_4]\cdot 6H_2O$等。

钨的杂多酸的特点是分子量大，在水中溶解度大同时其水溶液的比重及粘度都大，因此在钨冶金中杂多酸的形成对沉淀回收金属及净化除杂质都不利，应尽量避免其形成。但在化学工业中钨、钼的杂多酸为重要催化剂。

一般和偏钨酸盐一样，在碱性条件下长期煮沸能使杂多酸及其盐转化为正盐。

6. 钨、钼的卤化物

（1）钨的卤化物及卤氧化物　钨有WCl_6、WCl_5、WCl_4、$WOCl_4$、WO_2Cl_2 等一系列氯化物及氯氧化物以及WF_6、WF_4、WOF_4等一系列氟化物和氟氧化物，它们的共同特点是沸点（或升华温度）、熔点低，有的在高温下还易发生各种歧化反应，但由于人们对这些化合物研究不够，因此不同作者的数据不尽一致，现将其主要性质介绍如下：

1）六氯化钨　暗紫色结晶，熔点281.5℃，沸点348℃，高于600℃则明显离解成WCl_5或WCl_4，遇水蒸气易水解成氯氧化钨。制备WCl_6的简单方法为将氯气与钨铁、金属钨或碳化钨在600℃左右进行反应。在还原气氛下800℃将氯与WO_3或钨矿反应亦能得部分WCl_6，但产物实际上为WCl_6、WO_2Cl_2、WCl_4等的混合蒸气，随着氯分压的增高及还原气氛的加强，混合蒸气中WCl_6的分压增加。

2）　五氯化钨　暗绿色结晶，熔点244℃，沸点286℃，与WCl_6相似，遇水蒸气也易水解，将WCl_6用氢还原或热离解则在一定条件下可得WCl_5。

3）四氯化钨　灰褐色，遇水蒸气易水解，高温下易歧化生成WCl_2和WCl_5。450～600℃时，歧化反应为

$$3WCl_{4(g)}=WCl_{2(s)}+2WCl_{5(g)}$$

4）二氯化钨　灰色，难挥发，有强还原性，遇水激烈反应析出氢，490～580℃歧化成钨和WCl_4。

5）二氯二氧化钨（WO_2Cl_2）　亮黄色结晶，高于298℃时易发生分解并升华。

$$2WO_2Cl_{2(s)}=WO_{3(s)}+WOCl_{4(g)}$$

$$3WO_2Cl_{2(s)}=2WO_{3(s)}+WCl_{6(g)}$$

故平衡气相中为WO_2Cl_2与$WOCl_4$、WCl_6的混合物，升华残渣主要为WO_3。

在800℃左右有碳存在下将WO_3或钨矿物与氯作用可得WO_2Cl_2。

6）四氯氧化钨（$WOCl_4$）　暗红色针状结晶，熔点204℃，沸点224℃，高于沸点能局部分解：

$$2WOCl_{4(g)}=WO_2Cl_{2(s)}+WCl_{6(g)}$$

7）六氟化钨　熔点3℃，沸点17℃，遇水蒸气易水解冒白烟。

（2）钼的氯化物及氯氧化物　与钨一样钼亦能形成$MoCl_5$、$MoCl_4$、$MoCl_3$、$MoCl_2$、MoO_2Cl_2、$MoOCl_4$等氯化物和氯氧化物，它们的性质与相应的钨化合物相似，熔点及沸点都较低，易水解，同时在一定条件下能发生离解反应及歧化反应。

7. 钼的硫化物　钼具有三种硫化物，即MoS_3、MoS_2、Mo_2S_3，在自然界钼主要呈MoS_2形态存在。MoS_2在高温下易氧化得MoO_3，在隔绝空气的情况下，在高温真空下（>1000℃）能离解得金属钼和硫蒸气，有CaO存在下能被氢还原得金属钼。

8．钨的碳化物　钨具有WC、W_2C等两种碳化物，它们的特点是熔点高（分别为2900和2750℃）、硬度大，在烧结硬质合金中，主要是用WC。

第三节　钨钼及其化合物的用途

一、钨及其化合物的用途

钨及其化合物在国民经济中得到广泛应用，其中最主要的用户为钢铁工业和硬质合金，它们的用量分别占钨消费量的35％左右和50％左右，此外各种金属钨制品（板、丝等）、超合金及钨化合物亦有重要用途。

1．合金钢　很大一部分钨用于生产特种合金钢，其中最主要的是高速切削钢，它一般含8～20％W，2～7％Cr，0～2.5％V，1～5％Co，0.5～1.0％C，高速切削钢突出的优点是在空气中能自动淬火，另外它的退火温度高达700～800℃，因而在600～650℃下，仍能保持较高的硬度和耐磨性能，而碳素工具钢的退火温度仅220～250℃，故采用高速切削钢可使切削钢材的速度由每分钟几米提高到几十米，从而大大提高了机械加工的效率。

制造各种工具如磨刀、铣刀、型模、压模、气动工具零件等，除高速切削钢外，亦广泛使用其他牌号的钨钢和铬钨钢（1～6％W和0.4～2.0％Cr）。

钨也是磁钢的组成部分，有钨磁钢和钨钴磁钢两种，前者含5～6％W，和0.6～0.75％C，与非合金磁钢相比，其磁性和矫顽磁力都比较强。钨钴磁钢（含5～9％W和30～40％Co）具有更强的磁性，它们的矫顽磁力非常高。

2．碳化钨为基的硬质合金　碳化钨的硬度、耐磨性和熔点都非常高，效率最高的硬质合金工具就是用以碳化钨为基的材料制成的。这类材料的成分为85～95％WC和5～10％Co，后者作为粘结相，使合金具有必要的强度。某些碳化钨基硬质合金还可能含有碳化钛、碳化钽、碳化铌，所有这类合金都是用粉末冶金法生产。在1000～1100℃下这类合金仍保持相当高的硬度和耐磨性能，因而可使切削速度提高到150～250m/min或更高，远远超过了工具钢所能达到的切削效率。各种切削工具和钻孔工具的工作部分、铣刀、拉丝模以及其他需高耐磨性和高硬度的零件都是用碳化钨基硬质合金制作。

除含粘结剂（强化剂）钴、镍的烧结硬质合金外，对于某些不要求具有特别高的强度，但要求其耐磨性好和硬度高的合金，可采用碳化钨铸件。

3．耐热和耐磨合金　钨作为熔点最高的金属添加剂而成为一系列耐热合金的重要组分，司太立合金（含3～15％W、25～35％Cr，45～65％Co0.5～2.7％C）是普遍使用的耐磨、耐热合金，其硬度、耐磨性、耐热性和抗腐蚀性都比较好，主要用于覆盖承受强烈磨损的零件表面，如航空发动机活门、热切削的刀刃、压模、透平机叶片和犁头等。

含其他高熔点金属如（铌、钽、钼、铼等）的钨合金一般作为耐热材料用于航空和航天技术领域和其他要求耐高温的领域。

4．接触点合金和高比重合金　用粉末冶金法制取的钨铜合金（含10～40％Cu）和钨银合金，兼有铜银的高导电性和钨的耐磨性，是制造刀型开关、断路器、点焊电极等的理想的触点材料。含90～95％W、1～6％Ni和1～4％Cu的合金比重达17～19，称为高比重合金，主要用于制造陀螺仪的转子、飞机操纵舵的配重、火箭发动机喷管和防茯放射性物质的安全屏以及装放射性物质的容器。

5．电真空及电照明材料　金属钨丝、薄带以及致密金属钨零件广泛用于电照明和电子工业，钨丝是白炽灯灯丝的理想材料，因为它的工作温度高（2200～2500℃），所以发光效率高；蒸发速度低所以寿命长。钨丝还作为电子管的热阴极和栅极、高压整流管的阴极和各种仪器中间接加热阴极的加热器。钨也可以作X射线管的靶子（对阴极）、气体放电管、各种电器触点以及氢原子焊接枪的电极，以及用作高温炉的发热元件，其工作温度达3000℃以上。

6．钨化合物　有几种耐光的油漆和颜料是用钨酸钠制的；此外在纺织工业中钨酸钠用作织物的加重剂；钨酸钠和硫酸铵、磷酸铵的混合物又可用来制作防火织物和防水织物。

钨酸作为吸收剂，在纺织工业中也可用作媒染剂和染料。在化学工业中，钨酸还可以制取高正辛苯的催化剂，二硫化钨既可作为合成汽油的催化剂，又可作为固体润滑剂。

偏钨酸铵用以制造催化剂、核屏蔽材料、减腐蚀剂等。

二、钼及其化合物的用途

钼主要用于钢铁工业，据1985～1986年统计，钼的消费结构为：合金钢占43～44%；不锈钢占22～23%；工具钢占8%；铸钢占6%；超合金占3%；金属钼占6%；钼化学品占10%，其他1%。

1．钢铁工业　钼在钢中进入固溶体（钼在铁中的溶解度大约8%）和部分地进入复杂的碳化钼和碳化铁成分中。

在通常情况下，钼与一些其它合金添加剂——铬、镍和钒等一起加入钢中。结构钢中钼含量一般不超过0.5%；在高速切削钢中用钼代替钨，它的含量可达7.5～8.5%；模具钢中钼含量在1～1.5%之间；镍铬不锈钢中钼含量在2～4%之间。

钼作为添加剂加入钢中可显著改善钢的性能，使钢具有均匀的微晶结构，降低钢的共析分解温度，因而使钢的淬火和退火温度范围扩大，同时也影响钢的淬透深度；此外，钼在钢中还能提高它的机械性能——弹性、耐磨性和抗冲击性。钼在钢中的另一个很有价值的特性是它可以消除镍铬钢退火时产生的脆性。

加入钢中的钼添加剂过去多使用钼铁（含50～70%Mo），但近年来越来越多地直接使用工业三氧化钼块（如钼焙砂等），如加入量少亦可用钼酸钙，它的价格比钼铁低。钼酸钙或三氧化钼在钢的熔化过程中被铁还原，钼进入钢中，而氧化钙则留在钢渣中。

钼也可以加在生铁中使生铁合金化。生铁中加入0.2～0.5%的钼就可以使灰口铁晶粒细化，改善它的高温性能和耐磨性能，提高其抗拉强度和韧性。含硅和钼的生铁可以制作耐酸设备。

2．耐热和耐酸合金　许多耐热和耐酸合金成分中都含有钼，在这些合金中钼主要是和镍、钴、铬配合使用。

耐热合金的主要成分是镍和钴，其含量可达50～60%。大部分耐热合金（包括耐腐蚀合金）含20～30%Cr和1～7%Mo。在最强的耐腐蚀合金中钼含量可达15～20%，其余为镍、钴、铬、铁。它对所有矿物酸都有耐酸作用（除氢氟酸外）。

此外钼还大量用作高强度低合金钢，以制造轨道和油汽输送管道（特别是在低温和近海条件下工作）。

3．钼及钼合金　钼的熔点很高，在高温下也能保持相当高的强度以及良好的导电性，所以它在电灯和无线电电子工业方面也广泛应用。如用钼丝制作支撑电灯泡中加热丝的小钩和电子管栅极，封装在特种玻璃中的钼条（用于向电真空仪器中传导电流）等。

钼很容易压延成厚度为0.1～0.2mm的薄带。钼带是制作发射管和二极整流管阳极的材料，钼片是制作伦琴射线管的材料。

钼丝、钼带还可以作高温电炉的加热元件。

钼丝和钨丝配合可作高温热电偶，这种热电偶在惰性气氛中或在还原性气氛中可测量1200～2000℃的高温。

近年来由于掌握了生产大型（1000kg或更大）钼锭的技术。更扩大了钼的应用范围。钼材（纯钼或含其它合金添加剂）广泛用于在高温下需要保持一定强度的地方，如制作透平机叶片和火箭发动机以及火箭的其它零件等。

为防止钼零件在高温下氧化，可用抗氧化涂层将钼的表面保护起来，如硅化物涂层、镍铬合金涂层等。此外也可以采用别的防护方法。

钼可以作核反应堆的结构材料，因为它不仅在高温下具有较高的强度，而且还具有较小的热中子俘获面。

大型钼棒亦用作玻璃熔化炉的加热器（电极）。因为钼与熔融玻璃之间实际上不发生化学反应，所以熔融玻璃用的搅拌器和其它一些有关零件也可以用钼制作。

4．钼的化合物　二硫化钼（辉钼矿和人造二硫化钼）可作固体润滑剂。二硫化钼润滑剂性能优于石墨，因为它在－45℃到400℃温度范围内均可正常使用。二硒化钼（$MoSe_2$）也可作固体润滑剂使用。

在染料和清漆的生产中广泛使用钼酸钠。钼酸盐容易被还原生成钼兰，所以钼的化合物可以作丝、毛、棉织物以及毛皮的染料。

氧化物MoO_3和MoO_2以及MoS_3在化学和石油工业中可用作催化剂。钼的化合物亦用作阻燃剂和抑烟剂。

曾测定，假如土壤中含有微量的钼就可以刺激植物生长，尤其对豆科植物的作用更为显著。我国的试验表明，施加微量钼肥能使大豆增产10～15％，水稻增产20～25％。因此钼的化合物（主要以钼酸铵形式）也用于生产化肥。

第四节　钨冶金的原料

钨冶金的原料主要为各种钨的矿产品，但随着钨消费量的提高，钨二次金属回收越来越占有重要的地位。

钨在地壳中的丰度为1.1×10^{-4}％，主要矿物为黑钨矿和白钨矿。黑钨矿的化学分子式可用（Fe，Mn）WO_4表示，即为$FeWO_4$与$MnWO_4$的类质同相体，一般当其中FeO含量占（FeO＋MnO）总重的100～80％，则称为钨铁矿；FeO量占80～20％，则称黑钨矿；FeO量占20～0％，则称为钨锰矿。白钨矿的化学分子式为$CaWO_4$。除黑钨矿和白钨矿外，钨的矿物还有钨华、辉钨矿等，某些钨矿物的主要性质如表1-1-5所示。

黑钨矿或白钨矿在矿床中常与磁铁矿、磁黄铁矿、黄铜矿、方铅矿、锡石、黝锡等共生，脉石则主要为石英、长石、云母、萤石、方解石等，一般开采的原矿中WO_3品位为0.2～0.8％左右，随着钨资源的开发，还有降低趋势。

开采出来的矿石要经过一系列选矿过程以除去脉石，分离其他有用矿物，同时将黑钨

表 1-1-5　某些钨矿物的性质

矿物名称	分子式	结晶构造	比重	其他
黑钨矿	(Fe, Mn)WO_4	斜方晶系，晶格常数随MnO含量增加而增加 a=4.741～4.829Å b=5.700～5.758Å c=4.956～4.991Å $\beta=90°26'$	6.9～7.8 随FeO含量增加而增大	弱磁性 硬度5.0～5.5
白钨矿	$CaWO_4$	四方晶系 a=5.250Å c=1.137Å	5.8～6.2	性脆，在紫外线照射下发浅蓝色萤光 硬度：4.5～5.0
辉钨矿	WS_2	六方晶系	8.1	
钨华	H_2WO_4	斜方晶系	5.25	硬度2.5
水钨华	$H_2WO_4\cdot H_2O$	单斜晶系	4.6	硬度2
铌黑钨矿		单斜晶系	6.55	

注：铌黑钨矿的分子式为 $(Nb、Ta、W、Fe、Mn)_{0.97}\cdot(WO_4)_{0.84}\cdot H_2O$。

矿与白钨矿分离才能得到黑钨精矿与白钨精矿，钨的选矿过程一般是：首先用手选、光电分选等简单方法进行预选，再经破碎筛分后进行重选，使黑钨矿、白钨矿、锡石（比重约7.0)以及各种硫化矿（比重4.2～6.0）与比重小于4.0的石英（比重2.5～2.8左右)方解石等分离。为再脱除硫化矿可用浮选法。进一步精选可用磁选法和电选法。基于黑钨矿有弱磁性，因而可先用弱磁选除去强磁性的磁铁矿等矿物，再用弱磁选使黑钨与非磁性的锡石、白钨矿分离。电选亦是钨矿精选的重要方法之一，白钨矿不导电而黑钨矿和锡石有一定导电性能，因而用电选法可进行白钨-黑钨分离或锡石-白钨分离。用浮选法亦可将白钨矿富集，因为它在碱性介质（pH＝10～11）中很易浮起。通过一系列选矿作业后，可分别得到白钨精矿、黑钨精矿、锡精矿等产品，对易于选别的矿物而言，选矿的回收率可达85％左右，所得黑钨精矿或白钨精矿的大致成分为（％）：65WO_3；0.5～0.8S；0.03～0.1P；0.05～0.2As；1～3Ca（黑钨精矿）；2～3Fe（白钨精矿）；0.05～0.2Mo；1～3 SiO_2；0.1～0.4Sn。这些杂质主要以磷灰石「$Ca_5F(PO_4)_3$」，毒砂「$FeAsS_2$」，臭葱石「$FeAsO_4$」，辉钼矿「MoS_2」、锡石「SnO_2」，黝锡「Cu_2FeSnS_4」，黄铁矿「FeS_2」等形态存在。我国钨精矿的主要化学成分如表1-1-6所示。

以上钨精矿可作为冶炼的原料，但随着冶金技术的进步，某些新的分解方法可以处理品位较低的（WO_3为10％以上）黑钨、白钨混合矿，既不要求选至高品位，也不必进行黑钨、白钨分离，这样可保证选矿过程有高的回收率，因此许多国家的冶炼厂越来越多地直接处理各种钨中矿。

据不完全统计，世界探明的钨工业储量近460万吨，各国的工业储量如表1-1-7所示。

我国为世界上的钨资源大国，已探明的工业储量占世界工业储量的37％左右，居第一位，钨资源占世界总钨资源的55％，主要集中在南岭山脉两侧的江西、湖南、福建、广

表 1-1-6 我国钨精矿标准

品种	WO_3，不小于 %	杂质，不大于 %													
		S	P	As	Mo	Ca	Mn	Cu	Sn	SiO_2	Fe	Sb	Bi	Pb	Zn
黑钨特-Ⅰ-3	70	0.2	0.02	0.06	—	3.0	—	0.04	0.08	4.0	—	0.04	0.04	0.04	—
黑钨特-Ⅰ-2	70	0.4	0.03	0.08	—	4.0	—	0.05	0.10	5.0	—	0.05	0.05	0.05	—
黑钨特-Ⅰ-1	68	0.5	0.04	0.10	—	5.0	—	0.06	0.15	7.0	—	0.10	0.10	0.10	—
黑钨特-Ⅱ-3	70	0.4	0.03	0.05	0.010	0.3	—	0.15	0.10	3.0	—	—	—	—	—
黑钨特-Ⅱ-2	70	0.5	0.05	0.07	0.015	0.4	—	0.20	0.15	3.0	—	—	—	—	—
黑钨特-Ⅱ-1	68	0.6	0.10	0.10	0.020	0.5	—	0.25	0.20	3.0	—	—	—	—	—
白钨特-Ⅰ-3	72	0.2	0.03	0.02	—	—	0.3	0.01	0.01	1.0	—	—	0.02	0.01	0.02
白钨特-Ⅰ-2	70	0.3	0.03	0.03	—	—	0.4	0.02	0.02	1.5	—	—	0.03	0.02	0.03
白钨特-Ⅰ-1	70	0.4	0.03	0.03	—	—	0.5	0.03	0.03	2.0	—	—	0.03	0.03	0.03
白钨特-Ⅱ-3	72	0.4	0.03	0.05	0.010	—	0.3	0.15	0.10	2.0	2.0	0.1	—	—	—
白钨特-Ⅱ-2	70	0.5	0.05	0.07	0.015	—	0.4	0.20	0.15	3.0	2.0	0.1	—	—	—
白钨特-Ⅱ-1	70	0.6	0.10	0.10	0.020	—	0.5	0.25	0.20	3.0	3.0	0.2	—	—	—
黑钨一级Ⅰ类	65	0.7	0.05	0.15	—	5.0	—	0.13	0.20	7.0	—	—	—	—	—
黑钨一级Ⅱ类	65	0.7	0.10	0.10	0.05	3.0	—	0.25	0.20	5.0	—	—	—	—	—
黑钨一级Ⅲ类	65	0.8	P + As	0.22	0.05	1.0	—	0.35	0.40	3.8	—	—	—	—	—
黑钨二级	65	0.8	—	0.20	—	5.0	—	—	0.40	—	—	—	—	—	—
白钨一级Ⅰ类	65	0.7	0.05	0.15	—	—	1.0	0.13	0.20	7.0	—	—	—	—	—
白钨一级Ⅱ类	65	0.7	0.10	0.10	0.05	—	1.0	0.25	0.20	5.0	—	—	—	—	—
白钨一级Ⅲ类	65	0.8	0.05	0.20	0.05	—	1.0	0.20	0.20	5.0	—	—	—	—	—
白钨二级	65	0.8	—	0.20	—	—	1.5	—	0.40	—	—	—	—	—	—

注：表中“—”为杂质不限。

表 1-1-7 各国的钨工业储量，万吨WO_3

国家或地区	中国	加拿大	秘鲁	苏联	澳大利亚	西班牙	美国	英国	南朝鲜	玻利维亚	土耳其	其他
储　量	168.2	92.7	29.5	26.5	22.5	18.0	14.7	12.1	11.9	11.7	7.3	47.7

注：根据《中国钨业》1988年5期第30页。

东、广西、云南等省，此外在河南、东北、新疆等地亦发现钨矿床，我国钨资源分布如图1-1-2所示。

我国钨矿床的特点之一是多金属共生，常含有有色金属和稀有金属，如锡、钼、钪、稀土等。

图 1-1-2　我国钨资源分布示意图

除钨矿物原料外，随着钨资源的开发和利用，钨的二次金属回收日益引起人们的重视，目前每年回收的二次钨量约占消耗钨量的20%左右。二次钨原料主要为废旧的WC基硬质合金，其中除WC外还含有Co、TiC等物质。此外从废旧高速钢(含12～18%W)、废旧含钨催化剂中亦可回收钨。

第五节　钼冶金的原料

钼冶金的原料主要为各种钼的矿产品，也有少数从二次钼原料例如废旧含钼催化剂、钼钢等中回收钼的。

钼在地壳中的丰度为$1.1\times10^{-4}\%$，其具有工业价值的矿物主要为辉钼矿，它占国内外钼开采量的98%左右，此外铁钼华、钼酸钙矿、钼华有时也成为工业矿物，从各种铀钼复杂矿中也可综合回收钼。

辉钼矿为铅灰色，外观似石墨，比重4.7～4.8，硬度1～1.5，属六方晶系，a=3.16Å，b=12.34Å，它主要集中在热液型、斑岩型、矽卡岩型钼矿床，主要伴生矿物有白钨矿、黑钨矿、黄铜矿、磁黄铁矿、锡石等，在辉钼矿中还以类质同相形态存在一定数量的铼；其含量与矿床性质有关，一般斑岩铜钼矿床中的辉钼矿含铼较高，达0.01～0.1%，而矽卡岩钼矿床、石英型钨钼矿床中辉钼矿含铼较低，约为0.001～0.01%。钼矿床中主要脉石为石英、长石、石榴石、方解石等。一般钼矿床中钼的品位对斑岩钼矿床而言约为0.1～0.4%，对斑岩铜矿床而言仅0.01～0.1%左右。因此应经过一系列的选矿过程才能得到钼精矿。

辉钼矿的选矿几乎都是浮选法，一般对单一钼矿、钨钼矿、铁钼矿而言，多用优先浮钼的流程，通过多次优先浮钼即得钼精矿；对含铜、铅硫化矿的选别，则采用混合浮选的流程，即首先浮选得含钼、铜、铅等的混合硫化矿，再在pH8.0～8.4下以Na_2S或Na_2SO_3为抑制剂抑制铜、铅的硫化物，从而浮选得硫化钼精矿。在浮选中常用的起泡剂为松节油、甲基异丁基甲醇等，捕收剂为煤油、变压器油等。

通过选矿过程所得的辉钼精矿中约含（%）45～56 Mo；34～38S；1～11 SiO_2；0.05～0.25As；0.04～0.15Sn；0.02～0.15P；0.01～2.0Cu。我国辉钼精矿的化学成分如表1-1-8所示。由原矿到钼精矿的回收率对品位较高的单一钼矿而言可达80～90%，对含钼较低的铜钼矿而言约为60～80%（视原矿品位而定）。

表 1-1-8　我国钼精矿的化学成分

牌　号	化学成分									
	钼，%不小于	杂质，%不大于								
		SiO_2	As	Sn	P	Cu	Pb	CaO	WO_3	Bi
KMo53—A	53	6.5	0.01	0.01	0.01	0.15	0.15	1.50	0.05	0.05
KMo53—B	53	5.0	0.05	0.05	0.02	0.20	0.30	2.00	0.25	0.10
KMo51—A	51	8.0	0.02	0.02	0.02	0.20	0.18	1.80	0.06	0.06
KMo51—B	51	5.5	0.10	0.06	0.03	0.40	0.40	2.00	0.30	0.15
KMo49—A	49	9.0	0.03	0.03	0.03	0.22	0.20	2.20	—	—
KMo49—B	49	6.5	0.15	0.06	0.04	0.60	0.60	2.00	—	—
KMo47—A	47	11.0	0.04	0.04	0.04	0.25	0.25	2.70	—	—
KMo47—B	47	7.5	0.20	0.07	0.05	0.80	0.65	2.40	—	—
KMo45—A	45	13.0	0.05	0.05	0.05	0.28	0.30	3.00	—	—
KMo45—B	45	8.5	0.22	0.07	0.07	1.20	0.70	2.60	—	—

在选矿处理含钼低的铜矿时，往往得低品位的铜钼混合矿，含15～20%Mo；0.5～4% Cu，其余主要为SiO_2，这种物料也可作冶炼的原料。

对钼的氧化矿而言，由于其与脉石嵌布细，同时品位较低，一般难以选别，苏联某厂通过浮选得低品位钼酸钙精矿，含6～12%Mo；2～3%Cu；30～35%CaO；3～8% Fe；4～6%S，可作为炼钼原料，因此作为钼冶炼的矿物原料除标准的钼精矿外，还有各种低品位中矿。

目前国内外查明的钼工业储量约1500万吨钼，国外工业储量如表1-1-9所示。

表 1-1-9 国外钼的工业储量（万吨钼）

国别	美国	智利	加拿大	南斯拉夫	苏联	秘鲁	蒙古	其他
储量	555.9	268.0	208.0	110.0	64.0	62.2	30.0	197.1

我国有着丰富的钼资源，查明的工业储量居世界第二位，主要分布在河南、陕西、吉林、辽宁等省。我国钼资源的特点是矿床集中，世界六个巨大型钼矿床中，我国占三个，同时多集中在工业、交通发达地区，因而易于开发，这些为发展我国钼工业提供了良好的条件。

思考题

1．比较钨、钼化合物性质的差异，那些性质上的差异可用以进行钨钼分离。

2．当前钨、钼冶金的原料主要是什么？它们的成分大致如何？含哪些杂质？

第二章　钨矿物原料的分解

第一节　钨矿物原料分解的方法概述

从钨矿物原料制取金属钨需经过钨矿物原料的分解、纯钨化合物制取、金属钨制取等阶段，钨矿物原料分解的任务是利用某种化工材料与黑钨矿、白钨矿作用，将其化学结构破坏，使其中的钨与伴生元素初步分离。

根据Fe-W-H_2O系及Ca-W-H_2O系电位-pH图（如图1-2-1，图1-2-2所示）可知，$FeWO_4$和$CaWO_4$在酸性条件下及碱性条件下都是不稳定的，25℃下当pH值分别小于3.5和5.0左右时，$FeWO_4$和$CaWO_4$都将转化为钨酸，当pH值分别大于10.5和14.5左右时，都将转化成WO_4^{2-}，因此从热力学的角度分析，在水溶液中无机酸和碱都能分解钨矿物。类似的热力学分析指出，碱金属的碳酸盐、氟化物、磷酸盐溶液亦能分解钨矿物。

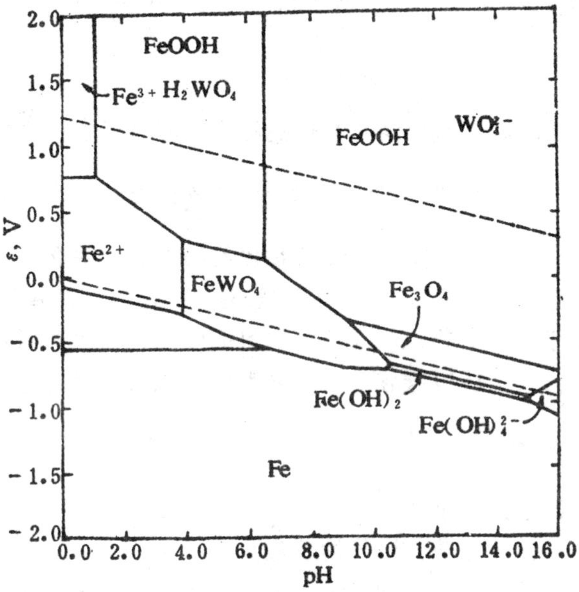

图 1-2-1　Fe-W-H_2O系电位-pH图（25°C，Fe^{2+}活度为10^{-3}）

在工业生产中考虑到动力学条件及工业上可能性等因素，实际中常用的方法主要有：

（1）苏打高压浸出法（亦称苏打压煮法）；

（2）苛性钠浸出法；

（3）苏打高温烧结-水浸法；

（4）酸分解法（主要对白钨精矿而言）。

当采用前三种方法时，矿物中的钨转化为Na_2WO_4进入溶液，当采用酸分解法时，

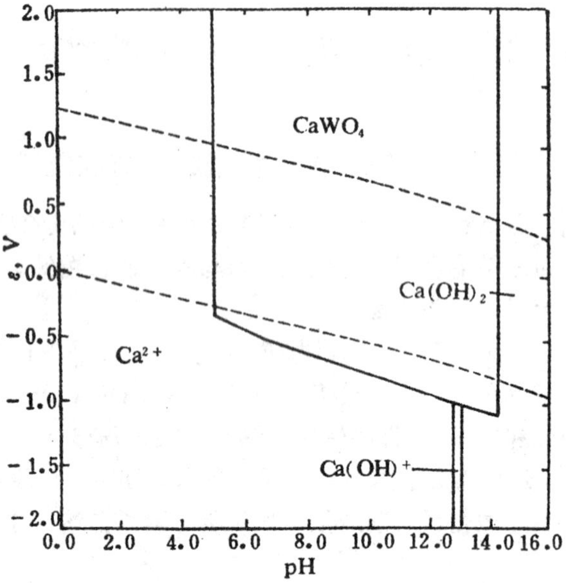

图 1-2-2 Ca-W-H_2O系电位-pH图（25°C，Ca^{2+}活度为10^{-3}）

钨转化为粗钨酸。

除上述工业方法外，高温氯化法及氟化钠浸出法亦呈现出较好的发展前景。

第二节 苏打高压浸出法

苏打高压浸出法是当前工业上分解钨矿物原料的主要方法之一，它既适用于处理白钨精矿，又适用于处理低品位（WO_3含量可低至5%）的白钨、黑钨混合矿。过程的实质是在180～230℃的温度下将钨矿物原料与苏打（Na_2CO_3）溶液进行反应，使钨以Na_2WO_4形态进入溶液，而钙、铁、锰以碳酸盐（部分铁成氧化物）形态进入渣，从而实现初步分离。

一、基本原理

1．主要反应及其热力学条件

（1）白钨矿 白钨矿与苏打溶液的反应为：

$$CaWO_{4(s)}+Na_2CO_{3(aq)}=Na_2WO_{4(aq)}+CaCO_{3(s)} \qquad (1\text{-}2\text{-}1)$$

反应（1-2-1）的平衡常数$K_{(1-2-1)}$可如下计算：

$$K_{(1-2-1)}=a_{WO_4^{2-}}/a_{CO_3^{2-}}=a_{Ca^{2+}}\cdot a_{WO_4^{2-}}/a_{Ca^{2+}}\cdot a_{CO_3^{2-}}$$
$$=K_{spCaWO_4}/K_{spCaCO_3}$$

式中 $a_{WO_4^{2-}}$、$a_{CO_3^{2-}}$、$a_{Ca^{2+}}$——分别为平衡时WO_4^{2-}、CO_3^{2-}、Ca^{2+}的活度；

K_{spCaWO_4}、K_{spCaCO_3}——分别为$CaWO_4$和$CaCO_3$的溶度积。

已知25℃时K_{spCaWO_4}和K_{spCaCO_3}分别为5×10^{-9}和2.13×10^{-9}，代入上式得25℃时反应（1-2-1）的平衡常数为0.426。

П.М.佩尔洛夫（П.М.Перлов）将上反应平衡时Na_2WO_4的平衡浓度〔Na_2WO_4〕（mol/L）与Na_2CO_3的平衡浓度〔Na_2CO_3〕（mol/L）之比命名为反应的“浓度平衡常

数”K_C，即：

$$K_C = [Na_2WO_4]/[Na_2CO_3]$$

他进而根据浸出过程的浸出率计算了K_C值，如表1-2-1所示。应当指出，由于П.M.佩尔洛夫早期实验方法的不完善，其测定时并未达到平衡状态。因此表1-2-1中的数据不能视为真正的浓度平衡常数，但在工业上仍有一定参考价值。

分析表1-2-1可知：

1）在90～250℃的温度范围内，K_C值不够大，因此苏打的过量系数应适当地大，才能保证浸出完全；

2）随着温度的升高，K_C值增加，因此升高温度对过程有利。

表 1-2-1 Na_2CO_3与$CaWO_4$反应的K_C值

（根据П.M.佩尔洛夫）

温度，℃	90	175	200	200	200	200	225	225	225	225	250	250	250
苏打用量	1	1	1	1.5	2.0	2.5	0.75	1.0	1.5	2.0	1.0	1.5	2.0
K_C	0.46	1.21	1.45	1.19	0.96	0.67	1.56	1.52	1.49	0.99	1.85	1.61	0.97

注：苏打用量指按矿中WO_3量计算的理论量的倍数。

（2）黑钨矿　黑钨矿与苏打溶液的反应为

$$(Fe、Mn)WO_{4(s)} + Na_2CO_{3(aq)} = Na_2WO_{4(aq)} + FeCO_{3(s)}(MnCO_{3(s)})$$

或

$$FeWO_{4(s)} + Na_2CO_{3(aq)} = Na_2WO_{4(aq)} + FeCO_{3(s)} \quad (1\text{-}2\text{-}2)$$

$$MnWO_{4(s)} + Na_2CO_{3(aq)} = Na_2WO_{4(aq)} + MnCO_{3(s)} \quad (1\text{-}2\text{-}3)$$

在作业条件下$FeCO_3$可进一步水解：

$$FeCO_{3(s)} + H_2O = FeO + H_2CO_3 \text{（或}H_2O + CO_2\text{）} \quad (1\text{-}2\text{-}4)$$

当有氧化剂存在下，FeO和$MnCO_3$可进一步被氧化：

$$2FeO + \frac{1}{2}O_2 = Fe_2O_3$$

$$3MnCO_3 + \frac{1}{2}O_2 = Mn_3O_4 + 3CO_2$$

根据$FeWO_4$、$MnWO_4$、$FeCO_3$、$MnCO_3$的溶度积计算，25℃时反应（1-2-2）和反应（1-2-3）的平衡常数分别为0.26和2.1×10^3，T.Ш.阿格诺柯夫实测得反应（1-2-2）在225和275℃时的K_C值分别为1.51和3.00,因此在苏打适当过量的条件下，黑钨矿能被苏打溶液分解，而且有氧化剂存在下，更有利于分解反应的进行。

（3）杂质的行为　原料中常含有硅、磷、砷、钼等杂质，它们分别以硅酸盐、磷灰石[$Ca_5(PO_4)_3F$]、毒砂[$FeAsS_2$]、臭葱石[$FeAsO_4$]、钼酸钙矿[$CaMoO_4$]、辉钼矿等形态存在，苏打高压浸出过程中，其一部分将按下列反应进入溶液：

$$Ca_5(PO_4)_3F + 3.5Na_2CO_3 + 3H_2O = 3Na_2HPO_4 + NaF + 3.5CaCO_3 + 1.5Ca(OH)_2$$

$$CaMoO_4 + Na_2CO_3 = CaCO_3 + Na_2MoO_4$$

$$FeAsO_4 + Na_2CO_3 + 0.5H_2O = Na_2HAsO_4 + \frac{1}{2}Fe_2O_3 + CO_2$$

在没有氧化剂存在的情况下，硫化矿一般不与Na_2CO_3作用，保留在残渣中。

杂质的浸出率随矿物形态及浸出条件而异，而且在加入Al_2O_3或$NaAlO_2$的情况下，能使溶出的硅又以铝酸钠形态进入渣，反应大致为：

$$2Na_2SiO_3 + 2NaAlO_2 + (n+2)H_2O$$
$$= Na_2O \cdot Al_2O_3 \cdot 2SiO_2 \cdot nH_2O + 4NaOH$$

一般在加入Al_2O_3量为精矿量的1～5%的情况下，浸出液中硅含量小于0.1g/l。

综上所述，在苏打高压浸出过程中，矿物中的钨将以Na_2WO_4形态进入溶液，部分磷、砷、硅、钼将进入溶液，添加Al_2O_3有利于抑制硅。

2. 动力学基础及影响分解率（或浸出率）的因素　某些研究表明，白钨矿与苏打反应时，当温度为150～250℃，则生成的$CaCO_3$层疏松多孔，因此通过$CaCO_3$层的内扩散不会成为过程的控制步骤，当搅拌速度足够大以致外扩散亦不为控制步骤时，控制步骤为化学反应阶段，表观活化能为75.3～92kJ/mol，或者说此时其浸出速度（或浸出率）决定于化学反应阶段的速度。

根据多相反应过程的动力学，化学反应阶段速度可用下式表示：

$$v = kC_S^n S$$

式中　k——反应速度常数，k与温度的关系可用阿累尼乌斯公式表示：

$$k = k_0 \exp(E/RT)$$

C_S——反应界面上反应剂的浓度；

S——反应的面积，决定于矿的粒度、粒形及其内部结构。

分析上式可知苏打高压浸出过程中影响浸出速度及分解率的因素主要为温度、矿的粒度，此外溶液的pH值及Na_2CO_3的用量亦有一定影响。

（1　温度　П.М.佩尔洛夫的试验结果如图1-2-3所示，从图可知，温度升高则WO_3的浸出率提高，与此同时杂质的浸出率亦提高，工业上利用这一规律性，可降低苏打用量和缩短浸出时间，例如某矿含40～50%WO_3，若在200℃左右浸出，则苏打用量应为理论量的3～4倍，而温度提高到300℃，则苏打用量为理论量2倍，半小时内浸出率达99.8%。

（2）浸出液的pH　P.B.昆尼乌(P.B.Queneau)的试验结果如图1-2-4所示，从图可知，pH＝8.5时的浸出速度比pH＝12时小得多。在黑钨矿或黑白钨混合矿浸出时，由于进行反应（1-2-4）而产生CO_2，它进一步与Na_2CO_3作用而生成$NaHCO_3$，使溶液的pH值降低，这是苏打高压浸出法处理黑钨矿或黑白钨混合矿的效果比处理白钨矿差的主要原因之一，在处理黑钨矿或黑白钨混合矿时，应加NaOH或$Ca(OH)_2$以提高pH值。

（3）浸出液中Na_2CO_3浓度　图1-2-4表明在135℃下Na_2CO_3浓度对浸出速度有明显影响，由0.24mol（约25g/l）增至0.94mol（约100g/l），则速度明显增加。人们在研究浸出率与苏打浓度的关系时，也发现在苏打浓度较低时，浸出率随其浓度的升高而增加，但浓度超过一定限度后，进一步提高浓度对浸出率无明显影响，П.М.佩尔洛夫等甚至指出当超过230g/l时，将生成$Na_2CO_3 \cdot CaCO_3$复盐，消耗Na_2CO_3，使浸出率下降。

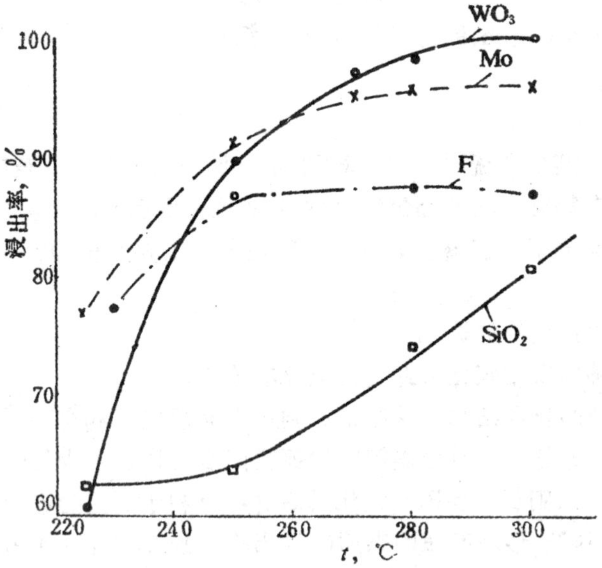

图 1-2-3 温度对浸出率的影响（根据Π.M.佩尔洛夫，白钨中矿含43.5%WO_3，苏打用量为理论2倍，固/液=1/2，保温15min）

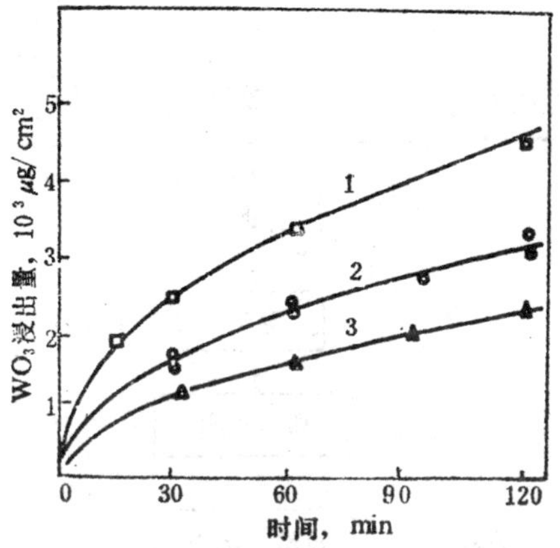

图 1-2-4 白钨矿苏打浸出时pH值及CO_3^{2-}浓度对浸出速度的影响（135°C，380r/min）（根据P.B.昆尼乌等）

1—pH=12，[CO_3^{2-}]=0.94mol；2—pH=12，[CO_3^{2-}]=0.24mol；3—pH=8.5，[CO_3^{2-}]=0.24mol

（4）苏打用量　苏打用量增加则浸出率明显增加，但另一方面使浸出液中残余的Na_2CO_3浓度增加，这些Na_2CO_3目前尚没有有效的工业方法将其回收，在下一工序中不得不用大量酸去中和它。

此外许多作者的研究表明，设备类型及作业方式都影响浸出速度和浸出率，有人进行球磨浸出，利用钢球破坏矿粒表面的生成物膜，能提高浸出率7～12%；利用两段浸出法在同样苏打用量下能提高浸出率3～4%；特别应当指出的是，苏联A.H.节里克曼等的研究表明，对矿预先在离心式行星磨机中进行机械活化能大大强化浸出过程，机械活化能使白钨矿与Na_2CO_3溶液反应的活化能降低12.6kJ/mol，在苏打用量为理论量的2倍，200℃下浸出2h，浸出率达96.9%，对未经机械活化的料而言浸出率仅84.9%。机械活化工艺即将进行工业化。

二、工业实践

1．原则流程　其原则流程如图1-2-5所示，使用的原料可以是白钨精矿、黑钨精矿，也可以是黑钨白钨混合的低品位矿（WO_3品位可低至5%），矿物原料预先磨至90%小于0.043mm，亦有的工厂在磨矿前还进行预处理，主要是在700～800℃下进行煅烧，其主要目的是：

（1）除去矿中残留的浮选剂；

（2）使硫、砷等杂质氧化成挥发性氧化物除去；

（3）改变矿粒的物理结构，这些都有利于提高浸出率和有利于净化过程。

作为浸出剂，除苏打外，对含黑钨矿的原料而言往往加入少量烧碱（NaOH）以中和产生的$NaHCO_3$，加入硝石可使FeO氧化成高价，有利于反应的进行，但同时也增加了以硫化矿（特别是辉钼矿）形态存在的杂质的浸出率，加Al_2O_3的作用主要是抑制硅等杂质。

2．设备　苏打高压浸出过程可在立式或卧式高压釜中进行，立式高压釜的结构如图1-2-6所示。釜由钢质材料做成，内装搅拌器，搅拌器轴通过机械密封装置进入釜内。釜

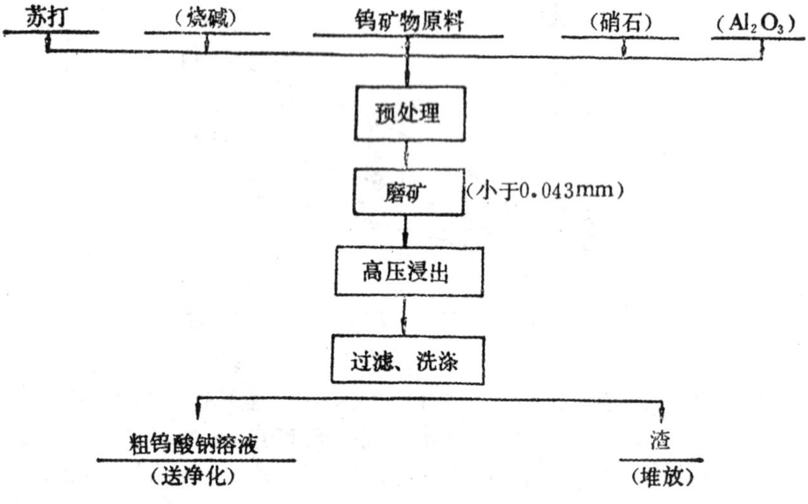

图 1-2-5　苏打高压浸出法处理钨矿物原料的原则流程

外壁为夹套式，可通高压蒸气或高温油加热。立式釜容积一般为$5m^3$。卧式釜的直径达1.5～1.8m，长达10～15m。卧式釜做成回转式的，转速为2～3r/min，釜内装钢球，回转过程中利用钢球磨掉矿粒表面的反应生成物，有利于提高浸出率，但设备结构较复杂，一次性投资大。

回转式釜的系统图如图1-2-7所示，物料在回转式釜1内进行浸出，浸出后利用釜内的压力将矿浆压至自动蒸发器5，在自动蒸发器内由于矿浆本身的温度高而进行蒸发并降温，蒸发后的矿浆进入料浆槽10，蒸气则进入料浆制备槽11将待浸出的矿浆预热，后者再

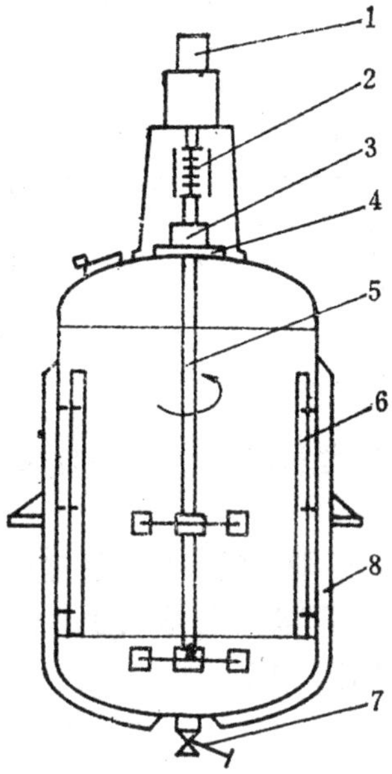

图 1-2-6 立式高压釜示意图

1—电动机及减速机；2—联轴节；3—机械密封；4—中间轴承；5—搅拌装置；6—挡板；7—排料阀；8—加热夹套

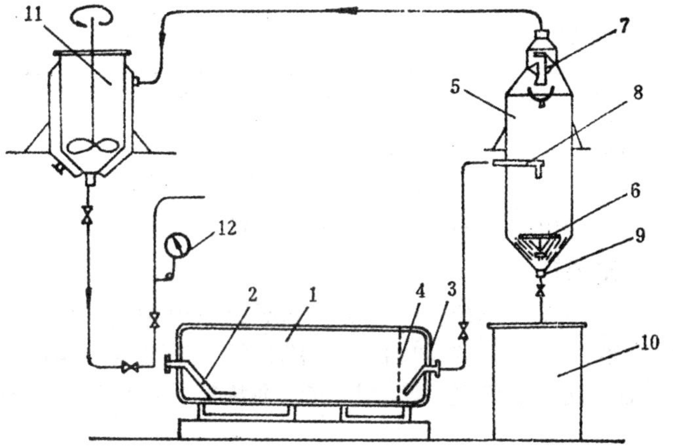

图 1-2-7 回转式高压釜系统图

1—高压釜；2—装料管（并作通入蒸气之用）；3—卸料管；4—孔板（作隔离钢球之用）；5—自动蒸发器；6—钢制挡板；7—汽液分离器；8—料浆入口；9—卸料管；10—料浆槽；11—料浆制备槽；12—汽压表

进入釜进行浸出过程。

3．主要技术指标　过程中苏打用量随精矿的种类、品位及操作条件而定，当温度为200℃，对白钨精矿而言苏打用量为理论量的2～3倍；对黑钨精矿而言为理论量的3倍左右，并加适量的NaOH；对黑钨白钨混合的低品位矿而言，视其品位的不同而为理论量的4～6倍。在工业条件下温度约为200～230℃，浸出时间约2～4h，在上述条件下WO_3的浸出率可达99%左右；SiO_2、As、P、Mo的浸出率分别为1～6%，30～50%、10～15%和40～80%。

4．苏打的回收　苏打高压浸出法由于苏打过量大，故母液残余Na_2CO_3达80～130g/l，在下阶段净化过程中要消耗大量酸中和它，为此许多人致力于研究从浸出母液中回收Na_2CO_3，主要方法有：

（1）冷冻结晶法　基于Na_2CO_3在水中的溶解度随温度的降低而急剧减小（如表1-2-2所示），同时溶液中Na_2WO_4的浓度升高，则Na_2CO_3的溶解度亦将降低，故将含Na_2CO_3、Na_2WO_4的溶液冷冻，则能使Na_2CO_3过饱和而析出。应当指出，在温度低于32℃时，析出的Na_2CO_3带10个分子的结晶水，即溶液中部分水被$Na_2CO_3 \cdot 10H_2O$晶体带走，相应地增加了溶液的浓度，更有利于结晶过程。据报道，当溶液含90～95g/lWO_3、150g/lNa_2CO_3，冷却到3～5℃，则70～72%的Na_2CO_3以$Na_2CO_3 \cdot 10H_2O$形态析出，晶体中带走4～5%的WO_3。

（2）$NaHCO_3$结晶法　从表1-2-2可知，在同一温度下，$NaHCO_3$的溶解度比Na_2CO_3小得多，因此将含Na_2CO_3的溶液通CO_2，使Na_2CO_3转化成$NaHCO_3$：

表 1-2-2　Na_2CO_3及$NaHCO_3$在水中的溶解度（无水物在100g水中溶解的克数）

温度，℃	0	10	20	30	40	50	60	70	80	90	100
Na_2CO_3	7.0	12.5	21.5	38.8	48.5		46.4	46.2	45.8	45.7	45.5
$NaHCO_3$	6.89	8.15	9.59	11.1	12.7	14.45	16.4		20.2		

注：碳酸钠晶体在0～32℃时为$Na_2CO_3\cdot10H_2O$，32～104℃时为$Na_2CO_3\cdot H_2O$。

$$Na_2CO_3+CO_2+H_2O=2NaHCO_3$$

若溶液中起始的Na_2CO_3浓度足够，则生成的$NaHCO_3$可能过饱和而成$NaHCO_3\cdot nH_2O$结晶析出。

（3）电渗析法　过程在隔膜电解槽中进行，即电解槽的阴阳极区用半透膜隔开，待回收Na_2CO_3的浸出液放入阳极区，在电场的作用下，CO_3^{2-}在阳极放电成CO_2和O_2析出，而Na^+则透过半透膜进入阴极区。在阴极H^+放电成H_2析出，即：

阳极　$$CO_3^{2-}-2e=CO_2+\frac{1}{2}O_2$$

阴极　$$H_2O=H^++OH^-\quad 2H^++2e=H_2$$

故在阴极区最后得NaOH溶液，其浓度可达100g/l。苏联学者的试验指出，最佳电流密度为525A/m²，在最佳电流密度下电流效率达84～85%，再生一吨苏打电耗为2800kW·h。但本工艺要求浸出液中含硅小于0.05g/l，否则硅酸将附着在半透膜上，影响其正常工作。

第三节　苛性钠浸出法

苛性钠浸出法为当前工业上分解黑钨精矿的主要方法，同时在碱过量系数大的情况下亦可分解黑白钨混合矿，甚至分解白钨精矿。

一、基本原理

1．主要反应及其热力学条件

（1）黑钨矿〔$(Fe、Mn)WO_4$〕　黑钨矿与NaOH溶液可进行如下反应：

$$(Fe、Mn)WO_{4(s)}+2NaOH_{(aq)}=Na_2WO_{4(aq)}+Fe(OH)_{2(s)}[或Mn(OH)_2]+H_2O$$

$Fe(OH)_2$可进一步分解：

$$Fe(OH)_{2(s)}=FeO_{(s)}+H_2O$$

根据热力学计算，$Fe(OH)_2$的上述分解反应的标准自由焓变化ΔG°值在102℃左右为零，高于102℃则为负值，故高于102℃时，生成物中铁主要以FeO形态存在。

为研究黑钨矿碱浸过程的热力学条件，将反应简化如下：

$$FeWO_{4(s)}+2NaOH_{(aq)}=Na_2WO_{4(aq)}+FeO_{(s)}+H_2O\ （高于102℃）$$

$$FeWO_{4(s)}+2NaOH_{(aq)}=Na_2WO_{4(aq)}+Fe(OH)_{2(s)}\ （低于102℃）\quad (1-2-5)$$

$$MnWO_{4(s)}+2NaOH_{(aq)}=Na_2WO_{4(aq)}+Mn(OH)_{2(s)}\quad (1-2-6)$$

据报道，前人曾测定反应（1-2-6）在90、120和150℃的“浓度平衡常数”K_C

$[K_C=[Na_2WO_4]/[NaOH]^2]$值分别为0.686、2.23和2.27，根据热力学计算在25℃时反应（1-2-5）及反应（1-2-6）的平衡常数分别为1.15×10^4和1.7×10^5，因此上述反应很易进行。

（2）白钨矿（$CaWO_4$） 白钨矿与NaOH溶液可进行如下反应：

$$CaWO_{4(s)}+2NaOH_{(aq)}=Ca(OH)_{2(s)}+Na_2WO_{4(aq)} \quad (1\text{-}2\text{-}7)$$

根据热力学计算，反应（1-2-7）的平衡常数K_a值很小，在25℃时仅2.5×10^{-4}，但是此数值只在极稀溶液中才是准确的，在工业生产的实践中，反应物和生成物的浓度都很大，此时有实际意义的为平衡后的浓度商或"浓度平衡常数"K_C，而

$$K_C=[Na_2WO_4]/([NaOH])^2$$

式中 $[Na_2WO_4]$、$[NaOH]$——分别为反应平衡后Na_2WO_4和NaOH的平衡浓度，mol/L

而已知 $$K_a=a_{Na_2WO_4}/a^2_{NaOH}=\gamma_{Na_2WO_4}\cdot[Na_2WO_4]/\gamma^2_{NaOH}\cdot([NaOH])^2$$

式中 $\gamma_{Na_2WO_4}$、γ_{NaOH}——分别为Na_2WO_4、NaOH的活度系数；

$a_{Na_2WO_4}$、a_{NaOH}——分别为Na_2WO_4和NaOH的平衡活度。

代入知 $$K_C=K_a\times\gamma^2_{NaOH}/\gamma_{Na_2WO_4}$$

根据NaOH溶液的性质，γ_{NaOH}随着NaOH浓度的升高而迅速增加，因此K_a值虽然小，但在NaOH浓度较大的条件下，K_C值仍可能较大。

编者及其同事从正反应及逆反应的角度系统测定了反应（1-2-7）的K_C值，发现在70℃和90℃时其与NaOH浓度的关系分别如表1-2-3及1-2-4所示，同时测得在105℃时当NaOH浓度为5.5mol/L，则K_C值为0.023，150℃时当NaOH浓度分别为2.54mol/L和3.19mol/L，K_C值分别为0.013和0.016，这些数据表明K_C值随温度的升高及NaOH浓度的增加而明显增加，当控制较高的温度，同时将NaOH适当过量以保证足够的NaOH浓度，则反应（1-2-7）是可能进行的。

在NaOH浸出过程中，某些添加剂的存在也有利于白钨矿的分解，这些添加剂包括碱金属的碳酸盐，磷酸盐和氟化物。有这些盐类存在时白钨矿将分别按下列反应式而被分解：

$$CaWO_4+Na_2CO_3=CaCO_3+Na_2WO_4$$

$$3CaWO_4+2Na_3PO_4=Ca_3(PO_4)_2+3Na_2WO_4$$

$$CaWO_4+2NaF=CaF_2+Na_2WO_4$$

上述反应在25℃时的平衡常数值分别为0.426，3.7×10^2和24.5，故较容易进行，一般当用NaOH分解含钙（或白钨矿）较高的黑钨精矿时，往往加入上述盐类作添加剂，以促进白钨的分解。

表 1-2-3 70℃时反应1-2-7的K_C值与NaOH浓度的关系

NaOH浓度，mol/L	3.04	4.16	5.34	6.49
$K_C\times10^3$	2.61	4.50	7.39	10.6

（3）杂质的行为 原料中的硅、磷、砷、钼等杂质根据其形态的不同分别以不同程度与NaOH反应：

表 1-2-4　90°C时反应1-2-7的K_C^-值与NaOH浓度的关系

NaOH浓度，mol/L	2.49	4.37	5.45	5.96
$K_C\times10^3$	3.87	6.67	10.0	15.8

$$Ca_5(PO_4)_3F+10NaOH=3Na_3PO_4+NaF+5Ca(OH)_2$$

$$CaMoO_4+2NaOH=Na_2MoO_4+Ca(OH)_2$$

$$FeAsO_4+3NaOH=Na_3AsO_4+\frac{1}{2}Fe_2O_3+\frac{3}{2}H_2O$$

$$4As_2S_5+24NaOH=5Na_3AsS_4+3Na_3AsO_4+12H_2O$$

$$CaSiO_3+2NaOH=Na_2SiO_3+Ca(OH)_2$$

在有氧化剂存在的条件下：

$$MoS_2+4\frac{1}{2}O_2+6NaOH=Na_2MoO_4+2Na_2SO_4+3H_2O$$

$$As_2S_3+7O_2+12NaOH=2Na_3AsO_4+3Na_2SO_4+6H_2O$$

在苛性钠浸出过程中杂质的浸出率随操作条件及杂质在矿物中的形态而异，一般在中性气氛中硫化矿的浸出率比在氧化气氛中小得多，根据编者及其同事的试验，对钼而言，钼酸钙矿在浓NaOH溶液中迅速被分解，而辉钼矿在中性气氛中在碱浓度为400g/l，160℃下浸出2h，其浸出率仅0.4～0.45%。对锡石（SnO_2）而言，在NaOH浓度为500g/l，160℃下浸出2h，其浸出率接近零，而黝锡（Cu_2FeSnS_4）的浸出率接近45%。

2．动力学基础及影响浸出率的因素

（1）浸出过程的机理　对黑钨矿及白钨矿与NaOH反应的机理，编者及其同事曾用扫描电镜对已与NaOH进行部分反应后的黑钨矿及白钨矿颗粒进行了研究，发现颗粒外面铁的氢氧化物层或钙的氢氧化物层大部分已自动脱落，即使存在的氢氧化物层也非常松散，不致密，因此不可能成为反应的障碍，同时发现NaOH与黑钨矿反应的动力方程符合颗粒收缩模型，对经机械活化后的矿而言：

$$1-(1-x)^{\frac{1}{2.2}}=3.41\times10^{-4}\frac{t}{D_P}[NaOH]^2\times\exp\left[-\frac{77370}{R}\left(\frac{1}{T}-\frac{1}{363}\right)\right]$$

式中　D_P——颗粒的直径，cm；

t——反应时间，min；

R——气体常数，8.31kJ/mol；

x——在时间为t时的反应分数。

同时测得75～105℃时反应的活化能为77.370kJ/mol。对白钨矿与NaOH的反应而言，亦服从类似的方程式，其表观活化能为61.5kJ/mol，这些都说明过程属化学反应控制。

（2）影响浸出速度及浸出率的因素　根据上述对浸出过程机理的分析知，影响浸出速度及浸出率的因素主要为温度、NaOH用量及其浓度、精矿成分、精矿粒度，浸出率明显地随着温度的升高，碱用量及碱浓度的增加、粒度的降低而升高，同时在一定范围内搅

表 1-2-5　黑钨精矿碱分解时浸出率与原料中CaO含量的关系

CaO%	0.1	1.3	1.3	2.7
NaOH浓度，%	30	30	40	40
碱用量，*N* ＼ 浸出率，%				
1.1	99.1	90.1	93.3	83.2
1.3	99.4	92.7	93.0	82.1
1.5	99.5	93.4	96.5	83.0
2.0		95.1	99.5	98.1

注：碱用量的单位为理论量的倍数

拌速度亦有较大的影响。一般对含CaO小于1%的黑钨精矿而言，在温度为100～110℃，碱用量为理论量（按精矿中的WO_3量计算）的1.6倍左右，精矿的粒度为 80%小于0.043mm的条件下，2h内浸出率可达98%左右。

对黑钨精矿而言，在碱用量（或碱浓度）较低的情况下，浸出率明显地随其中CaO（主要指白钨矿）的含量的升高而降低，前人的试验结果如表1-2-5所示。

应当指出，原料中CaO的影响程度亦与其赋存状态有关，一般以萤石[CaF_2]、磷灰石[$Ca_5(PO_4)_3F$]形态存在的CaO对浸出率的影响不明显，而以$CaWO_4$、$CaSO_4$、$CaCO_3$等形态存在的CaO则严重影响浸出率。

除上述影响因素外，许多研究者指出，原料预先进行机械活化能使浸出速度加快，编者及其同事的试验表明，机械活化能使黑钨矿与NaOH反应的活化能降低18.4kJ/mol。苏联学者将低品位矿（含2%WO_3）预先在离心式行星磨机中进行机械活化，则其浸出率由未经活化时的26.5%增至61.75%，因此这方面有待进一步研究。

综合上述基础理论知识可知，在工业上为保证钨矿物原料的苛性钠分解有足够的浸出率，应创造下列条件：

（1）有足够高的温度，但当温度超过溶液的沸点时，应在高压下工作；

（2）有足够的碱用量和碱浓度（特别在处理白钨矿或黑钨白钨混合矿时)，碱浓度的升高对钨矿物的浸出过程有着多重的有利影响：它使反应的K_C值增加；使反应速度加快；使溶液的沸点升高，即允许在较高的温度下工作；

（3）原料有较细的粒度；

（4）最好能运用机械活化等强化手段。

二、工业实践

目前工业上NaOH分解钨精矿主要是采取常压搅拌浸出工艺和高压浸出工艺，两者的流程大同小异。我国最近开发的机械活化碱浸出工艺在工业生产中已展现出明显的优越性，分别介绍如下。

1．常压搅拌浸出及高压浸出

（1）原则流程　如图1-2-8所示。黑钨精矿先经振动球磨，使其90%以上小于

0.043mm，（亦有的工厂预先在700～800℃下煅烧去浮选剂，并改善其浸出性能），然后与计算量的碱溶液一道加入常压搅拌浸出槽或高压釜，升温到指定温度后再保温一定时间，然后卸料，在卸料时，对高压浸出工艺而言，由于高压釜内温度高、压力大，可先利用其内部的压力将其压入自动蒸发器（参阅图1-2-7），所得的低压蒸气可进一步利用。料浆一般在板框式压滤机上进行过滤并洗涤，滤液即可送往净化。

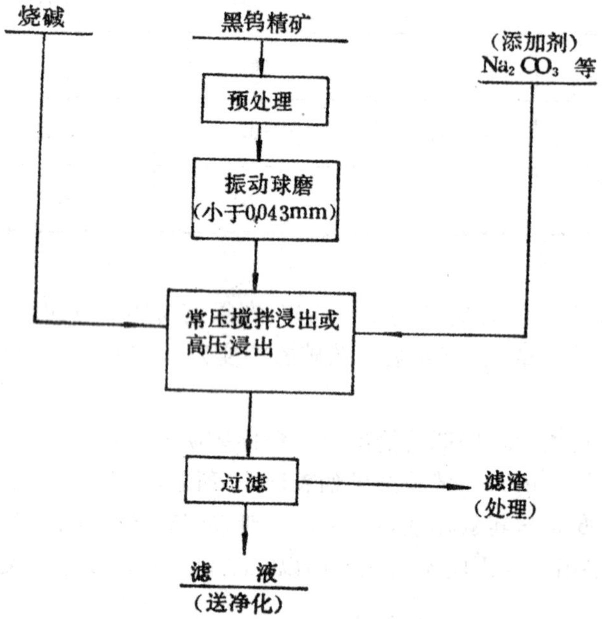

图 1-2-8 NaOH常压浸出和高压浸出法处理黑钨精矿的原则流程

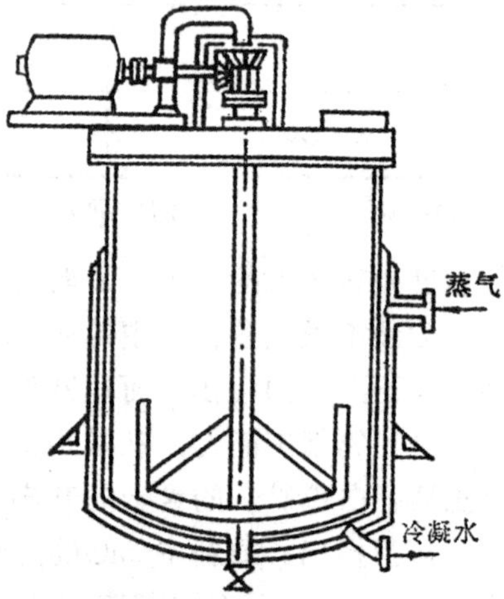

图 1-2-9 夹套加热的常压搅拌浸出槽

当处理含CaO较高（>1%）的黑钨精矿时，为使其中夹杂的白钨矿得以有效分解，可加入适量的添加剂如Na_2CO_3、Na_3PO_4等。

当用常压搅拌浸出法处理黑白钨混合中矿时，由于碱用量大，以至滤液中含游离NaOH达100～130g/l，需进行钨-碱分离回收碱后才能送净化，分离的方法主要是利用Na_2WO_4在碱液中溶解度小这一特性，将溶液浓缩，则Na_2WO_4结晶析出，晶体经水溶解后再送净化，而结晶后的母液主要是碱，可返回进行浸出。在浓缩结晶过程中Na_2WO_4的结晶率达80～90%，晶体约带走总碱量的5%。

（2）设备

1）搅拌浸出槽。它通常用普通钢板焊成，并用夹套或蛇形管通蒸气加热，夹套加热的搅拌浸出槽结构如图1-2-9所示，这种设备一般在常压下工作，当采取有效的密封措施时，亦可在0.2～0.3MPa下工作。

2）高压釜。其结构与苏打高压浸出设备相似，它一般采用高压蒸气加热或工频感应加热，NaOH高压浸出时，温度一般为150～180℃，压力为0.5～1MPa，都比苏打高压浸出法低。

（3）主要技术参数及指标　常压搅拌浸出工艺处理黑钨精矿时，碱用量为理论量的

表 1-2-6 机械活化碱浸出处理黑钨白钨混合中矿的技术指标及与搅拌浸出法对比

	浸出条件	浸出率，%		溶液纯度		设备单位生产能力，吨/米³·班
		WO_3	As	As/WO_3	$NaOH/WO_3$	
搅拌浸出	碱用量为理论量5倍，120℃，8h	97.3	10～18	0.5/100	110/100	0.3
机械活化浸出	碱用量为理论量2.6倍，150℃，2h	98.1	2～6	0.16/100	36/100	0.8

注：混合矿黑钨：白钨＝3：1，品位为40～45％WO_3。

表 1-2-7 用机械活化碱浸出法处理不同类型原料的效果

原料	浸出条件	浸出率，%
黑钨精矿	碱用量为理论量的1.5倍，150～160℃，2h	99.0
白钨精矿	碱用量为理论量的2.5倍，150～160℃，2h	98.1
钨中矿（含39.82％WO_3 黑钨：白钨≈2：1）	碱用量为理论量的2.6倍，150～160℃，2h	98.2
白钨细泥（含38.43％WO_3 白钨占80％）	碱用量为理论量的3.0倍，150～160℃，2h	97.5

1.6～2.0倍，温度为105～110℃，保温时间为4h左右，WO_3浸出率可达98～99％；杂质的浸出率大致为（％）：Si20～30；As30～45；P30～50；Mo70～90。高压浸出时碱用量为理论量1.5～1.8倍，2h内浸出率达99％。

2．机械活化碱浸出　机械活化碱浸出过程是将钨矿物原料（包括黑钨精矿、白钨精矿或黑钨白钨混合的低品位矿）不经过预磨直接与碱溶液一道加入热磨反应器内进行浸出，它将机械磨矿作用与化学反应过程有机地结合在一起，在机械磨矿时它一方面使矿粒进一步被破碎并除去矿粒表面的生成物膜，使反应的有效表面积增加；另一方面它对矿粒有机械活化作用，对矿浆有强烈的搅拌作用，从而使反应大大加速，使矿物（特别是通常搅拌浸出法难以处理的白钨矿）能在低碱耗、短时间内得到高的浸出率。机械活化碱浸出法处理黑钨白钨混合中矿的技术指标与搅拌浸出法对比如表1-2-6所示（所用的原料大体相同）。

机械活化碱浸出工艺的特点是：

（1）对原料的适应性广，一般在搅拌浸出工艺中难以处理白钨矿，或者原料中钙含量不能高（参见表1-2-5），而本工艺既能处理黑钨矿，又能在碱耗量不太高的情况下处理白钨矿或黑钨白钨混合矿，既可处理高品位矿，又可处理低品位中矿，如表1-2-7所示；

（2）流程短，对任何原料都不要预磨矿，即省去了常压搅拌浸出工艺及高压浸出工艺中所必不可少的磨矿过程。特别在处理黑钨白钨混合矿时，常压搅拌浸出及高压浸出工艺碱用量大，浸出液中$NaOH/WO_3$比值高，需经浓缩结晶回收碱工序后才能接净化过程，而本工艺碱用量少；浸出液中$NaOH/WO_3$比值低（参见表1-2-6）没有必要回收碱；

（3）回收率高，杂质浸出率低，能耗低。

机械活化碱浸出过程在热磨反应器中进行，其简单结构如图1-2-10所示，反应器由筒体及端盖组成，筒体的材质为耐磨锰钢，在端盖上装有加料阀及卸料阀、测压阀、安全阀。这些都密封良好。能耐1MPa的压力，另外在尾端端盖上装有密封管直接伸入机内，热电偶插入管内测温。反应器可用电加热或其他方式加热，并通过传动装置进行转动。

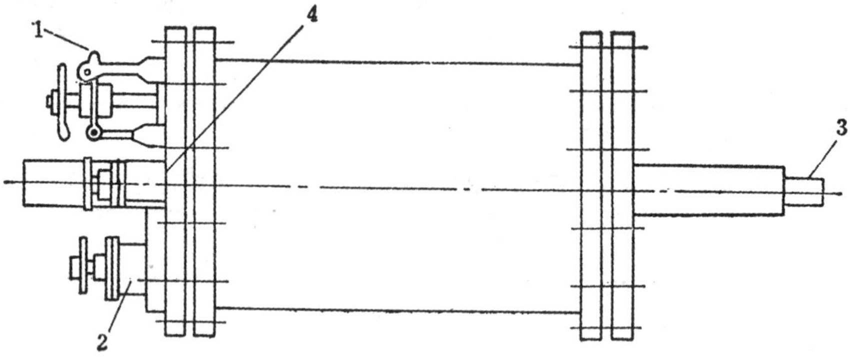

图 1-2-10 热磨反应器结构示意图

1—加料阀；2—排料阀；3—测温口；4—测压阀

第四节 酸分解法

酸分解法为目前工业上处理白钨精矿（要求含黑钨及磷、砷等杂质低，例如我国的一级Ⅰ类白钨精矿）的主要方法，同时加拿大能源矿务局的实践证明，对流程作适当修改后，亦可用以处理质量较差的白钨精矿（含40～60%WO_3，同时含$CaCO_3$等易溶于酸的矿物少）。酸分解法处理白钨精矿具有流程短，成本低等特点。

目前工业上主要采用盐酸分解法，此外硝酸分解法也在逐步为某些工厂所采用。

一、盐酸分解法

1．基本原理

（1）主要反应及其热力学条件

1）白钨矿　白钨矿与盐酸的反应为：

$$CaWO_{4(s)}+2HCl_{(aq)}=H_2WO_{4(s)}+CaCl_{2(aq)} \tag{1-2-8}$$

2）黑钨矿　黑钨矿与盐酸的反应为

$$(Fe,Mn)WO_{4(s)}+2HCl_{(aq)}=H_2WO_{4(s)}+FeCl_2(\text{或}MnCl_2)_{(aq)}$$

或

$$FeWO_{4(s)}+2HCl_{(aq)}=H_2WO_{4(s)}+FeCl_{2(aq)} \tag{1-2-9}$$

$$MnWO_{4(s)}+2HCl_{(aq)}=H_2WO_{4(s)}+MnCl_{2(aq)} \tag{1-2-10}$$

前人用热力学计算法算出了上述反应的平衡常数，同时苏联学者具体测定了上述反应的浓度平衡常数K_C(K_C=〔$MeCl_2$〕/〔HCl〕^{2}）如表1-2-8所示。

从表1-2-8可知，上述反应的平衡常数都很大，能进行完全。

3）杂质行为　钨精矿中含磷、砷、硅、钼、硫等杂质，在酸分解过程中由于其矿物形态的不同将进行不同的反应。

a．硫化物。铁及某些重金属的硫化矿能与HCl作用，生成相应的氯化物并放出H_2S，H_2S具有还原性，往往将酸分解产生的钨酸局部还原成低价化合物，为此酸分解时往往加

表 1-2-8 钨矿物盐酸分解反应的平衡常数

反　　应	反应（1-2-8）	反应（1-2-9）	反应（1-2-10）
K（25℃时的计算值）	10^7	6.3×10^4	2.5×10^8
$K_C=[MeCl_2]/[HCl]^2$测定值	10^4（20℃）	～700（100℃）	

入精矿重量0.1～0.2%的$NaNO_3$，使H_2S氧化。As_2S_3，MoS_2等硫化物不与盐酸作用。

b．磷。主要以磷灰石形态存在，酸分解时进行下列反应：

$$2Ca_5(PO_4)_3F+18HCl=6H_3PO_4+9CaCl_2+CaF_2(\text{或}HF)$$

H_3PO_4溶于HCl溶液中并易与H_2WO_4形成杂多酸，精矿中磷含量高往往导致分解母液中钨损失大。另外分解产生的HF易腐蚀设备。

c．砷。以As_2S_3或As_2S_5形态存在的砷一般不与盐酸反应，保留在粗钨酸中，在粗钨酸氨溶过程中亦不被浸出，保留在氨溶渣中。在有氧化剂$NaNO_3$存在时，则：

$$3As_2S_3+28NaNO_3+10HCl+4H_2O$$
$$=6H_3AsO_4+9Na_2SO_4+10NaCl+28NO\uparrow$$
$$3As_2S_5+40NaNO_3+10HCl+4H_2O$$
$$=6H_3AsO_4+15Na_2SO_4+10NaCl+40NO\uparrow$$

H_3AsO_4进入溶液，其作用与H_3PO_4相似。

d．钼。一般以钼酸钙矿（$CaMoO_4$）及辉钼矿形态存在，辉钼矿在有氧化剂存在的条件下，按下列反应生成H_2MoO_4：

$$MoS_2+6NaNO_3+2HCl$$
$$=H_2MoO_4+2Na_2SO_4+2NaCl+6NO\uparrow$$

钼酸钙矿与盐酸的反应为：

$$CaMoO_4+2HCl=CaCl_2+H_2MoO_4$$

H_2MoO_4在盐酸中的溶解度比H_2WO_4大得多，且随着酸度的提高而增加(参见表(1-1-3)，故在溶液酸度较大时，大部分钼酸进入溶液而与钨分离。

另外由于六价钼还原成五价钼的氧化还原电位较相应的钨化合物为高，有关氧化还原反应及其氧化还原电位为：

$$MoO_3+4H^++e=MoO^{3+}+2H_2O \qquad \varepsilon^\circ=0.5V$$
$$WO_3+4H^++e=WO^{3+}+2H_2O \qquad \varepsilon^\circ=0.26V$$

因此在有还原剂存在的条件下，H_2MoO_4将优先被还原：

$$H_2MoO_4+3HCl+\frac{1}{2}H_2=MoOCl_3+3H_2O$$

生成的$MoOCl_3$在浓盐酸中有较大的溶解度，故进入溶液。在处理钼含量较高的白钨精矿时，可利用此原理除钼。所用的还原剂常为硅铁。

e．其他化合物。$CaCO_3$、Al_2O_3、Fe_2O_3等化合物均部分与盐酸作用，生成相应的盐进入溶液。

（2）动力学基础及影响分解率的因素

1）反应的机理　许多作者对白钨矿与盐酸反应的机理进行了研究，比较一致的结论是，通过生成物钨酸膜的扩散步骤是过程的控制性步骤，郑昌琼等的试验指出：过程中分解率 x 与浸出时间的关系服从下列方程式：

$$1-\frac{2}{3}x-(1-x)^{2/3}=kt$$

式中　k——常数，与温度及其他浸出条件有关；

t——浸出时间。

并求出在40～90℃时的活化能，对人造白钨而言为37.9kJ/mol，对白钨精矿而言为43.6kJ/mol。

2）影响分解率的因素　根据上述机理知，凡是能改善内扩散过程的因素都有利于提高分解率，温度的升高将使扩散系数增大；盐酸浓度（用量）提高有利于HCl向内部扩散；降低精矿的粒度实际上增大了反应面积，减小了钨酸膜的厚度；机械磨矿作用（即在磨机内进行分解）更有利于除去钨酸膜，因此这些对提高分解率显然都是有利的，根据实验；上述因素对分解率的影响如图1-2-11～1-2-13所示。

除上述工艺参数、设备类型外，原料成分亦有很大影响，由于黑钨矿的分解速度较白钨矿慢，因此原料含黑钨高（相应地含铁高），则分解率低，在这种情况下加入氧化剂将铁氧化成高价往往有利于提高分解率，也有利于钨酸的洗涤，但不利的是，它使砷、钼的硫化矿氧化，砷成 H_3AsO_4 进入溶液，使钨在酸母液中以杂多酸形态的损失增加。

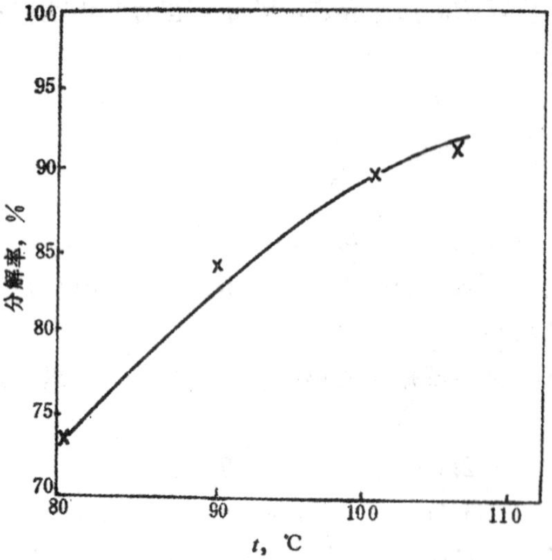

图 1-2-11　温度对分解率的影响

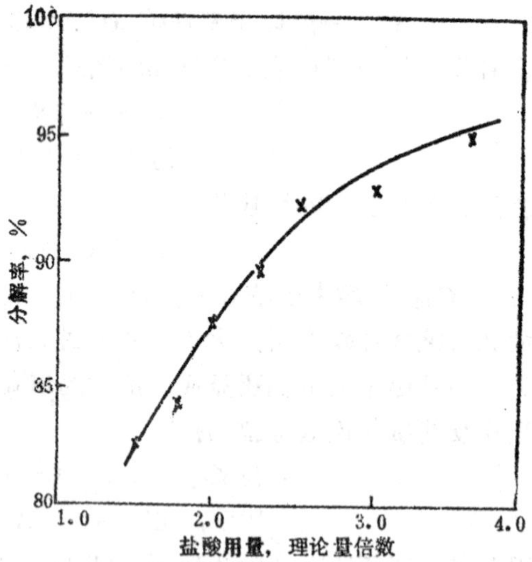

图 1-2-12　盐酸用量对分解率的影响

上述各种参数除影响分解率外，亦影响到杂质的分配，华昌公司处理含71.4%WO_3、1.15%Mo的白钨精矿时，除钼程度与盐酸用量、盐酸浓度的关系如图1-2-14、1-2-15所示。从图可知，增加酸用量和酸浓度，相应地提高 H_2MoO_4 在酸母液中的溶解度，有利于除钼。

2．工业实践

（1）原则流程　如图1-2-16所示，精矿往往先进行预处理，即在700～800℃下进行

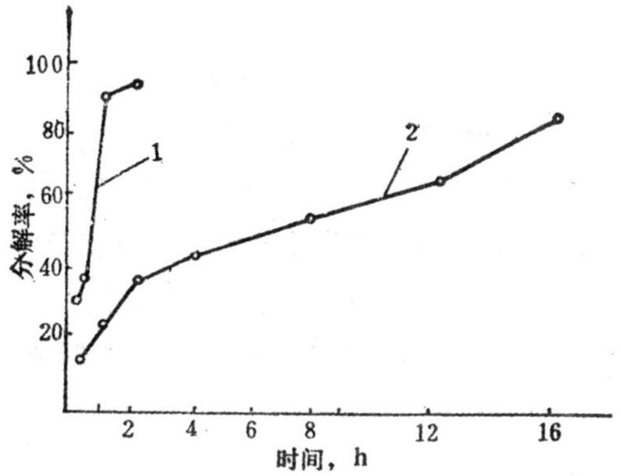

图 1-2-13　机械搅拌与热球磨分解对比
（20°C，HCl起始浓度5%，HCl过量100%）
1—热球磨；2—机械搅拌

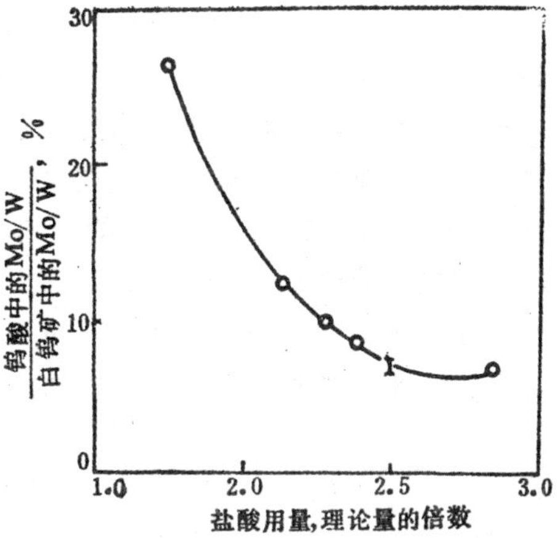

图 1-2-14　除钼程度与盐酸用量的关系（图中圆点为一次试验数据，杆条为 6 次的平均数）

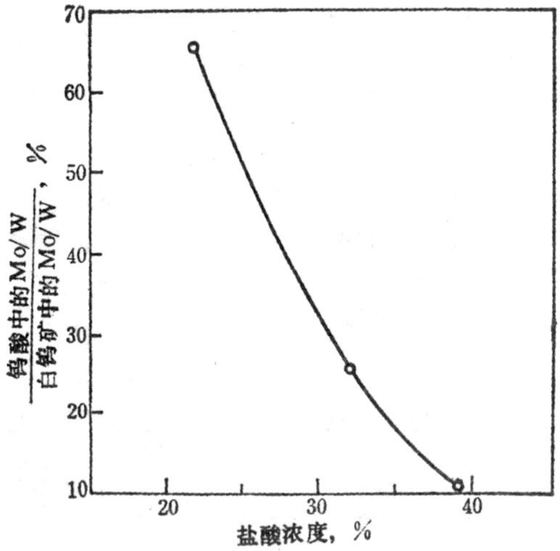

图 1-2-15　除钼程度与盐酸浓度的关系（80°C，HCl用量为理论量1.77倍，浸出4h）

焙烧（其作用参见苏打高压浸出部分），然后磨至95%小于0.043mm，再与盐酸进行反应，所得的钨酸经过滤洗涤后，经氨溶、结晶即可得APT。但处理质量较差的白钨精矿时，所得的粗钨酸氨溶率低，且氨溶母液不易提纯，故此时常用NaOH代替NH_4OH进行浸出，浸出率可达98%，所得的Na_2WO_4溶液亦便于净化。现将流程中的主要过程详细介绍如下。

（2）酸分解过程

1）设备　目前工业上采用的设备类型有：

a．搅拌浸出槽　其结构与一般搅拌浸出槽相似，不同点在于：由于盐酸腐蚀性强，同时过程中由于$Ca_5(PO_4)_3F$被酸分解而产生腐蚀性的HF，因此对设备的防腐有严格要求，一般在钢壳内衬橡胶或石墨砖，并且因衬有橡胶，故不能用夹套加热而采用直接蒸气加热。同样其搅拌器也应衬橡胶。

b．热球磨机　有利于破坏矿粒表面生成的H_2WO_4膜，加快反应速度，其结构如图1-2-17所示。

2）工艺过程　分间断作业的搅拌分解、热球磨分解、连续分解等三种工艺。

a．间断作业搅拌分解　将工业盐酸加入衬胶的搅拌槽，加热至70～80℃后，缓慢加入已磨好的、密度为1.8～2g/cm³的白钨矿矿浆，至酸度降为130～150g/l为止，然后升温至105±2℃，沸腾0.5h，加入矿量0.1～0.15%的硝石（当原料含砷高时，则不加硝石），再煮沸约1h，控制最终酸度为90～110g/l，（当原料含钼高则控制为140g/l左右），即可过滤洗涤。白钨精矿搅拌分解时，盐酸消耗量约为理论量的3～4倍，白钨矿的分解率可达99%。

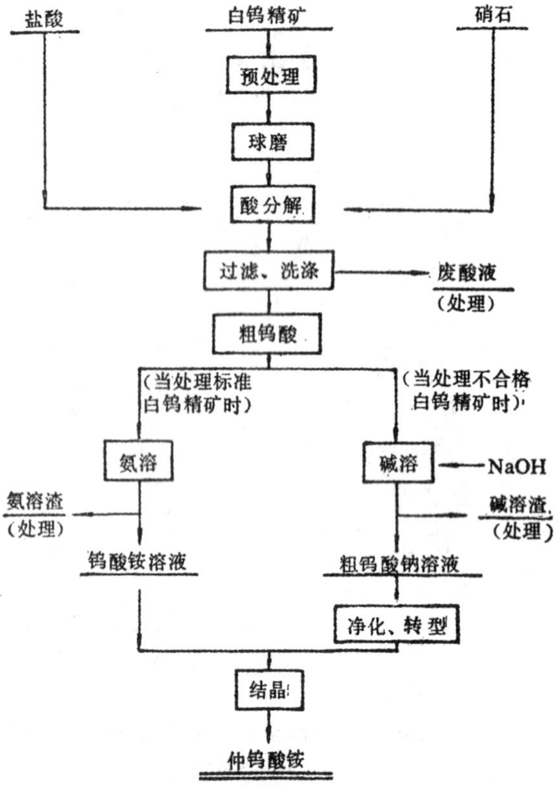

图 1-2-16　盐酸分解法处理白钨精矿生产APT的原则流程

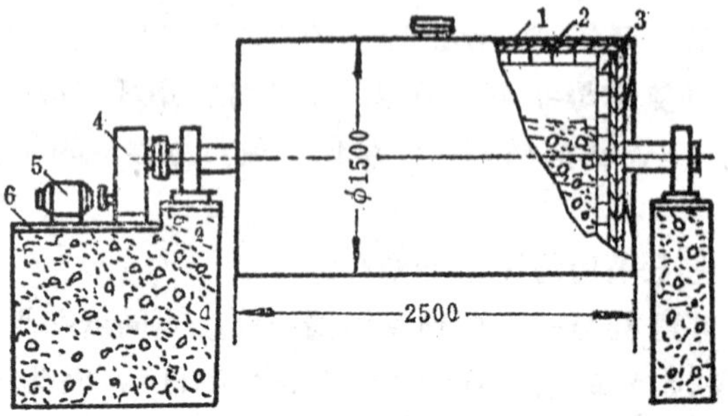

图 1-2-17　酸分解用热球磨机示意图

1—钢质筒体；2—耐酸胶；3—石英砖；4—减速机；5—电动机；6—钢筋混凝土机架

b．热球磨分解　将热盐酸与矿同时加入热球磨机进行球磨分解，酸用量约为理论量的1.5倍，温度55～60℃，4～5h，白钨矿的分解率可达99%。

c．连续分解　将白钨精矿矿浆与盐酸加入一个四级连续浸出系统，各级温度依次升高，分别为60，70、80、90℃，矿浆连续流过此四个槽，总停留时间为2h，本工艺具有分解率高，易于控制等优点。

（3）钨酸的过滤洗涤　洗涤过程为酸分解的关键过程之一，分解所得的粗钨酸经过滤后，其中还残有溶液，应仔细洗涤以除去残液及其中所含的杂质如Ca^{2+}、Fe^{3+}等，一般在Fe^{3+}基本上洗尽以前应保持洗水pH<2，以防止Fe^{3+}成$Fe(OH)_3$沉淀，洗涤的技术要求是：粗钨酸的pH≥4，当制取高纯WO_3时，要求Ca≤0.01%，Fe≤0.01%。当制取工业钨酸则Ca≤0.03%。

（4）钨酸的氨溶　其反应为：

$$H_2WO_4+2NH_4OH=(NH_4)_2WO_4+2H_2O$$

在粗钨酸中原未被分解的矿粒（如少量白钨、黑钨、毒砂、SiO_2等）均进入不溶残渣，钨酸中夹带的Fe^{3+}、Fe^{2+}、Mn^{2+}等则大部分成氢氧化物进入渣，但在碱度较高的情况下，极少数以$[Fe(NH_3)_2]^{2+}$、$[Fe_2(OH)_2]^{4+}$形态进入溶液。

钨酸中原有的H_2MoO_4、H_3AsO_3、H_3PO_4等均形成相应的铵盐进入溶液，为除磷砷可加$MgCl_2$或MgO，使之以铵镁盐形态除去，$MgCl_2$的用量为理论量的3～4倍（见第三章第二节），如美国特立戴恩华昌公司在氨溶时，每公斤WO_3加0.05kgMgO，则最终产出的APT含磷由20～50ppm降至10ppm。

氨溶过程可在搪瓷反应锅中进行，为防止因局部碱度不够而产生仲钨酸铵沉淀，一般是先按每公斤钨酸加水1.2～1.5kg进行调浆并加热到70～80℃，然后缓慢加入激烈搅拌的氨水中（含$NH_3$25～28%），大体上每公斤WO_3需28%的氨水1～1.5L，氨溶温度为50℃左右，当料浆比重达1.28～1.32（相当于含$WO_3$300～350g/l），停止加热，继续搅拌约0.5h，最终要求溶液含游离氨25～30g/l。

（5）氨溶渣的处理　上述氨溶过程的氨溶渣的产出率约相当于白钨精矿重量的10～18%，其中WO_3的形态主要有黑钨矿、白钨矿以及未溶解的钨酸。渣中所含WO_3量占精矿量的4～10%，应进一步回收，回收的方法可用苏打高压浸出法、苛性钠浸出法或二次酸分解法，有关工艺参见本章的第二、三节，一般可回收渣中WO_3量的80～90%。

（6）盐酸分解法处理白钨精矿生产仲钨酸铵的单耗　本工艺处理白钨精矿制取APT的单耗如表1-2-9所示。

表 1-2-9　盐酸分解法处理白钨精矿生产APT的单耗，t/tWO_3

品　名	白钨精矿	盐　酸	氨　水	氯化铵	氯化镁	苛性钠
规　格	65%WO_3	工　业	工　业	工　业	工　业	工　业
数　量	1.6～1.7	4～5	1.7～1.9	0.02～0.03	0.05～0.06	0.14～0.15

二、硝酸分解法

由于盐酸腐蚀性强，难以找到适当的耐腐材料，而对硝酸具有优良抗腐性的材料易于获得（如不锈钢等），而且HNO_3分解的废酸液可处理成氮肥，因而HNO_3分解白钨矿工艺已用于工业生产。

硝酸分解法的流程与盐酸分解法大同小异。

1．基本原理

（1）主要反应　白钨与硝酸的反应为

$$CaWO_{4(s)}+2HNO_{3(aq)}=H_2WO_{4(s)}+Ca(NO_3)_{2(aq)}$$

T.锡加西鲁等测得其平衡常数为757。

生成的H_2WO_4在HNO_3中的溶解度仅0.01～0.04g/l，故H_2WO_4应基本上保留在渣相，苏联学者在热球磨机中进行的实验表明，残酸液中含WO_3达40～50g/l，他们认为其中的WO_3主要以胶体形态存在，同时部分成杂多酸，为降低溶液中的WO_3损失，他们建议在分解末期向矿浆加氨水中和到pH＝2，此时大部分WO_3沉淀，母液含WO_3降到1～1.5g/l。

硝酸分解时原矿中所有的硫化矿均被氧化成相应的硝酸盐进入溶液，精矿中的钼只有少量（1～3%）进入溶液，因在100℃左右H_2MoO_4在HNO_3中的溶解度甚小（1～3g/l）。

（2）影响分解率的因素　В.Г.米哈依洛娃等曾用热球磨分解法研究各种参数对分解率的影响，所用的精矿成分为（%）51.16WO_3；4.67Mo；0.016P；0.006As，结果如表1-2-10，1-2-11及图1-2-18所示，从图及表可知，分解率随着硝酸用量的增加而增加，在硝酸用量一定的情况下，固液比过高或过低对分解率都不利，过高则矿浆的粘度大，过低则溶液中HNO_3浓度太低，都不利于反应的进行。温度的升高有利于提高分解率，但是当温度超过140℃则CaF_2迅速与HNO_3反应：

表 1-2-10　硝酸用量及分解时间对分解率的影响

（温度：120°C，固：液＝1：1.75；球磨机转速：临界转速的80%）

硝酸用量	硝酸浓度 %	分解率，%				
		0.5h	1h	2h	4h	8h
1	27	69.4	73.7	78.3	83.1	86.2
1.1	29	77.2	84.0	88.0	91.5	92.6
1.2	32	83.2	87.8	92.5	94.5	98.1

注：硝酸用量的单位为按原料中钙含量计算的理论量倍数。

表 1-2-11　固液比（硝酸浓度）对分解率的影响

（温度：120°C；酸用量：理论量的1.2倍；时间：1h）

固：液	1：5.6	1：1.75	1：1.4	1：0.97
硝酸浓度，%	10	32	40	58
分解率，%	64	87.3	86.3	79.5

$$CaF_2 + 2HNO_3 = H_2F_2 + Ca(NO_3)_2$$

由于上述反应而大量消耗硝酸，以致140℃的分解率反而低于120℃。

除上述因素外，分解方式对分解率有明显影响，由图1-2-18可知，在有球进行球磨的条件下，其分解率明显地比没有球时为高。特别应当指出的是苏联学者的实践表明，采用

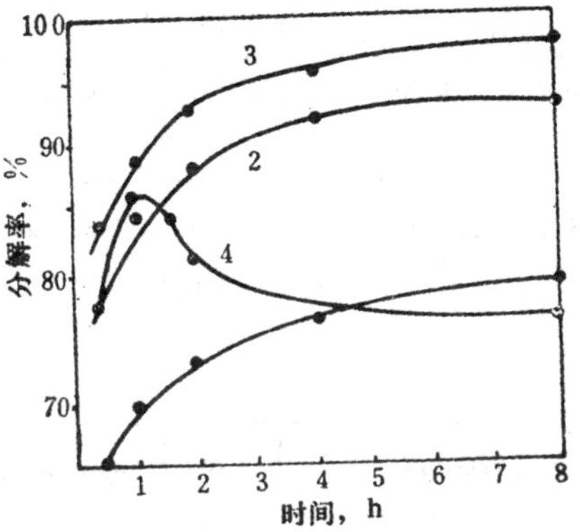

图 1-2-18　分解方式及温度对分解率影响

1—固：液＝1：1.75；120℃；HNO_3用量为理论量1.1倍；无球；2—有球；其他条件同1；3—HNO_3用量为理论量1.2倍，其他同2；4—140℃；其他同3

超声波活化能大幅度地强化反应速度，在处理白钨精矿时，当无超声波活化，则在硝酸用量为理论量的360%、90℃、4h，分解率仅93.7%，而有超声波活化时，在80℃，硝酸用量为理论量150%，分解1.5h，分解率达98%左右，这种情况在其他的浸出过程中也值得参考。

2．工业实践　硝酸分解白钨精矿的设备与盐酸分解法大同小异，但浸出槽由不锈钢做成，不衬胶，在温度为100～120℃，硝酸用量为理论量的1.7～2.0倍（按精矿中总CaO计，若按三氧化钨计，则为理论量3.70～4.0倍），分解3h，则分解率达98%，但若分两段浸出则酸用量可降低。

第五节　苏打烧结法

苏打烧结法既适用于处理黑钨精矿，也适用于处理白钨精矿或黑钨白钨混合的低品位中矿，但由于其许多技术经济指标（如回收率、能耗等）往往略低于上述各种湿法分解的方法，因此有逐步被取代的趋势。

一、主要反应及其物理化学原理

1．黑钨矿　当无氧化剂存在时，黑钨矿与苏打在高温下进行如下反应：

$$(Fe, Mn)WO_4 + Na_2CO_3 = Na_2WO_4 + FeO(MnO) + CO_2$$

当有氧化剂O_2或硝石存在则：

$$(Fe,Mn)WO_4 + Na_2CO_3 + \frac{O_2}{4}$$

$$= Na_2WO_4 + \frac{1}{2}Fe_2O_3(\text{或}Mn_3O_4) + CO_2$$

表 1-2-12 苏打烧结过程中主要反应的ΔG°与温度的关系

(298～969K)

反应及其编号	ΔG°, J
$FeWO_{4(s)}+Na_2CO_{3(s)}=Na_2WO_{4(s)}+FeO_{(s)}+CO_{2(g)}$ (1-2-11)	$\Delta G^\circ=105000+28.64T-35.42T\ln T+0.074T^2-1.49\times10^5/T$
$MnWO_{4(s)}+Na_2CO_{3(s)}=Na_2WO_{4(s)}+MnO_{(s)}+CO_{2(g)}$ (1-2-12)	$\Delta G^\circ=107700+0.18T-30.56T\ln T+0.073T^2-0.44\times10^5/T$
$FeWO_{4(s)}+Na_2CO_{3(s)}+\frac{O_2}{4}=Na_2WO_{4(s)}+\frac{1}{2}Fe_2O_{3(s)}+CO_{2(g)}$ (1-2-13)	$\Delta G^\circ=-41634+28.57T-25.28T\ln T+0.059T^2+1.645\times10^5/T$
$MnWO_{4(s)}+Na_2CO_{3(s)}+\frac{1}{6}O_2=Na_2WO_{4(s)}+\frac{1}{3}Mn_3O_{4(s)}+CO_{2(g)}$ (1-2-14)	$\Delta G^\circ=31500+15.93T-27.40T\ln T+0.07T^2-0.605\times10^5/T$
$CaWO_{4(s)}+Na_2CO_{3(s)}=Na_2WO_{4(s)}+CaO_{(s)}+CO_{2(g)}$ (1-2-15)	$\Delta G^\circ=175000+21.33T-31.66T\ln T+0.072T^2+1.19\times10^5/T$
$CaWO_{4(s)}+Na_2CO_{3(s)}+\frac{1}{2}SiO_2=\frac{1}{2}Ca_2SiO_{4(s)}+Na_2WO_{4(s)}+CO_{2(g)}$ (1-2-16)	$\Delta G^\circ=104200+7.13T-28.42T\ln T+0.067T^2+5.29\times10^5/T$

(Fe, Mn)WO_4的热力学数据随其成分而变，为简单起见按$FeWO_4$及$MnWO_4$近似研究其热力学问题，有关反应的标准自由焓变化如表1-2-12及图1-2-19所示。从表及图可知，有氧化剂存在的条件下，有利于苏打烧结反应的进行，为此对黑钨精矿而言，一般生产过程中都配入硝石作氧化剂，当然炉气中的氧气虽然分压较小也足以使上述反应向右进行。

2. 白钨矿　当无SiO_2存在时　白钨矿与苏打的反应为：

$$CaWO_4+Na_2CO_3=Na_2WO_4+CaO+CO_2 \quad (1\text{-}2\text{-}15)$$

或

$$CaWO_4+Na_2CO_3=Na_2WO_4+CaCO_3$$

反应（1-2-15）的标准自由焓变化ΔG°与温度的关系如表1-2-12，图1-2-19所示，从表可知，在标准状态下反应（1-2-15)不能自动进行，但在1100K当系统中CO_2分压小于10^{-3}MPa时，则反应将向生成Na_2WO_4和CaO的方向进行。为避免浸出过程中CaO与Na_2WO_4进行二次反应生成$CaWO_4$沉淀，应加入足够量的SiO_2，随着SiO_2量的不同而分别生成$CaO\cdot SiO_2$、$3CaO\cdot 2SiO_2$，$2CaO\cdot SiO_2$：

$$CaWO_4+Na_2CO_3+SiO_2=Na_2WO_4+CaO\cdot SiO_2+CO_2$$

$$3CaWO_4+3Na_2CO_3+2SiO_2=3Na_2WO_4+3CaO\cdot 2SiO_2+3CO_2$$

$$2CaWO_4+2Na_2CO_3+SiO_2=2Na_2WO_4+2CaO\cdot SiO_2+2CO_2$$

有人根据热力学计算，认为白钨矿烧结过程中，炉料中CaO/SiO_2之摩尔比以1.5～2

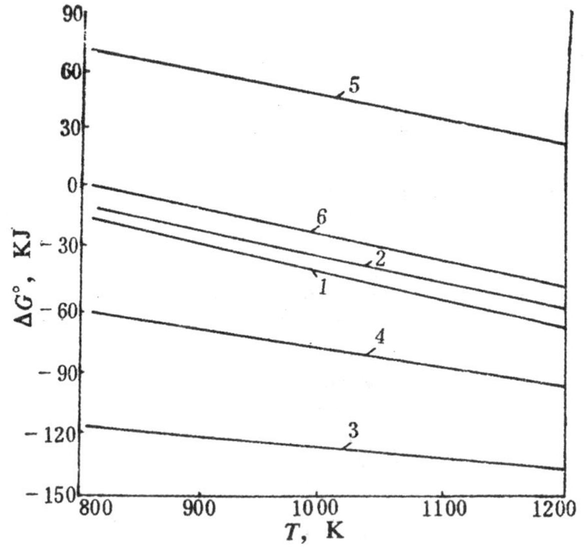

图 1-2-19 苏打烧结过程中某些反应的$\Delta G°$与温度的关系

1—反应（1-2-11）；2—反应（1-2-12）；3—反应（1-2-13）；4—反应（1-2-14）；5—反应（1-2-15）；6—反应（1-2-16）

为宜，这一计算结果在实践中得到证实。

3．杂质行为 原料中的硅、磷、砷、钼等杂质将发生下列反应，生成相应的钠盐：

$$MoS_2+4\frac{1}{2}O_2+3Na_2CO_3=Na_2MoO_4+2Na_2SO_4+3CO_2$$

$$As_2S_3+7O_2+6Na_2CO_3=2Na_3AsO_4+3Na_2SO_4+6CO_2$$

$$Al_2O_3+Na_2CO_3=2NaAlO_2+CO_2$$

$$SiO_2+Na_2CO_3=Na_2SiO_3+CO_2$$

$$Ca_5(PO_4)_3F+5Na_2CO_3=5CaCO_3+3Na_3PO_4+NaF$$

过量的苏打亦能与部分SnO_2、Fe_2O_3反应生成相应的锡酸盐和铁酸盐。在烧结块浸出过程中，磷、砷、硅、钼、铝的钠盐与钨酸钠一道进入溶液，$NaFeO_2$则发生水解：

$$2NaFeO_2+2H_2O=Fe_2O_3\cdot H_2O+2NaOH$$

此外，部分$NaAlO_2$亦与Na_2SiO_3作用生成$Na_2O\cdot Al_2O_3\cdot 2SiO_2$沉淀：

$$2Na_2SiO_3+2NaAlO_2+2H_2O=Na_2O\cdot Al_2O_3\cdot 2SiO_2+4NaOH$$

此反应有利于溶液的脱硅。

二、工业实践

苏打烧结法处理黑钨精矿、白钨精矿及黑钨白钨混合矿的原则流程如图1-2-20所示，钨精矿或黑钨白钨混合中矿经磨矿后，进行配料。配料时除加入苏打外还应根据物料的性质加入硝石(对黑钨矿或黑钨白钨混合矿而言)或石英(对白钨精矿或黑钨白钨混合矿而言)，此外由于Na_2WO_4及Na_2CO_3的熔点低，它们的熔点分别为695℃和850℃，它们的共晶温度则更低，为防止在烧结过程中熔化、结炉，应加入返渣，将炉料中WO_3品位降至20%左右，这是使烧结过程连续化的重要保证。配料过程中的配料比随物料而变，如表1-2-13所示。

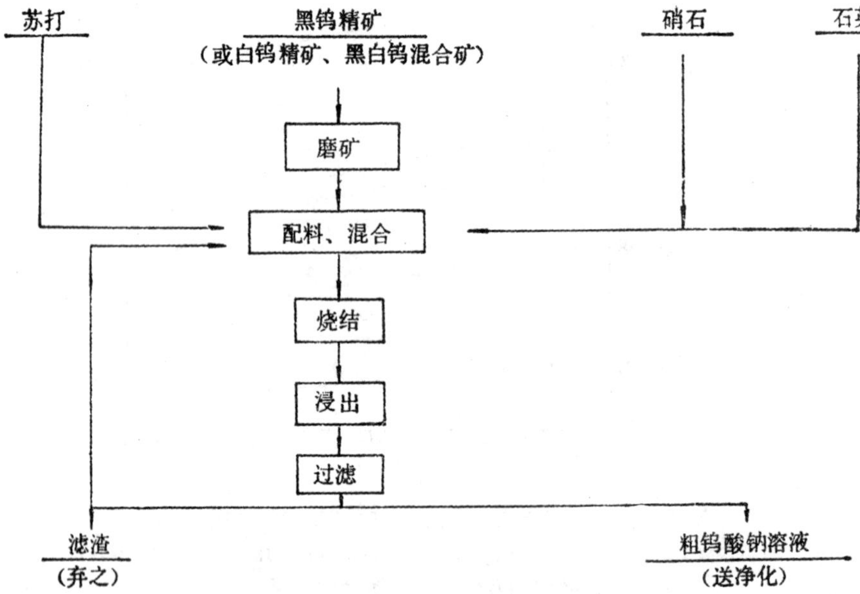

图 1-2-20 苏打烧结法处理黑钨精矿、白钨精矿及黑钨白钨混合中矿的原则流程

表 1-2-13 苏打烧结法处理钨矿物原料的技术条件

原料名称	配料				烧结温度 ℃	分解率 %
	苏打（理论量倍数）	硝石	石英	食盐		
黑钨精矿	1.2～1.5	精矿重的1～4%	—	适量	800～900	97～99
白钨精矿	1.5～2.0	—	CaO重的50～80%	适量	800～900	95左右
黑钨、白钨混合中矿含(%)12.2，WO_3；9，CaO；25.5，SiO_2	9～10	—	—	适量	800～950	97

经配料混合后的料进行烧结，对小型生产而言，烧结过程可在反射炉中进行，对大型生产而言，常在回转窑中进行，回转窑的结构如图1-2-21所示。窑身为钢板焊成，内衬耐火砖，窑身通过支撑环轮支承在支承轮3，4上，并通过电机及传动装置进行旋转，转速约2～3r/min。窑身安装时略倾斜，倾角约3°，因而料由炉尾加入后，将随着窑的转动而逐步移动到窑头卸出，窑头烧重油或粉煤，因而高温气流与物料逆流运动。一般对ϕ2.2×20m的窑而言，每天可处理炉料（含WO_3约20%）25t。

物料由窑尾入炉后，随着其向窑头的移动，温度逐步升高到800～900℃，最后由窑头卸入棒磨机进行湿磨，同时进行浸出，经过滤后浸出液一般含190～270g/lWO_3，比重约1.3～1.4，送净化处理。过滤渣一部分返回配料，一部分可进一步回收其他有价元素，如钽、铌、钪等。

与苏打烧结法相似，苏联学者发明了白钨精矿的电热熔合法，其实质是：将白钨精

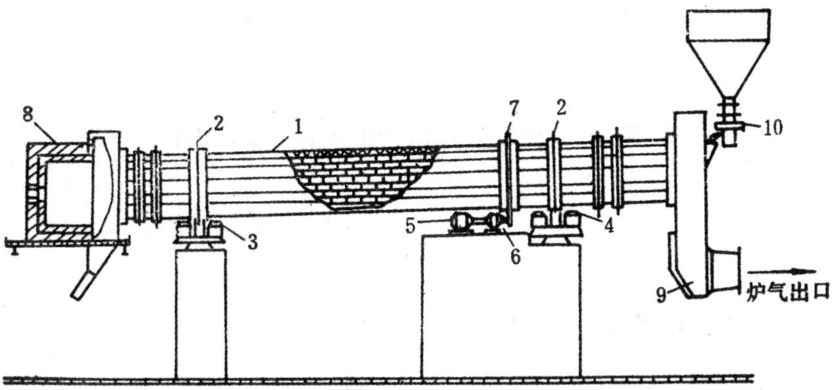

图 1-2-21 回转窑结构示意图

1—窑身；2—支撑环轮；3、4—支承轮；5—电动机；6—减速器；7—大齿轮；8—燃烧室；9—废气室；10—加料器

矿、石英、苏打配料混合，在1400～1500℃左右在电炉中进行熔合，此时发生下列反应：

$$2CaWO_4 + SiO_2 + 2Na_2CO_3 = 2Na_2WO_4 + Ca_2SiO_4 + 2CO_2$$

$$Na_2CO_3 + SiO_2 = Na_2SiO_3 + CO_2$$

高温下硅酸盐与钨酸钠互不相溶，故分层，上层主要是Ca_2SiO_4和$Na_2Ca_2Si_3O_9$和$Na_2Ca_2Si_6O_{15}$，下层主要为Na_2WO_4及少量钠钙的硅酸盐和二次白钨，冷却后将下层用水浸得Na_2WO_4溶液，此外还有3～3.5%的水不溶渣（即上述钠钙硅酸盐和二次白钨），其主要技术条件为：温度1400～1500℃，苏打用量为理论量的160～165%，炉料中CaO/SiO_2为(1.22～1.25)/1，最终硅酸盐渣含WO_3<2.5%。

第六节　分解钨矿物原料的其他方法

一、氯化法

氯化法处理钨矿物原料有一系列优点，主要是：

（1）氯的活性强，因而分解率高，金属回收率高；

（2）许多金属氯化物的沸点低，同时它们的沸点有一定差距，因而可利用蒸气压的不同进行分离提纯，即易得到纯氯化物；

（3）氯化物的氢还原过程为气相反应，易于制取超细粉末或镀层；

（4）易于综合回收有价元素。

因此，它是分解钨矿物原料的有前途的方法之一，目前氯化法在钨冶金中尚处于小规模生产阶段，它主要用以分解钨矿物原料或钨废料进而制取钨粉，用以综合回收钨矿物中的有价元素(如锡等)，现主要将分解矿物原料的过程简单介绍如下。

1．基本反应及其物理化学原理　在W-Cl-O系中存在WO_2Cl_2、$WOCl_4$、WCl_6、WCl_4、WCl_2等一系列化合物，在氯化过程中随着温度及系统中氯位及氧位的不同，将进行不同反应分别生成上述单个化合物或它们的混合蒸气，主要反应为（以$FeWO_4$为代表，$MnWO_4$、$CaWO_4$与之类似）：

$$FeWO_4 + 2\frac{1}{2}Cl_2 + C = FeCl_3(\text{或}FeCl_2) + WO_2Cl_2 + CO_2\ (\text{或}CO)$$

$$FeWO_4 + 3\frac{1}{2}Cl_2 + \frac{3}{2}C = FeCl_3(\text{或}FeCl_2) + WOCl_4 + \frac{3}{2}CO_2(\text{或}CO)$$

$$FeWO_4 + 3\frac{1}{2}Cl_2 + 2C = FeCl_3(\text{或}FeCl_2) + WCl_4 + 2CO_2(\text{或}CO)$$

$$FeWO_4 + 4\frac{1}{2}Cl_2 + 2C = FeCl_3(\text{或}FeCl_2) + WCl_6 + 2CO_2(\text{或}CO)$$

编者根据热力学原理系统绘制了1100K时W-Cl-O系及Fe-W-Cl-O系的热力学平衡图如图1-2-22、1-2-23所示，从图1-2-22可知，当温度为1100K则得到WO_2Cl_2、$WOCl_4$、WCl_4、WCl_6等的混合蒸气，同时系统中氧位越高，则混合蒸气中WO_2Cl_2含量越高，因此应保证足够的还原气氛。同样从图1-2-23可知，在$FeWO_4$氯化过程中控制适当条件可将铁与钨初步分离。

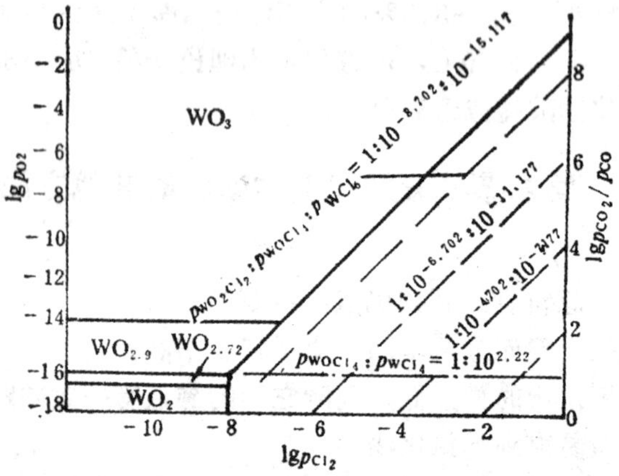

图 1-2-22 1100K时W-Cl-O系的热力学平衡图

2．简单工艺　钨矿物原料氯化的原则流程如图1-2-24所示。钨矿物原料首先与碳及粘结剂（在处理白钨精矿时，往往还加矿量5%左右的CaF_2）混合制团，加碳的目的主要是保证系统的还原气氛，有利于氯化反应的进行；制团的目的主要是保证炉料的透气性，团块经充分干燥脱水（这一点对所有稀有金属矿的氯化都是至关重要的，否则水将使生成的氯化物水解）后，进行氯化，氯化过程对钨矿物及氧化物而言通常在竖式氯化炉中进行，温度约800℃，氯化产生的混合氯化物蒸气进行冷凝，然后进行分离提纯，所得的纯氯化钨可水解而得WO_3，亦可用氢还原而制取钨粉或镀层。

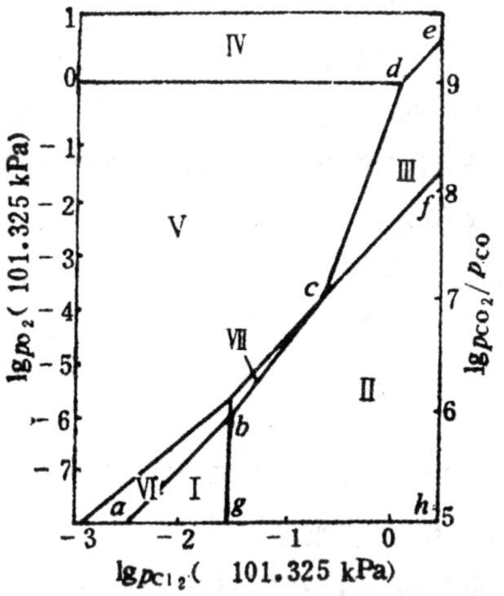

图 1-2-23 1100K时Fe-W-Cl-O系的热力学平衡图

Ⅰ：$FeCl_{2\,(l)}$，$WO_xCl_{y\,(g)}$；Ⅱ：$FeCl_{3\,(g)}$，WO_xCl_y；Ⅲ：$Fe_2O_{3\,(s)}$，$WO_xCl_{y\,(g)}$；Ⅳ：$Fe_2O_{3\,(s)}$，$WO_{3\,(s)}$；Ⅴ：$Fe_2O_{3\,(s)}$，$FeWO_{4\,(s)}$；Ⅵ：$FeWO_{4\,(s)}$，$FeCl_{2\,(l)}$；Ⅶ：$FeWO_{4\,(s)}$，$FeCl_{3\,(g)}$

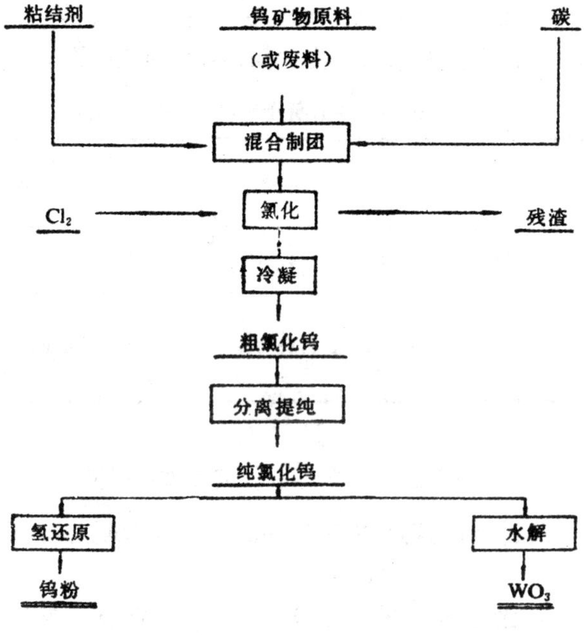

图 1-2-24 氯化法处理钨矿物原料或其他废料的原则流程

当氯化法处理废旧硬质合金或废钨丝、钨材时，工艺大同小异，其不同处主要是：由于原料中不含氧化物，因而不需配碳；生成物主要为WCl_4或WCl_6，一般不含WO_2Cl_2；由于原料的活性强，因而反应温度比处理矿物原料低，一般500℃即能使反应进行完全。

二、白钨精矿的氟化物浸出

其基本反应为：

$$CaWO_4+2F^-=WO_4^{2-}+CaF_2$$

当NaF用量为理论量时，225℃下浓度平衡常数为24.5，而在同样条件下用Na_2CO_3分解时，浓度平衡常数仅1.52，故试剂用量远较苏打压煮法少。A.H.节里克曼等对含WO_3分别为41.57%和33.7%的白钨中矿进行试验表明，225℃下当用苏打高压浸出，则苏打用量应分别为理论量的3倍和4倍。而NaF浸出时，用量仅为理论量的1.8倍左右，浸出率达99.2～99.8%。Л.M.佩尔洛夫等处理钨钼混合矿时，当在300℃下反应，仅5min钨的浸出率可达99.8%，钼的浸出率达96.9～97.8%。A.H.节里克曼的实验还指出，NaF浸出时具有溶液纯度较高，所产生的渣中含75～85%CaF_2，可作为有价值的副产品等特点。

除用NaF外，以NH_4F+NH_4OH作浸出剂更具有流程短的特点，其反应为：

$$CaWO_4+2NH_4F\xlongequal{NH_4OH}(NH_4)_2WO_4+CaF_2$$

根据热力学计算，20℃时，平衡常数$K=43.3$。

A.H.节里克曼等在实验室规模下，在回转式的压煮器中进行了试验，原料先在离心式行星磨机中机械活化，则在150℃下，NH_4F用量为理论量的2.5倍，溶液含10%NH_3，4h分解率达99.3%，浸出率随F^-浓度、温度、浸出时间、活化时间而变。

实验中杂质的浸出率很低，原料成分及浸出液中杂质含量对照如表1-2-14所示。

上述浸出液直接蒸发结晶，当结晶率为80%左右时，产出的APT含P、As、Mg均<0.001；Mo≤0.04；Si≤0.006；Fe≤0.003，浸出液中含F^-较高，但发现F^-为5～30g/l时，并不影响APT质量，在上述范围内APT含F保持在0.007%以内。

表 1-2-14　浸出所用原料及浸出液成分

成分 物料	WO_3	$Mo_{总}$	$Mo_{氧化}$	SiO_2	P	As	CaO	F^-
原矿，%	50.7	4.18	3.93	4.51	0.12	0.006	34.4	
浸出液，g/1	100～120		9～10	0.4～0.5	0.005～0.008	0.003～0.004		55～60

第七节　钨的二次金属回收

据不完全统计，在美国钨的再生率达25～30%，日本使用的“超硬工具”钨有31%左右得到回收。

当前钨二次金属回收的原料及其大致成分。以及各种原料所占大致比例如表1-2-15所示。

对上述物料的处理方法往往因物料性质及对最终产品的要求而异，废金属钨往往直接作炼钨钢的添加剂，废钨钢往往返回熔炼，这里主要介绍废碳化钨基硬质合金的回收方法。

一、直接粉碎回收

其特点是将废硬质合金粉碎后，直接返回制取新的硬质合金，为此要求事先对废料进行仔细清洗、分类，常用方法有：

1．冷流法　利用高速气流（达600～700m/sec）将废合金携带冲击固定的表面，使

表 1-2-15 钨二次金属回收的主要原料

原料名称		主要成分，%	所占比例%（美国1969年估计）
废碳化钨基硬质合金	矿山工具 采石工具	84～85W；10～12Co；4～6C；	50.67
	机加工具	45～90W；3～10Co；5～10C；0～28Ti 0～7Ta (Nb)	
高比重合金		97W	0.67
废金属钨		98～100W	12.67
废钨钢		5～20W	31.60
其他（废催化剂等）		16W；7Ni；45.8Si	5.06

之粉碎，同时气流在高速通过喷嘴时因膨胀而致冷，有利于防止物料氧化或渗氮。

2．热脆法 加热至1800℃后急冷，利用热应力使之破碎。

3．锌溶法 过程的实质为利用高温下锌与硬质合金的粘结相钴能形成合金，锌浸入钴基体引起该相膨胀，再将锌蒸馏除去，则硬质合金变成疏松多孔体，再粉碎返回使用。

主要指标为：

（1）锌溶（锌浸渍）工序：锌用量为废合金量的1～1.3倍，900～920℃，大于10h，锌纯度要求大于99.5%，保获气氛；

（2）蒸馏工序：温度910～950℃，真空度0.7～14kPa；

（3）产品成分：增铁约0.1%，脱碳约0.12～0.15%，增氧约0.1%；

（4）经济指标：能耗3.6kWh/kg。

二、溶掉粘结相——钴，再粉碎回收WC，常用的方法有

1．酸浸研磨法 利用酸溶掉钴，因而WC成松散状。

2．电溶解法 利用阳极氧化法使钴氧化溶出，而WC残留在阳极中，电耗约16kWh/kg。

三、化学法回收

实质是将废合金全部氧化（或氯化），再从氧化物中用提取冶金的方法回收钨及其他有价元素。较上述方法而言，这类方法流程长，成本高，但对原材料适应性广，产品的适用性广，常用的方法有硝石（或空气）氧化法，将废合金与硝石反应：

$$WC+2NaNO_3+1\frac{1}{2}O_2=Na_2WO_4+CO+2NO_2(\text{或}NO)$$

所生成的Na_2WO_4块可按一般冶金方法制成APT或其他钨制品。

主要指标：硝石用量约为每吨合金1t。温度900～1200℃，由合金至APT的回收率～94%。

硝石法的缺点是产生大量腐蚀性气体NO_2、NO，若用空气或富氧氧化则能免除此问题。利用工业中廉价的Na_2SO_4作氧化剂，亦能取得很好效果。

思 考 题

1. 试比较苏打高压浸出法、苛性钠浸出法、盐酸分解法的优缺点。

2. 已知200°C时，Na_2CO_3分解$CaWO_4$的浓度平衡常数为1.45，试计算为保证$CaWO_4$完全分解所需的Na_2CO_3过量系数（不考虑其他杂质所消耗的Na_2CO_3）。

3. 试根据工艺过程的特点分析苏打烧结过程对设备的要求。

第三章　纯钨化合物制取

第一节　概　述

用碱法（如苏打烧结法、氢氧化钠浸出法）分解钨矿物原料所得的粗钨酸钠溶液及酸法分解白钨精矿所得的粗钨酸中，都含有某些杂质，特别是磷、砷、硅、钼。这些杂质的含量取决于原料的成份和具体的分解方法、分解条件，对粗钨酸钠溶液而言其中Si/WO_3约为0.5～2%，As/WO_3约为0.01～1%，Mo/WO_3约为0.1～0.4%，此外用苏打高压浸出法分解含萤石的白钨精矿时，溶液中F/WO_3达1～4%，而生产工业钨酸要求Na_2WO_4溶液中Si/WO_3、As/WO^3、P/WO_3、Mo/WO_3分别小于0.03%、0.010%、0.015%和0.1%，对高纯WO_3则要求更高。溶液中过多的F^-存在对除钼过程及萃取过程都不利，因此应对粗钨酸钠溶液或粗钨酸进行进一步处理。其目的一方面是除去杂质以保证产品三氧化钨或仲钨酸铵（APT）的纯度要求，我国WO_3的国家标准如表1-3-1所示；另一方面应保证产品有一定的物理性能，主要是其粒度和粒度组成，因WO_3或APT的粒度和粒度组成直接影响到钨粉的性能及碳化钨的性能，并进而影响到钨坯条及硬质合金的质量。

为达到上述要求，目前工业上净化粗钨酸钠溶液以生产纯三氧化钨或APT的主要方法有以下三类：

（1）经典的化学净化法；

（2）萃取法，它往往与经典净化法中的某些工序结合使用；

（3）离子交换法。

应当指出，目前上述三类方法不能截然分开，一般应根据具体情况（如原料的纯度、产品要求等）将各类方法有机组合成合理流程，另外也应指出，化学净化法为老方法，其流程较长，金属回收率较低，三废排放量较大，正在逐步被后两类方法所代替。

钨酸钠溶液净化的原则流程如图1-3-1所示。

白钨精矿酸分解所得粗钨酸的净化方法主要是氨溶结晶法，其原则流程与图1-3-1中人造白钨酸分解后制取APT的流程大体相同。

第二节　化学净化法

一、粗钨酸钠溶液的净化

1．净化除磷、砷、硅、氟

（1）基本原理

1）除硅　在钨酸钠碱性溶液（pH14左右）中，硅一般以SiO_3^{2-}形态存在，为除硅一般用中和法，即用酸或氯气将溶液中和到pH8～9，则Na_2SiO_3水解成偏硅酸沉淀。

$$Na_2SiO_3 + 2HCl(或H_2SO_4) = H_2SiO_3\downarrow + 2NaCl(或Na_2SO_4)$$

同时从表1-3-2可知，在下一步用$MgCl_2$除磷、砷、硅、氟时，硅亦可进一步以$MgSiO_3$形态沉淀除去，故当控制恰当，则溶液中Si/WO_3值不难降到0.02%以下。但在除硅的过程

表 1-3-1 我国的三氧化钨国家标准

产品牌号			FWO_3-1	FWO_3-2	FWO_3-3
化学成份，%	WO_3含量，不小于%		99.95	99.9	99.5
	杂质含量，不大于	Pb	0.0005	0.001	—
		Bi	0.0005	0.001	—
		Sn	0.0007	0.001	—
		Sb	0.001	0.001	—
		As	0.002	0.002	0.010
		Fe	0.001	0.005	0.010
		Al	0.001	0.001	0.002
		Si	0.002	0.003	0.008
		Ni	0.0007	0.002	—
		Ca	0.002	0.003	(Ca+Mg)
		Mg	0.001	0.004	0.015
		K	0.002	0.002	(K+Na)
		Na	0.002	0.004	0.015
		Cu	0.0007	0.001	—
		Mn	0.001	0.002	—
		Mo	0.005	0.03	0.10
		P	0.0007	0.004	0.015
		S	0.001	0.001	0.007
		氯化残渣	—	—	0.07
	煅烧损失		0.5	0.5	0.5

中应特别注意防止胶态硅酸的生成，胶态硅酸使溶液粘稠难以过滤，同时胶态硅酸颗粒往往容易穿过过滤介质，使滤液中含硅升高。为防止形成胶态硅，除硅作业应在煮沸的条件下进行，必要时加入少量絮凝剂。

2）除磷、砷、氟　在除磷砷时，氟往往同时被除去，故主要介绍除磷、砷的原理。

磷酸或砷酸属三元酸，在水溶液中将发生如下电离反应（对H_3PO_4而言）：

$$H_3PO_4 = H^+ + H_2PO_4^-$$

其电离常数

$$K_1 = [H^+][H_2PO_4^-]/[H_3PO_4] = 7.51\times10^{-3} \quad (1\text{-}3\text{-}1)$$

$$H_2PO_4^- = H^+ + HPO_4^{2-}$$

其电离常数

$$K_2 = [H^+][HPO_4^{2-}]/[H_2PO_4^-] = 6.23\times10^{-8} \quad (1\text{-}3\text{-}2)$$

$$HPO_4^{2-} = H^+ + PO_4^{3-}$$

其电离常数

$$K_3 = [H^+][PO_4^{3-}]/[HPO_4^{2-}] = 2.2\times10^{-13} \quad (1\text{-}3\text{-}3)$$

因此在Na_2WO_4溶液中杂质磷是以H_3PO_4、$H_2PO_4^-$、HPO_4^{2-}、PO_4^{3-}四种形态存在，溶液中磷的总量为四者之和，即：

$$P_T = P_{PO_4^{3-}} + P_{HPO_4^{2-}} + P_{H_2PO_4^-} + P_{H_3PO_4}$$

式中　P_T——溶液中磷的总量。

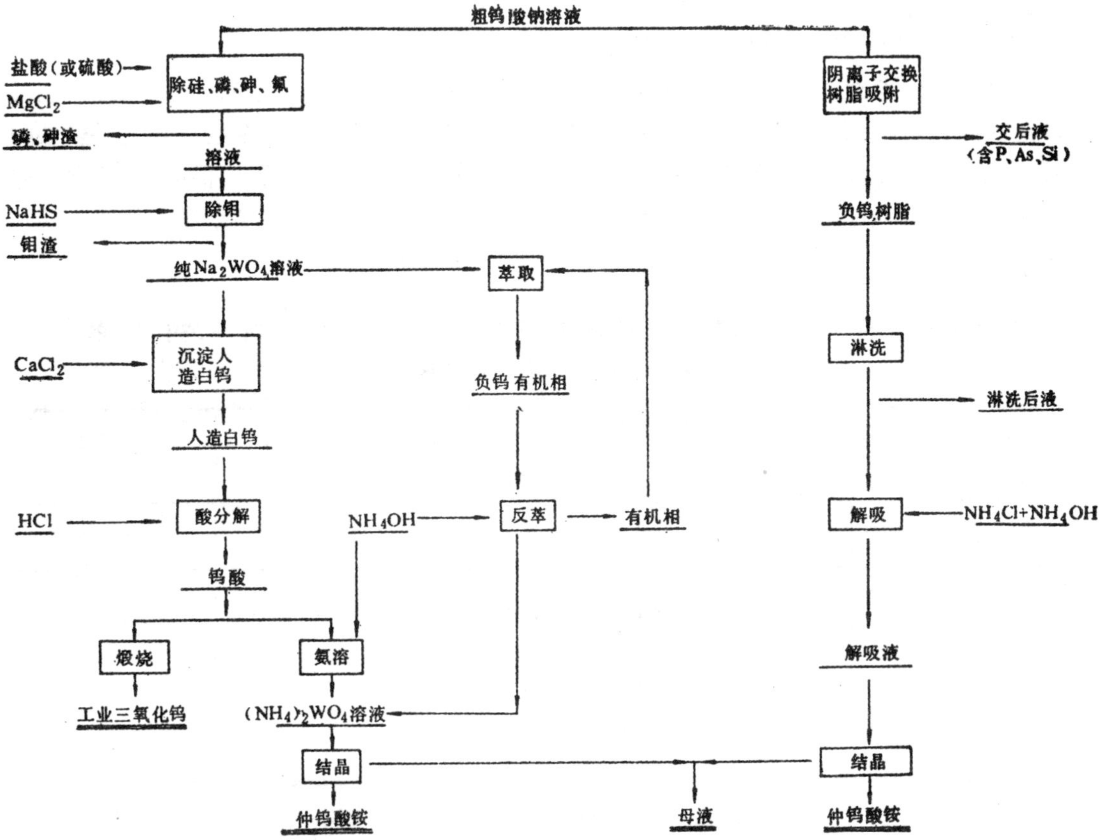

图 1-3-1　粗钨酸钠溶液净化的原则流程

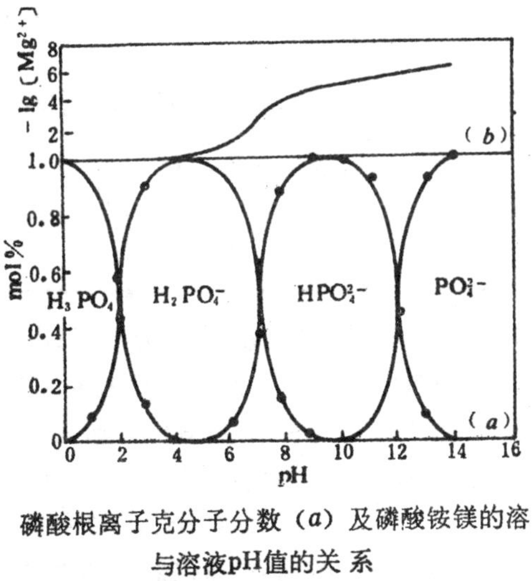

图 1-3-2　磷酸根离子克分子分数（a）及磷酸铵镁的溶解度（b）与溶液pH值的关系

根据上述电离反应的电离常数可进一步推出：

$$P_T = P_{PO_4^{3-}}(1+4.5\times10^{12}[H^+]+7.24\times10^{19}[H^+]^2+9.65\times10^{21}[H^+]^3) \quad (1\text{-}3\text{-}4)$$

从上述平衡关系知，四种形态磷的相对比例与溶液的pH有关，随着pH值的减小，

H_3PO_4、$H_2PO_4^-$的相对含量增加，如图1-3-2a所示。从图中亦可知，当溶液pH为8～10，则主要呈HPO_4^{2-}形态。

溶液中砷的形态亦有类似的规律性。

用化学法除磷砷主要是在一定条件下加入Mg^{2+}（如$MgCl_2$），使磷、砷、氟成镁盐沉淀，或在同时有NH_4^+存在下，磷、砷成铵镁盐沉淀。显然其沉淀的完全程度与有关镁盐的溶度积以及溶液中Mg^{2+}浓度有关，在通常作业的pH值（pH9～10）下，根据$Mg(OH)_2$的溶度积计算，溶液中Mg^{2+}浓度约为$10^{-3.5}$mol/L，根据此浓度值及有关溶度积计算，溶液中残留的〔PO_4^{3-}〕、〔AsO_4^{3-}〕、〔F^-〕、〔SiO_3^{2-}〕如表1-3-2所示。

表 1-3-2 磷、砷、硅、氟的某些镁盐的溶度积及〔Mg^{2+}〕$=10^{-3.5}$mol/L时，溶液中残留的AsO_4^{3-}、PO_4^{3-}、SiO_3^{2-}、F^-浓度

	$Mg_3(PO_4)_2$		$Mg_3(AsO_4)_2$	$MgHPO_4$
	25℃	100℃	25℃	22℃
溶度积	1.62×10^{-25}	4.47×10^{-32}	2.04×10^{-20}	6.5×10^{-5}
〔Mg^{2+}〕$=10^{-3.5}$mol/L时溶液中残留的〔AsO_4^{3-}〕或〔PO_4^{3-}〕、〔HPO_4^{2-}〕、〔SiO_3^{2-}〕、〔F^-〕，g/l	〔PO_4^{3-}〕$=6.78\times10^{-6}$	〔PO_4^{3-}〕$=3.57\times10^{-9}$	〔AsO_4^{3-}〕$=5.57\times10^{-3}$	〔HPO_4^{2-}〕$=19$
	$MgNH_4PO_4$ 25℃	$MgNH_4AsO_4$ 0℃	$MgSiO_3$ 25℃	MgF_2 27℃
溶度积	2.5×10^{-13}	$\sim1.8\times10^{-12}$	1.29×10^{-12}	6.4×10^{-9}
〔Mg^{2+}〕$=10^{-3.5}$mol/L时溶液中残留的〔AsO_4^{3-}〕或〔PO_4^{3-}〕〔HPO_4^{2-}〕、〔SiO_3^{2-}〕、〔F^-〕，g/l	当〔NH_4^+〕$=0.1$mol/L时〔PO_4^{3-}〕$=1.8\times10^{-7}$	当〔NH_4^+〕$=0.04$mol/L时〔AsO_4^{3-}〕$\approx2\times10^{-5}$	〔SiO_3^{2-}〕$=3.75\times10^{-7}$	〔F^-〕$=8\times10^{-2}$

从表1-3-2数据，并考虑到溶液中同时存在$HAsO_4^{2-}$，HPO_4^{2-}，不难算出在pH8～10时，用上述方法净化后，溶液中残留的总砷、总磷、硅都能满足工业要求。

a．磷（砷）酸镁盐法　将溶液中和到一定pH值后，加入$MgCl_2$将发生下列反应：

$$2Na_2HPO_4+3MgCl_2=Mg_3(PO_4)_2+4NaCl+2HCl$$

$$MgCl_2+2NaOH=Mg(OH)_2+2NaCl$$

根据上述反应及表1-3-2的数据，可知影响净化效果的主要因素有：

溶液的pH值：pH值对净化效果的影响是多方面的，pH过高将使$MgCl_2$水解成$Mg(OH)_2$沉淀，这一方面导致渣量增大．相应地被渣带走的WO_3损失增大；另一方面使溶液中Mg^{2+}浓度降低〔25℃时，$Mg(OH)_2$溶度积为5.5×10^{-12}〕，不利于磷砷的沉淀。而pH过低同样会带来不利影响，主要是：在残余PO_4^{3-}（或AsO_4^{3-}）浓度一定的情况下，H^+

浓度过高则溶液中残留的总磷砷量增加〔参见式(1-3-4)〕，根据实践，认为最终碱度以0.2～0.4g/l NaOH为宜。

在考虑溶液的pH值时，还应注意防止局部酸度过高，当局部pH达5～6，则可能局部生成溶解度较小的仲钨酸钠盐（$5Na_2O\cdot12WO_3\cdot nH_2O$），使渣含钨升高；当局部pH<4时，则可能生成偏钨酸盐，它的溶解度很大，在下阶段沉淀人造白钨时，偏钨酸盐不能沉淀，造成钨损失。为此控制好中和速度和采用较稀的中和剂浓度以及加强搅拌是很重要的。

温度：从表1-3-2可知，$Mg_3(PO_4)_2$的溶度积随温度的升高而减小，故提高温度有利于提高净化效果。同时温度升高则沉淀物的颗粒较大，有利于降低吸附钨损失和改善其过滤性能，因此一般应在高温下进行。

b.磷（砷）酸铵镁法　当溶液中含有一定NH_4^+时，加入$MgCl_2$并控制pH值为8～9，则按下反应生成磷（砷）酸铵镁沉淀：

$$Na_2HPO_4+MgCl_2+NH_4OH=MgNH_4PO_4+2NaCl+H_2O$$

$$Na_2HAsO_4+MgCl_2+NH_4OH=MgNH_4AsO_4+2NaCl+H_2O$$

正如前面所述，溶液的pH也是影响磷（砷）酸铵镁法净化效果和回收率的重要因素，$MgNH_4PO_4$的溶解度（用$\lg[Mg^{2+}]$表示）与pH值的关系如图1-3-2中(b)所示。从图中可知酸度过高对除杂质不利，特别是局部酸度过高（pH=6左右）时，可能生成溶解度较仲钨酸钠更低的铵钠复盐$3(NH_4)_2O\cdot Na_2O\cdot10WO_3\cdot15H_2O$，使渣含钨升高。

（2）工业实践

1）磷（砷）酸镁盐法　用本方法净化时，往往将除磷、砷、硅一次进行，首先将加热至沸腾的溶液在不断搅拌下中和至游离NaOH为1±0.2g/l。中和剂可用稀盐酸（盐酸：水＝1：3）或稀硫酸（当净化后接萃取时）或氯气，用氯作中和剂的优点是Cl_2与H_2O作用首先产生HClO，后再分解得HCl中和溶液，属均相反应，故不易造成局部酸度过高，同时能将AsO_3^{3-}氧化生成AsO_4^{3-}，有利于净化过程。当用盐酸或硫酸作中和剂时，往往还要加氧化剂使AsO_3^{3-}氧化。

当碱度达1±0.2g/l时，已经有50%左右的硅酸盐水解沉淀，煮沸20～30min，加入比重1.16～1.18的$MgCl_2$溶液（含$MgCl_2$约160～180g/l），其加入量视溶液中砷含量而定，可按下经验式计算：

$$Q_{MgCl_2}=(100\sim150)C_{As}$$

式中　Q_{MgCl_2}——每立方米Na_2WO_4溶液加入比重1.16～1.18的$MgCl_2$溶液量，L；

C_{As}——粗Na_2WO_4溶液中砷含量，g/l。

由于$MgCl_2$溶液本身为弱酸性（pH=5～6），同时HPO_4^{2-}形成$Mg_3(PO_4)_2$沉淀过程中产生H^+，故加$MgCl_2$时溶液的游离碱逐步降低，加完$MgCl_2$后，控制游离碱为0.2～0.4g/l，煮沸30min，沉清过滤，一般杂质含量可达到下列要求，即$SiO_2\leq0.02$g/l、$As\leq0.015$g/l、$P\leq0.025$g/l。

产出的硅砷渣经NaOH洗去吸附的WO_3后，其成分（干量）大致为4～5%WO_3，1～1.2%As、40～45%MgO、4～10%SiO_2，应进一步处理回收WO_3。

2）磷（砷）酸铵镁法　与上述工艺大同小异，其特点为：除硅与除磷砷分别在不同的两步完成；中和后期所用中和剂为NH_4Cl；中和除硅后过滤，滤液再加$MgCl_2$除磷砷；磷（砷）酸铵镁盐沉淀时一般不加热。

除硅过程：往煮沸的粗钨酸钠溶液中加稀盐酸中和至游离碱4～5g/l，煮沸30min后再加NH_4Cl溶液中和至pH8～9，中和反应为：

$$NH_4Cl + NaOH = NaCl + NH_4OH$$

用NH_4Cl作中和剂可防止局部过酸，也为下步除磷砷提供NH_4^+。

除磷砷过程：将上述除硅溶液过滤，考虑到$MgCl_2$溶液为酸性，加$MgCl_2$时溶液的pH值将进一步降低，同时铵镁盐沉淀反应中本身应消耗NH_4OH，为此滤液先加氨水将pH值由8～9调到10～11左右，再按计算量加入$MgCl_2$溶液，搅拌0.5～1h，沉清取样，分析砷含量。若砷含量合格则一般磷含量也将合格，因镁盐法及铵镁盐法除磷的效果往往比除砷的效果更好（参见表1-3-2）。

镁盐法除磷砷及铵镁盐法除磷砷各有优缺点，铵镁盐法的渣量较少，同时沉淀物的颗粒较粗，故渣中带走的钨损失少，过滤也容易；但其缺点是要进行两次过滤，同时除硅后又要加氨水将溶液的pH值调高，故操作烦琐，设备多。另外所用的化工材料NH_4Cl较贵。镁盐法除磷砷则避免了铵镁盐法的缺点，但是因在加$MgCl_2$时，由于溶液pH较高而使部分$MgCl_2$水解，因而渣量较大，过滤性能差，WO_3的损失较大，但工艺过程简单，目前这两种方法都得到采用。

2．净化除钼　经典的化学法除钼是基于NaHS能与Na_2MoO_4发生下述反应生成Na_2MoS_4：

$$Na_2MoO_4 + 4NaHS = Na_2MoS_4 + 4NaOH$$

将溶液酸化至pH2.5～3，则Na_2MoS_4成MoS_3沉淀：

$$Na_2MoS_4 + 2HCl = MoS_3 + 2NaCl + H_2S$$

过程中Na_2WO_4亦可发生类似反应，但产生Na_2MoS_4的反应优先进行，因此在NaHS比理论量（按溶液中MoO_4^{2-}计）过量不多的情况下，不致造成WS_3的大量沉淀。

除钼的过程为：在耐酸搪瓷反应器内将Na_2WO_4溶液加热到70～80℃，加入按Mo量计算的理论量125%～150%的NaHS，煮沸，用10～20%的稀盐酸中和到pH2.5～3，煮沸1.5～2h后过滤，钼可除去98～99%，溶液中钼可降到0.01～0.05g/l。

除钼后的Na_2WO_4溶液由于pH低，生成部分偏钨酸盐，在人造白钨工序不能完全沉淀，故应加NaOH煮沸1～2h，使之转化成正钨酸盐。

本工艺往往由于析出H_2S而使工业卫生条件差，考虑到人造白钨分解时，采取适当措施可除去70～80%的钼，因此当溶液中Mo/W≈0.1～0.4%左右时，不必进行单独的除钼过程。

二、从钨酸钠溶液中生产钨酸

按传统的概念，用酸直接中和Na_2WO_4溶液所得钨酸难以洗涤过滤，含Na^+高，故工业上经典的方法仍是先用$CaCl_2$沉淀得人造白钨，再酸分解得钨酸，此外亦有采用铵钠复盐沉淀法的。近年来我国学者研究成了从Na_2WO_4溶液中直接沉淀粉状白钨酸或粉状黄钨酸，现正处于工业试生产期间，本文主要介绍经典工艺。

1．人造白钨的沉淀　将$CaCl_2$加入净化后的Na_2WO_4溶液，则：

$$Na_2WO_4 + CaCl_2 = CaWO_4 + 2NaCl$$

当溶液中含有一定量的$HAsO_4^{2-}$、SiO_3^{2-}、MoO_4^{2-}等时，亦会按上述类似反应生成相应的钙盐沉淀污染产品，但其中某些有一定溶解度的钙盐（如$CaSO_4$），可通过热水洗去部分。

过程中主要应保证白钨的过滤性能和沉淀率。为保证过滤性能，根据沉淀与结晶过程中颗粒长大的原理，一般应控制较高的温度（80℃左右）、$CaCl_2$及Na_2WO_4溶液的浓度不宜过大，$CaCl_2$溶液比重以1.20～1.25、Na_2WO_4溶液比重以1.16～1.18（含$WO_3$130～150g/l）为宜，为制备细颗粒白钨，有时将$CaCl_2$溶液比重控制为1.28～1.30。溶液的碱度对过程有较大的影响，碱度过低，则溶液中易产生溶解度大的偏钨酸盐，过高则产生$Ca(OH)_2$沉淀，$Ca(OH)_2$胶体影响$CaWO_4$颗粒的长大，故一般控制游离碱为0.3～0.7g/l。

沉淀白钨后的母液含WO_3可降至0.03～0.1g/l。

2. 人造白钨的酸分解　过程的原理及工艺与白钨精矿的酸分解大体相同。但过程中分解时间、酸用量等均比白钨精矿分解为少。

当白钨中含钼较高（$Mo/WO_3 \doteq 0.18 \sim 0.4\%$时），同样可用提高酸度或加还原剂的方法除钼，不过还原剂不能给钨酸带来污染，故一般用钨粉，此时进行如下反应：

$$H_2MoO_4 + W + 3HCl = WO_2 + MoOCl_3 + H_2O + \frac{3}{2}H_2$$

所生成的$MoOCl_3$易溶于HCl溶液而与钨酸分离。钨粉用量视人造白钨中钼的含量而定，一般为白钨量的1～3%，为保证$MoOCl_3$充分溶解，游离酸度为120～160g/l。

正如一般结晶过程一样，在酸分解过程中，当温度较高、酸度较高时，往往使钨酸的粒度变粗。溶液中的杂质往往吸附在钨酸晶体的活性点上防止其长大，因此当要求产出细颗粒钨酸（或WO_3）时，往往在沉淀人造白钨后只抽出上清液不过滤，含有NaCl和部份杂质的料浆控制比重为1.30～1.40，以较大的流速直接加入70～80℃的浓盐酸中，母液最终控制酸度为50～70g/l，产出钨酸为细颗粒，煅烧后WO_3松装比重为0.6～0.7。

酸分解所得钨酸一定要仔细洗净Ca^{2+}及其他杂质。

三、由钨酸或粗钨酸制取仲钨酸铵

人造白钨酸分解所得钨酸的大致成分为(%)：≤0.1 Mo；0.015 As；0.02 SiO_2；0.03～0.04倍半氧化物（指Fe_2O_3、Al_2O_3等），7～15H_2O，它经煅烧后所得的三氧化钨可作为生产硬质合金用钨粉的原料，但生产电工合金或钨材用钨粉时，有必要进一步提纯。由白钨精矿酸分解所得粗钨酸含杂质更高，更有必要提纯。工业上对这两种钨酸都采用氨溶-仲钨酸铵结晶法，现介绍如下。

1. 钨酸的氨溶　参见第二章第四节。

2. 仲钨酸铵结晶　从钨酸铵溶液中结晶析出仲钨酸铵为整个钨冶金中的重要工序之一，在生产纯钨化合物时，无论是采用经典的化学法，或是萃取法或是离子交换法，几乎都要经过本工序以产出在纯度和粒度上符合要求的仲钨酸铵。我国各主要钨冶金厂产出的高纯APT中杂质含量大致为（ppm）：Pb、Bi、Sn各1～5；Sb：2～10；As：5～10；Fe、V、Co、Ti、Mn、Ca各5～15；Mo：10～30；Al、Ni、Mn、Si、S、P各5～10；K、Na各10；质量列世界前茅。

（1）基本原理　将钨酸铵溶液以蒸发的方法或盐酸中和的方法除去其中的游离氨，使pH降到7～7.5，则可使其中的钨以仲钨酸铵的形态析出。此外若将钨酸铵溶液深度冷冻，亦可使仲钨酸铵结晶析出，上述三种方法分别称为蒸发结晶法、中和结晶法和冷冻结晶法。

蒸发结晶过程的反应为：

$$12(NH_4)_2WO_4 \longrightarrow 5(NH_4)_2O\cdot 12WO_3\cdot nH_2O+14NH_3+(7-n)H_2O$$

当结晶温度高于50℃，则$n=5$，产品为片状结晶；当温度低于50℃则$n=11$，产品为白色针状结晶。

中和结晶过程的反应为：

$$12(NH_4)_2WO_4+14HCl+(n-7)H_2O=5(NH_4)_2O\cdot 12WO_3\cdot nH_2O+14NH_4Cl$$

在结晶过程中控制产品的纯度和粒度是十分重要的，以下分别进行介绍。

1）结晶过程中杂质的行为和影响纯度的因素　在蒸发结晶和中和结晶过程中，大部分杂质比APT后析出，富集在结晶母液中，因而先析出的APT纯度往往比原始$(NH_4)_2WO_4$溶液高得多，美国特立戴恩·华昌公司用蒸发结晶处理含250～260g/lWO_3的$(NH_4)_2WO_4$溶液，当控制结晶率为90%时，APT结晶母液的典型成分如表1-3-3所示，从表中可知产品APT中杂质含量均较原始$(NH_4)_2WO_4$溶液低得多。

应当指出，杂质的结晶率随钨结晶率的升高而迅速增加，华昌公司的实际情况如图1-3-3、1-3-4所示。从图可知，钨的结晶率为60%时，钼结晶率仅5%，当钨结晶率提到80%，则钼结晶率增加近三倍，达20%。因此实际控制结晶率应视原料成分及对产品的要求而定。

不少作者指出，在结晶过程中加入$(NH_4)_2S$使$(NH_4)_2MoO_4$变成$(NH_4)_2MoS_4$能抑制钼的结晶，例如当溶液含120g/lWO_3，0.14g/lMo，加入理论量150%的$(NH_4)_2S$，即使

表 1-3-3　仲钨酸铵结晶及母液典型成分

	杂质含量，(杂质/钨)%								
	Al	Ca	Fe	Mo	Na	Si	Ti	P	As
钨酸铵溶液	—	—	—	0.10～0.18	—	0.10～0.20		0.007～0.015	0.002～0.004
仲钨酸铵	—	—	—	0.03～0.07	—	<0.001		0.002～0.005	<0.001
母　液	0.004	0.004	0.27	1.10	0.10	0.70	0.50	0.020	0.025

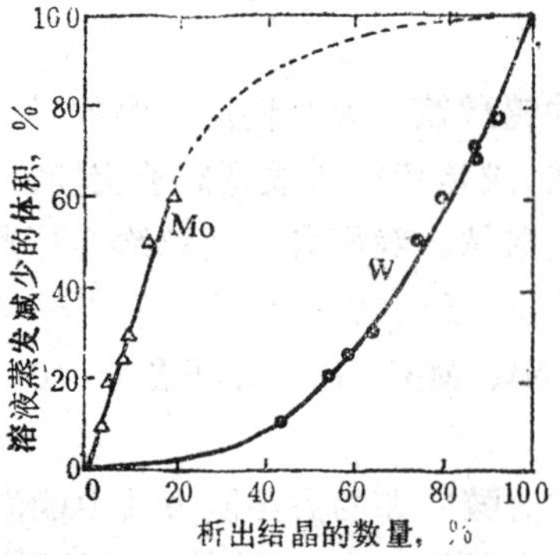

图 1-3-3　仲钨酸铵结晶时钨钼析出率与蒸发程度的关系

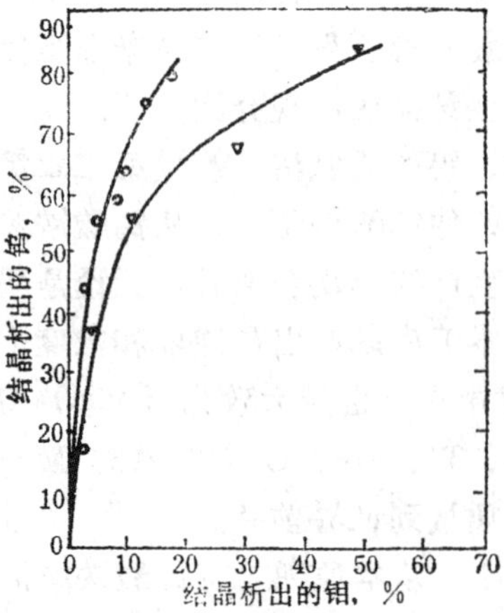

图 1-3-4　钨钼结晶率的比较（○为美国华昌公司的数据，▽为史密塞尔斯书中的数据）

蒸发至原体积的1/4，结晶产品中含钼仅0.005%。

2）仲钨酸铵粒度的控制　APT的粒度直接影响到钨粉的粒度，故APT粒度的控制有时成为APT生产中的重要问题。

根据水溶液中结晶的理论，较高的温度、较低的过饱和度、和较低的原始$(NH_4)_2WO_4$浓度都有利于得到粗的晶粒。在APT结晶过程中同样服从这些规律，一般较快速的蒸发和快速的中和，可增加过饱和度，晶体来不及长大而产生大量晶核，相应地使晶粒变细；同时将溶液急剧冷冻也易得细晶粒；在结晶过程中控制较低的温度也可使APT粒度变细。应当指出，杂质同样影响APT的粒度，溶液中杂质往往易吸附在晶体生长的活性点上，妨碍其生长，使晶粒变细，生产中应根据需要恰当控制。当要求细颗粒仲钨酸铵时，可采用中和结晶法或冷冻结晶法。后者产出的粒度最细。

目前对APT粒度要求大体上分粗颗粒、中颗粒、细颗粒三种。中颗粒的粒度组成大致为：>0.22mm：≤1%；0.147～0.22mm：≤5；0.104～0.147mm：≥20%；0.074～0.104mm：≥15%；0.043～0.074mm：≥15%；小于0.043mm≤30%。细颗粒APT为小于0.043mm的超过50%。

（2）工业实践

1）蒸发结晶法　有间断作业和连续作业两种方式。

间断作业一般在夹套加热的搪瓷反应器中进行，$(NH_4)_2WO_4$料液比重为1.20～1.28（含250～300g/lWO_3），加热使氨挥发，pH值降到7.0～7.7左右则APT开始析出，随着APT的析出，溶液的比重降低。蒸发的终点由母液比重来判断，一般为1.06～1.08，若产品纯度要求高，则母液比重控制稍高，对离子交换法所得的$(NH_4)_2WO_4$溶液而言，由于其中NH_4^+(NH_4Cl)的盐析作用，所以当溶液体积蒸发60%左右时，APT的结晶率可达90～95%，母液比重1.02左右。

为控制APT的粒度，有时须控制结晶温度和蒸发速度，有的工厂在真空下进行，并在底部鼓入空气以加快NH_3的蒸发，此时真空度控制为40～50kPa，温度为80～85℃。

连续结晶过程在连续蒸发器中进行，其结构如图1-3-5所示。料液在外部加热器1中加热到一定温度后送至连续蒸发器的蒸发室2，使氨进行蒸发从而使溶液达到饱和。蒸发室中过饱和度控制在介稳定区内不自动产生晶核。过饱和的溶液经中心管3进入结晶室4后与其中大量存在的晶体接触而发生结晶过程，晶体送连续过滤机过滤，结晶母液一部分返回与原始溶液混合循环。

连续结晶法的优点是过程连续化、生产能力大、质量稳定、粒度均匀，同时氨易于回收。

2）中和结晶法　将浓度为10～20%的稀盐酸缓慢地加入激烈搅拌的$(NH_4)_2WO_4$溶液中，中和到pH=7～7.5，静置8～12h，则有90～95%的钨成APT析出，当过程在室温下进行，则产品为针状，粒度细，含11个结晶水；当在50℃以上进行，则含有5个结晶水，片状。

3）冷冻结晶法　其实质是将$(NH_4)_2WO_4$溶液用液氮急剧冷冻，则APT及水几乎同时结晶，然后在真空下使水及游离氨升华除去，这种方法的特点是APT的粒度细，同时粒度组成均匀，另外各种杂质或添加剂分布均匀，因而易于制取成份均匀的复合粉。

四、由仲钨酸铵或钨酸制取三氧化钨

一般纯三氧化钨是通过煅烧纯钨酸或仲钨酸铵而制得，钨酸在180℃开始脱水，500℃

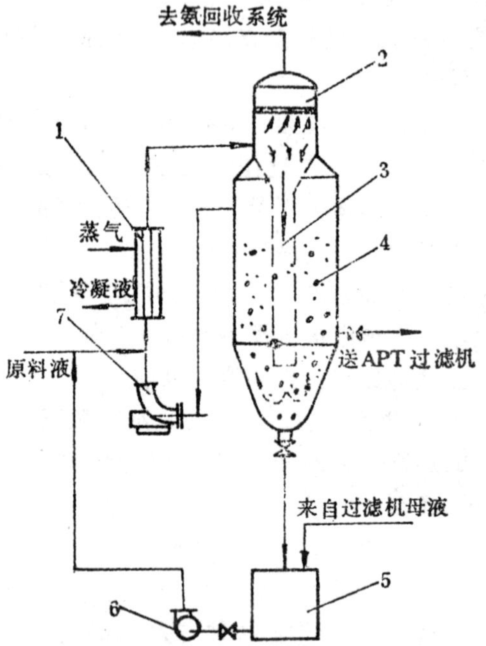

图 1-3-5 APT连续蒸发结晶器

1—外加热器；2—蒸发室；3—中心管；4—结晶室；5—母液槽；6—泵；7—循环泵

脱水完全，仲钨酸铵在空气中300℃开始分解，500℃左右完全转化成WO_3，反应为：

$$5(NH_4)_2O\cdot12WO_3\cdot nH_2O\longrightarrow12WO_3+10NH_3+(n+5)H_2O$$

在中性或弱还原气氛中煅烧APT则得兰色氧化钨，一般蓝色氧化钨的组成随温度和气氛而变。400～500℃主要为铵钨青铜，500℃以上主要为钨的低价氧化物，其氧指数为2.9～2.72。

生产WO_3或蓝色氧化钨过程中，其粒度控制是十分重要的。

一般煅烧温度愈高，则粒度愈粗，钨酸及仲钨酸铵煅烧所得WO_3粒度与温度关系分别如表1-3-4，1-3-5所示。

表 1-3-4 WO_3粒度特征与钨酸煅烧温度的关系

温度，℃	550	600	650	700	750	800	850
甲醇吸附量，mg/g	0.99	0.72	0.59	0.47	0.14	0.06	0.04
松装密度，g/cm³	0.61	0.62	0.62	0.63	0.67	0.73	0.79

仲钨酸铵或钨酸的煅烧通常在回转式管状炉内进行，炉管由不锈钢制成，管外用电阻丝加热，炉管进行旋转，转速约2.5r/min，煅烧粗钨酸生产WO_3时，煅烧温度一般控制为750～850℃，煅烧仲钨酸铵生产WO_3时，煅烧温度约600～700℃，视对产品WO_3的要求而定。

炉内的水蒸气及氨气由排风机抽出，其中带有WO_3及仲钨酸铵粉尘，一般用泡沫收尘器回收。

表 1-3-5 WO_3粒度分布与APT煅烧温度关系

（原始APT粒度为30～50μ）

平均粒级，μ		5.1	12.9	21.4	30.4	38.6	47.2
粒度分布，%	500℃	0.6	6.1	15.4	24.0	30.2	23.6
	800℃	0.2	5.0	13.7	22.7	31.2	27.2

附：粉末粒度的测定

粉末粒度小于50μ左右时，其粒度难以用筛分的方法确定，为此常用其他方法间接测定，主要方法有：

1. 松装密度法　粉末从一定高度均匀撒入一标准量杯内，并用钢尺刮去多余的粉末，称量，计算其每毫升体积内物料的克数，称为松装密度。粉末的松装密度一方面与其粒度有关，粒度愈细则松装密度愈小；另一方面与其粒形有关，在同样的粒度下，形状愈复杂（如针状）则松装密度愈小。

2. 显微镜法　利用普通显微镜或电子显微镜测定一定数量的粉末（一般200～300颗）的直径，再计算其平均粒度和粒度分布。

3. 透气法　当气流通过一定高度和直径的粉末柱时，其阻力与颗粒的粒度及形状有关，根据阻力的大小，可换算出其颗粒的平均直径。本方法一般用费歇尔仪进行测定，故其测定值又称费氏平均粒径，费氏平均粒径同样与颗粒大小及其外表面状况有关，一般测量范围为0.5～50μ。

4. 氮低温吸附法（简称B、E、T法）　在液态空气的温度下（－192℃）测定粉末表面吸附的氮量，根据它算出粉末的比表面积的大小并进而算出粉末的平均直径。B、E、T法测定的比表面积包括颗粒中开口孔隙的表面积。

与B、E、T法相似，亦可用吸附甲醇的量来计算粉末的比表面积，此时，称甲醇吸附法。

上述各种测定方法均为间接测定法，对同一粉末而言，不同方法换算出的平均粒度不尽相同。

第三节　离子交换法

七十年代以来，人们广泛研究用离子交换法将钨酸钠溶液净化除杂质并转型成钨酸铵溶液，或从低浓度溶液中回收钨，现将有关工艺介绍如下。

一、用强碱性阴离子交换树脂净化钨酸钠溶液并转型

本工艺可同时完成净化除砷、磷、硅、锡等杂质并将Na_2WO_4转型成$(NH_4)_2WO_4$两项任务，除杂质主要是基于水溶液中各种阴离子对强碱性阴离子交换树脂的亲和力不同，各种阴离子对强碱性阴离子交换树脂的相对亲和力顺序大致如下：

$$SO_4^{2-}>C_2O_4^{2-}>I^->NO_3^->CrO_4^->Br^->SCN^->Cl^->OH^->CH_3COO^->F^-$$

WO_4^{2-}和MoO_4^{2-}对树脂的亲和力基本上相同，大体上大于AsO_4^{3-}和SiO_3^{2-}及OH^-，而小于Cl^-。

在碱性的Na_2WO_4溶液中钨、钼分别以WO_4^{2-}、MoO_4^{2-}形态存在，因此利用上述性质上的差别可优先吸附在树脂上，而与AsO_4^{3-}、SiO_3^{2-}等离子分离，同时通过淋洗过程还可进一步除去部份被同时吸附的杂质，达到净化提纯的目的。

其原则流程如图1-3-6所示，过程主要经吸附、淋洗、解吸三步骤，分别介绍如下。

1．吸附　含磷、砷、硅、锡等杂质的粗钨酸钠溶液首先稀释成15～25g/lWO_3，≤8g/l NaOH，≤0.7g/l Cl^-。用Cl^-型201×7阴离子交换树脂进行吸附，此时由于树脂上Cl^-浓度大，溶液中Cl^-浓度小、WO_4^{2-}浓度大而发生下反应：

$$\overline{2R\equiv NCl}+Na_2WO_4=\overline{(R\equiv N)_2WO_4}+2NaCl$$

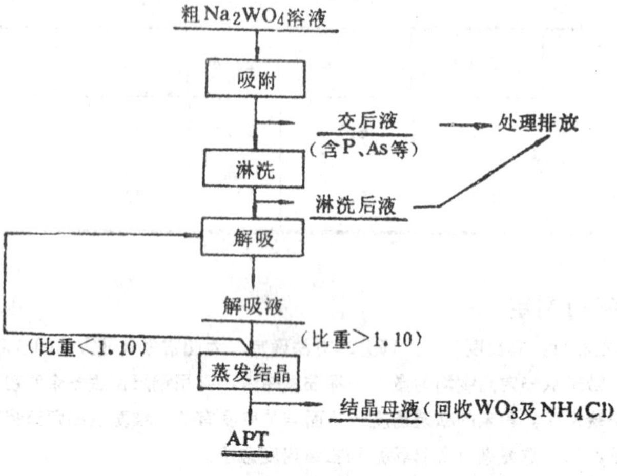

图 1-3-6 离子交换法净化钨酸钠溶液生产APT的原则流程

使WO_4^{2-}被树脂吸附，而AsO_4^{3-}、PO_4^{3-}等阴离子难被吸附而大部份随交后液排放，交后液含WO_3小于0.1g/l，在吸附过程中，影响交换容量及吸附率的因素主要有：

（1）溶液的成份 溶液中Cl^-浓度大显然对提高交换容量不利，同理OH^-过大也容易与WO_4^{2-}竞争吸附而导致交换容量降低。WO_4^{2-}浓度对操作交换容量有双重的不利影响，一方面WO_4^{2-}浓度大，则在流过树脂层时，即使树脂上的吸附钨量不多，也来不及完全被吸附而发生过早穿透；另一方面WO_4^{2-}浓度过大，则反应而产生的Cl^-浓度亦大，故对交换容量带来不利影响。但浓度过低则溶液体积大，废水处理量大，同样是不恰当的。

（2）溶液的流速 在溶液浓度一定的情况下，流速大则生产能力大，但另一方面意味着溶液与树脂接触的时间短，容易造成过早穿透。

2．淋洗 基于Cl^-或OH^-对树脂的亲和力比AsO_4^{3-}、SiO_3^{2-}等杂质为大，故利用含Cl^-或OH^-的溶液可将树脂上与WO_4^{2-}一道吸附的上述杂质置换下来，其反应为：

$$\overline{(R\equiv N)_3AsO_4} + 3Cl^- \rightleftharpoons \overline{3R\equiv NCl} + AsO_4^{3-}$$

淋洗液中Cl^-浓度不宜过高，否则WO_4^{2-}也会被Cl^-置换下来。

3．解吸 当吸附有WO_4^{2-}的树脂与浓的含Cl^-溶液接触，则Cl^-将被吸附的WO_4^{2-}置换，使之进入溶液，同时树脂重新转型成Cl^-型，便于下一周期的交换，解吸反应为：

$$\overline{(R\equiv N)_2WO_4} + 2Cl^- \rightleftharpoons \overline{2R\equiv NCl} + WO_4^{2-}$$

解吸过程的效果决定于Cl^-浓度和解吸剂的流速，Cl^-浓度愈大，则解吸液中WO_3浓度大，同时只需要较小体积的解吸液即可解吸完全（典型的解吸曲线如图1-3-7所示）。因此一般采用5mol/L的NH_4Cl-NH_4OH溶液作解吸剂。采用氯化铵的目的一方面是其中含Cl^-，另一方面在于解吸后，溶液即为$(NH_4)_2WO_4$溶液，便于直接制取APT。NH_4OH的作用在于保持溶液为弱碱性，防止在解吸时就从溶液中析出APT。

一般在用201×7强碱性阴离子交换树脂处理Na_2WO_4溶液时，在吸附阶段杂质的除去率大致为：As 80～85％；P 80～90％；Si90～95％；Sn>90％，在淋洗过程中又能将被吸附的上述杂质量的80～90％除去。因此总除杂率为90～95％，甚至更高。但在碱性溶液中WO_4^{2-}和MoO_4^{2-}的性质相近，因此在离子交换过程中两者行为相同，故本工艺基本上不能

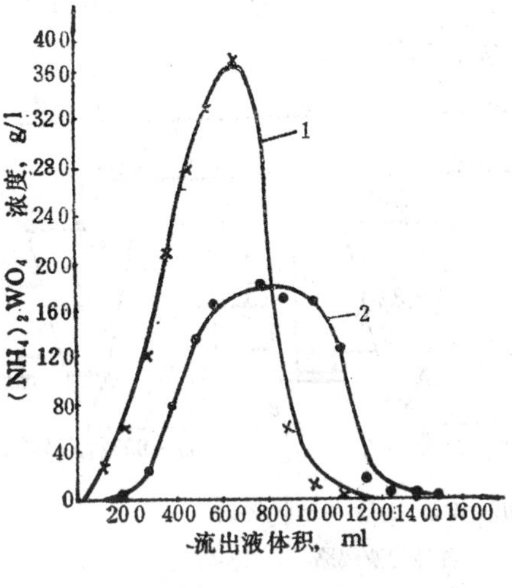

图 1-3-7 解吸曲线

1—5mol/L NH_4Cl+NH_4OH；2—3mol/L NH_4Cl+NH_3OH

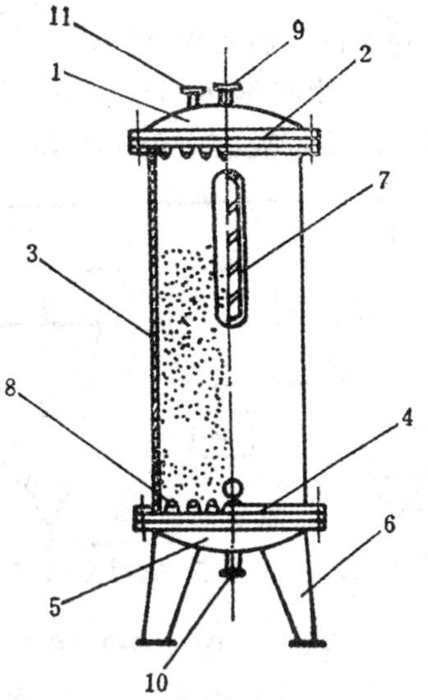

图 1-3-8 交换柱结构示意图

1—端盖；2—上分布板；3—柱体；4—下分布板；5—底盖；6—支承脚；7—窥视孔；8—水帽；9—进液口；10—出液口；11—排气口

除钼。在控制条件较好时可除去25～30%。

离子交换过程可在连续作业交换柱及间断作业交换柱中进行，静态间断作业的交换柱结构如图1-3-8所示。柱体由钢板焊成，在柱体上端及下端设分布板2、4，水帽8则固定在分布板上，通过水帽使溶液能均匀通过柱体，离子交换树脂堆在柱体内，溶液（如交前液、淋洗液等）由进液口9加入经过树脂层后通过水帽再由排液口10排出。

一般交换柱直径为600～1200mm，高度/直径约为5～6。

二、用弱碱性阴离子交换树脂将钨酸钠溶液转型

苏联工作者曾研究过用弱碱性阴离子交换树脂AH—80П将净化后的Na_2WO_4溶液转型成$(NH_4)_2WO_4$，根据测定在WO_3平衡浓度为15～20g/l时，AH—80П的全交换容量达1610mg/g，其扩大试验的原则流程如图1-3-9所示，Na_2WO_4溶液含(g/l)：125WO_3，0.01～0.08Mo，≤0.05P、As，115～135NaCl+Na_2CO_3，pH为2.5～3.0，在这种溶液中钨主要以偏钨酸根形态存在，溶液从底部进入吸附柱，AH—80П树脂由上部进入而悬浮在水相中并往下运动，树脂与溶液流比为1：4.2～5.0，两者在柱内逆流运动并发生离子交换，从柱底部卸出的树脂经过滤后再返回，直到其比重由加入时的1.12～1.13因饱和钨而增至1.36～1.40时，则送洗涤柱。树脂在交换柱内与溶液接触总时间达8～12小时，WO_3的吸附率达99.95%，交后液含$WO_3$0.02g/l，吸附钨的树脂在洗涤柱2内用pH2～2.5的稀盐酸洗净Na^+，再进入解吸柱3用15～25%的氨水解吸，解吸液高浓度部分（平均含130g/lWO_3）送蒸发结晶制取APT，<100g/lWO_3部份返回作解吸剂。经解吸后的树脂用盐酸（60～80g/lHCl）再生，再生后返回吸附。

据估算，相对于经典工艺而言，用本工艺能使WO_3回收率提高1.3～1.5%，且盐酸消耗降低65～70%，$CaCl_2$降低100%，电力消耗降低30～40%。

此外美国曾研究用HERF树脂回收西耳斯湖水中所含的WO_3（含70ppmWO_3），在适当条件下钨吸附率达90%左右，吸附后先以0.1M NH_4Cl淋洗去硼，再以0.5%Na_2CO_3进行解吸，从解吸液中用Fe^{2+}沉淀得钨精矿，含44%WO_3。

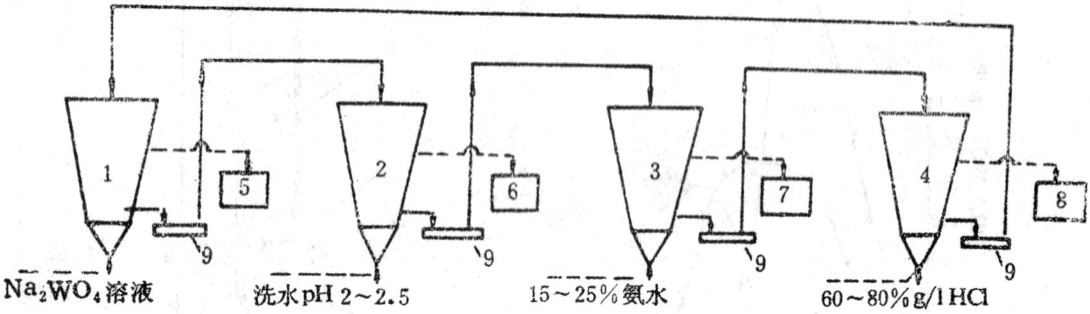

图 1-3-9　用AH-80П树脂将Na_2WO_4溶液转型的流程

——树脂运动路线　　----各种溶液线路

1—吸附柱；2—洗涤柱；3—解吸柱；4—再生柱；5—交后液贮槽；6—中和槽；7—$(NH_4)_2WO_4$液贮槽；8—中和槽；9—过滤器

第四节　有机溶剂萃取法

萃取法在钨冶金中的应用已有二十多年的历史，当前主要是用以从纯Na_2WO_4溶液中制取$(NH_4)_2WO_4$溶液，以代替经典工艺中的沉淀人造白钨、人造白钨酸分解、钨酸氨溶等工序。此外，近年用萃取法净化钨酸钠溶液除钼取得大进展，净化除磷、砷也有一定进展。

一、用萃取法从钨酸钠溶液制取钨酸铵溶液

目前国内外在工业上用萃取法将钨酸钠溶液转型成钨酸铵溶液基本上都是利用叔胺作萃取剂，如我国用N_{235}，苏联用三辛胺（TOA）、美国用阿拉明-336（Alamine-336）。一

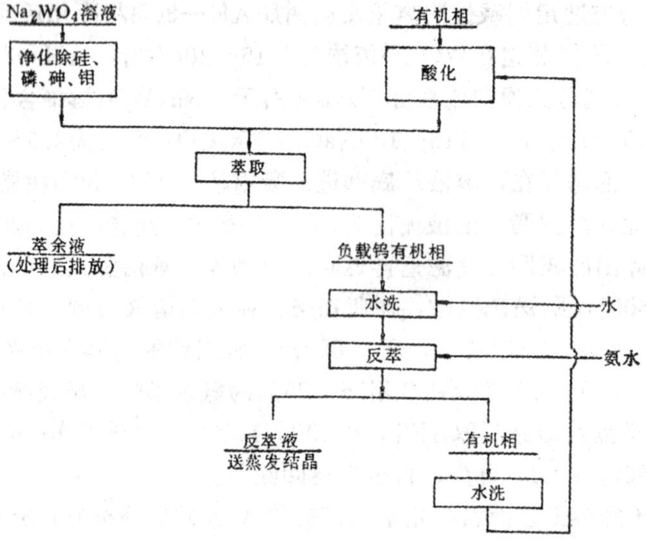

图 1-3-10　用叔胺处理钨酸钠溶液的原则流程

般都以高碳醇或TBP作极性改进剂，以煤油作稀释剂。此外在美国亦有用季胺盐作萃取剂的。

用叔胺作萃取剂的工艺都大同小异，其原则流程如图1-3-10所示，Na_2WO_4溶液用经典方法除磷、砷、硅、钼后，调整酸度至pH2.5～4（一般用硫化物沉淀除钼后的溶液其pH已为2～3），然后与已酸化的有机相混合进行萃取，萃余液含少量叔胺及其它有机物和硫酸盐等经处理后排放。负载钨的有机相经水洗后，用2～4mol/L的NH_4OH溶液反萃得$(NH_4)_2WO_4$溶液，反萃后的有机相经水洗并用硫酸酸化后返回萃取过程。

1．萃取　用胺类萃取剂萃钨的过程属阴离子交换过程，其原理可简单概述为：

（1）叔胺首先在酸化过程中转化为胺盐：

$$2R_3N_{(org)}+H_2SO_{4(aq)}=(R_3NH)_2SO_{4(org)}$$

在高酸下：$R_3N_{(org)}+H_2SO_{4(aq)}=(R_3NH)HSO_{4(org)}$

酸化时，理论上来说也可以用HCl、HNO_3，但胺盐在有机相中溶解度以硫酸盐为最大，同时萃取钨的分配比也以硫酸介质中为最大，故常用硫酸酸化。

（2）Na_2WO_4溶液在酸化至pH2～4时，钨酸根离子聚合成$[HW_6O_{21}]^{5-}$和$[W_{12}O_{39}]^{6-}$、$[H_2W_{12}O_{40}]^{6-}$。

（3）在两相混合时，发生阴离子交换过程，如：

$$4(R_3NH)HSO_{4(org)}+2H^++[W_{12}O_{39}]^{6-}=(R_3NH)_4H_2W_{12}O_{39(org)}+4HSO_{4(aq)}^-$$

$$3(R_3NH)_2SO_{4(org)}+[H_2W_{12}O_{40}]^{6-}{}_{(aq)}=(R_3NH)_6H_2W_{12}O_{40(org)}+3SO_4^{2-}{}_{(aq)}$$

$$5(R_3NH)_2SO_{4(org)}+2[H_2W_{12}O_{40}]^{6-}{}_{(aq)}+2H^+=2(R_3NH)_5H(H_2W_{12}O_{40})_{(org)}+5SO_4^{2-}{}_{(aq)}$$

因而使偏钨酸根与有机相胺盐的SO_4^{2-}或HSO_4^-发生交换，钨形成萃合物进入有机相。

通常有机相成份为5～10（体积）%叔胺加10～15体积%高碳醇作极性改进剂，其余为煤油作稀释剂，用0.5mol/L H_2SO_4进行酸化，料液中含WO_3为50～100g/l，pH2～4，相比O/A＝1/1左右，经过三级萃取，萃取率达99.5%左右，萃余液含$WO_3<0.1$g/l。

叔胺萃取时，由于pH2～4的情况下磷、砷、硅等杂质都与钨形成杂多酸阴离子，钼的性质与钨相近，同时也有可能形成杂多酸阴离子，故它们都一道被萃入有机相，因此不能分离除去上述杂质。

萃取过程可在箱式混合澄清槽或塔式萃取器内进行，其简单结构及工作原理见第三篇第三章。

除用叔胺萃取外，国外亦有用季胺盐作萃取剂的，季胺盐萃取的特点是可在较宽的pH值（如2～8）范围内萃取。且因它本身带有可交换的阴离子，故不需象叔胺一样要预先酸化。但由于它价格较贵，一般少用。

2．反萃　负钨有机相用水多级洗涤以除去杂质，特别是Na^+后，用2～4mol/L的氨水进行反萃，此时进行的反应为：

$$(R_3NH)_4H_2W_{12}O_{39(org)}+24NH_4OH_{(aq)}=4R_3N_{(org)}+12(NH_4)_2WO_{4(aq)}+15H_2O$$

反萃过程中的主要问题是钨在有机相中为偏钨酸根离子，在反萃进入水相时，平衡水相pH为7.5～8.5，在由pH2～3进入pH8.5时，经过pH6左右的过程，此时易产生仲钨酸铵沉淀，导致出现乳化等不正常现象，一般采取下列措施：即将反萃液回流以加大水相体积并使反萃剂中预先含部份$(NH_4)_2WO_4$；加快搅拌速度；适当提高氨浓度能使暂时产生的APT晶核在水相中迅速溶解，从而使反萃顺利进行。一般反萃液含WO_3达250～300 g/l，送蒸发结晶。反萃后的有机相在O/A=5/1下用0.5mol/L的H_2SO_4酸化后返回萃取过程。

二、萃取法从钨酸钠溶液中除钼

在叔胺萃钨时，由于在钨钼化学性质相近，同时弱酸条件下，钼与钨形成杂多酸阴离子〔$Mo_xW_{12-x}O_{41}$〕$^{10-}$同时被萃取，因此萃取前一般要用硫化物沉淀法预除钼，硫化物除钼一方面析出H_2S而使劳动条件恶化，另一方面往往有1～1.5%的钨进入钼渣损失，因此许多人研究用萃取法除钼。有的已达到工业化的水平。

所有的萃取除钼方法的出发点都在于利用某些钨化合物和钼化合物性质上的差异，简单介绍如下。

1．Mo^{+6}、W^{+6}/H_2O_2/TBP体系　本工艺基于H_2O_2能破坏钨钼杂多酸离子，使钨钼分别生成相应的过氧阴离子。由于钼的过氧阴离子稳定性比钨的大得多，故TBP仅选择性萃取钼：

$$2[H_3O(H_2O)_3\cdot 3TBP]^+_{(org)}+[Mo_2O_{11}(H_2O)_2]^{2-}_{(aq)}$$
$$=[H_3O(H_2O)_3\cdot 3TBP]_2[Mo_2O_{11}(H_2O)_2]_{(org)}$$

钨则主要留在溶液中，钨钼分离系数达40。过程的最佳技术条件为：加入H_2O_2摩尔量为钨、钼摩尔量的1.5～2倍、pH0.5～2.0。一般钼的萃取率达96～98%，可从含钼0.3～0.5%的钨酸中制得含钼小于0.005%的APT。

本工艺的缺点是H_2O_2消耗量过大，同时钼的分配比严重地受溶液中碱金属盐的浓度的影响，当碱金属盐的浓度由25g/l增至100g/l，则分配比由2.11降到0.83，为此A、H、节里克曼等人研究用甲基膦酸烷基酯（DAMP）代TBP，其萃取反应为：

$$HMoO_6^-+H^++(n+1)H_2O+3DAMP=[H_3O(H_2O)_n\cdot 3DAMP]HMoO_6$$

试验证明，在硫酸盐体系中，在pH0～4范围内DAMP萃钼的分配比为TBP萃钼的2～3倍，在硝酸体系中则为3～5倍，此法现已用于工业生产。

2．Mo^{6+}、W^{6+}/EDTA/D_2EHPA体系　本工艺是基于在弱酸性介质中（pH<3）钼的同多酸根离子及钨钼杂多酸根离子发生部分解聚：

$$Mo_7O_{24}^{6-}+20H^+=7MoO_2^{2+}+10H_2O$$

钼部分转化为MoO_2^{2+}，即溶液中有部分MoO_2^{2+}平衡存在。而钨基本上保持为聚合阴离子，因此采用阳离子交换萃取剂进行萃取则可将溶液中已有的MoO_2^{2+}选择性地萃取到有机相，从而使溶液中的解聚反应继续进行，继续产生MoO_2^{2+}，并进而被萃取到有机相，直到完全解聚，钼基本上被完全萃取为止。一般萃取剂用二(2-乙基己基磷酸)（D_2EHPA或P_{204}），过程的反应为：

$$MoO_2^{2+}{}_{(aq)}+2(HR_2PO_4)_{2(org)}=MoO_2(R_2PO_4)_2\cdot 2HR_2PO_{4(org)}+2H^+_{(aq)}$$

过程的速度缓慢，一般认为钨钼杂多酸中的钼解聚为MoO_2^{2+}的步骤为过程的控制性步骤，为加快此过程，可加入EDTA作解聚剂。EDTA与钼的摩尔比为2，在40%TBP-10%仲辛醇-50%煤油体系中，经多级逆流萃取，钼的萃取率达96～98%，而钨的萃取率小于1%。

3．Mo^{6+}、W^{6+}/NaHS/季胺盐体系　基于在弱碱性介质中钼对S^{2-}的亲和力较钨大，加入一定量的S^{2-}则优先形成MoS_4^{2-}，然后用季胺盐萃MoS_4^{2-}，其反应为：

$$MoS_4^{2-}{}_{(aq)} + 2CH_3R_3NCl_{(org)} = (CH_3R_3N)_2MoS_{4(org)} + 2Cl^-{}_{(aq)}$$

一般硫化物加入量为按钼计算的理论量的200～500%，在控制pH为8.4～8.6，再用季胺盐在烷基苯中的溶液作有机相进行萃取，有机相中季胺盐的浓度为1～5%，此时钨钼的分离系数达1100～5000，在单级萃取中，钼的萃取率达90%以上。

思考题

1．已知$Fe(OH)_3$、$Fe(OH)_2$、$Mn(OH)_2$的K_{SP}值分别为3.8×10^{-38}、4.8×10^{-16}、4×10^{-14}，钨酸铵溶液的pH为11，试求溶液中残留Fe^{3+}、Fe^{2+}、Mn^{2+}的摩尔浓度？

2．试比较用离子交换法和萃取法处理钨酸钠溶液的优缺点。

3．已知粗Na_2WO_4溶液含（g/l）：$100WO_3$；0.2As；0.001Mo；$0.3SiO_2$；20NaOH，你认为采用哪种净化工艺为好？

第四章　从辉钼精矿生产纯钼化合物

第一节　概　　述

当前钼冶金的原料绝大部分为辉钼精矿。处理辉钼精矿的主要任务是将钼的硫化物转化成工业氧化物，以作为钢铁工业的原料。同时将部分工业氧化物净化成纯钼化合物并进而制得金属钼。此外综合回收辉钼精矿中的有价金属铼亦成为其重要任务之一。为完成上述任务，当前工业中采用的原则流程综合如图1-4-1所示。

在所有的流程中第一阶段的任务是将硫化钼转化成氧化钼或粗钼酸盐，其采用的主要方法为氧化焙烧法，此外各种湿法氧化法近年来得到推广应用。第一阶段得到的氧化钼(钼焙砂)大部分（80%左右）直接用于钢铁工业，其余部分及湿法氧化所得溶液进行净化提纯。提纯的方法随原料的成分（氧化钼或溶液）及用户要求而异，可用升华法、经典的湿法、萃取或离子交换等方法。提纯所得的纯钼化合物一部份直接作为工业产品，一部分进一步用氢还原得纯金属钼粉。

第二节　辉钼精矿的氧化焙烧

辉钼精矿氧化焙烧的任务是将钼的硫化物（MoS_2）氧化成氧化钼，不同用户对焙烧的要求总的说来是一致的，即要求脱硫率高，但彼此要求亦有差别，对炼钼铁和炼钢而言，特别要求其含总硫(包括硫化物形态的硫和硫酸盐形态的硫)低，一般不宜超过0.1%，对制取钼化工产品及金属钼而言，则要求在NH_4OH溶液中难溶的钼化合物如MoS_2、MoO_2、$CaMoO_4$、$PbMoO_4$等少，为满足这些要求，应对焙烧过程的物理化学基础进行讨论。

一、辉钼矿氧化焙烧过程的热力学分析

辉钼精矿氧化焙烧过程的主要反应有以下几类：

（1）MoS_2的氧化反应（包括MoS_2与MoO_3的交互反应）；

（2）伴生元素硫化物的氧化反应及硫酸盐的生成反应；

（3）各种伴生元素氧化物与MoO_3生成钼酸盐的反应。

以下分别研究其热力学问题。

1．辉钼矿（MoS_2）氧化焙烧的主要反应及Mo-S-O系的热力学平衡图　辉钼矿的氧化焙烧涉及到整个Mo-S-O体系，Mo-S-O体系的主要反应及其平衡常数如表1-4-1所示。

从表1-4-1可知，在Mo-S-O体系中可能发生的反应甚多，但根据相律

$$f=C-P+2$$

式中　f——自由度数；

C——独立组元数；

P——相数。

在Mo-S-O系中$C=3$，当自由度$f=0$时，$P=5$，即系统中能同时平衡存在的相数最多只

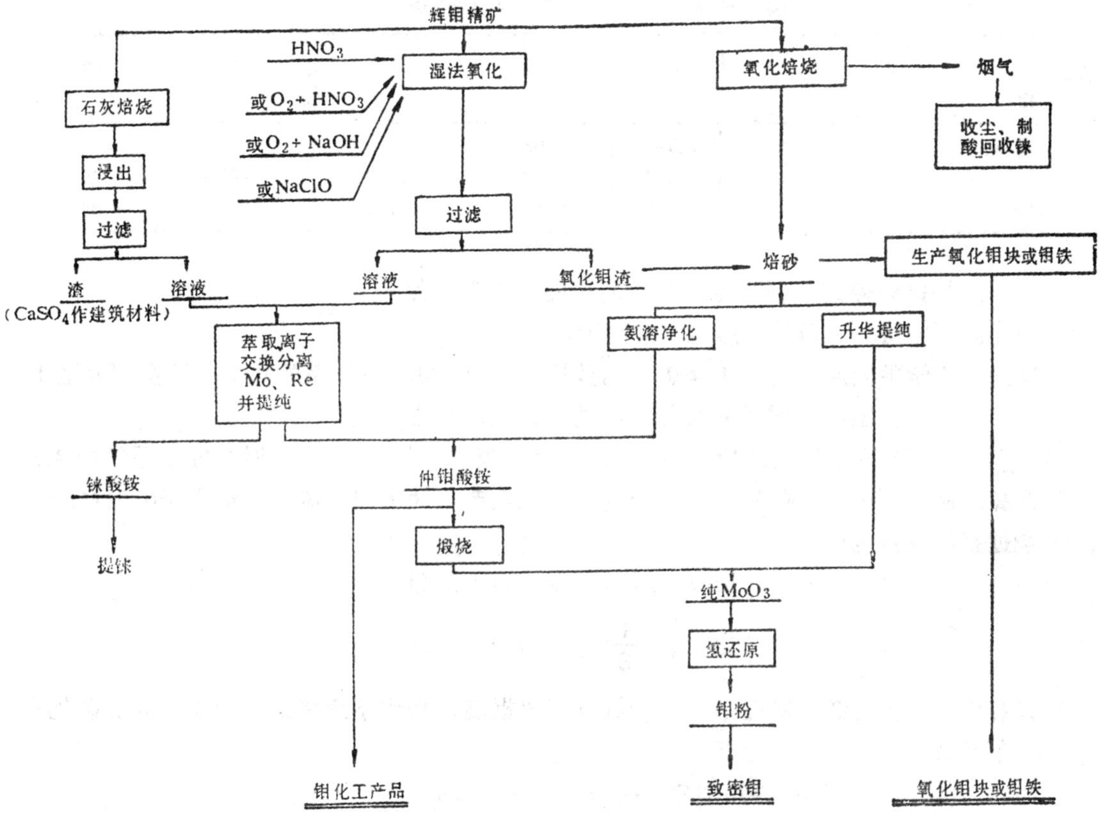

图 1-4-1 处理辉钼精矿的原则流程

表 1-4-1 Mo-S-O系的主要反应及其平衡常数K_p

反应	K_p	在TK下的$\lg K_p$(P,MPa)		
		673	850	923
1)$MoS_2+3.5O_2=MoO_3+2SO_2$	$p_{SO_2}^2/p_{O_2}^{3.5}$	75.08	57.25	52.10
2)$MoS_2+3O_2=MoO_2+2SO_2$	$p_{SO_2}^2/p_{O_2}^3$	66.32	51.15	46.67
3)$MoO_2+0.5O_2=MoO_3$	$p_{O_2}^{-0.5}$	8.76	6.20	5.43
4)$Mo+O_2=MoO_2$	$p_{O_2}^{-1}$	37.11	27.69	24.87
5)$Mo_2S_3+3O_2=2Mo+3SO_2$	$p_{SO_2}^3/p_{O_2}^3$	41.30	33.54	31.4
6)$2MoS_2+O_2=Mo_2S_3+SO_2$	p_{SO_2}/p_{O_2}	17.30	13.47	12.2
7)$Mo_2S_3+5O_2=2MoO_2+3SO_2$	$p_{SO_2}^3/p_{O_2}^5$	115.53	88.92	81.15
8)$SO_2=0.5S_2+O_2$	$p_{O_2}\cdot p_{S_2}^{0.5}/p_{SO_2}$	—	−18.93	−17.17
9)$MoS_2+6MoO_3=7MoO_2+2SO_2$	$p_{SO_2}^2$	13.76	14.50	14.1
10)$5McS_2+MoO_2=3Mo_2S_3+SO_2$	p_{SO_2}	−14.93	−11.03	−10.07
11)$Mo_2S_3+3MoO_2=5Mo+3SO_2$	$p_{SO_2}^3$	−70.00	−49.53	−43.2

有5个，除掉平衡的气相，则能同时平衡存在的相数最多只有4个。在保持一个自由度（即温度或气相p_{O_2}或p_{SO_2}可变）时，能稳定共存的凝聚态化合物只能有三种，因此在一定条件下，不是表1-4-1中所有反应的反应产物都能同时存在，某些反应的产物是不可能同时存在的，即该反应成为无效反应，我们的任务是：

（1）找出在一定条件下能稳定存在的具体化合物；

表 1-4-2 Climax多膛炉中物料的物相变化

物相 \ 层	0	2	4	6	8	10	12
MoS_2	1	0.842	0.491	0.106	0.006	0.001	0.0007
MoO_2	0	0.092	0.324	0.633	0.222	0.005	0.000
MoO_3	0	0.066	0.185	0.263	0.772	0.995	0.999

（2）探讨为得到某种给定化合物所需的热力学条件。

为此应研究Mo-S-O系的热力学平衡图。

根据热力学平衡原理及表 1-4-1 中的数据，得出 Mo-S-O 系的热力学平衡图如图 1-4-2、1-4-3所示。图中标明了各种化合物的稳定区，从图可看出：

（1）在SO_2分压较高的情况下（923K 时，当 $p_{SO_2}>10^{-10}$MPa 时）随着系统中氧分压的提高，MoS_2将氧化成MoO_2和MoO_3，而在生产条件下，一般 p_{SO_2}均大于0.01MPa，故焙烧过程的反应为：

$$MoS_2+3O_2=MoO_2+2SO_2$$

$$MoO_2+\frac{1}{2}O_2=MoO_3$$

而在SO_2分压较低的情况下，随着氧分压的提高，将依下次序氧化为钼的低价硫化物或钼的氧化物：

$$MoS_2\longrightarrow Mo_2S_3\longrightarrow MoO_2\longrightarrow MoO_3$$

或

$$MoS_2\longrightarrow Mo_2S_3\longrightarrow Mo\longrightarrow MoO_2\longrightarrow MoO_3$$

系统内不存在MoS_2与MoO_3的平衡，即 MoS_2 与 MoO_3不能平衡共存，当将二者混合在一起，则在一定温度条件下将发生下列反应：

$$MoS_2+6MoO_3=7MoO_2+2SO_2$$

根据计算，在850K时，该反应的SO_2平衡分压达3.16×10^{14}MPa，故只有当 MoS_2消耗将尽时，MoO_3才能稳定存在，这一情况得到生产实践的证实，Climax 公司12层多膛炉焙烧辉钼精矿过程中，物料的物相变化过程如表 1-4-2 所示。根据此情况也可知，当要求焙砂中 MoO_2少时（例于当产品用于氨浸并进而生产钼酸铵时），一定要保证物料与氧气充份接触。

（2）在Mo-S-O系中存在着钼的稳定区，而且随着 SO_2分压的降低、温度的升高，钼稳定区的范围扩大，这一情况对钼的提取可能是有意义的。

（3）从图1-4-3可看出，在工业上辉钼精矿焙烧的气氛下（$p_{SO_2}\approx0.01$MPa），随着氧分压的改变，系统中只可能有MoO_3或 MoO_2或 MoS_2存在，而 Mo_2S_3、Mo 不可能稳定存在，在系统中也没有钼的硫酸盐存在。

2. 辉钼精矿中伴生元素硫化物的焙烧反应　伴生元素硫化物包括方铅矿（PbS)、黄铁矿（FeS_2)、黄铜矿（$CuFeS_2$）等。它们在焙烧过程中将被氧化生成相应的氧化物或进一步变成硫酸盐：

$$MeS+1\frac{1}{2}O_2=MeO+SO_2$$

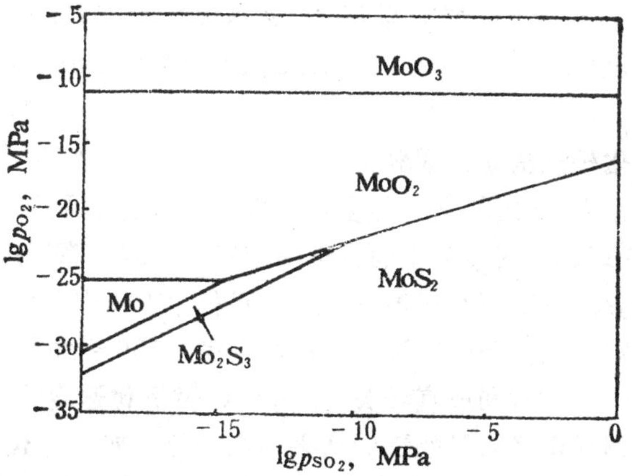

图 1-4-2 923K时Mo-S-O系热力学平衡图

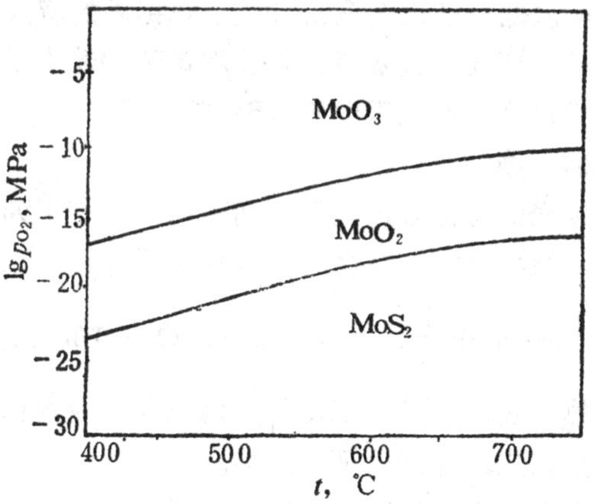

图 1-4-3 $p_{SO_2}=0.01$MPa时Mo-S-O系热力学平衡图

$$MeO+SO_2+\frac{1}{2}O_2=MeSO_4$$

此外矿中的 $CaCO_3$也可能转化成 $CaSO_4$。但应当指出：在高温及低 SO_2浓度的情况下，$MeSO_4$不稳定，高于 450～500℃ 则有相当一部分硫酸铁离解，$ZnSO_4$在高于 700℃ 时离解。

3. 生成钼酸盐的反应　在氧化焙烧的条件下，MoO_3将与伴生元素的氧化物或其硫酸盐作用生成钼酸盐，其反应为：

$$MeO+MoO_3=MeMoO_4$$ （Me代表Cu，Pb，Zn）

$$MeSO_4+MoO_3=MeMoO_4+SO_2+\frac{1}{2}O_2$$

$$CaCO_3+MoO_3=CaMoO_4+CO_2$$

$$Fe_2O_3+3MoO_3=Fe_2(MoO_4)_3$$

其中$CaMoO_4$、$PbMoO_4$难溶于氨水，故严重影响氨浸时钼的浸出率。$CuMoO_4$和$ZnMoO_4$则能被氨水溶解，$Fe_2(MoO_4)_3$ 能缓慢地被氨水溶解。

钼酸盐的生成不仅影响氨浸出的效果，而且使焙砂在低于MoO_3熔点（795℃）的温度立即发生烧结，其原因可能是钼酸盐与MoO_3共晶温度低，$PbMoO_4$-MoO_3、$ZnMoO_4$-MoO_3、$CuMoO_4$-MoO_3、$Fe_2(MoO_4)_3$-MoO_3、$CaMoO_4$-MoO_3系的共晶温度分别为670、660、700、722、727℃。

二、辉钼精矿氧化焙烧的动力学分析

硫化矿的氧化过程为气-固相之间的多相反应，整个过程要经历外扩散、化学吸附、化学反应、内扩散等步骤，其中最慢的步骤为控制性步骤，辉钼矿的氧化也服从这些规律。至于其控制性步骤，目前研究还不充分。苏联科学工作者研究的结论是：在400℃左右生成的氧化物膜致密，反应受通过该膜的扩散控制；550～600℃时生成物疏松多孔，为化学反应控制，氧化深度与时间成直线关系，600℃时氧化速度为0.009mm/sec，表观活化能为180kJ/mol。同样金君淑等的试验结果与之相似，亦认为445～545℃为扩散控制，表观活化能为66.91kJ/mol。在550℃以上焙烧时，温度对焙烧速度有很大影响。

在同样条件下，硫化物的着火温度反映着该硫化物氧化速度的大小（也与单位物料的发热量有关），着火温度愈低，则说明愈易氧化。辉钼矿的着火温度与辉铜矿、磁黄铁矿相近，在粒度为0.1mm时，辉铜矿、磁黄铁矿、辉钼矿的着火温度分别为430℃、430℃、465℃，比黄铁矿（325℃）高，而比闪锌矿（647℃）低。

三、辉钼精矿焙烧的实践

1. 辉钼精矿焙烧过程的特点分析　辉钼精矿的焙烧有下列特点：

（1）MoS_2的氧化过程为强放热过程　298K时反应：

$$MoS_2+\frac{7}{2}O_2=MoO_3+2SO_2+1063kJ$$

按每公斤硫计算，其发热量超过FeS_2，NiS等，因此在工业规模下有可能自热进行，而且往往还要采取适当的散热措施，才能保证不过热。

（2）由于MoO_3的熔点低（795℃）、沸点低（1155℃）、在720℃左右蒸气压达0.08KPa，即显著升华，因此焙烧温度不能过高，否则一方面挥发损失太大；另一方面因MoO_3与钼酸盐的共晶温度低，物料局部熔化使物料烧结，不仅不利于操作，更重要的是被烧结的料的内部不能充分氧化，以致含硫及MoO_2高。同时烧结过程使MoO_3与其他金属氧化物的接触增加，有可能使各种钼酸盐的含量增加，故一般温度不宜超过600℃，但过低则反应速度小，故可供选择的温度范围有限，相应地在焙烧过程中保证气相固相的良好接触、加强热交换过程和控制好温度是至关重要的。

2. 辉钼精矿的多膛炉焙烧　辉钼精矿的多膛焙烧是当前国内外应用最广的工艺，多膛炉结构如图1-4-4所示。

炉子断面为圆形，用耐火砖〔Climax的鹿特丹厂焙烧炉所用耐火砖成份为（%）53 SiO_2；40 Al_2O_3；2.5 TiO_2；2.3 Fe_2O_3；0.4 MgO〕砌成，一般有8～16层，每层炉膛则用砖砌成或捣固而成，每层都有下料口与其下面的一层连通，单数层的下料口与双数层的下料口互相错开，若单数层的下料口在炉子边缘，则双数层在炉子中央，以防炉料短路。目前最大炉子的直径达7.24m，炉子中心有回转轴2，它带动各层的耙臂6转动使各层的料得到耙动并逐步向下料口移动，通过下料口掉入下一层。耙臂上的耙齿容易损坏，可用碳化硅氮化硅的复合材料制成。精矿由炉顶加入，对12层的多膛炉而言，在第1、2层及第3层的一部分主要进行浮选剂的挥发及部分MoS_2的氧化，在第3～5层主要为精矿氧化成

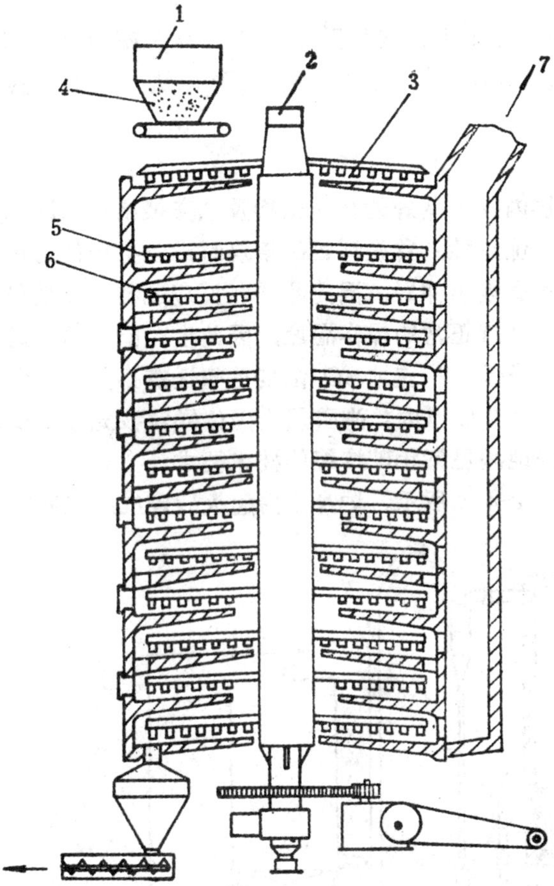

图 1-4-4 多膛炉结构示意图

1—料仓；2—回转轴；3—干燥层；4—精矿；5—耙齿；
6—空气冷却的耙臂；7—至制酸厂

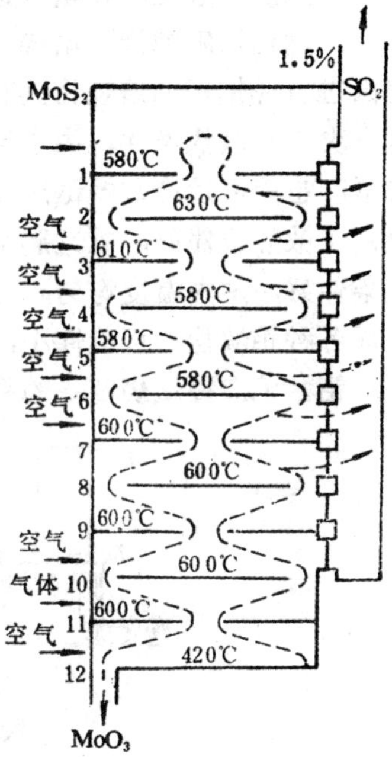

图 1-4-5 辉钼精矿多膛焙烧的物料、炉气走向及温度分布

MoO_2，及部分MoO_2进一步氧化成MoO_3，6～8层主要进行MoO_2氧化成MoO_3，第9层以后则进一步脱硫使硫含量由1%左右降至0.1%以下（参见表1-4-2）。为了更好地调节各层的温度，空气分别由各层加入，空气的作用一方面是提供氧气，另一方面是带走部份热量以防止过热，但在最底下几层由于物料含硫量少，发热量有限，因此为维持足够的温度，需用重油加热，各层的炉气及物料走向、温度分布如图1-4-5所示。

多膛炉焙烧的单位生产率约为80～120公斤精矿/米^{2}炉面积·天，铼的挥发率为50～60%，燃料的消耗量：按燃料的发热量计约相当于浮选剂及精矿氧化所发热量的11～15%。

多膛炉焙烧具有产品质量较高，能全面满足钢铁工业及钼材加工要求，机械化程度高等优点，但其铼的挥发率较低，设备结构较复杂。同时SO_2浓度较低（1.5%左右），难以制酸，形成公害。

基于上述SO_2烟害及铼回收问题，人们在小规模生产中曾改用石灰焙烧法，即在氧化焙烧时加入石灰，此时反应为：

$$MoS_2 + 3CaO + 4\frac{1}{2}O_2 = CaMoO_4 + 2CaSO_4$$

铼亦变成为可溶性的铼酸盐，然后在80～90℃下用稀硫酸浸出，焙砂：水：硫酸=1：2.7：0.5，则钼与铼的98%左右进入溶液，溶液含MoO_3达96g/l，然后用萃取法分离钼、铼。本工艺适宜于小规模下处理含铼高的精矿。

石灰焙烧一般在回转窑内进行。

3. 辉钼精矿的沸腾焙烧　在沸腾层内具有良好的物质交换及热交换条件，因此在沸腾层内进行辉钼矿的焙烧将具有一系列的优越性。首先辉钼矿焙烧时设备生产能力在很大程度上决定于散热条件，由于沸腾层内热交换条件好，因此即使在反应过程放热量很大的情况下，也能通过冷却器迅速将热带出，维持正常的操作温度，因此生产能力可望提高；其次由于散热条件好，故过剩空气量可望降低，相应地SO_2浓度可望提高；另外，由于热交换条件好，炉内温度均匀，可控制在±2.5℃以内；沸腾层内固体颗粒彼此接触少，因此生成各种钼酸盐的可能性小，故能较好地满足辉钼矿焙烧的技术要求。

辉钼精矿沸腾焙烧设备的系统图如图1-4-6所示。炉身1由耐火砖砌成，在底部有空

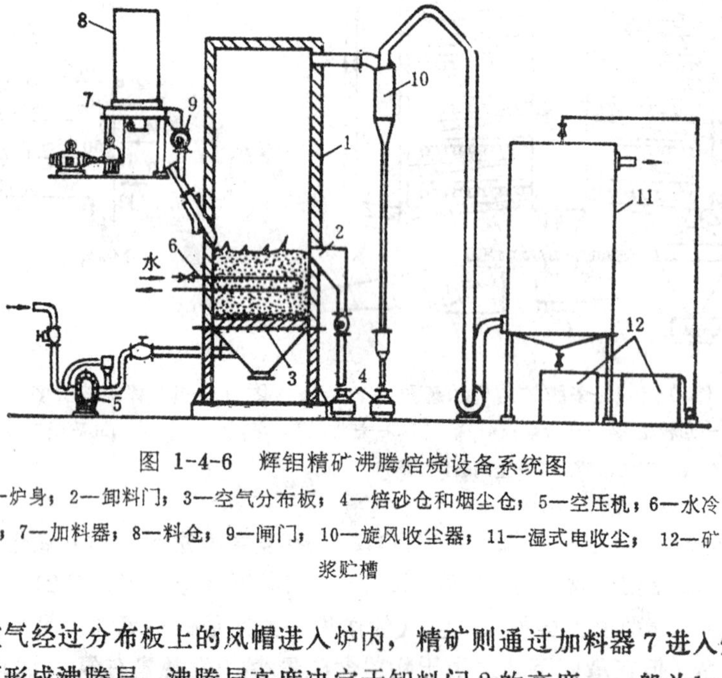

图 1-4-6　辉钼精矿沸腾焙烧设备系统图

1—炉身；2—卸料门；3—空气分布板；4—焙砂仓和烟尘仓；5—空压机；6—水冷器；7—加料器；8—料仓；9—闸门；10—旋风收尘器；11—湿式电收尘；12—矿浆贮槽

气分布板3，空气经过分布板上的风帽进入炉内，精矿则通过加料器7进入炉内，精矿在空气流的作用下形成沸腾层，沸腾层高度决定于卸料门2的高度，一般为1～1.5m，为导出沸腾层内多余的热量，在沸腾层内设有水冷却器6。

辉钼矿沸腾焙烧温度控制为560～580℃，而控制加料速度是控制温度的关键之一，加料速度不均匀将导致发热不均匀，从而引起温度的波动。过程中控制空气直线速度（按标准状态计）约5～7cm/sec，约相当于临界速度的2～3倍，炉子单位面积的生产能力约1200～1300kg/m^2·d，铼的挥发率约90%。

沸腾焙烧过程的烟尘率达20～40%，烟尘含硫达8～10%，应返回沸腾焙烧。

相对于多膛炉焙烧而言，辉钼精矿沸腾焙烧的优点是：炉子单位生产能力高；完全自动化操作，由于生成MoO_2及钼酸盐少，故焙砂氨浸时浸出率高；铼的挥发率高；能耗低，一般不另加燃料。其不足处是焙砂含硫高达2～2.5%（其中1.5～2%是硫酸盐），不能用于钢铁工业。当前沸腾焙烧产品主要只用于作钼化工产品及金属钼的原料。同时烟尘

率高，不适于处理过细的物料。

苏联斯科平（Скопин）厂曾采用制粒法处理细料，发现烟尘率虽未能明显降低，但由布袋收集的细烟尘的脱硫率达99%，可与焙砂合并，由旋风收尘器产出的烟尘则需返回焙烧。

4. **辉钼精矿焙烧烟气的收尘及处理** 由多膛炉或沸腾炉出来的烟气一般含1～3% SO_2（沸腾炉稍高一些），50～250mg/m^3 Re_2O_7，此外还含一些烟尘，这种烟气一般首先是进行旋风多管收尘，它能回收其中80～85%的烟尘，再进行电收尘，两者总收尘率达98%左右。为回收其中的铼，一般在干式电收尘后进行淋洗及湿式电收尘。淋洗液在系统中循环富集。循环到含80～100g/l H_2SO_4，0.1～0.5g/l Re时送往回收铼。

由于制取硫酸要求烟气含 $SO_2 \geqslant 3\%$，因此通常多膛炉的烟气难以满足制酸的要求。主要是直接排空或通过 $Ca(OH)_2$ 或 $Al_4(OH)_6(SO_4)_3$ 吸收后，使之 SO_2 降至0.05%以下再放空。

为提高 SO_2 浓度使之达到制酸的要求，可将烟气通入另一炉内进行二次焙烧，使其中氧进一步与辉钼矿反应，亦可加强焙烧炉的冷却（如淋水等）以减少炉内空气的用量，目前已取得某些效果，烟气含 SO_2 可达3～3.5%。

第三节 辉钼精矿的湿法氧化

氧化焙烧法宜于处理合格的辉钼精矿，其产出的焙砂可直接用以炼钢或净化提纯制取纯 MoO_3，但它对铼的总回收率低，且有 SO_2 烟害，特别是对低品位的辉钼精矿而言，一方面焙烧产品纯度差，不能直接用于炼钢亦不便用湿法净化。另一方面某些杂质过多，在焙烧过程中不利于操作（如物料易于烧结等），因此五十年代开始研究用湿法氧化，有的已投入工业生产。

湿法氧化的实质是在水溶液中利用适当的氧化剂使辉钼矿中的硫氧化成 SO_4^{2-} 进入水相，钼则氧化成 MoO_4^{2-}（在碱性介质中）或 H_2MoO_4（在酸性介质中）进入水相或固相，与此同时铼则几乎全部进入水相。

湿法氧化尽管其具体的氧化剂可能不同，但其热力学原理可共同用 Mo-S-H_2O 系电位-pH图说明，Mo-S-H_2O 系的电位-pH图及 O_2、HNO_3、NaClO 等氧化剂的氧化还原电位与pH值的关系如图1-4-7所示，由图可知，上述氧化剂均可使 MoS_2 氧化成 SO_4^{2-} 和 H_2MoO_4 或 MoO_4^{2-}。

一、硝酸氧化法

25～50%浓度的硝酸在加热的情况下迅速与辉钼矿进行下列反应：

$$MoS_2 + 6HNO_3 = H_2MoO_4 + 2H_2SO_4 + 6NO$$

所生成的 H_2MoO_4 约80%进入渣相，20%左右进入液相，钼在液相的形态主要为 $MoO_2(SO_4)_n^{(2n-2)-}$ 和 $Mo_2O_5(SO_4)_n^{(2n-2)-}$，也有一部分以胶体形态存在于溶液中，进入溶液中的钼量随温度的升高及 HNO_3 浓度的增加而减少，如90℃当 HNO_3 浓度分别为27～30%和54%，则溶液中钼浓度分别为12～15g/l和2.5～3g/l。

分解过程中重金属、铁的硫化物均被氧化成硝酸盐进入溶液，铼几乎全部进入溶液，故固相的钼品位较原料明显提高，Moiyscand 公司工业条件下的原料及产品成分如表1-4-3所示。

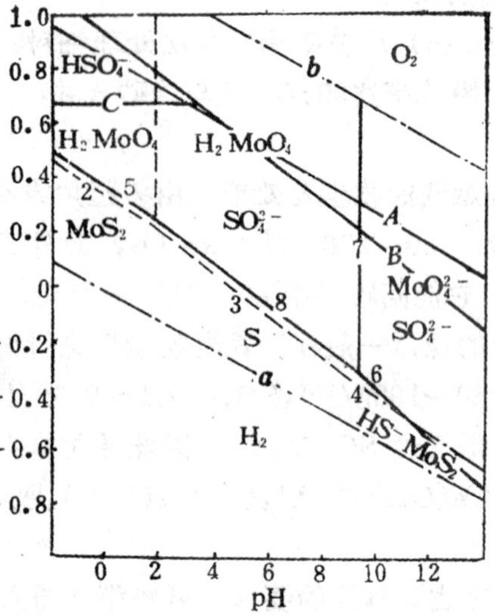

图 1-4-7 Mo-S-H_2O系电位-pH图及某些氧化剂的氧化-还原电位与pH值的关系（25°C）

A—$ClO^- + 2H^+ + 2e = Cl^- + H_2O$；*B*—$NO_3^- + 4H^+ + 3e = NO + 2H_2O$；*C*—$Fe^{3+} + e = Fe^{2+}$

表 1-4-3 Molyscand公司硝酸分解辉钼矿的原料及中间产品成分

物料＼成分	Mo	Fe	Cu	Bi	Pb	Re	Mg	Al	H_2SO_4
精矿，%	46	4	3	0.01	0.08	0.005			
母液，g/1	23	10.6	8.1	0.02	0.03	0.01	0.5	0.4	312.5
工业MoO_3，%	59.5	0.11	0.03	0.02	0.016	痕	0.09	0.8	0.06

氧化过程的速度随温度的升高及HNO_3浓度的增加而增加，同时发现H_2SO_4的存在有利于提高反应速度，例如当溶液中含10～12% H_2SO_4时，则HNO_3浓度可由35%降至30%，而保持反应速度不变，故将部分浸出母液返回是有利的。硝酸用量视工作条件而定，当系统中有氧存在时，其用量约为理论量甚至远低于理论量，氧的作用主要是使反应产生的NO又转化为HNO_3，反应为：

$$2NO + O_2 = 2NO_2$$

$$2NO_2 + H_2O = HNO_2 + HNO_3$$

$$HNO_2 = \frac{1}{3}HNO_3 + \frac{2}{3}NO + \frac{1}{3}H_2O$$

硝酸氧化过程可在不锈钢搅拌槽中进行，当生产规模较大时，亦可在一系列塔式设备中连续进行，某日处理2.5t精矿的设备系统如图1-4-8所示，设备分两组，其中一组4用于进行氧化过程，另一组8用于进行硝酸的再生，辉钼矿浆和硝酸以及空气连续通过塔4同时加热到130～135℃以便进行反应，反应产出的矿浆进行过滤，母液含10～15g/lMoO_3，用Fe^{3+}沉淀钼酸铁后送回收铼。反应产生的气体则进入吸收塔8，利用水吸收得HNO_3。

二、在有HNO_3存在下高压氧浸

实际上为HNO_3分解的一种形式，矿浆（固相：液＝1：5）中含10～20g/lHNO_3，在

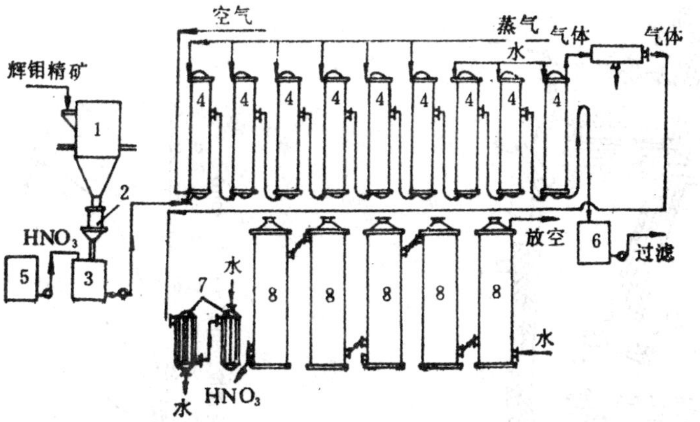

图 1-4-8 硝酸氧化辉钼精矿连续装置图

1—料仓；2—给料器；3—混料器；4—反应塔；5—HNO_3贮槽；6—矿浆槽；7—热交换器；8—HNO_3再生塔

160～200℃下首先按下反应：

$$MoS_2+6HNO_3=H_2MoO_4+2H_2SO_4+6NO$$

使部分MoS_2氧化，而产生的NO又在设备的上部空间与高压氧（0.65～1.2MPa）作用生成HNO_3：

$$NO+\frac{3}{4}O_2+\frac{1}{2}H_2O=HNO_3$$

故总反应为：

$$MoS_2+\frac{9}{2}O_2+3H_2O\xlongequal{HNO_3}H_2MoO_4+2H_2SO_4$$

过程中70～80%的钼以钼酸的形态进入固相，经煅烧后即得工业氧化钼，几乎全部铼和约20%的钼以及绝大部分铜、铁、锌进入溶液，可用萃取法回收。

过程在高压釜中进行，其原则结构如图1-4-9所示，设备由钢做成，通过进料口1进入矿浆，高压氧则由通氧管2通入，在搅拌器激烈搅拌下，氧气被通过吸入口9吸入矿浆中与之混合，过程系放热反应，故釜外用水冷却，同时在上部空间（这里再生HNO_3）和下部均有冷却管。

在工业规模下某些工厂的指标大致为固/液=1/(3～5)；温度：160～200℃；氧压力0.65～1.2MPa，MoS_2氧化率95～99%；铼浸出率≈100%；每公斤钼消耗$HNO_3$0.2～0.3kg，消耗氧约2kg。

本工艺的不足之处在于钼进入固相的直接回收率太低，仅75～80%，产出母液中H_2SO_4浓度太低（20～25%），不能利用，为此Noranda公司将流程进行了改进，其特点是浸出母液(含400g/LH_2SO_4，20～50g/LHNO_3以及约20g/LMoO_3)不全部送去回收钼铼，而是将其10%送回收钼铼，90%返回浸出，这样一方面H_2SO_4得以富集，H_2SO_4浓度最高可达75%，同时由于浸出时液相已含一定量MoO_3，故浸出时由精矿进入溶液的钼量少，钼进入固相的回收率达90%，另外还能利用母液中的HNO_3。铼亦得到富集。

辉钼矿高压氧气浸的特点是无SO_2烟害，钼铼回收率高，能处理不合格精矿，但耐腐

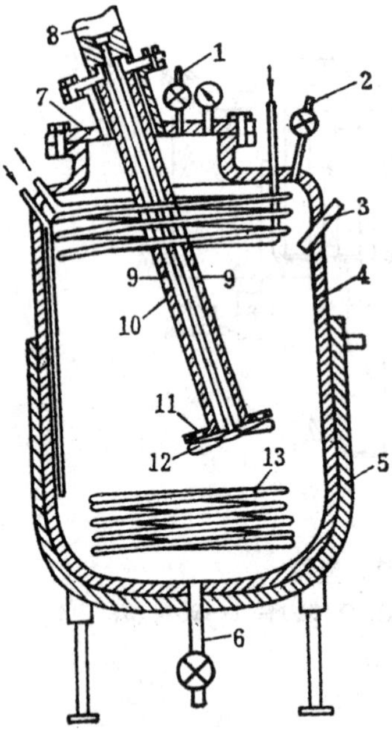

图 1-4-9 辉钼精矿高压氧浸用高压釜原则结构

1—加料管；2—通氧管；3—测温管；4—釜体；5—冷却水套；6—卸料管；7—盖；8—传动器；9—入气口；10—搅拌器外套；11—吸入矿浆口；12—搅拌桨叶；13—冷却蛇形管

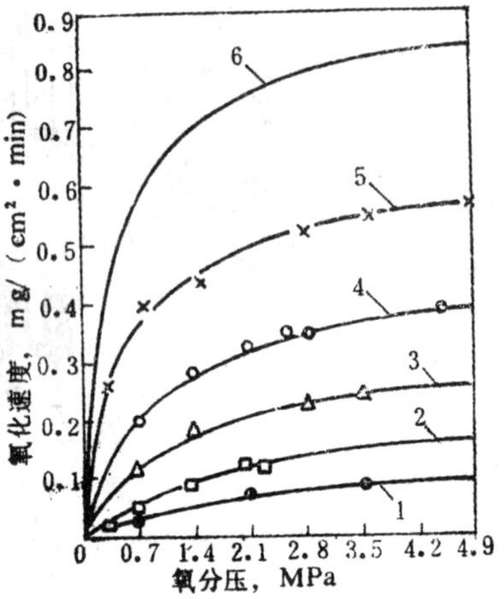

图 1-4-10 在KOH浓度为2.6mol/L，搅拌转速为750r/min时MoS_2氧化速度与氧分压关系

1—100℃；2—112℃；3—125℃；4—140℃；5—156℃；6—175℃

的设备材料难以解决，投资较高，副产品H_2SO_4的浓度最高仅75%左右，难以进一步提高。

近年来许多工厂研究在高压氧浸过程中用$NaNO_3$代替HNO_3，发现其工艺指标较用HNO_3时稳定，钼回收率有所提高。

三、在碱性介质中高压氧浸

当以氧作为氧化剂在碱性介质中氧化辉钼矿，则进行下反应：

$$MoS_2+4.5O_2+6OH^-=MoO_4^{2-}+2SO_4^{2-}+3H_2O$$

钼铼同时进入溶液，可用萃取法分离回收，某些杂质如铁等成氢氧化物进入沉淀。

过程的速度明显地随温度的升高及氧分压的增加而增快，如图1-4-10所示。

苏联工作者曾用此方案处理含5.8～6.3%Mo；6～9%Cu；12～17%Fe；21～27%S；26%SiO_2的低品位矿，NaOH用量为理论量的103～105%，氧分压为0.2MPa。130℃，经7h浸出，钼铼进入溶液的回收率为98～99%，溶液含12～20g/LMo，20～40mg/LRe，170～180g/LNa_2SO_4。

四、次氯酸钠浸出法

将辉钼矿在40℃的温度下与NaClO溶液作用则发生下反应：

$$MoS_2+9ClO^-+6OH^-=MoO_4^{2-}+2SO_4^{2-}+9Cl^-+3H_2O \quad (1-4-1)$$

与此同时亦可能发生NaClO的分解和其他硫化物的氧化等副反应：

$$ClO^-=Cl^-+\frac{1}{2}O_2$$

$$CuS+4ClO^-+2OH^-=Cu(OH)_2+SO_4^{2-}+4Cl^-$$

$$3ClO^-=ClO_3^-+2Cl^-$$

这些副反应使NaClO利用率降低，更重要的是产生其他阳离子（如Cu^{2+}），它进一步与MoO_4^{2-}形成钼酸盐的沉淀，使钼浸出率降低。

许多学者的研究表明，CO_3^{2-}的存在能抑制NaClO的分解，温度低于40℃能抑制其他硫化物的氧化，同时pH＝9时的MoS_2的氧化速度最快，故一般浸出条件为：温度40℃；NaClO浓度20～40g/l；pH＝9左右；CO_3^{2-}浓度约10g/l；在上述条件下对含5～23％Mo的矿而言，浸出率达96～98％。

NaClO分解法的优点是反应温度低，选择性强，宜于处理低品位复杂矿，同时由于其高选择性，苏联工作者曾研究用NaClO溶液对低品位钼矿进行地下浸出，现正在试验中。缺点是NaClO用量大，理论上每公斤钼需NaClO 7kg，实际上应大1.5～2倍。

五、电氯化法

其实质是将矿悬浮于NaCl溶液中，通以直流电则阳极产生Cl_2，Cl_2进一步与水作用生成HClO（或ClO^-）：

$$Cl_2+H_2O=HClO+HCl$$

HClO再按反应（1-4-1）与MoS_2作用，使其氧化，钼铼氧化进入溶液，再用萃取法分离回收，半工业试验的指标为：钼铼浸出率90～97％，电能消耗21.8～24.3kWh/kgMo。

第四节　纯钼化合物的生产

一、升华法（蒸发法）生产纯三氧化钼

1．简单原理　升华法是基于MoO_3的熔点低(795℃)、沸点低(1155℃)，高于熔点则迅速以三聚合分子$(MoO_3)_3$的形态挥发进入气相，在不同的温度下，其蒸气压如下：

温度，℃	800	900	1000	1100	1155
$p_{(MoO_3)_3}$ kPa	1.69	6.8	22.2	61.2	101

而许多杂质氧化物的沸点（或升华温度）比MoO_3高得多，当它们以钼酸盐形态存在时，则更难挥发，一般在950～1100℃的温度范围内，钙、镁、铁的钼酸盐都稳定，不进入气相，SiO_2不挥发，因此都留在蒸发残渣中。$PbMoO_4$有少量挥发，在原料中含铅较高时，工作温度应低于1000℃。

升华过程的速度主要决定于温度、携带气流的速度和物料的纯度，在工作的气流速度范围内（0.3～2.5cm/sec），蒸发速度显著地随气流速度的增加而加快，随温度升高而加快。在气流速度为0.2～0.3cm/sec，900℃和1100℃时，纯MoO_3的蒸发速度分别为12.3和110kg/m²·h。MoO_3中的杂质增加，特别是其钼酸盐在工作温度下不分解的杂质如钙、镁、铅、铁等明显地降低其蒸发速度，$CuMoO_4$易分解，故焙砂中铜含量对挥发速度影响较小。在气流速度为2.3cm/sec、1100℃时，含48～50％Mo的焙砂中，MoO_3蒸发速度仅10～20kg/m²·hr，因此随着蒸发过程的进行，杂质得到富集使蒸发速度降低。

2．工业实践　大规模生产中升华过程在带旋转炉底的电炉中进行，其断面图如1-4-11所示。整个炉子为圆环形，炉底可旋转，加热用的SiC棒及抽风装置固定不动。炉底上先铺石英砂，焙砂则加在石英砂层之上，加热到MoO_3的熔点后，焙砂熔化渗入石英层，并进行挥发。MoO_3蒸气被空气流带入布袋收尘器收集。炉底旋转一周则完成一个周期的装

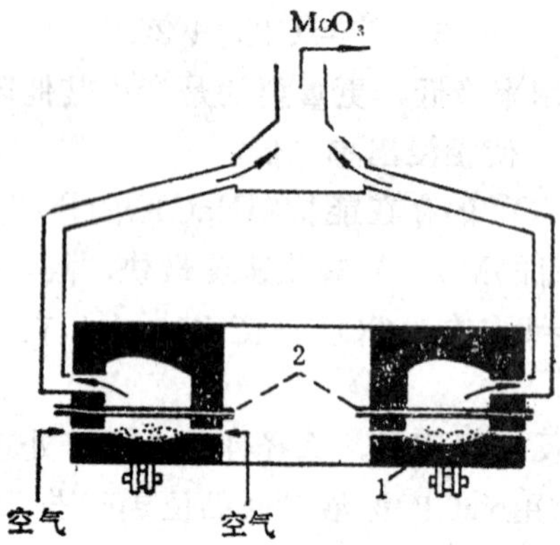

图 1-4-11 带旋转炉底的三氧化钼升华电炉

1—旋转炉底；2—SiC加热棒

料、卸料及挥发作业，MoO_3的挥发率约为60～65%，残渣与石英砂分离后可进一步用水冶法回收或直接送往炼钢。

升华法流程简单，得到的产品纯度较高，当辉钼精矿成份为(%)：56Mo；0.16Cu；0.38Fe；4.5SiO_2；0.04Pb；0.28Al_2O_3；0.06Ca，则将其焙烧的产物进行升华后，产出的MoO_3中Al、Ca，Cu、Fe均为0.001%，Mg、Ni、Cr、Ti均小于0.0005%；Pb为0.002%，MoO_3含量达99.95%以上，产物为针状或片状结晶，极细，松装比重约0.25(一般MoO_3的松装比重为1左右)，故难以贮运。

二、经典的湿法冶金法生产纯三氧化钼

焙砂亦可用湿法冶金的方法净化提纯得纯三氧化钼，其原则流程如图1-4-12所示，焙砂首先用NH_4OH浸出，浸出液经S^{2-}沉淀除去重金属杂质后再结晶析出仲钼酸铵或四钼酸铵，四钼酸铵经重结晶后得纯的仲钼酸铵，后者再煅烧得纯MoO_3，现将主要工序分别介绍如下：

1. 焙砂的浸出 在焙砂氨浸过程中，MoO_3与NH_4OH按下反应生成$(NH_4)_2MoO_4$而进入溶液：

$$MoO_3+2NH_4OH=(NH_4)_2MoO_4+H_2O$$

与此同时，铜、锌、镍的钼酸盐、硫酸盐亦被浸出：

$$MeMoO_4+4NH_4OH=[Me(NH_3)_4]MoO_4+4H_2O$$

$$MeSO_4+6NH_4OH=[Me(NH_3)_4](OH)_2+4H_2O+(NH_4)_2SO_4$$

钼酸亚铁和钼酸铁亦能按上述反应溶解，但由于生成物$Fe(OH)_2$、$Fe(OH)_3$膜的覆盖，故速度甚慢。在焙砂中的MoO_2、$CaMoO_4$、MoS_2、SiO_2等则不被氨浸出，故进入残渣。

焙砂中存在的$CaSO_4$则按下反应使MoO_4^{2-}变成$CaMoO_4$沉淀，使浸出率降低：

$$CaSO_4+MoO_4^{2-}=CaMoO_4+SO_4^{2-}$$

钼焙砂氨浸过程一般在室温或40～50℃下进行，氨浓度为8～10%，固：液约1：(3～4)，NH_3用量为理论量120～140%，浸出结束后保持母液中游离氨25～30g/l，浸出率为80～95%，渣率为15～25%，最高可达40%，渣含钼达5～25%。

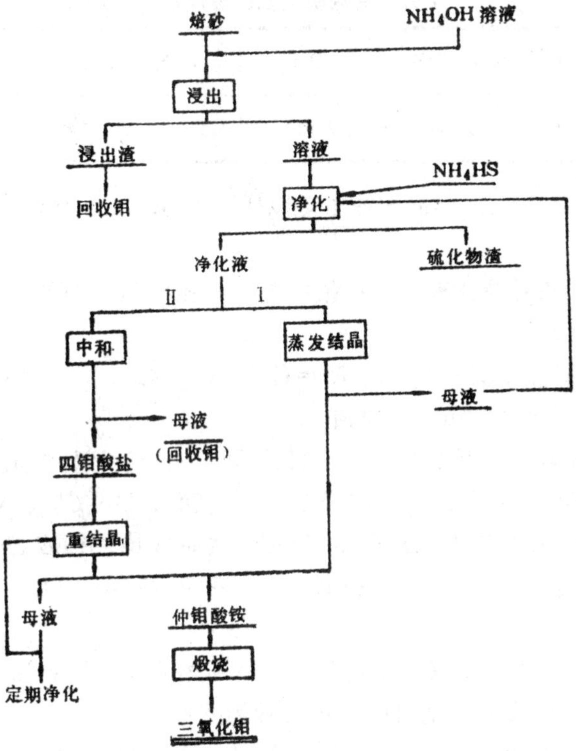

图 1-4-12　用湿法冶金法生产纯MoO_3的原则流程

为提高浸出率，可采取下列措施。

（1）浸出过程中适当加入$(NH_4)_2CO_3$。由于CO_3^{2-}的作使用Ca^{2+}、$Fe(OH)_2$均转化成碳酸盐，或碱式碳酸盐，一方面防止生成$CaMoO_4$、$FeMoO_4$沉淀，另一方面减少了胶态$Fe(OH)_3$对矿粒的包裹作用。苏联工作者在处理沸腾炉产出的钼焙砂时，加入$(NH_4)_2CO_3$使浸出率由83～85%增至93～96%。

（2）焙砂预先用酸或$HCl+NH_4Cl$处理，其作用主要是用盐酸将某些金属杂质溶解，使难以浸出的钼酸盐〔如$CaMoO_4$，$FeMoO_4$等〕预先转化成MoO_3或多钼酸铵，冶金工作者的试验表明，焙砂预先用$HCl+NH_4Cl$处理，处理过程中HCl浓度为40～50g/l，NH_4Cl浓度为100g/l，固液比为1：3，则处理后的焙砂氨浸率由85%增至98%。预处理过程中钼损失约0.5%。预处理所用的$HCl+NH_4Cl$溶液主要为下工序中和结晶的母液(参见图1-4-12)。

2．钼酸铵溶液的净化　上述钼酸铵浸出液中还含有铜、铅、锌、镍、铁等杂质，它们主要以络氨离子形态存在，为除去这些杂质，可利用它们的硫化物的溶度积很小的特性，加入NH_4HS使之成硫化物沉淀。某些硫化物的溶度积如表1-4-4所示。

沉淀过程的反应为：

$$Me(NH_3)_4^{2+}+4H_2O=Me^{2+}+4NH_4OH$$

$$Me^{2+}+HS^-=MeS\downarrow+H^+$$

按照上述反应，Cu^{2+}、Fe^{2+}、Pb^{2+}以及砷、锑基本上可沉淀完全，对锌及镍而言，由于$Zn(NH_4)_4^{2+}$、$Ni(NH_3)_4^{2+}$的络合物稳定常数较大，离解出的Zn^{2+}，Ni^{2+}浓度较小，而ZnS，

表 1-4-4 某些硫化物的溶度积K_{SP}(20°C)

化合物	CuS	FeS	PbS	ZnS	SnS	NiS	Cu_2S
K_{SP}	3.5×10^{-38}	3.7×10^{-19}	1.1×10^{-29}	1.1×10^{-24}	1×10^{-28}	3×10^{-21}	2.5×10^{-50}

NiS的溶度积又比CuS等大，因而溶液中难以达到ZnS、NiS的溶度积，故除锌、镍的效果差。

硫化物沉淀过程在衬胶或搪瓷搅拌槽中进行，加NH_4HS不宜过量，否则生成钼的磺酸盐，影响产品纯度：

$$(NH_4)_2MoO_4 + nNH_4HS = (NH_4)_2MoO_{(4-n)}S_n + nNH_4OH$$

硫化物沉淀过程中约损失0.3%的钼。

3. 从纯钼酸铵溶液中析出钼　与$(NH_4)_2WO_4$溶液相似，将正钼酸铵溶液中和到pH 6～2.5，或蒸发除去部分氨，则MoO_4^{2-}将聚合成$Mo_2O_7^{2-}$、$Mo_7O_{24}^{6-}$、$Mo_8O_{26}^{4-}$(或$Mo_4O_{13}^{2-}$)，并形成相应的铵盐析出。在生产实践中，常用蒸发结晶析出仲钼酸铵$(NH_4)_6Mo_7O_{24}\cdot4H_2O$或二钼酸铵$(NH_4)_2Mo_2O_7$，用中和法析出四钼酸铵$(NH_4)_2\cdot Mo_4O_{13}$[或八钼酸铵$(NH_4)_4Mo_8O_{26}$]。

（1）蒸发结晶法　其原理及设备与第三章所述的蒸发结晶法析出仲钨酸铵相似，在$(NH_4)_2MoO_4$溶液中随着NH_3的排除，析出仲钼酸铵：

$$7(NH_4)_2MoO_4 = (NH_4)_6Mo_7O_{24}\cdot4H_2O + 8NH_3$$

蒸发过程应保持游离氨4～6g/L，并不断搅拌以防过热，否则可能析出含铵更少的细晶粒的钼酸盐。

蒸发前溶液一般含120～140g/LMoO_3(比重1.09～1.12)，在耐腐的搅拌槽中间接加热，浓缩到比重为1.20～1.23时，静置过滤，此时析出的少量渣主要是CuS、FeS以及$Fe(OH)_2$，然后滤液继续蒸发到比重1.38～1.40(相当于400g/LMoO_3)，冷却结晶，此时大致有50～60%的MoO_3成仲钼酸铵析出，为提高回收率，母液要再次结晶2～3次，最后析出的产品纯度较差，返回处理。

蒸发结晶的缺点是周期长，后几批产品纯度不够。

在蒸发结晶过程中，当控制适当条件，亦可得到二钼酸铵结晶：

$$2(NH_4)_2MoO_4 = (NH_4)_2Mo_2O_7 + 2NH_3 + H_2O$$

（2）中和结晶法　将$(NH_4)_2MoO_4$溶液中和，则随着溶液pH值的不同，将析出不同成分的多钼酸盐，当溶液含280～300g/LMoO_3，在55～65℃下中和到pH2～3，则96～97%的钼成含四个结晶水的八钼酸铵(或四钼酸铵)析出。

$$8(NH_4)_2MoO_4 + 12HCl = (NH_4)_4Mo_8O_{26}\cdot4H_2O + 12NH_4Cl + 2H_2O$$

产出的盐立即过滤，否则它将脱水成无水盐，在脱水时晶粒细化，难以过滤。产品纯度较高，但往往含Cl^-，为此在70～80℃下将其重溶于3～5%的氨溶液中，直到饱和(比重1.41～1.42)，冷却至15～20℃，则50～60%的MoO_3成仲钼酸铵析出，结晶母液可返回使用，当富集杂质较多时再行处理。

用上述方法得到的仲钼酸铵纯度较高，其杂质与钼之比(%)为：Sb、Pb、Bi、Cd：$<$0.0001；Zn、Mg、As、P、S、Ni、Cr、Ca：$<$0.001；Si、Al：$<$0.003，Fe$<$0.005。

用硫化物沉淀-中和结晶法处理$(NH_4)_2MoO_4$溶液的杂质分布如表1-4-5所示。

用焙烧-湿法净化处理焙砂生产仲钼酸铵的总回收率与精矿的成分及操作条件、管理水平有关，一般为90～95%，其中在焙烧损失1～1.5%；浸出损失1～2%；净化损失3%左右。

产品的成本主要由辉钼精矿构成，占总成本的92%以上。因此提高回收率为降低成本的关键。

4，浸出残渣的处理　焙砂氨浸所得的残渣含10～25%Mo，渣中损失的量占总钼的10～15%，因此应进行回收。考虑到在渣中钼的形态主要为钼酸钙、钼酸铁、二氧化钼以及未氧化的辉钼矿，而且以各种钼酸盐为主，因此第二章所述的钨精矿分解方法都可用以处理此渣，原理及工艺均大同小异。

（1）苏打烧结法　其原理与钨精矿苏打烧结法相似，在700～750℃的温度下，各种钼酸盐均与苏打作用生成Na_2MoO_4，如

$$FeMoO_4+Na_2CO_3=FeO+Na_2MoO_4+CO_2$$

同时在有氧化剂（如空气中的O_2）存在下，MoO_2、MoS_2亦氧化并与Na_2CO_3作用变成Na_2MoO_4。

烧结后再用水浸，使Na_2MoO_4溶于水，过滤除去渣后，往滤液中加Fe^{3+}，使钼成为钼酸铁沉淀，再从沉淀中用NH_4OH浸出回收钼。

（2）苏打高压浸出法　其原理与钨精矿的苏打高压浸出相似，浸出温度约180～200℃，相应的压力约1.2～1.5MPa。当物料中含MoO_2及MoS_2较高时，宜加适量的氧化剂。

（3）酸分解法　用浓度为20～30%的盐酸浸出，则钼以各种聚钼酸的形态进入溶液。这种方法适宜于处理含钨较高的渣，因钨主要以H_2WO_4形态保留在渣中。

表 1-4-5　用硫化物沉淀-中和结晶法处理$(NH_4)_2MoO_4$溶液的杂质分布

物料名称	杂质占原始量的%									
	Zn	Sn	Sb	As	P	S	Fe	Co	Pb	Cu
原始$(NH_4)_2MoO_4$溶液	100	100	100	100	100	100	100	100	100	100
硫化物沉淀后溶液	86	16～41	91～95	95～97	88～95	95	2～4	40～70	0.1～0.85*	0.3～0.5*
沉淀八钼酸铵后溶液	85	12～36	80～91	86～93	77～94	93	2～4	35～70	—	—
八钼酸铵	0.004～0.07	0.5～2.6	0.3～0.2	0.14～1.6	0.1～10	0.82	0.2～0.4	2～8	—	—
八钼酸铵重结晶后母液	0.004～0.005	0.2～1.7	0.2～0.9	0.06～1.0	0.4～5.0	0.5～0.6	0.1～1.0	1.4～1.6	—	—
仲钼酸铵	0.0016～0.002	0.2～0.9	0.08～0.3	0.04～0.14	0.45～0.7	0.2～0.3	0.04～0.08	0.12～0.7	—	—

* Cu、Pb沉淀很完全，以致在后续工序中检测不出。

三、离子交换法及萃取法在钼化合物的提纯和富集中的应用

用升华法或经典法的湿法生产纯钼化合物回收率都不高，用经典的湿法工艺还存在着流程长、三废量大等缺点，特别是随着钼生产技术的发展，有许多含钼较低而含杂质较高

并含有某些有价元素的母液，如HNO_3或高压氧分解辉钼精矿的母液以及处理低品位复杂矿所得的溶液等很难用经典的湿法处理，近年来许多人研究用离子交换法或萃取法来解决上述问题，在工业规模下取得很好的效果。

1．离子交换法　强碱性及弱碱性阴离子交换树脂都可从弱酸性溶液中吸附钼，交换容量随溶液的pH值而变，在pH2～4的范围内，钼主要以聚合阴离子$Mo_7O_{24}^{6-}$和$Mo_8O_{26}^{4-}$形态存在，交换容量最大，若酸度过高则交换容量降低，主要是因为部分钼转化成MoO_2^{2+}。同时所加入的酸的阴离子对钼的吸附有竞争作用。

$$Mo_8O_{26}^{4-}+20H^+=8MoO_2^{2+}+10H_2O$$

在弱酸性介质中虽然弱碱性或中等碱性的阴离子交换树脂对钼的交换容量比强碱性阴离子树脂小，但其所吸附的钼很容易用5～10%的氨水解吸，直接得到钼酸氨溶液，而强碱性阴离子交换树脂对钼的吸附性虽强，但往往需强碱才能解吸，故当目的是为了回收钼时，工业上常用弱碱性或中等碱性的阴离子交换树脂，而且多用大孔径树脂，因其交换速度快。而当目的是为了钼铼分离并回收铼时，则用强碱性阴离子交换树脂，因ReO_4^-能优先被其吸附，而且在淋洗阶段可用碱溶液淋洗钼，ReO_4^-则用1mol/L$HClO_4$或7mol/LHCl或HNO_3解吸。

例如苏联工作者处理四钼酸盐（八钼酸盐）沉淀后的母液，母液含(g/l)：0.5～1.5Mo；<0.3Cu；0.2Ca；6.8R_2O_3（R-Fe，Al）34～40Cl^-；7SO_4^{2-}；pH=2.5～3，其中钼以$Mo_7O_{24}^{6-}$和$Mo_8O_{26}^{4-}$形态存在，采用弱碱性阴离子树脂AH—1吸附钼，然后用5～10%的氨水解吸，得含60～120g/LMo的纯钼酸铵溶液，钼的总回收率达95～96%。

苏联学者曾采用AH—80—7П阴离子交换树脂回收HNO_3分解辉钼精矿母液中的钼，母液含(g/l)：15.6Mo；14.2Fe；65～67SO_4^{2-}；205HNO_3，控制一定pH值经三个柱静态吸附，钼的吸附率达92.7～92.8%，用pH2.5～3的水淋洗后再用10～15%氨水解吸得纯钼酸铵溶液。

2．萃取法　目前萃取法已在钼冶金中得到广泛应用，特别是用以从辉钼精矿湿法分解母液中回收钼和铼，随着溶液的不同，往往采用不同萃取剂，分别介绍如下。

（1）用叔胺或季胺盐萃取　叔胺常用以从酸性溶液中萃取含钼的阴离子，其萃取机理与叔胺从钨钠溶液中萃钨相似，即与溶液中含钼的阴离子如$Mo_8O_{26}^{4-}$、$MoO_2(SO_4)_2^{2-}$等进行阴离子交换反应：

$$2(R_3NH)HSO_4+2H^++Mo_8O_{26}^{4-}=(R_3NH)_2H_2Mo_8O_{26}+2HSO_4^-$$

一般在pH2～4时钼的分配比D_{Mo}最大，达80～100或更高，pH<1时由于部分钼成MoO_2^{2+}而使D_{Mo}下降，因此酸度高往往使钼的萃取率下降。例如用叔胺Alamine304作萃取剂从含(g/l)：8Mo；0.005Re的硫酸介质中萃取钼、铼时，在有机相中Alamine浓度为4%，相比（O/A）为4的条件下，当H_2SO_4浓度由100g/l增为600g/l，则钼的萃取率由99.3%降为14.0%，而铼的萃取率保持不变为98.3%。

正如钨的萃取一样，叔胺萃取时以煤油为稀释剂，同时加高碳醇以增加胺在有机相中的溶解度。

用胺类萃取剂可有效地从辉钼矿硝酸分解或高压氧浸所得的溶液中分离并回收钼铼。有人处理高压氧浸母液的实验结果如下：浸出母液含(g/l)：8～10Mo；0.1～0.2Re；酸度为1.8～2.5mol/LH_2SO_4；先用低浓度萃取剂（有机相含2.5%N_{235}-10%仲辛醇-煤油）

萃取铼，使99%左右铼入有机相，有机相用氨水反萃铼。萃馀液用含20% N_{235} 的有机相萃取，用氨水反萃钼，这样能将钼铼分别回收。

正如钨冶金中用萃取法将钨酸钠溶液转型为钨酸铵溶液一样，胺类萃取剂亦可用于从贫母液中回收钼或将 Na_2MoO_4 溶液转型成 $(NH_4)_2MoO_4$。例如，Na_2MoO_4 溶液含(g/1)：100 MoO_3，此外含 SO_4^{2-} 及其他杂质，控制pH＝4.5，用15%三辛胺萃取，相比为1：1，经两级萃取，钼完全进入有机相，再用22～26%氨水反萃得 $(NH_4)_2MoO_4$，溶液含250g/L MoO_3。

季胺为强碱，能从碱性溶液中萃钼、铼。用季胺盐 $[R_3CH_3N]Cl$（溶于煤油，浓度为5%）萃取含16g/LMo、1g/LRe的溶液时，在pH从1增至12时，D_{Mo} 由160降为0.03，D_{Re} 由480降为140，利用 D 值的差异可在pH12时优先萃铼。

（2）P_{204} 萃取　P_{204} 为有机酸，能与溶液中的 MoO_2^{2+} 发生阳离子交换将钼萃入有机相。

$$MoO_2^{2+}+2(HR_2PO_4)_2=MoO_2(R_2PO_4)_2\cdot 2HR_2PO_4+2H^+$$

在pH＝2左右效果最好，在pH＞3时，溶液中钼大量以 $Mo_7O_{24}^{6-}$ 或其他同多酸根离子形态存在，MoO_2^{2+} 浓度较小；pH＜2时，溶液中 H^+ 浓度大，不利于上述萃取反应的进行。溶液中的 Fe^{3+} 将与 MoO_2^{2+} 同时被萃取，而 Cu^{2+} 即使浓度达2g/l时也不被萃取。

用 P_{204} 和DBBP（丁基膦酸二丁脂）混合萃取剂可以从高压氧浸的母液中回收钼铼，有机相组成为25%DBBP＋10% P_{204}，其他为煤油，高压氧浸母液含Mo22.4g/l；H_2SO_4 210g/l；Re130ppm，经六级萃取，萃馀液含：Mo0.03g/l；Re1ppm。有机相经水洗后用 NH_4OH 反萃，钼铼都进入水相。

（3）中性萃取剂TBP萃取　中性萃取剂TBP能有效地从浓度高的盐酸或硫酸溶液中萃钼，对含钼为1g/l的溶液而言，在盐酸浓度分别为1mol/L和2mol/L时，D_{Mo} 分别为4.5和65，在盐酸浓度为2～5mol/L范围内，钼以 $MoO_2Cl_2\cdot 2TBP$ 形态进入有机相。

思　考　题

1．Na_2MoO_4 溶液中含Cu、Fe、As、Sb、P等杂质，现在pH＝2～3的条件下用离子交换法或 N_{235} 萃取法进行净化，你认为哪些杂质不能除去（参看第一章、第三章）？

2．辉钼精矿焙烧的特点何在？为甚么焙烧时 SO_2 浓度难以提高？

3．试述用化学法从钼焙砂中制取纯仲钼酸铵的主要阶段及其原理。

第五章　金属钨粉、钼粉的生产

第一节　概　　述

金属钨钼的生产过程首先是制取钨粉或钼粉，钨粉往往进一步制成碳化钨作为烧结硬质合金的原料，或进一步制成坯锭作为钨材加工的原料，钼粉则主要制成坯锭作为加工成材的原料，无论是硬质合金工业或钨钼加工成材，对钨（或钼）粉在化学纯度和粒度分布上都有严格要求。

我国钨粉、钼粉的国家标准如表1-5-1，表1-5-2所示，这些纯度要求主要是针对加工成材的需要。加工成材对粒度的要求对钨而言平均粒径为2～3μm，粒度波动范围为零点几至6μm，对钼而言平均粒径为3～4μm。

对硬质合金工业而言，不同牌号产品对粒度要求不同，归纳起来可分为三级，如表1-5-3所示。应当指出，近年来发现超细颗粒的硬质合金在强度和耐磨性能等方面比较突出，因而超细颗粒钨粉的生产亦成为钨冶金中的重要课题。

目前已知的制备金属钨、钼的方法有：

1．三氧化钨或蓝色氧化钨、三氧化钼的氢还原或碳还原法　其中氢还原法为当前工业上生产钨粉或钼粉的主要方法，而碳还原法则由于产出的钨粉或钼粉含有超过允许量的碳，因而进一步制成的致密金属坯块性脆，不利于加工，同时制成的碳化钨粉亦难满足硬质合金的要求，因而在工业上几乎不采用。

2．卤化物的氢还原法　为有工业前途的方法之一，其特点是过程基本上是通过气态的卤化物与气态的氢反应，因而粒度易于控制，可得到粗粒级或超微粉末，同时若还原过程在一定的基底上进行，则能在基底上形成镀层或具有一定形状的材料。

3．热离解法

（1）羰基化合物的热离解法　其实质是先制取钨或钼的羰基化合物，例如通过下反应：

$$WCl_6 + 3Fe + 6CO \longrightarrow 3FeCl_2 + W(CO)_6$$

反应在200℃、CO分压为～28MPa的条件下向右进行，得到$W(CO)_6$〔或$Mo(CO)_6$〕、$W(CO)_6$、$Mo(CO)_6$在300～800℃下能离解得到钨或钼，这种方法可用于在其他基体上生成镀层。

（2）辉钼矿热离解制取金属钼　为有前途的生产金属钼的方法。过程基于下列反应：

$$4MoS_2 = 2Mo_2S_3 + S_{2(g)}$$

$$\frac{2}{3}Mo_2S_3 = \frac{4}{3}Mo + S_{2(g)}$$

第二个反应的$\Delta G_T^\circ = 358540 - 152.4T$ J。根据ΔG_T°计算出S_2的平衡分压在2080℃时达0.1MPa，1600℃为0.008MPa，因此可以在真空下得金属钼，或在常压下用低温等离子加热得金属钼。

表 1-5-1 我国钨粉的国家标准(GB3458—82)

产品牌号	杂质含量，ppm不大于																用途举例
	Pb	Bi	Sn	Sb	As	Fe	Ni	Cu	Al	Si	Ca	Mg	Mo	P	C	O	
FW—1	—	—	—	—	—	50	30	10	20	30	30	20	100	10	50	2000	大型板坯，钨铼电偶原料
FW—2	10	10	10	10	20	300	50	—	50	100	50	50	2000	50	100	2500	触头合金，高比重屏蔽原料
FWP—1	10	10	10	10	20	300	50	—	50	100	50	50	2000	50	100	2000	等离子喷镀材料

注：粒度要求：FW—1,FW—2为小于74μm。

FWP—1为小于43～74μm。

表 1-5-2 我国钼粉的国家标准(GB3461—82)

产品牌号	杂质含量，ppm不大于															用途举例
	Pb	Bi	Sn	Sb	Cd	Fe	Ni	Cu	Al	Si	Ca	Mg	P	C	O	
FMo—1	—	—	—	—	—	60	30	10	20	30	20	30	10	100	2500	大型板坯，硅化钼电热元件
FMo—2	10	10	10	10	10	300	50	—	50	100	40	50	50	200	2500	可控硅圆片钼顶头等原料

注：粒度要求：FMo—1为小于98μm。

FMo—2为小于124μm。

表 1-5-3 硬质合金工业对钨粉的要求

品 种	平均粒度		化学纯度		
	费氏粒度,μm	松装比重	O_2	Fe	氯化残渣
粗颗粒	>10	>5.5	⩽0.2	<0.1	<0.1
中颗粒	1～3	>2.5	⩽0.25	<0.1	<0.1
细颗粒	1左右	⩽2.0	⩽0.3	<0.1	<0.1

美国Climax公司在半工业规模下1650℃，0.13～0.65Pa得金属钼，含0.02%S、0.004～0.008%C，再经电弧重熔后其纯度与通常钼粉铸成的锭相当。另外美国联合碳化物公司用低温等离子加热辉钼矿，得到类似的纯度，现正在进一步研究中。

第二节 三氧化钨氢还原法生产金属钨

一、理论基础

1．热力学分析 从本篇第一章知，W-O系中除存在WO_3外，还存在$WO_{2.9}$、$WO_{2.72}$、WO_2等低价氧化物，它们的标准生成自由焓$\Delta G°$与温度的关系如表1-5-4所示。相应地在WO_3被氢还原过程中将进行一系列中间反应，有必要研究过程的主要反应及其热力学条件。

过程的主要反应及各反应标准自由焓变化及平衡常数与温度的关系如式（1-5-1）～(1-5-5)所示。

$$10WO_3 + H_2 = 10WO_{2.9} + H_2O \qquad (1\text{-}5\text{-}1)$$

表 1-5-4 钨钼主要氧化物的标准生成自由焓ΔG°，J/mol

化合物	ΔG°与温度的关系
WO_3	$-832853+244.4T$
$WO_{2.9}$	$-804935+233.19T$
$WO_{2.72}$	$-753847+214.95T$
WO_2	$-574272+169.82T$
MoO_3	$-749414-19.23T\lg T+319.04T$
MoO_2	$-587571-19.23T\lg T+237.5T$

$$\Delta G^\circ_{(1\text{-}5\text{-}1)}=32930-57.3T\ \text{J}$$

$$\lg K_{P_{(1\text{-}5\text{-}1)}}=\lg\frac{p_{H_2O}}{p_{H_2}}=-1720.7/T+2.99$$

$$\frac{50}{9}WO_{2.9}+H_2=\frac{50}{9}WO_{2.72}+H_2O \qquad (1\text{-}5\text{-}2)$$

$$\Delta G^\circ_{(1\text{-}5\text{-}2)}=37572.2-46.53T\ \text{J}$$

$$\lg K_{P_{(1\text{-}5\text{-}2)}}=-1963.3/T+2.43$$

$$\frac{25}{18}WO_{2.72}+H_2=\frac{25}{18}WO_2+H_2O \qquad (1\text{-}5\text{-}3)$$

$$\Delta G^\circ_{(1\text{-}5\text{-}3)}=3159.7-7.81T\ \text{J}$$

$$\lg K_{P_{(1\text{-}5\text{-}3)}}=-165.1/T+0.41$$

$$\frac{1}{2}WO_2+H_2=\frac{1}{2}W+H_2O \qquad (1\text{-}5\text{-}4)$$

$$\Delta G^\circ_{(1\text{-}5\text{-}4)}=40886-30.13T\ \text{J}$$

$$\lg K_{P_{(1\text{-}5\text{-}4)}}=-2132.2/T+1.57$$

$$\frac{10}{9}WO_{2.9}+H_2=\frac{10}{9}WO_2+H_2O \qquad (1\text{-}5\text{-}5)$$

$$\Delta G^\circ_{(1\text{-}5\text{-}5)}=9972.2-15.56T\ \text{J}$$

$$\lg K_{P_{(1\text{-}5\text{-}5)}}=-521/T+0.813$$

将上述反应的$\lg K_P$对$1/T$作图如图1-5-1所示，分析图1-5-1可得如下结论：

（1）图中线1为反应(1-5-1)的$\lg K_P$与$1/T$的关系曲线，当系统中实际的$\lg\frac{p_{H_2O}}{p_{H_2}}$值在线1的上方，则反应将向生成$WO_3$的方向进行，即区域Ⅰ为$WO_3$的稳定区。同理在区域Ⅱ中反应(1-5-1)将向生成$WO_{2.9}$方向进行，而且当系统中存在$WO_{2.72}$时，它亦会被H_2O氧化成$WO_{2.9}$，故区域Ⅱ为$WO_{2.9}$的稳定区，依次类推Ⅲ、Ⅳ、Ⅴ分别为$WO_{2.72}$、WO_2、W的稳定区。

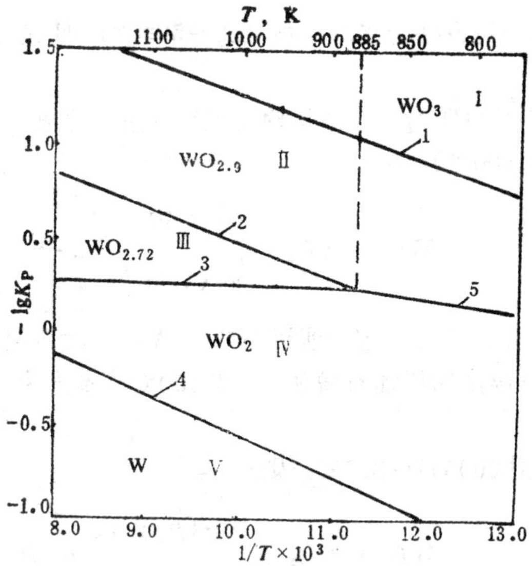

图 1-5-1 钨氧化物氢还原反应的$\lg K_P$与$1/T$关系

1—反应1-5-1；2—反应1-5-2；3—反应1-5-3；4—反应1-5-4；5—反应1-5-5

根据上述分析亦可知，为得到金属钨粉，则系统中的条件应控制在线4以下，当温度一定时，线4所对应的纵坐标即为该温度下得到钨粉所需的$\lg\frac{p_{H_2O}}{p_{H_2}}$的最大值。根据这一结论，得出在不同温度下为得到钨粉所需的气相成份如下：

温度，K	900	950	1000	1050	1100
$\frac{p_{H_2O}}{p_{H_2}}$不大于	0.158	0.214	0.275	0.347	0.436

按照同样的原理，亦可根据图1-5-1求出在不同温度下制取其他低价化合物所需的气相条件。

（2）反应（1-5-2）与反应（1-5-3）的$\lg K_P$-$1/T$线相交于885K，即小于885K时，$WO_{2.72}$相不稳定，此结论与图1-1-1相符，不过是不同作者试验所得出的具体温度有差别而已，图1-1-1中$WO_{2.72}$相存在的最低温度为858K。

（3）在还原过程中随着系统中$\frac{p_{H_2O}}{p_{H_2}}$的降低，WO_3将优先还原成$WO_{2.9}$，再依次还原成$WO_{2.72}$（>885K时）和WO_2以及W，当温度低于885K，则$WO_{2.9}$不经过$WO_{2.72}$而直接还原成WO_2。

（4）对上述各还原反应而言，温度升高则K_P值增加，属吸热反应。温度升高对反应有利。

2．反应的机理及影响还原速度的因素

（1）反应的机理　近年来许多科学工作者对WO_3用氢还原的机理进行了研究，其研究方法一种是利用高温X射线衍射法直接观测过程的物相变化，这类方法往往是薄料层（<2mm），H_2在粉末间的扩散不成为过程的控制步骤，因而料层中$\frac{p_{H_2O}}{p_{H_2}}$值可认为始终处

于图1-5-1的Ⅴ区。另一种方法为在厚料层（20～50mm）即接近工业条件下进行。两者结论不完全一致。

在用少量样品薄料层试验时，还原机理与温度及氢气湿度有关，比较一致的看法是当温度为500～575℃（或600℃），则：

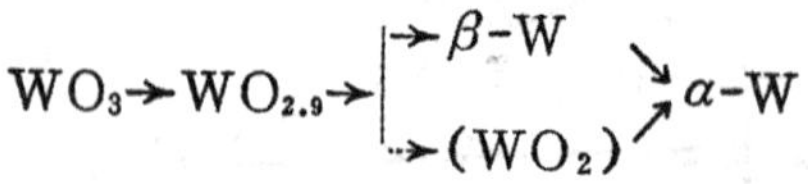

即WO_3首先还原成$WO_{2.9}$，$WO_{2.9}$进一步还原成β-W，此时伴随着生成少量WO_2，其数量随温度的升高及氢气湿度的增加而增加，在<550℃基本上为β-W，温度高于575℃则向α-W转化。

当温度为575℃（或600℃）～800℃，则：

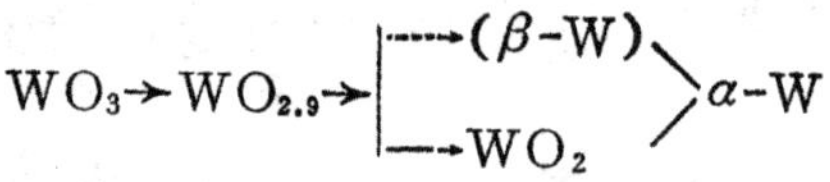

即主要经$WO_{2.9}$和WO_2转化α-W，在温度较低和湿度较低时，也出现少量β-W。

当温度为775℃～900℃则：

$$WO_3 \rightarrow WO_{2.9} \rightarrow WO_{2.72} \rightarrow WO_2 \rightarrow \alpha\text{-}W$$

其中WO_2、$WO_{2.72}$相的产生一方面来自于$WO_{2.9}$的直接还原，另一方面可能来自于下列交互反应：

$$WO_{2.9} + 0.25WO_2 = 1.25WO_{2.72}$$

$$WO_{2.9} + 0.45\beta\text{-}W = 1.45WO_2$$

对厚料层或将WO_3压成块状的试验而言，D.C巴尔逊及山口昭雄等的试验结果具有代表性，还原过程中料层断面的变化如图1-5-2所示。在压成块还原时，可认为$WO_{2.9}$变成$WO_{2.72}$的速度极快，因而全部迅速变成$WO_{2.72}$，然后从外到内依次出现WO_2相和金属钨，产生这种情况的原因可认为是由于料层中H_2O及H_2扩散速度有限，过程为外扩散所控制，因而在初期和中期料层内部的实际$\frac{p_{H_2O}}{p_{H_2}}$值只能满足生成$WO_{2.72}$和WO_2所需的热力学条件。随着还原的进行和水蒸气的不断排除，才能在表面逐步达到生成金属钨的条件，金属钨层开始形成并逐步向内层扩展。

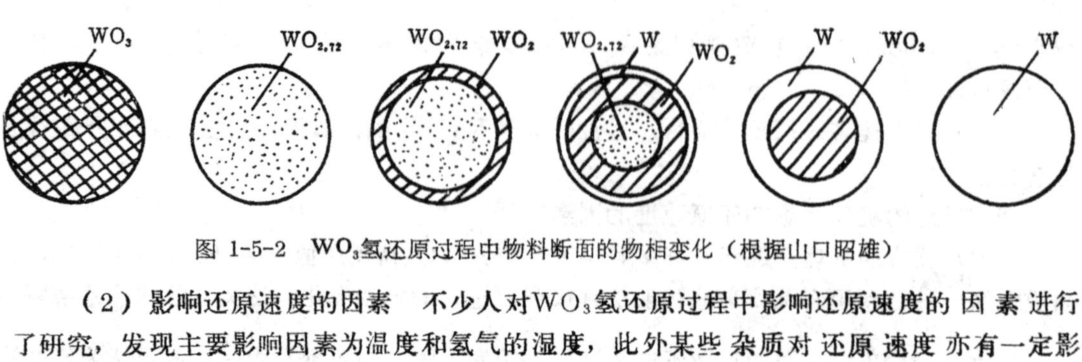

图 1-5-2　WO_3氢还原过程中物料断面的物相变化（根据山口昭雄）

（2）影响还原速度的因素　不少人对WO_3氢还原过程中影响还原速度的因素进行了研究，发现主要影响因素为温度和氢气的湿度，此外某些杂质对还原速度亦有一定影响。

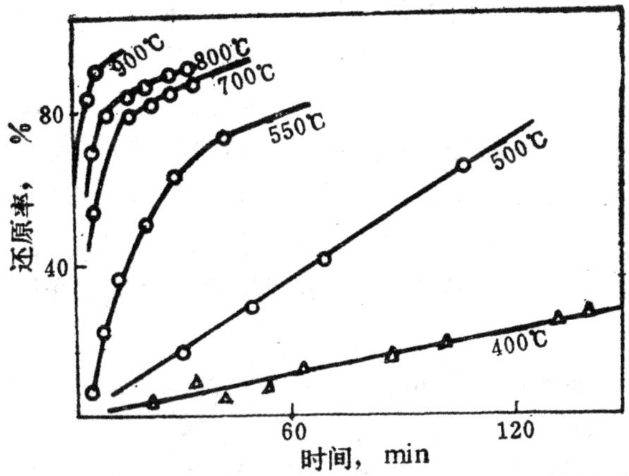

图 1-5-3　温度对三氧化钨氢还原率的影响（根据A.M.契日科夫）

1）温度　不同研究者试验的共同结论是随着温度的升高，还原速度迅速提高，其中A.M.契日科夫的实验结果如图1-5-3所示。但不同研究者得出的温度对还原速度的影响程度，或者说其表观活化能大小不完全一致，A.M.契日科夫在管状炉中试验结果是在还原率x达到70%之前，x与时间t的关系服从下方程式，即

$$1-(1-x)^{\frac{1}{3}}=Kt$$

式中　K——常数。

因而过程在动力学区进行，速度随温度的升高而迅速增大，表观活化能达66.9kJ/mol；x超过70%以后，速度随着温度升高而增大的趋势降低，这是由于产出的固态生成物膜阻碍了气体的扩散，过程过渡到扩散控制。山口昭雄等将料压成圆片状，其试验的结论则与之不同，他认为由$WO_{2.72}$还原成WO_2（即还原率为10～33%）时为扩散控制，表观活化能为41.8kJ/mol，而由WO_2还原成钨为化学反应控制，即速度随温度升高而迅速增大。

2）氢气中水蒸气含量　A.M.契日科夫的实验表明，在700℃时水蒸气含量为0～10%时，对速度影响不大，而在900℃时，水蒸气含量由0%增至4.75%时，速度加快60%左右。

此外某些杂质如Pt、Pd往往对还原有催化作用，硅、铝、钾对还原速度亦有一定影响，但影响情况较复杂。

3．钨粉粒度的控制　无论是硬质合金工业或钨材加工工业都对钨粉的粒度和粒度分布有着严格的要求，因此钨粉的粒度控制为钨粉生产中的关键问题。为了掌握好控制钨粉粒度的条件，有必要掌握在WO_3或蓝色氧化钨还原成金属钨粉的全过程中颗粒的形貌变化、颗粒长大的规律，进而找出影响粒度的主要因素。

（1）还原过程的形貌变化　近年来不少科学工作者用扫描电镜系统研究了WO_3或蓝色氧化钨氢还原过程中的形貌变化，尽管因各人具体条件不同使结果彼此有些差异，但比较一致的看法是：

在WO_3还原成$WO_{2.9}$的阶段中，颗粒的外形不发生改变，随着WO_3晶体中氧的减少和空位的增加，一个WO_3晶粒逐步转化成一个$WO_{2.9}$晶粒，并出现一些裂纹。

在进一步还原过程中，正如前面所介绍的，其机理（历程）与温度及其他条件有关。

当温度为750℃左右，则$WO_{2.9}$直接还原成WO_2，此时随着晶体中氧的进一步减少，晶体中裂纹和微孔隙增加，同时在$WO_{2.9}$晶体中产生许多WO_2的晶核，晶核长大，使原先的$WO_{2.9}$晶粒变成WO_2颗粒的聚集体。WO_2颗粒的粒度决定于晶核形成及晶核长大的相对速度，而这些又与温度及气相水蒸气分压有关，在料层比较薄（1～2mm）、外扩散不成为控制性步骤时，气相水蒸气分压很小，不利于颗粒的长大，因此所得WO_2晶粒往往比较小；当料层较厚（20～30mm，相当于生产的实际条件），则水蒸气扩散慢，温度升高的同时还原速度加快，料层中H_2O分压升高，有利于钨由小颗粒向大颗粒转移，故WO_2粒度变粗。

在WO_2还原成钨粉的过程中，不发生形貌上的变化，一般是一颗WO_2变成一颗钨粉。

当还原过程在20～50mm的料层、800℃左右进行时，则WO_3还原过程经历$WO_{2.72}$阶段，此时得到的$WO_{2.72}$有两种形态，一种为针状，它成杂乱无章地排列；另一种也为针状但聚集成球形，针状物长度有时达5～50μm。进一步还原过程中，在球状聚集体中产生一些WO_2核心，最后长大成WO_2颗粒的聚集体，或一个$WO_{2.72}$针状变成一些WO_2颗粒的链状聚集体，后者再进一步还原成金属钨。

（2）还原过程中颗粒长大机理　对还原过程中颗粒长大的机理（或者说钨由一个颗粒迁移到其他颗粒并使之长大的途径）研究尚不充分，但一般认为有下列两种：

1）氧化钨水合物的挥发与沉积　在600℃以上的温度下，钨的氧化物能与水蒸气形成易挥发性的水合物$WO_x \cdot nH_2O$，它们挥发后再在其它颗粒上被还原，因而使其他颗粒长大。

2）氧化-还原反应　由于细颗粒钨粉的比表面积大，表面能大，因此H_2-H_2O系统中它被氧化所需的水蒸气分压比粗颗粒钨粉为小，也就是说它在较小的水蒸气分压下也可能氧化成$WO_2 \cdot nH_2O$、$WO_{2.72} \cdot nH_2O$，这些挥发性的含水氧化物再到比表面积小的粗钨粉上还原，使之进一步长大，而细颗粒则逐步消失，这一机理已由下列事实所证实：将钨粉在干氢气中长期保温1200℃，未发现颗粒长大，但在接近反应（1-5-4）平衡条件的湿氢气中在1000～1050℃下保温，则其颗粒明显长大。

一般认为在还原过程中，上述两种机理都存在，但前者所起的作用可能大些。

（3）影响钨粉粒度的因素　根据实践及上述机理的分析，知主要影响因素为：

1）温度与升温速度　升高温度一方面加快了反应速度，相应地也增加了料层中水蒸气分压，有利于挥发性水合低价氧化物的生成；另一方面温度升高本身也强化了水合物的挥发过程，因而有利于颗粒的长大。

与温度有关的是升温速度，由于$WO_{2.72} \cdot nH_2O$在还原过程中起的作用远比WO_2大，形貌研究也表明，大体上在WO_2还原成金属钨粉的过程中一个WO_2晶粒变成一个钨粉，因此颗粒的长大过程主要是在还原成WO_2之前。故当要求生产细颗粒钨粉时，有必要在物料还原成WO_2之前保持较低的温度，即升温速度不宜过快。

当还原过程在管式炉中连续进行时，炉料在炉内的移动速度（或推舟速度）以及炉内的温度梯度实际上决定了升温速度，因此为得到细颗粒，推舟速度不宜过快，炉内温度梯度不宜过大，特别在$WO_3 \rightarrow WO_2$阶段更是如此。

另外为保证粒度的均匀性，炉管的横截面上温度应是均匀的。

2）氢气湿度及流速　入炉氢气湿度大，相应地将使炉料层氢气湿度增加，有利于颗粒的长大。一般为得到粗颗粒钨粉可采用湿氢还原。

在还原过程中温度及氢气湿度对WO_2相对粒度的影响如表1-5-5所示。

氢气的流速对粒度有两方面影响，一方面氢气流速大，则还原后气体中水蒸气分压小；另一方面流速大有利于加快水蒸气的扩散使料层中实际水蒸气分压降低，这些都有利于得到细颗粒钨粉。

表 1-5-5　在不同温度及湿度下WO_2的相对粒度

还原温度 ℃	不同露点下WO_2的相对粒度			
	+40℃	+50℃	+60℃	+70℃
610	1.00	1.11	1.16	1.20
630	1.10	1.14	1.19	2.06
650	1.73	1.83	2.20	2.12
670	2.21	2.32	2.46	3.63

3）料层厚度　料层厚则正如图1-5-2所表示的，料层内部为低价氧化物，且水蒸气分压大，有利于挥发性水合物的生成。故有利于颗粒长大，同时容易导致粒度不均匀。

4）杂质　一般碱金属杂质能促进钨粉颗粒的长大。钙、镁、硅则影响不明显，铝的存在对颗粒的长大有抑制作用。

二、工业实践

1．氢还原设备　三氧化钨氢还原过程通常在固定式或回转式的管状炉内进行，根据上述原理及工艺中的特点，炉子应满足下列要求：

a．炉管应是密闭的，氢气连续流过炉管，与待还原的物料保持良好接触，同时炉管由外部加热，因而炉管材料应有良好的导热性能，在高温下有良好的抗氧化性能；

b．为有效地控制粒度，物料在炉内移动的过程中，应有逐步升温过程，即炉管有一定的温度梯度，或者说炉子能分带控制温度，同时为保证粒度的均匀性，炉管各截面上温度应是均匀的；

c．有较高的热效率和生产能力，为此工业上常将几根炉管并在一起集中加热，形成四管炉（或两管炉）、十三管炉或其他多管炉；

d．便于实现机械化和自动化操作。

根据上述原则，目前工业上常用的炉子结构如下：

（1）回转式还原炉　回转式还原炉的构造大体如图1-5-4所示，旋转的炉管由两根同心圆钢管1、2组成，两管之间的环状空间3为还原室。氧化物由炉尾加入，由于炉管略带倾斜并不断旋转，故氧化物在还原室内慢慢移动，转移到炉头撒落出来。在还原室内，氢气与氧化物炉料逆向运动。为了加强炉料的搅拌，在环状的还原室内装置有“T”形挡板5，炉管由耐热不锈钢板焊成，一般内管与外管直径比约0.85：2，外管长度约为其直径的12～14倍。生产规模下外管尺寸为（ϕ300～400）×(4500～5500)mm，炉管转速为3～6r/min，倾斜角为2.5～4°（均可调）。氢气在内管预热后进入还原室，炉管外用电阻丝加热且可分段控制温度，对外径为400mm的炉子而言，加热功率约110kW。

回转管式电炉是连续性作业，不用舟皿，物料在炉管内自由翻动，可增加氧化钨与氢

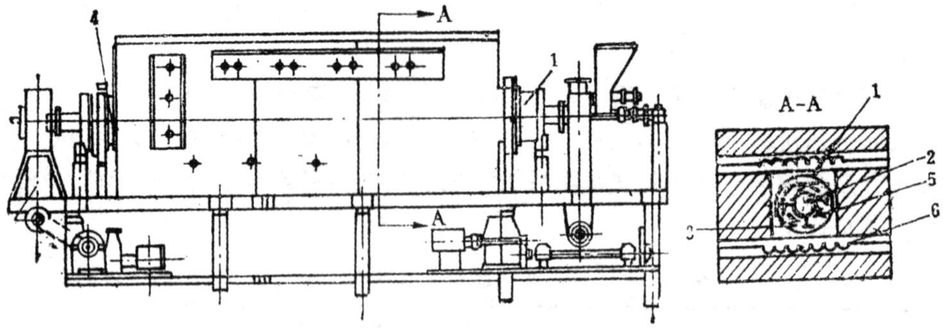

图 1-5-4 回转式还原炉示意图

1—外管；2—内管；3—还原室；4—炉头；5—T形挡板；6—加热器

气的接触机会，加快还原的反应速度。因此，生产效率高，如由WO_3还原成WO_2仅需1h，而在四管炉中需2～3h，同时还原温度可较固定式管状炉（如四管还原炉）低，炉内温度也较均匀；机械化程度高，可减轻笨重体力劳动；炉子在较密闭的情况下装卸料，氢气利用率高。它常用于一次还原，即用以将WO_3还原成WO_2。

其缺点是部分物料随氢气带走，损失大，而且粉末在高温下容易粘附管壁，使粒度不均匀。这些都有待进一步改进。

（2）四管还原炉　四管还原炉结构如图1-5-5所示，它由四根长方形炉管3所组成，分两层排列于炉体加热区内，通过电阻丝加热，长方形炉管系由12mm厚的耐热不锈钢板

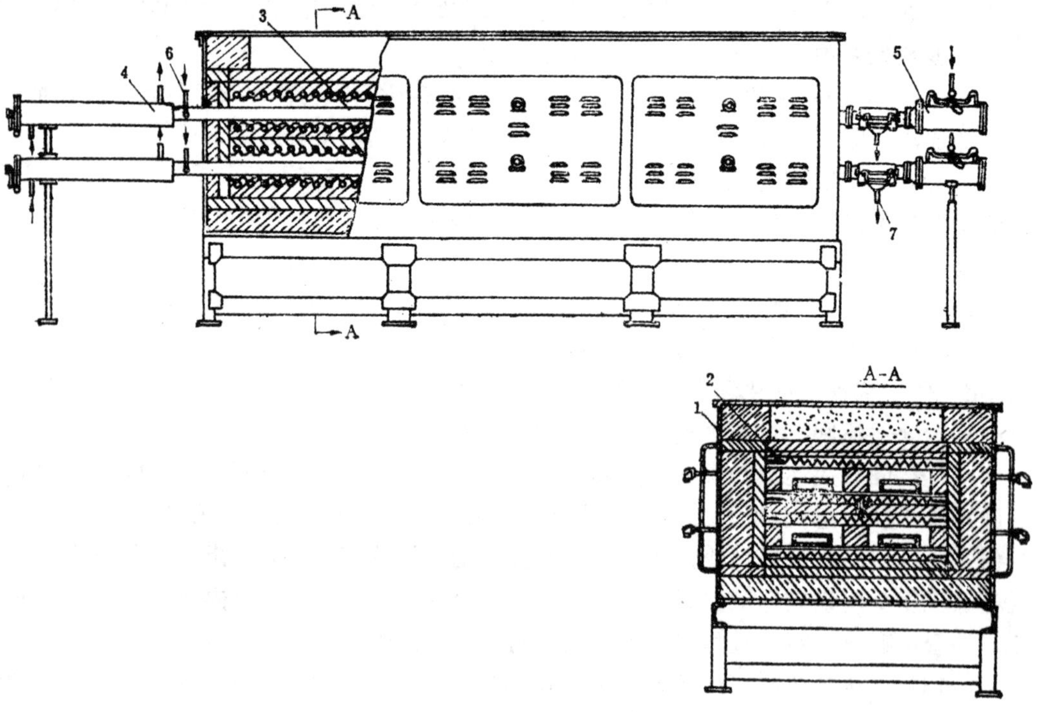

图 1-5-5 四管还原炉示意图

1—炉壳；2—加热元件；3—炉管；4—冷却套；5—推舟器；6—氢气进口；7—氢气出口

焊成。常用炉管断面尺寸为 (200～300)×(60～70)mm。加热带共长4000mm左右，分成三个或四个加热带。功率为100～132kW。还原物料系装于方形料盘（舟皿）内。舟皿一般为单层的，但近年来不少工厂试用两层或三层的舟皿，这样有利于增加生产能力，同时采用多层舟皿时，每层的料层厚度可减少，对控制粒度亦有好处。装有料的舟皿由炉子一头推入，逐渐推向另一端卸出，氢一般反向进入，与物料逆流运动。

这种炉子相对于十三管炉而言，热效率高，耗电少，占地面积也小，适于大规模生产。氢气在炉管中自由流动的截面小，在氢气流量一定的情况下，其流速相应增大，有利于废气的排除，使还原反应更加充分。但其缺点主要是由于炉管截面大，在同一截面上，温度难以均匀，再加上有时由于炉管漏气，使电热体镍铬丝不断被腐蚀剥落，电阻发生变化等原因，更加重了温度的不均匀性，因而导致产品质量的不均匀，同时炉管截面积大，不易密闭，装卸料时易漏气。因而质量不及十三管炉。

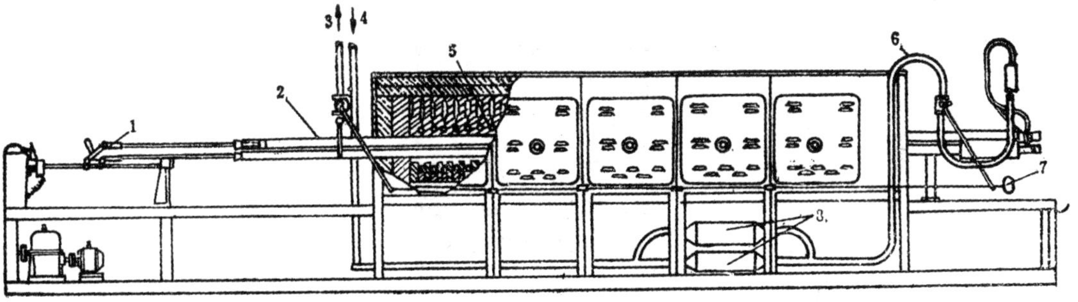

图 1-5-6　十三管炉示意图

1—推杆；2—炉管；3—氢出口；4—氢进口；5—加热元件；
6—氢导管；7—氢气联锁阀；8—防爆器

（3）多管还原炉　它视具体需要可由九、十一或十三根炉管组成，结构大同小异，现以十三管为例说明如下：其结构如图1-5-6所示。炉子由十三根ϕ76mm左右的无缝不锈钢管组成，分两排排列于炉体加热区内，上排七根，下排六根。炉子用镍铬丝电阻加热，有五个加热带，各带温度均可单独控制，最高可达950℃。对加热带长度为4.8m的炉子而言，总功率约50kW。还原过程在管内进行，物料装在小舟内由炉管的一端连续推至另一端，推舟由推舟机械自动进行，且推舟速度可任意调节，氢气在管内与物料逆流运动。

多管炉的特点是管径小，易于密封，推舟速度均匀并可任意调节，炉温均匀，相应地产品质量均匀。缺点是生产能力相对于四管炉而言较小。常用于第二次还原，即将WO_2还原成金属钨粉。

（4）钼丝炉　上述炉子用镍铬丝或铁铬铝丝加热，工作温度一般在1000℃以下，但为制取粗颗粒钨粉，需1200℃左右的温度，为此通常应在钼丝炉内进行。钼丝炉的结构如图1-5-7所示，其炉管由刚玉管制成，管外绕钼丝通电加热，为防止钼丝在高于500℃的温度下发生氧化，炉壳应密封好，且由进气口10向炉壳内通氢气保护。

2. 氢还原的工艺　钨氧化物还原法所得的钨粉主要用于硬质合金工业和钨材加工工业，这些用户对钨粉的纯度和粒度都有一定要求，纯度主要通过原料的纯度来保证，粒度则主要通过还原工艺制度来控制，可以说目前钨氧化物氢还原的工艺制度主要是根据产品

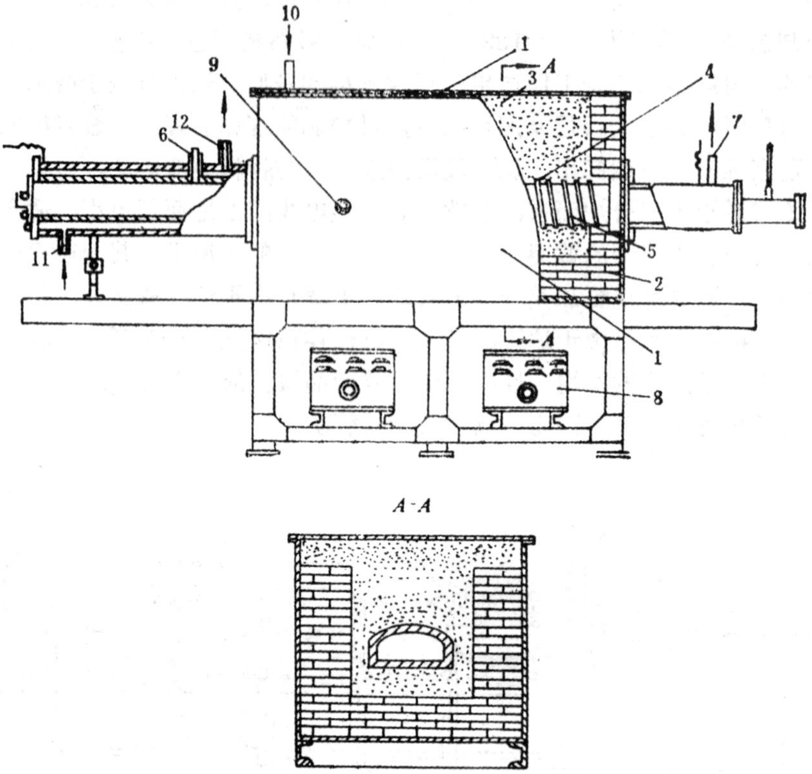

图 1-5-7　一阶段直接还原用的钼丝炉

1—炉壳；2—轻质砖；3—氧化铝；4—钼丝；5—炉管；6—氢气进口；7—氢气出口；8—调压器；9—辐射高温计孔；10—炉壳氢气进口；11—冷却水进口；12—冷却水出口

不同粒度要求而制定的。

目前钨氧化物还原的工艺分两大类，即以三氧化钨为原料的黄钨工艺和以蓝色氧化钨为原料的蓝钨工艺，现分别介绍如下：

（1）三氧化钨氢还原制取硬质合金用钨粉

1）中细颗粒钨粉的生产　其关键为控制粒度的大小和均匀性，为此根据前面介绍的影响粒度的因素可知，为得到中细颗粒钨粉，控制温度不宜过高（特别是对细颗粒产品而言），升温不宜过快，料层不宜过厚，特别是WO_3还原成WO_2的过程中更应控制好，根据这一要求，一般工艺中可采用两段还原法，亦可采用一段还原法。

两段还原法首先是控制一定的还原制度将WO_3还原成有一定粒度的WO_2，此阶段通常在回转式氢还原炉或四管炉中进行，炉内由进料端到出料端控制一定的温度梯度，使物料在移动过程中逐步升温，对制备细颗粒钨粉而言，在回转炉内进料端温度约560℃，出料端约660～680℃，对中颗粒而言分别为740℃和820℃，还原所得WO_2冷却出炉后，再在十三管炉进行二次还原得钨粉，这种工艺较繁琐，但有利于粒度的控制。

一段还原法是在炉内控制适当的还原制度将WO_3一次还原成金属钨粉，一般一段还原所得钨粉能够满足硬质合金工业的要求，一段还原通常在四管炉或十三管炉内进行，其工艺条件如表1-5-6所示，从表可知，还原温度愈低，料层愈薄，氢气流量愈大则粉末的粒度越细。

2）粗颗粒钨粉的生产　为保证得到粗颗粒，应采用高温操作，一般在钼丝炉内进行，控制温度为1200℃±20℃，其平均粒度可达20μm以上。

（2）三氧化钨氢还原制取钨材钨丝用钨粉　钨丝及钨材用的钨粉要求比较严格，一般要求纯度高（>99.95%），粒度以中、细颗粒为宜，且粒度的波动范围不能太大。对灯用钨丝而言，为保证其在高温下不下垂，WO_3（或蓝色氧化钨）在还原前还应掺入硅、铝、钾等杂质，这些杂质分别以K_2SiO_3、KCl、$Al(NO_3)_3$形态加入。

为得到符合上述要求的钨粉，一般采用两段还原法，其还原制度举例如表1-5-7所示。

（3）蓝色氧化钨的氢还原　近年来蓝色氧化钨越来越多地取代黄色氧化钨（WO_3）作为生产钨粉的原料，特别是在钨材和钨丝行业更是如此。用蓝色氧化钨作为生产钨粉的原料有下列优越性：

1）电子显微镜观察表明，蓝色氧化钨晶粒表面存在许多裂纹，因而有利于掺入硅、铝、钾等杂质。

表 1-5-6　四管炉中一段法生产钨粉的工艺制度

品　　种	温　度，℃　（+20℃）			氢流量	装　舟　量	费氏平均粒度
	一　带	二　带	三　带		公斤/舟	μm
细 颗 粒	670	740	800	7～8	0.8±0.1	0.5±1.0
细 颗 粒	670	750	800	6.5～7.5	0.9±0.1	0.9～1.3
中 颗 粒	810	860	900	6～7	2±0.1	4～5
中粗颗粒	880	900	920	4～5	2.4±0.1	6～8.5

注：推舟速度均为每半小时2舟，舟皿尺寸为400×270×45mm。氢气流量为相对值。

表 1-5-7　三氧化钨氢还原生产钨材用钨粉的还原制度

牌　号	还 原 炉	装舟量	推舟速	氢流量	氢露点	温　度，℃				
		克/舟	分/舟	m³/h	℃	一　带	二　带	三　带	四　带	五　带
第　一　阶　段　还　原										
W_1W_2	四 管 炉	210	15	0.6	<－15	650	650	650	650	650
	九 管 炉	250～320	15～20	0.6～0.8	<－10	450～500	500～600	650	650～700	550
WA_1	四 管 炉	180	15	0.6	<－15	500	640	640	650	550
	九 管 炉	250～320	20	0.6～0.8	<－15	500	600	650	650	550
WTh	四 管 炉	180	15	0.5	<－15	440	690	690	640	520
	九 管 炉	230～180	15	0.6～0.8	<－15	440	520	640	640	520
第　二　阶　段　还　原										
W_1W_2	十一管炉	250	15	0.8～1.0	<－20	600	800	820	820	670
	十三管炉	300～320	25	0.8～1.0	<－20	680	780	880	880	750
WA_1	十一管炉	200	15	0.8～1.0	<－20	550	750	780	780	630
	十三管炉	300	30	0.8～1.0	<－20	680	780	860	860	740
WTh	四 管 炉	200	30	0.8～1.0	<－20	640	870	870	820	720
	九 管 炉	260～280	40	0.8～1.0	<－20	640	740	820	820	720

注：舟皿尺寸：四管炉300×60×50mm；九管炉250×50×25mm。

十一管炉250×40×35mm；十三管炉250×50×50mm。

2）许多试验表明，蓝色氧化钨氢还原过程中比较容易控制其粒度及粒度组成。

蓝钨还原首先是从仲钨酸铵制取蓝色氧化钨，为此一般将WO_3在管状炉内控制温度为350℃～400℃，通氢进行还原则得到蓝色氧化钨。将仲钨酸铵在450℃以下在密闭的条件下加热亦可得蓝色氧化钨。

由蓝色氧化钨还原得钨粉一般也按两阶段还原法在四管炉或多管炉内进行，其设备和操作方法与上述三氧化钨氢还原大同小异，只是在控制不同粒度时，具体的温度有所差别。

（4）氢还原尾气的回收　在管式炉内氢还原过程中，氢气的过量系数很大，因而应将其中的氢回收利用，回收过程主要是脱水，有时还要脱除可能存在的氨和微量的氧。

脱水主要是先用冷凝法使大部分水蒸气冷凝，然后进一步用$CaCl_2$或硅胶吸收残余的水蒸气，残余水蒸气可降至0.02mg/l，相当于露点－40℃。

除微量的氧主要是在400～450℃下在海绵铜或其他催化剂的催化下使氧与氢化合成水蒸气。

第三节　三氧化钼氢还原法生产钼粉

三氧化钼氢还原法生产钼粉与三氧化钨氢还原法生产钨粉的原理和工艺都大同小异，其主要特点如下：

（1）与WO_3氢还原过程一样，MoO_3氢还原过程也经历一系列中间化合物，最后经MoO_2还原得金属钼粉，主要有：

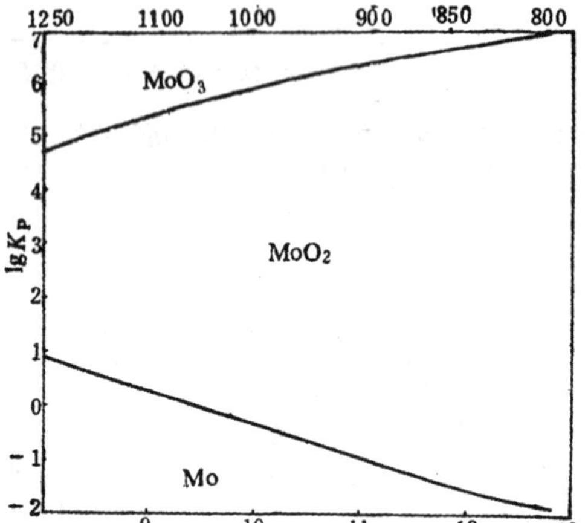

图 1-5-8　钼氧化物氢还原反应的lg$K$与1/T的关系

$$MoO_{3(s)}+H_{2(g)}=MoO_{2(s)}+H_2O_{(g)}$$

其平衡常数：　$\lg K_P=4048/T-0.98\lg T+4.75$

$$\frac{1}{2}MoO_{2(s)}+H_{2(g)}=\frac{1}{2}Mo_{(s)}+H_2O_{(g)}$$

其平衡常数　$\lg K_P=-2844/T-1.48\lg T+6.69$

将上述$\lg K_P$值对$1/T$作图如图1-5-8所示，对照图1-5-1和图1-5-8可知，MoO_3氢还原与WO_3氢还原在热力学上的不同处是MoO_3还原成MoO_2反应的K_P值随温度的升高而减小，属放热反应，673K时其热效应为90.6kJ/mol，而WO_3的氢还原属吸热反应；另外由

MoO_2还原成钼的K_P值略小于WO_2还原成钨的K_P值，在1000K时分别为0.251和0.281。

（2）从动力学上来说MoO_3还原成MoO_2阶段在400℃时已有较快的速度，在500～550℃反应基本完成，但由于过程为放热反应，当还原速度过快，则可能使温度自动升到MoO_3-MoO_2系（或可能是Mo_4O_{11}-MoO_2系）的共晶点（550～600℃），在料层中出现液相而使料层烧结壳，妨碍气体的扩散，故初期还原温度不能过高。

（3）由于MoO_3在低温下迅速还原成MoO_2，同时形成挥发性水合氧化物所需的水蒸气分压较三氧化钨还原时大，因此MoO_3还原时，颗粒的长大不及WO_3还原时明显，故比较容易得到细颗粒钼粉，一般当一阶段为650℃、二阶段为900～950℃时，产品粒度为2～3μm。

在工业上MoO_3氢还原按二阶段或三阶段进行，按二阶段法时，在第一阶段控制温度逐步由400～450℃升至650℃。第二阶段则为650℃升至950℃，氢气露点为－40℃左右，推舟速度约为第一阶段的1/2～1/2.5，此时能保证产品中含O_2<0.1～0.2%，钼粉的平均粒径为0.5～2μm，其中一半左右小于0.6μm。

当采用三阶段法时，则第二阶段产品含氧降到0.5～1.5%，然后在1000～1100℃下进行第三阶段还原，这样有利于提高生产能力。

第四节　卤化物氢还原法生产金属钨钼

正如本篇第二章第六节所指出的，由于从氯化物及其他卤化物制取金属钨钼具有一系列优越性，故近年来人们对卤化物氢还原法制取钨钼进行了大量的研究，有的已进行小规模生产，其中人们对钨、钼的氟化物氢还原更感兴趣，因为比较容易找到耐HF腐蚀的设备材料，一般在600～650℃下，镍或蒙乃尔合金（含27～29%Cu的镍合金）对HF有较好的耐腐蚀能力，而氯化物还原时需用石英或耐HCl的高温搪瓷。故氟化物的氢还原特别是WF_6的氢还原研究较成熟。

一、简单原理

1．**氯化钨（钼）的氢还原**　在W-Cl体系中存在WCl_6、WCl_4、WCl_2等不同价态的氯化物，其中WCl_2在840K左右歧化成WCl_4，即在还原温度（1000K左右）下，稳定的氯化钨为WCl_4（参见本篇第一章第二节），故按下反应确定平衡条件：

$$\frac{1}{2}WCl_{4(g)}+H_{2(g)}=\frac{1}{2}W_{(s)}+2HCl_{(g)}$$

根据热力学计算，不同温度下的K_P值如下

温度，K	900	1223	1400
K_P	1.74×10^2	1.61×10^2	1.48×10^2

因此还原反应能自动进行，对钼的氯化物而言亦有类似的规律性。

2．**氟化钨的氢还原**　对WF_6的还原而言，缺乏其低价氟化物的热力学数据，故按总反应计算其ΔG°及K_P值：

$$WF_{6(g)}+3H_{2(g)}=W+6HF_{(g)}$$

$$\Delta G_T^\circ=97115-329.0T\ \ J$$

1000K时$\Delta G^\circ=-231885$J，$K_P=3\times10^{12}$，因此1000K时其还原过程也能自动进行。

二、工艺过程

目前卤化钨（钼）氢还原法展现了很好的前景，它主要用于“火焰”还原法制取超细粉，沸腾层还原法制取球形粉、包覆粉以及直接制取各种零件，分别介绍如下。

1. “火焰”还原法 过程的实质是将卤化物蒸气和H_2一道通过喷嘴喷入反应室，与此同时还喷入卤素元素本身，如WF_6还原时通入F_2，其作用是进入反应室后与氢燃烧放热以补偿过程热量的不足，上述混合气体由喷嘴喷出口后，在出口处燃烧形成火焰，同时在火焰中发生各种还原反应。这种气相反应得到的产品往往为超细粉末，苏联学者用氢还原WF_6或MoF_6生产钨粉或钼粉的半工业试验情况如下：

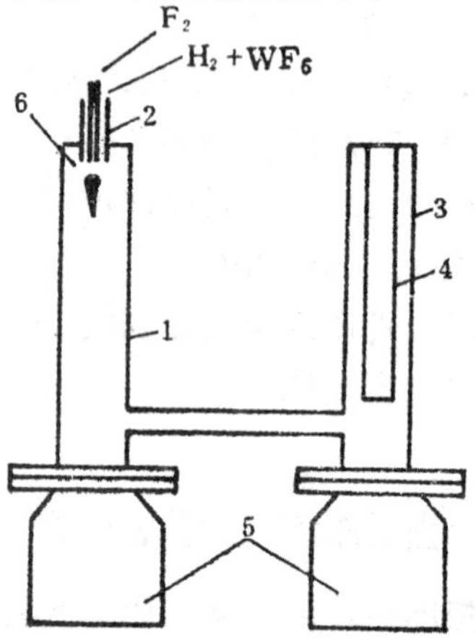

图 1-5-9 “火焰”还原钨、钼卤化物设备示意图

1—反应塔；2—喷嘴；3—收尘塔；4—多孔过滤管；5—粉末收集器；6—火焰

过程所用的设备如图1-5-9所示，设备由两个塔（$\phi100\times1200$）构成，塔由耐HF腐蚀的蒙乃尔合金制成，塔1为反应塔，上装有喷嘴2，F_2及H_2+WF_6（或MoF_6）由喷嘴喷入后激烈反应形成火焰6，还原的产品进入收尘塔3收集，并集中在粉末收集器5中，尾气送往水吸收。试验中WF_6流量为2～5 kg/h，（MoF_6为3.2 kg/h），氟的流量为0.7kg/kgWF_6，（或0.25kg/kgMoF_6），氢流量为理论量的200%，反应塔控制为525～555℃，有70～85%的粉末在收尘塔中收集，产品含0.03～0.05%F，产出的钨粉或钼粉平均粒径分别为1～1.4μm和2.4μm，但比表面积大，为上述粒径一般粉末的6倍。

按上述方法亦可用氢还原WCl_6，此时设备用石英制成，产出的钨粉粒度为0.01～0.1μm。

2. 沸腾层还原 过程的实质如图1-5-10所示，在炉内预先装粒度为20～60μm的钨粉或钼粉，干燥的氢气则由炉底经过气体分布装置进入料层，在直线速度为9～12cm/sec的情况下，使钨粉（或钼粉）流态化，形成均匀的沸腾床4，待还原的卤化物从贮槽1气化后用惰性气体带入沸腾层内，当控制适当的温度，则卤化物在颗粒表面还原并使之长大成圆球状，少部分卤化物在气相还原成细粉随气流带出，经过滤器5过滤下来，尾气流则经淋洗塔处理除去HCl或HF后返回。用这种方法能将原始的不规则颗粒长大成为球形颗粒，如图1-5-11所示。用它做成的制件其再结晶温度比通常粉末高得多。用这种方法亦可在其他材料的颗粒上包覆钨（或钼）层，使之成为复合粉，此时应用待包覆的颗粒（如Al_2O_3、ZrO_2、SiC颗粒等）加入炉内形成沸腾层。

过程的温度对回收率及产品质量是十分重要的，对WCl_6、WF_6而言分别为750～

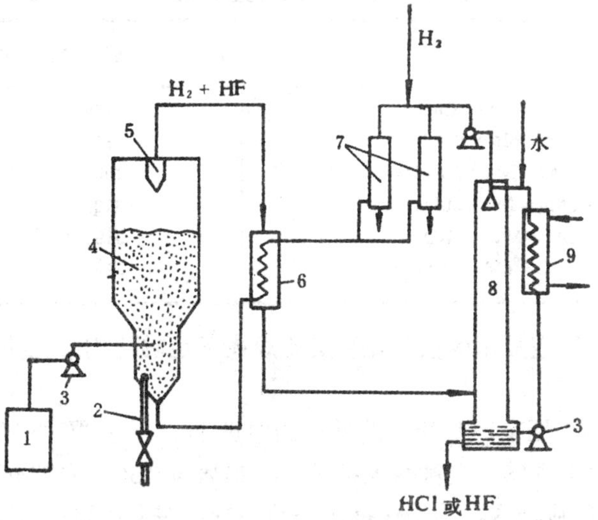

图 1-5-10 钨钼卤化物沸腾层氢还原设备示意图

1—卤化物贮槽；2—粉末卸料管；3—泵；4—沸腾层；5—过滤器；6—热交换器；7—干燥塔；8—淋洗塔；9—冷却器

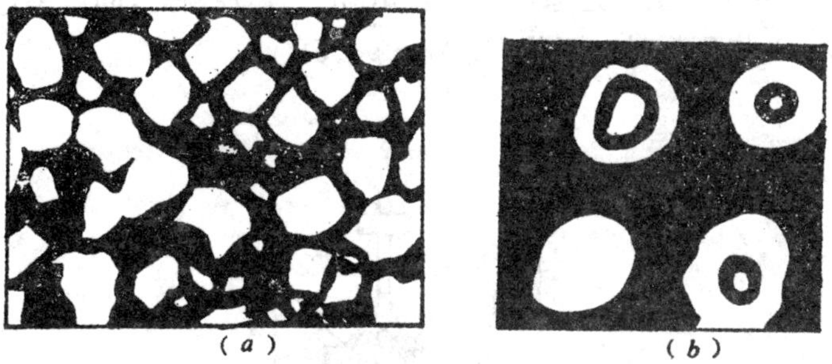

图 1-5-11 沸腾氢还原原始颗粒（*a*）及最终产品（*b*）的形状

800℃和550～600℃，对MoF_5、$MoCl_5$而言为550～600℃，在上述温度下，在氢气过量较大的情况下，金属沉积到颗粒上的回收率达96～97%。

3．卤化钨（钼）氢还原法直接制取钨（钼）零件　其实质是利用卤化钨（钼）的氢还原，在一定形状的基底材料上（如铜、镍、石墨等）形成致密的钨（钼）层，然后设法除去基底材料，则形成单独的钨（钼）零件，这种方法又称为气相成型，可用以制取钨管或其他复杂另件。

气相成型时，常用WF_6还原，因其沸点低（17.6℃）很易在气相空间保持其足够的压力，同时在500℃以上还原时，不形成低价氟化物。用WF_6进行气相成型时，可在常压或低压下进行，最佳温度为550～650℃。

第五节　金属热还原法生产金属钼

钼的氧化物易被铝、镁、钙等活性金属还原成金属钼，且放出大量的热量，有关还原反应的ΔH°_{298}值以及平均每公斤炉料（按理论值配料且无其他惰性物料存在时）的发热

表 1-5-8 MoO_3及MoO_2用铝、镁、钙还原时的ΔH°_{298}及单位物料的热效应

还原反应式	ΔH°_{298}，千焦/摩尔氧化物	比热效应，千焦/公斤料
$MoO_3+3Ca=Mo+3CaO$	−1160	4309
$MoO_2+2Ca=Mo+2CaO$	−680	3270
$MoO_3+3Mg=Mo+3MgO$	−1060	4880
$MoO_2+2Mg=Mo+2MgO$	−612	3470
$MoO_3+2Al=Mo+Al_2O_3$	−919	4650
$3MoO_2+4Al=3Mo+2Al_2O_3$	−529	3230

量如表1-5-8所示。反应放出的热量在半工业规模下足够使钼熔化并铸成锭，实际上往往达3000～3500℃。

用铝还原MoO_3在图1-5-12所示的反应器中进行，反应器外径达300～400mm，高达1200mm，外壳1由钢制成，内衬耐火材料2，铝屑与MoO_3（或MoO_2）以及熔剂CaO组成的混合料3装入反应器内，为了使反应开始进行，在上放引火料$KClO_3+Al$，通电使引火料燃烧发热，促使其附近的炉料反应并进一步放热以至反应迅速扩展到整个炉料，同时生成物熔化，生成的Al_2O_3与事先配入的熔剂CaO造渣与液态钼分层，冷却后，得钼锭，其中含3～5%Al，钼锭再经电子束熔铸精炼后，铝含量降至 $(1\sim6)\times10^{-4}\sim(1\sim6)\times10^{-3}\%$，锭可直接用于加工，还原过程中当用$MoO_3$作原料时，回收率达91.2～93.6%，当用$MoO_2$或$CaMoO_4$作原料时，回收率达98～98.5%。

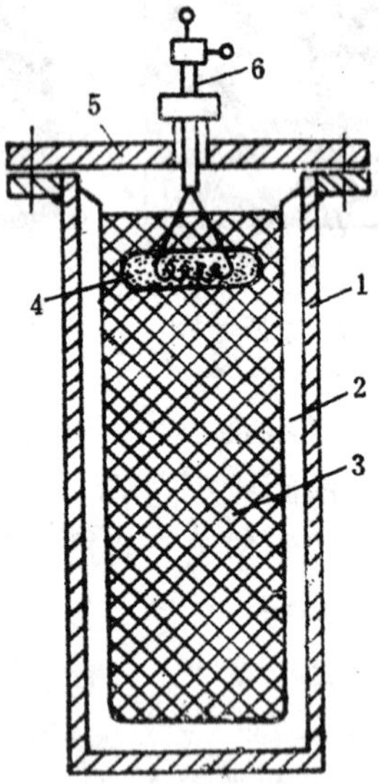

图 1-5-12 金属热还原MoO_3生产钼的弹式反应器

1—钢壳；2—耐火材料内衬；3—炉料；4—引火料；5—盖；6—引线导管

思考题

1. 试根据WO_3氢还原过程中颗粒长大的机理分析制取超细钨粉及粗颗粒钨粉所应控制的技术条件。
2. 某厂用WO_3氢还原生产金属钨粉每舟装料$WO_3$232g，推舟速度为每小时4舟，氢气流速为$0.6m^3/h$，试求氢气的利用率。

主要参考资料

[1] 叶帷洪、王崇敬著《钨—资源、冶金、性质和应用》，冶金工业出版社，1983年3月，第91~172页.
[2] A. H. 节里克曼著《钨》，中南矿冶学院情报科，1981年3月，第1~125页.
[3] 李洪桂主编《稀有金属冶金原理及工艺》，冶金工业出版社，1981年1月，第11~30页、67~80页、130~143页、202~216页.
[4] 彭少方主编《钨冶金学》，冶金工业出版社，1981年11月.
[5] 莫似浩编著《钨冶炼原理及工艺》，轻工业出版社，1984年12月，第1~290页.
[6] A. H. Зеликман: «Цвет Металлы» 1978. 7, 53.
[7] K. OSSEO-Asare: «Metallurgical Trans,» V. 13B. 12, 555~563.
[8] P. B. Queneau «Extractive Metallurgy of Refractory Metals» ed by H. Y. Sohn, New York, 1980, 237~267.
[9] 中国专利：85100350.8.
[10] 李洪桂等，《钨矿物原料碱分解的基础理论研究》，全国第三届钨钼学术会论文，1989，7.厦门.

第二篇 钛锆铪冶金

第一章 概 论

第一节 钛锆铪冶金简史

钛、锆、铪属元素周期表第四族副族的元素，属稀有高熔点金属类。它们被发现的年份及其在地壳中的含量如表2-1-1所示。

表 2-1-1 钛锆铪的发现年份及其在地壳中的含量

名　　称	原子序数	原子量	被发现年份	在地壳中含量，%	含量所占位置
钛（Ti）	22	47.88	1789	45×10^{-2}	9
锆（Zr）	40	91.22	1789	1.7×10^{-2}	20
铪（Hf）	72	178.49	1923	1.0×10^{-4}	58

由表2-1-1可见，钛在地壳中的含量十分丰富，按丰度值算占第9位；在金属元素中，仅次于铝(丰度为8.05%)、铁(4.65%)、钙(2.96%)、钠(2.50%)、钾(2.50%)、镁（1.87%）；按结构金属算，钛仅次于铁和铝，故有“第三金属”之称。

锆在地壳中的含量占第20位，比常用金属锌（8.3×10^{-3}%）、镍（5.8×10^{-3}%）、铜（4.7×10^{-3}%）、铅（1.6×10^{-3}%）、锡（2.5×10^{-4}%）还要多。铪在地壳中的含量比人们熟悉的锑（5.0×10^{-5}%）、汞（8.3×10^{-6}%）、银（7.0×10^{-6}%）也要多。

但由于钛、锆、铪的化学活性强，难于富集和提炼，且它们被发现得晚、应用开发得晚，所以目前的产量都不及常用金属铜、铅、锌、镍等。

本世纪初，钛以化合物和金属添加剂的形式被应用到工业部门；到第二次世界大战期间，金属钛作为结构材料引起了人们的重视；随着克洛尔（Kroll）镁热还原法的研究成功及各种用途的开发，使钛自1948年的2t年产量迅速增加，目前全世界金属钛的年产量已达10万t左右。与此同时，锆的开发也引起了人们的重视，特别是原子能工业的发展，对锆和铪的发展起了很大的促进作用。铪一般与锆共生，往往只是在提取锆时提取铪，所以仍处于小规模的生产阶段。

解放前，我国的钛锆铪冶炼工业是空白，虽然资源丰富，但未得到利用。解放后，自第一个五年计划起，开始建立我国的钛锆铪冶炼和加工工业，适应了我国尖端技术和相关工业部门对这些金属和化合物的需要。现在，不论是钛、锆、铪金属的生产，还是它们的化合物的生产，我国都正在积极发展中。

第二节 钛锆铪及其主要化合物的性质

一、钛、锆、铪的主要性质

这些金属的外观均与钢相似，表面呈现金属光泽，其中因为钛的密度较小($4.51g/cm^3$)，一些国家将它划在轻金属之列。

这些金属的主要物理性质列在表2-1-2中。

表 2-1-2 钛锆铪的主要物理性质

性质项目	钛	锆	铪
密度，g/cm^3	4.51 (α-Ti)	6.52 (α-Zr)	13.29
熔点，℃	1668±4	1852±10	2220
沸点，℃	～3260	～3600	～4450
相变温度，℃	882	862	1760
超导转变温度，K	0.53	0.7	0.35
熔化热，kJ/mol	20.8	20.1	24.1
比热，J/g·K	0.127 (0～100℃)	0.066 (25～100℃) 0.113 (1000～1500℃)	0.035 (25～100℃)
电阻率：Ω·cm (20℃)	42×10^{-6}	41×10^{-6}	34×10^{-6}
(800℃)	180×10^{-6}	143×10^{-6}	—
热中子俘获面，靶	5.8	0.18	105
线膨胀系数，K^{-1}	8.2×10^{-6} (20～300℃)	8.9×10^{-6} (20～700℃)	5.9×10^{-6} (0～1000℃)
蒸气压，kPa	1.33×10^{-7} (1227℃)	2.67×10^{-3} (2000℃)	—
	1.33×10^{-1} (1727℃)	1.33×10^{-1} (2500℃)	—
辐射功率，W/cm^2 927℃	—	2.03	—
1227	—	7.20	—
1327	—	10.0	—
机械性能(高纯金属退火棒，20℃)			
弹性模量，kg/mm^2	9850～10900	9820	14000
硬度HB，kg/mm^2	—	64～67	130
抗拉强度极限，kg/mm^2	25～27	23～25	40.5

已知钛有两种晶型，低于882℃时，具有密集六方晶格的α钛是稳定的。其晶格常数为：$a=2.95$Å、$c=4.69$Å；高于882℃时，α钛转变为体心立方晶格的β钛，其晶格常数$a=3.3065$Å(900℃)。

α锆为六方晶格，在862℃以下稳定，其晶格常数$a=3.223$Å、$c=5.132$Å；β锆在862℃以上稳定，体心立方晶格，$a=3.61$Å。

铪在1760℃以下稳定的是α铪，为密集六方晶格；高于1760℃转变为体心立方晶格的β铪。

金属钛在500℃以上激烈吸氢，生成TiH、TiH_2及Ti-H固溶体。1mol钛可吸收约2mol的氢；锆与铪在300～400℃也能强烈地吸收氢，生成Zr(Hf)H、$Zr(Hf)H_2$或固溶体。它们吸氢后都变得很脆，易被破碎和磨细。吸收的氢可分别在800～900℃（对钛而言)、1000～1100℃（对锆、铪而言）的温度及真空下被释放出来。因而，可以用氢化法制备它们的金属粉末；也可以用它们作为储氢材料。

钛、锆、铪的致密金属都可以在其表面形成致密氧化物薄膜，使其在氧化性酸和氧化性气氛中具有很强的耐蚀性能。比较起来，锆的这种耐蚀性更优于钛。这些金属的化学稳定性见表2-1-3。

在900℃以上，钛副族金属能强烈地与氮、一氧化碳、二氧化碳作用，生成坚硬、难熔的氮化物和碳化物（表2-1-4），这些化合物都是硬质合金和表面耐磨涂层材料的理想成分。

碳、氮、氧可作为间隙性杂质存在于金属钛、锆和铪中。它们在金属中的含量增高，可明显地提高这些金属的硬度，降低其塑性和加工性能。故人们常用布氏硬度作为这些金属的质量标准。钛的布氏硬度与氮、氧、碳及其它杂质含量的关系见图2-1-1。

二、钛、锆、铪主要化合物的性质

对钛、锆、铪而言，与冶炼过程有关的主要化合物是氧化物、卤化物和含氧盐。根据钛锆铪原子的电子层结构可知，在这些化合物中，它们主要呈+4价，也可以呈+3、+2价。

1．氧化物　钛的氧化物有TiO_2、Ti_3O_5、Ti_2O_3、TiO，在Ti-O系中，还形成一系列的其他同系化合物及Ti-O固溶体（图2-1-2）。

TiO_2有金红石、锐钛矿和板钛矿三种晶型，以金红石型最稳定。自然界产出的含TiO_2>90%的金红石矿称天然金红石，通过冶炼过程获得含TiO_2～90%的金红石称人造金红石。它们都可以作为电焊条涂料和生产四氯化钛的原料。

表 2-1-3　金属钛锆铪的化学稳定性

性质项目		Ti	Zr	Hf
在空气中稳定的温度，℃	致密金属	400～550生成氧化膜	≤800	≤800
	粉末金属	—	≤180	≤180
吸氢起始温度，℃		—	300～400	300～400
与卤素开始作用温度，℃		>100	—	—
抗腐蚀能力：				
对任意浓度HNO_3		不腐蚀	<100℃不腐蚀	<100℃不腐蚀
对各种浓度盐酸		5～10%室温下，耐蚀	<100℃不腐蚀	<100℃不腐蚀
在H_2SO_4中稳定条件		浓度<5%，室温下	浓度<50%，<100℃	浓度<50%，<100℃
对王水		—	室温下稳定	室温下稳定
在氢氟酸中		溶解	稳定	稳定
在NaCl液中		稳定	稳定	稳定
在热碱液中		浓度<20%稳定	强于钛	强于钛

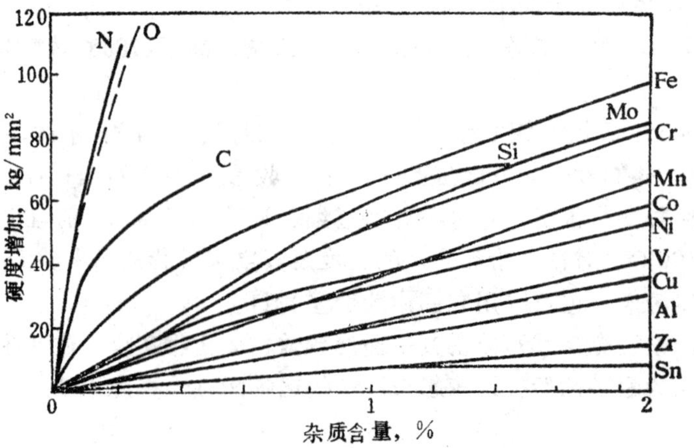

图 2-1-1　杂质含量由0到2%时对钛硬度的影响

表 2-1-4 钛锆铪氮化物和碳化物的主要性质

化　　合　　物	TiC	ZrC	HfE	TiN	ZrN	HfN
熔点，℃	3140	3420	3890	2950	2982	3387
显微硬度，kg/mm^2	2900	2600	2700	1900	1500	1600

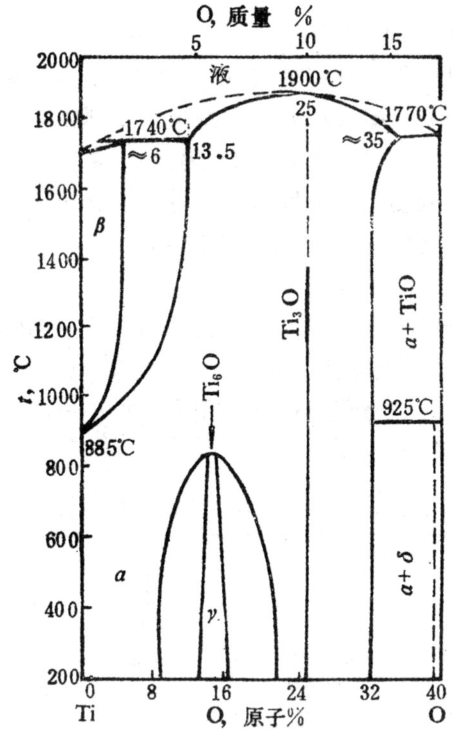

图 2-1-2 Ti-O系状态图

表 2-1-5 钛氧化物的性质

性　　质	TiO_2	Ti_3O_5	Ti_2O_3	TiO
颜色	白、红棕黄	黑色	紫色	金黄
熔点，℃	1870	1774	1839	1750
密度，g/cm^3	3.90～4.27	4.21	4.486	4.888
离解压小，MPa(1500K)	4.0×10^{-23}	—	—	9.0×10^{-27}
相互转化温度	$TiO_2 \underset{}{\overset{1053K}{\rightleftarrows}} Ti_3O_5 \overset{1529K}{\rightleftarrows} Ti_2O_3 \overset{2186K}{\rightleftarrows} TiO$			
酸碱性	碱性增强 两性 ⇄ 碱性 酸性增强			
与卤素反应能力	加碳可氯化	加碳可氯化	无碳可部分氯化	不加碳可氯化50%
导电性	绝缘体	绝缘性差	显半导体特性	导　　体

钛的不同氧化物具有不同的颜色。从表2-1-5中可以看出，钛自高价氧化物至低价氧化物，其金属性、碱性和导电性逐渐增强；对氯气和氧的稳定性降低，加碳氯化而生成四氯化钛所需的温度变低，对TiO而言，即使无碳存在，也可以被氯化50%：$2TiO+2Cl_2=TiCl_4+TiO_2$。

二氧化锆ZrO_2为白色化合物，有三种晶型：1000～1100℃以下稳定的单斜晶型、1100～1900℃下稳定的四角晶型、1900℃以上稳定的立方晶型。当添加CaO、MgO或Y_2O_3等氧化物时，立方晶型的ZrO_2可以在各种温度下都稳定。ZrO_2有很高的化学稳定性，它的熔点高达2700～2900℃（随杂质含量而有波动）。生成热$\Delta H^\circ_{298}=-1082kJ/mol$。$HfO_2$的熔点高达2900℃，$\Delta H^\circ_{298}=-1112.1kJ/mol$。它们显两性，与碱共熔时生成锆（铪）酸盐，水合氧化物溶于酸则可以得到它们的硫酸盐、氯化物或硝酸盐。

二氧化锆和二氧化铪既是高级耐火材料，也是生产金属锆和铪的直接原料。

2．卤化物　钛、锆、铪都可以生成各自的氯化物、氟化物（包括氟络盐）和碘化物，也可以生成相应的低价卤化物。用氯气可以从它们的金属、氧化物、碳化物或氮化物等化合物制得它们相应的四氯化物（$TiCl_4$、$ZrCl_4$或$HfCl_4$）。其中主要氯化物的性质如表2-1-6所示。除二氯化钛以外，它们在不太高的温度下易挥发、或升华进入气相；它们都极易吸收空气中的水分，转变成水合氧化物或氧氯化物。然而它们的氟络盐（K_2TiF_6、K_2ZrF_6、K_2HfF_6）则不吸湿。上述氯化物（或氟化物）在不太高的温度下都可以被碱金属或碱土金属还原成钛、锆、铪金属。这就是用金属热还原法生产这些金属的重要根据。

表 2-1-6　钛、锆、铪主要氯化物的性质

性　　质	$TiCl_4$	$TiCl_3$	$TiCl_2$	$ZrCl_4$	$HfCl_4$
键型	分子键	含有离子键	离子键	—	—
熔点，℃	−23	810℃升华	1035	330℃升华	317℃升华
沸点，℃	136	810℃升华	1301	330℃升华	317℃升华
被还原性能	较之它们的氧化物易于被金属Mg、Na还原成金属				
与氧作用能力	1000℃以上可氧化成TiO_2	—	—	可生成$ZrOCl_2$	可生成$HfOCl_2$
与H_2O作用	易吸湿，在空气中冒烟	易水解	吸湿性强	易吸湿水解	

3．含氧盐　与冶炼过程关系密切的含氧盐有$FeTiO_3$、$CaTiO_3$、$MgTiO_3$、$TiOSO_4$、$ZrSiO_4$、$HfSiO_4$、$ZrOCl_2\cdot8H_2O$、$Zr(SO_4)_2\cdot4H_2O$、$Me_2[ZrO(SO_4)_2]\cdot3H_2O$、$ZrO(NO_3)\cdot xH_2O$等。

偏钛酸铁$FeTiO_3$是钛铁矿主要成分。其中的FeO能在不同的温度下被H_2、CO、碳还原成金属铁，也可以被氧气氧化成Fe_2O_3，并形成$Fe_2O_3\cdot TiO_2$形态的假板钛矿。$CaTiO_3$是钙钛矿的主要成分，当CaO、MgO取代$FeO\cdot TiO_2$中部分FeO时，它们可以形成类质同相的含CaO、MgO高的钛铁矿。钛铁矿或二氧化钛在较高温度下与浓硫酸作用时，可以得到能溶于水的硫酸钛$[Ti(SO_4)_2]$或硫酸钛酰（$TiOSO_4$），它们是硫酸法制取钛白过程中重要的钛盐。

$ZrSiO_4$与$HfSiO_4$是矿物锆英石的化学组成式，它能在一定温度下被NaOH、Na_2CO_3，

CaO所分解。Na_2ZrO_3、Na_2ZrSiO_5及硫酸盐、硝酸盐等含氧锆、铪盐是锆、铪湿法提纯过程重要的化合物。

第三节 钛锆铪及其化合物的用途

一、金属钛及其合金的用途

常温下，钢、铝和钛的抗拉强度分别为120、45和98kg/mm²，它们的密度分别为7.869、2.70和4.51g/cm³，计算可得钢、铝、钛的比强度分别为15.2、16.7和21.7。显然，在常温下，钛的比强度高于铝和钢。钛比钢的高温强度更好，在500℃下，钢的强度降低到室温时的1/6，而钛合金的强度只下降到室温时的1/2。所以航空及航天部门一直是钛的主要消费部门。常以Ti-6Al—4V合金用于发动机、构件及蒙皮。

航速为2.7～3.0马赫的飞行器的表面温度可达220～230℃，用钛及钛合金当然是既耐高温、密度又小的理想材料。卫星外壳也用得着钛。国外资料表明，一架F-15战斗机耗用金属钛30t，一架波音747客机用钛36t，B-52轰炸机用钛高达50t。在导弹、火箭、飞船中的压力容器、燃料贮箱、火箭发动机壳体、喷嘴、登月艇都使用钛。阿波罗飞船用钛1180kg。

舰艇的螺旋桨和外壳也是钛的重要消费部门，因为在海水中钛及其合金不但因密度小，而且它的耐蚀性强而受重视。据报导，国外的一艘深水核潜艇的金属钛消费量高达3600t。钛制海水淡化装置已被应用。

在原子能电站，湿法冶金和化工部门，正在广泛应用钛制热交换器。水溶液电解的阴极母板、氯碱工业电解槽中的阳极，以及风机、泵、阀门、管道等，也用钛材。

钛铁可作为合金钢的添加剂，钛粉和氢化钛也可以用于烟火工业。Ti-Ni合金作为形状记忆合金，已得到应用。

钛及其合金在西方世界八十年代初各工业部门的应用比例大体如下：

飞机制造	冶金、化工设备	能源工业	航海、海水淡化	其它
65%	14%	10%	8%	3%

二、钛化合物的用途

钛白是二氧化钛的俗称，它是钛产品的最大领域，钛资源开采量的90%消耗在钛白生产方面。钛白有很好的覆盖性能、折光性能和耐老化性能，是理想的白色颜料，它被广泛地应用在涂料、造纸、塑料、合成纤维、橡胶和油墨等与人们生活水平密切相关的部门，故钛白的消费量有人们生活水平的标志之说。

世界各国1985年的钛白产能约2600000t，1984年世界各国钛白的消费结构平均值如下(%)：

水性漆	其它涂料	油墨	造纸	塑料	化纤	其它
29.2	30.6	2.5	12.1	15.2	2.7	7.7

此外，金红石可直接用作电焊条涂料。TiC的熔点高达3140℃，显微硬度高达2900kg/mm²，可用作硬质合金的组成成分；与TiN一样，TiC还可用于耐磨零件的覆盖涂层方面。金黄色的TiN还是很好的装饰材料。$TiCl_3$可用作石油化工的催化剂和分析试剂。

三、锆、铪的用途

金属锆的热中子俘获面小（约0.18靶），抗蚀性能和机械性能好，是核反应堆的重要结构材料。原子能工业是金属锆的主要消费部门。

在电子工业、弹药、机械工业、耐火材料、玻璃工业等部门也使用锆及其化合物。

利用锆和铪的吸气性，可获得高真空的电子管；利用锆粉的自燃性好，可用作引火剂、无烟火药；由于锆的耐蚀性好，在化工机械制造业中，用其制造耐蚀的过滤机、泵、冷凝器、蒸发器、反应器衬里等；把锆合金加入钢中，可生产出装甲钢，大炮锻钢和耐热钢。

锆化合物的消费量约占锆资源消费量的一半以上，主要用作耐火材料（耐火坩埚、耐火砖、耐火管等）。1981年在锆质砖等耐火材料方面，锆资源的消费量达12万吨，据国外仅51个钢厂统计，铸钢用锆砂就达1.6万吨，为铬砂用量的1.33倍。玻璃熔制炉也广泛使用锆质耐火砖。含ZrO_2的搪瓷釉，色白且耐蚀性好，加有ZrO_2或锆英石的玻璃有很强的抗碱能力。锆英石用于铸造，可获得表面良好的铸件。硫酸锆盐是很好的鞣革剂而用于制革工业。

铪及其化合物的生产开始于1950～1951年。因铪的热中子俘获面大（105靶），用其制造核反应堆的控制棒和保护装置是很理想的，这是铪的主要用户。有前途的用户是耐高温材料。熔点高达3890℃的碳化铪与75%TaC组成的固溶体，熔点高达4200℃，是很好的强耐热材料和超硬合金材料。含2～10%Hf，8～10%W的铌和钽的合金到2000℃仍保持很高的强度和很好的加工性能和抗蚀性能，是理想的高温材料。

第四节　钛冶金的原料

一、钛矿物

在地壳中，钛常以二氧化钛和含氧盐的形态形成矿物。已知含$TiO_2$1%以上的钛矿物有80多种，其中品位较高的有金红石、锐钛矿、板钛矿、白钛石、钛铁矿、钙钛矿、红钛矿和榍石等。它们的主要特性列在表2-1-7中。最有工业意义的钛矿物是钛铁矿和金红石。在个别国家，红钛矿和白钛石也给予了足够的重视。

钛矿物有原生矿与次生矿之分。

原生钛矿的主要矿物是钛铁矿、钛磁铁矿、钒钛磁铁矿、金红石则很少。这些原生矿是火成岩矿物。与钛铁矿共生的还有类质同象的镁钛矿（$MgO\cdot TiO_2$），红锰钛矿（$MnO\cdot TiO_2$）、钙钛矿（$CaO\cdot TiO_2$）、榍石（$CaO\cdot TiO_2\cdot SiO_2$）等。所以原生钛铁矿的成分复杂，$TiO_2$品位较低，结构致密，用一般选矿方法所获得的精矿中含$TiO_2$37～49%，且CaO、MgO、SiO_2、Al_2O_3含量较高，其中的铁多以Fe^{2+}形态存在。

原生金红石系高温矿物，可存在于火成岩中，其中的TiO_2含量可高达94～99%。在月球上发现了钛铁矿，其化学成分近似于$FeTiO_3$的化学计算值：$TiO_2$52.6%、FeO45.3%、MgO1.23%、MnO0.33%、$Al_2O_3$0.05%、$Cr_2O_3$0.78%、SiO_2<0.01%。

原生钛铁矿经风化、蚀变后，在河滩、海滩形成次生矿。其中的部分Fe^{2+}氧化成Fe^{3+}，形成含Fe^{3+}较高的钛铁矿砂。其中的CaO、MgO、SiO_2、Al_2O_3等杂质显著降低，TiO_2品位得到提高。砂矿经物理选矿后，可获得杂质含量少，Fe_2O_3/FeO高，TiO_2含量高的精矿。另一个重要的次生钛矿物是天然金红石（或板钛矿）。

表 2-1-7 主要钛矿物的特性

矿物名称	化学式	TiO_2含量，%	密度，g/cm^3	硬度	备注
钛铁矿	$FeTiO_3$	44～52.8	4.56～5.21	5～6	黑紫色，有弱磁性
金红石	TiO_2	94～99	4.2～4.3	6.0～6.5	赤褐色，无磁性
板钛矿	TiO_2	94～99	3.87～4.08	5.5～6.0	黄褐色，亚金属光泽
锐钛矿	TiO_2	94～99	3.82～3.85	5.5～6.0	黄赤褐色，金刚光泽
白钛石	$TiO_2 \cdot nH_2O$	56.3～96.4	—	—	无磁性
假板钛矿	Fe_2TiO_5	～33.3	4.4～4.98	6.0	褐色
红钛矿	$Fe_2O_3 \cdot 3TiO_2$	60～62	～4.25	5.5	棕褐色（或钢灰色）
钙钛矿	$CaTiO_3$	38.7～58.9	3.95～4.04	5.5	—
钙铈钛矿	$(Ca, Ce)TiO_3$	54～59	—	—	—

二、钛矿床

钛矿物所形成的矿床分为岩矿床和砂矿床两类。

1．岩矿床　它是一种属火成岩（或变质岩）的原生矿床，储量大、产地集中、多金属共生。除含钛外，往往还含有铁、钒、铬、锰、镍、钴、铜等有价金属。因此这种矿床的开发，往往必须考虑多金属综合利用，甚至，在考虑提取铁、钒的前提下，综合开发原生钛铁矿。如加拿大的魁北克，我国的攀枝花即属此例。

岩矿床主要集中在北半球的加拿大、美国、苏联、挪威、芬兰等国，南半球的南非也有相当大的储量。我国的攀枝花和大庙的钛铁矿床也属此类矿床。

2．砂矿床　属沉积矿床的砂矿床中，含次生钛矿物，它多半分布在热带、亚热带附近的河滩和海滨中。此类钛矿床主要产出含Fe_2O_3较高的钛铁矿和金红石。在这类矿床中，往往同时还存在锆英石、独居石等重要矿物。

砂矿床产出的钛铁矿中，Fe_2O_3含量较高（相对于FeO），杂质SiO_2、Al_2O_3、MgO、CaO含量较低，结构疏松。这类钛矿物易于开采，通过重选、磁选等选矿方法可以同时获得多种有用精矿，所得钛铁矿精矿的品位TiO_2可达50～60%。

我国的广东、广西、海南蕴藏相当数量的钛铁矿砂矿；澳大利亚、印度、斯里兰卡等国都有较大的钛铁矿砂矿和金红石砂矿的储量。

国内外各类钛铁矿精矿的化学成分见表2-1-8和表2-1-9。

表 2-1-8 国内钛铁矿精矿的化学成分（%）

成分	TiO_2	总Fe	FeO	MnO	CaO	MgO	SiO_2	Al_2O_3
砂矿 I	58.35	25.13	9.08	1.43	0.39	0.10	0.76	0.79
砂矿 II	52.35	32.67	38.86	1.73	0.38	微量	0.68	0.45
砂矿 III	49.57	33.10	38.30	2.89	微量	0.61	0.75	0.15
原生矿	45.5～48.5	—	34.0～31.2	～0.76	1.1～1.4	4.3～4.0	3.7～2.2	2.5～1.3

三、钛的储量与产量

根据1973年美国地质调查局对42国钛矿储量的统计，具有开采价值的钛资源约为18亿吨（按TiO_2计），其中非洲占42%、美洲占35%、亚洲占11%、欧洲占8%、澳洲占3%。另外尚存在有希望开采的钛矿储量约14.5亿多吨。因此，世界钛资源总量达32亿吨（按TiO_2计）。

表 2-1-5　国外钛铁矿精矿的化学成分（%）

成分	岩矿				砂矿				
	美国纽约州	加拿大阿拉德	挪威特林纳斯	苏联乌拉尔	南非克普莫尔根	印度奎隆	斯里兰卡	马来西亚	澳大利亚卡培尔
TiO_2	44.4	34.3	43.9	44.0	49.50	60.60	53.13	55.30	54.57
FeO	36.70	27.50	36.00	31.4	37.20	9.25	19.11	26.70	25.15
Fe_2O_3	4.40	25.20	11.10	16.9	10.50	24.18	22.95	13.00	16.34
SiO_2	3.20	4.30	3.28	4.8	0.76	0.40	0.86	0.70	0.53
Al_2O_3	0.19	3.50	0.85	～2.5	—	0.91	0.61	0.59	0.40
P_2O_5	0.07	0.015	0.03	—	0.02	0.21	0.05	0.19	0.13
ZrO_2	0.01	—	1.09	—	0.05	0.60	—	0.10	—
MgO	0.80	3.10	3.69	2.76	0.59	0.80	0.92	0.02	0.32
MnO	0.35	0.16	0.33	0.72	0.88	0.39	0.94	0.70	1.67
CaO	1.00	0.90	0.18	～1.3	—	0.15	0.26	0.50	0.30
V_2O_5	0.24	0.27	0.20	—	—	0.15	0.19	0.07	1.18
Cr_2O_3	0.001	0.10	0.03	—	0.16	0.12	0.09	0.03	0.04

世界天然金红石的储量约占钛资源总储量的1%。目前金红石矿的90%来自砂矿床。金红石矿的年产量约40万吨，主要产于澳大利亚。

钛铁矿的世界年产量约500万吨，其中70%来自砂矿床，主要产地为澳大利亚、美国、印度、斯里兰卡、马来西亚；30%来自岩矿床，主要产于加拿大、挪威、芬兰、美国、南非和苏联各地。

第五节　锆、铪冶金的原料

已发现的锆矿物20种左右，主要富集在花岗岩和碱性伟晶花岗岩中。它的存在形态分为氧化锆、硅酸锆和锆酸盐三类。有工业价值的锆矿物是单斜锆矿和锆英石。

一、单斜锆矿

最纯的单斜锆矿试样中含98%的ZrO_2，但一般单斜锆矿中含有较大数量的铀(～1%)钍（～0.2%）及SiO_2、TiO_2、Fe_2O_3等杂质。这种矿石中含有百分之几的氧化铪，故也是提取铪的原料。

单斜锆矿的密度5.5～6.0g/cm³，硬度6.5，熔点2700～2900℃。原矿经溜槽和摇床水选可得到单斜锆矿与锆英石的混合精矿，其大致组成为(%)：75～90ZrO_2、2～5Fe_2O_3、6～17SiO_2、1.3～1.7Al_2O_3、0.2～0.8TiO_2。若采用重选、磁选结合的方法进行精选，精矿的品位可以得到较大的提高

巴西发现有大量的单斜锆矿。南非也有一定的储量，1982年全世界产出单斜锆精矿约1万吨。

二、锆英石

锆英石，又称锆石，这是分布最广的锆矿物，也是目前锆冶金的主要矿物原料。呈黄色、红棕色。密度为4.4～4.7g/cm³，摩氏硬度7.5。其化学式为正硅酸锆$ZrSiO_4$，理论含量$ZrO_2$67.2%、$SiO_2$32.8%。在约1775℃下$ZrSiO_4$熔化并分解。原生锆英石矿存在于伟晶花岗岩（特别是碱性伟晶花岗岩）中，经风化后形成锆英石砂矿。通常与钛铁矿、金红石、独居石及其它矿物聚集在海滨与河滩之中。

锆英石常含有0.5～4%HfO_2、<0.35%Fe_2O_3、0.05～4%CaO；少量锆英石变种中还含有稀土元素、铌、钽、钍和铀。含锆英石的砂矿用重力选矿和静电选矿等方法予以富集，用摇床把锆英石与石英砂分开，用磁选法除去钛铁矿和石榴石（铝、铁、钙等的硅酸盐），用强磁选分离除去独居石，用静电选矿和浮选除去金红石。

澳大利亚是世界上最大的锆英石产地，其次是印度、巴西、美国、斯里兰卡。1982年世界锆英石精矿的总产量约65万吨，其中澳大利亚42万吨、南非13万吨、美国9万吨、斯里兰卡1万吨。苏联也有一定的锆英石储量，其锆英石精矿标准如表2-1-10所示。我国南方沿海各省都有一定的锆英石储量。内地尚有少量的原生矿。

表 2-1-10 苏联的锆英石精矿标准（ГОСТ48-84—72）

牌号	ZrO_2不小于，%	杂质不大于，%					
		FeO	TiO_2	Al_2O_3	CaO	MgO	P_2O_5
КПП（粉状料）	65	0.09	0.3	1.8	0.1	0.1	0.15
КП3-1（一级品粒状）	65	0.1	0.4	2.0	0.1	0.1	0.15
КП3-2（二级品粒状）	60	没有限制					

澳大利亚联合矿物公司产出的标准级锆英石精矿，含ZrO_2≥65%、TiO_2≤0.25%；陶瓷级锆英石精矿，含ZrO_2≥65%、TiO_2≤0.1%、Fe_2O_3≤0.05%。除上述矿物外，水锆石中含有53.2～65.2%ZrO_2、2.6～7.0%HfO_2；还有一种变质锆石曲晶石，其中含HfO_2达5%以上。这些是富铪的矿物，可惜储量少。

思考题

1. 请根据钛、锆、铪在元素周期表中的位置，分析这些金属与其主要化合物的性质及其规律。
2. 钛、锆、铪及其主要化合物的主要用途有哪些？与你的生活和学习有什么关系？钛为什么有“第三金属”之称？
3. 原生钛矿与次生钛矿的特点是什么？试分析这些特点对冶炼过程的影响。

第二章　富钛料和二氧化钛的生产

第一节　钛冶金的流程简介

钛提取冶金的主要产品有钛白、海绵钛、钛铁合金、金属钛粉。作为商品进入市场的还有人造金红石、钛渣和四氯化钛。在钛生产过程中，四氯化钛是一种十分重要的中间产品，有时也作为商品进入市场。由于天然金红石矿的储量与产量有限，所以世界各国在工业生产中，主要用钛铁矿精矿作为生产钛化合物和金属钛的原料。可以用火法或湿法处理的多种方法除去钛铁矿中的铁，而得到各种不同形态的富钛物料（简称富钛料），其中金红石型TiO_2含量高达90%以上的富钛料常称之为人造金红石。以钛铁矿或金红石为原料生产钛渣、二氧化钛、四氯化钛和金属钛的原则流程综合如图2-2-1所示。

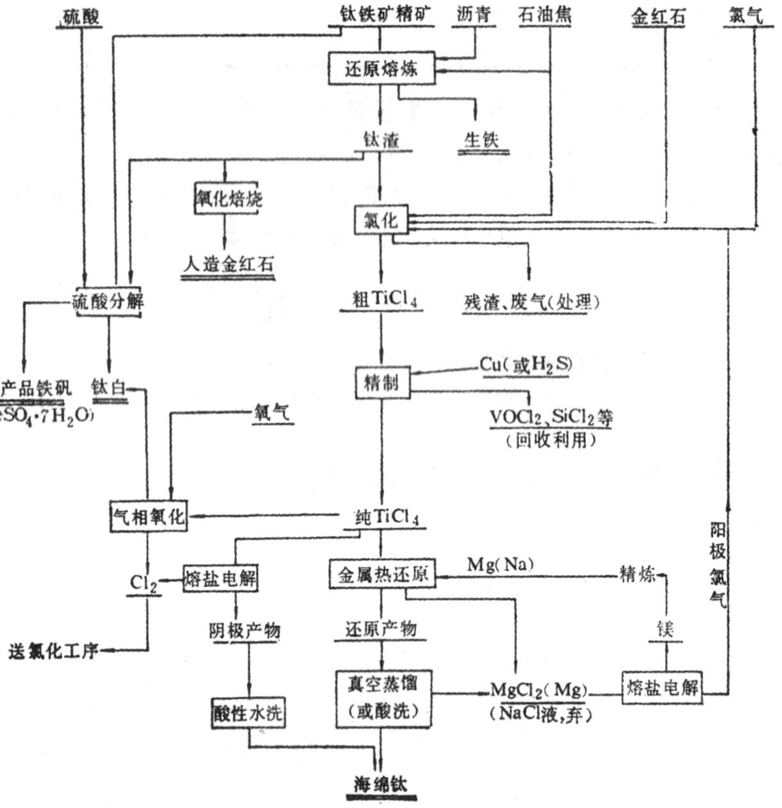

图 2-2-1　钛冶炼原则流程图

首先要将钛铁矿精矿进行还原熔炼。还原熔炼的任务是：在电炉内，用碳使钛铁矿选择性还原出铁〔$FeTiO_3+C=Fe+TiO_2+CO$〕，经造渣熔炼后，得到TiO_2被富集了的钛渣，并得副产品生铁。经过熔炼所得到的含$TiO_2$85～95%的钛渣，配碳进行氯化〔$TiO_2+C+2Cl_2=TiCl_4+CO_2$〕，得到粗四氯化钛，用化学法和精馏法净化除去粗四氯化钛中的$VOCl_3$和$SiCl_4$、$AlCl_3$、$FeCl_3$等杂质，得到纯净的可供生产金属钛或钛白的精

$TiCl_4$。

用金属镁（或钠）还原四氯化钛，得到以金属钛为主，且含有相当数量$MgCl_2$（或NaCl)和过剩还原剂镁的还原产物：

$$TiCl_4 + 2Mg = Ti + 2MgCl_2$$

或

$$TiCl_4 + 4Na = Ti + 4NaCl$$

镁还原的产物经真空蒸馏除去$MgCl_2$和镁，即得海绵钛砣，经破碎、分选、检验、合批、包装后，即为商品海绵钛。钠还原所得的产物则经破碎、含酸水洗溶去NaCl、低价钛氯化物等，而得到海绵钛块。

在流程图2-2-1中还示出了用硫酸法分解钛铁矿或钛渣生产所谓“硫酸法钛白”以及纯$TiCl_4$经氧化生产所谓“氯化氧化法钛白”的流程走向。

图中同时也标出了从钛渣经磁选除铁，经氧化焙烧生产人造金红石的原则走向。

当使用天然金红石或各种方法生产的富钛料作氯化原料时，则可将所得富钛料或金红石矿直接进行氯化或硫酸分解。

第二节　钛渣的生产

从图2-2-1可以看出，钛铁矿精矿经还原熔炼制得的钛渣，可作为生产四氯化钛、人造金红石和硫酸法钛白的直接原料。

当以钛铁精矿为原料时，为降低生产钛白时的硫酸消耗和生产四氯化钛时的氯气消耗，人们往往用各种方法先除去钛铁矿中的铁，使TiO_2品位得到富集。除铁的工业方法很多，但规模最大、最成熟的方法是电炉还原熔炼法。

一、电炉还原熔炼法生产钛渣的原理

各种钛铁矿精矿中主要伴生FeO和Fe_2O_3，它们均可以在高温下用还原剂碳优先还原成金属铁；熔化、造渣后，利用生铁与钛渣的比重和磁性差别，使钛氧化物与铁分离，从而得到含TiO_2 72～95%的钛渣（或称高钛渣）。

用碳还原钛铁矿时，随温度和配碳量的不同，可能发生如下的还原反应：

$$FeTiO_3 + C = Fe + TiO_2 + CO \tag{2-2-1}$$

$$3/4FeTiO_3 + C = 3/4Fe + 1/4Ti_3O_5 + CO \tag{2-2-2}$$

$$2/3FeTiO_3 + C = 2/3Fe + 1/3Ti_2O_3 + CO \tag{2-2-3}$$

$$1/3FeTiO_3 + 4/3C = 1/3Fe + 1/3TiC + CO \tag{2-2-4}$$

$$1/2FeTiO_3 + C = 1/2Fe + 1/2TiO + CO \tag{2-2-5}$$

也可能存在着钛氧化物被碳进一步还原成低价氧化物及氧化物彼此之间的交互反应：

$$3TiO_2 + C = Ti_3O_5 + CO \tag{2-2-6}$$

$$2Ti_3O_5 + C = 3Ti_2O_3 + CO \tag{2-2-7}$$

$$Ti_2O_3 + C = 2TiO + CO \tag{2-2-8}$$

$$TiC + 5TiO_2 = 3Ti_2O_3 + CO \tag{2-2-9}$$

以上各反应的标准自由焓变化$\Delta G°$与温度的关系及$\Delta G° = 0$的温度如表2-2-1所示。

计算表明，当在1900K以下进行还原，只考虑按反应（2-2-2)配入碳量时，在还原产物中，钛主要是以TiO_2与Ti_3O_5存在。即算是生成TiO或TiC，也会与高价氧化钛或$FeTiO_3$发生交互反应而被氧化（生成固溶体除外）。但在工业实践中，情况比这复杂得多，渣中仍

表 2-2-1 反应（2-2-1）～（2-2-9）的ΔG°与温度的关系

反应式	$\Delta G^\circ = A + BT$，J	$\Delta G^\circ = 0$时的温度，K
(2-2-1)	$158530 - 141.69T$	1119
(2-2-2)	$167520 - 152.18T$	1100
(2-2-3)	$177430 - 154.20T$	1150
(2-2-4)	$220710 - 159.50T$	1384
(2-2-5)	$224470 - 157.32T$	1427
(2-2-6)	$193620 - 183.79T$	1053
(2-2-7)	$258440 - 170.00T$	1520
(2-2-8)	$365710 - 167.28T$	2186
(2-2-9)	$243520 - 189.51T$	1285

会存在低价钛氧化物。Ti_3O_5和Ti_2O_3均能溶解氧化铁和钛铁矿，或形成固溶体，使得钛渣在结晶时形成复杂的以Ti_3O_5为基的黑钛石，其成分可以用下式表示：m[(Mg、Fe、Ti)O·2TiO_2]·n[(Al、Fe、Ti)$_2O_3$·TiO_2]。除这种以Ti^{4+}、Ti^{3+}、Ti^{2+}各种不同价态存在的情况外，还可能存在钛的碳、氮、氧固溶体[Ti(C、N、O)]，当温度在1400℃以上，且有过量碳存在时，就可以出现这种固溶体。从而使钛渣的熔化温度增高、粘度和导电度增大，给熔炼操作带来困难。这在生产实践中是经常可能遇到的现象。添加钙、镁和铝的氧化物或降低FeO的还原度，有利于降低钛渣的熔化温度和粘度，增大渣层的电阻，从而给还原熔炼过程带来好处。但上述添加剂将会导致渣中TiO_2品位下降，且增加氯化过程的氯气消耗和氯化操作上的困难。

对还原熔炼过程有影响的铁和其它有关化合物的熔点如表2-2-2所示。

表 2-2-2 熔炼钛渣时有关化合物的熔点

化合物	FeO·TiO_2	FeO	Fe_2O_3	Fe_3O_4	Fe	TiO_2	Ti_3O_5	Ti_2O_3	TiO	TiC	TiN	CaO	MgO	Al_2O_3	SiO_2
熔点，℃	1470	1377	1462	1597	1536	1870	1774	1839	1750	3140	2950	2572	2500	2050	1710

从表2-2-2可知，若还原熔炼过程温度过高，配碳量过多，还原熔炼时间过长，生成了过多的低价氧化钛，甚至进而生成碳氮化钛，就可能使渣的熔化温度增高、渣层粘度增大、电阻率下降。这不仅会造成电能消耗加大，而且造成铁和渣的分离效果变差，给操作带来困难。

值得指出的是，由于熔炼过程以电作为能源，保持渣中一定的电阻值，是发挥设备能力、提高设备生产率、降低能耗的基本保证。

二、钛渣生产的工业实践

1. 原则流程及工艺过程　其原则流程如图2-2-2所示。钛铁矿与一定量的石油焦粉（或无烟煤）、沥青碎块混合后，可直接加散料入炉。但这样会造成粉尘大、回收率低、且熔炼操作难度大。最好是先将混合料在用蒸气加热的混捏锅里混捏、制团后，将团块料加入炉内。

现在的钛渣生产工厂，大多数采用周期性操作的方法。电炉熔炼的正常操作程序为：捣炉-加料-放下电极-送电熔炼-放渣-下一个周期作业。对一定功率的电炉和一定要求的

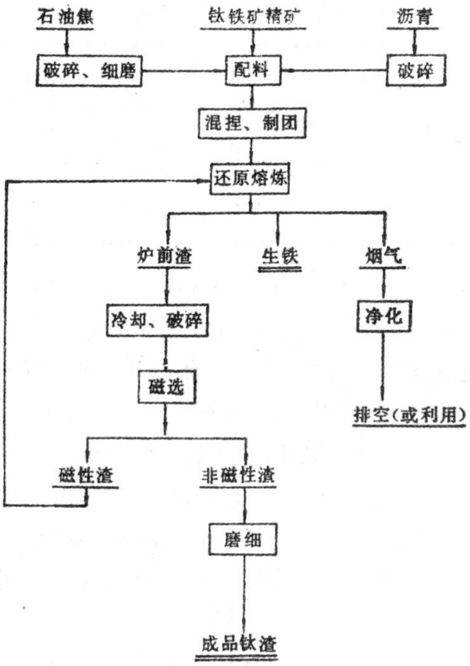

图 2-2-2 钛渣生产的原则流程图

产品，每一个周期的加料量与熔炼时间，基本上是相同的。加在炉膛上部的炉料受热，沥青焦化以后的碳骨架使炉料架在熔池上部，钛铁矿中的铁氧化物被配入的碳还原成金属铁。还原产物及部分未被还原的炉料熔化进入熔池，由于铁水与钛渣的比重差别很大，所以铁水主要沉积在熔池底部。熔炼结束时可以从靠近炉底的排料口排出铁水和钛渣，再让它们在料盆中分层并凝固成生铁块（或浇铸成生铁锭）与钛渣。渣中含有的低价氧化钛，可以被空气中的氧氧化成高价氧化钛，由于不同价态的钛氧化物摩尔体积不一样，造成钛渣碎裂（所谓“自碎性”）。因此很容易破碎，经球磨和磁选，将钛渣中所包含的铁珠和未被还原的钛铁矿除去，得到合乎要求的钛渣。

合理的配料比、电炉结构和送电制度、操作条件是进行正常熔炼的前提。如果以上参数不恰当，可能使还原度过低的炉料过早熔化造渣，造成未被还原的FeO活度降低，使其进一步的还原变得困难，影响铁、钛分离的效果；也可能造成大块固体炉料塌入熔池，不仅影响氧化铁的进一步还原，还可能引起熔渣翻出炉外、电极断裂，影响熔炼的正常进行，使熔炼作业的经济指标下降。

为提高电炉的生产效率和降低电耗，可采用两段还原熔炼法。首先在回转窑或沸腾炉中让钛铁矿中大部分氧化铁在固相中被还原。当以天然气作还原剂时，预还原在900～1000℃下进行即可；当用固体碳还原时，宜在1200℃下进行。预还原后的炉料送入电炉中进行造渣熔化分离。这样可使电炉生产率得到提高，电耗可以降低20～30%。

熔炼原生钛铁矿与砂矿时，可得到表2-2-3所示的成分不同的钛渣。从该表可以看出，用砂矿床的钛铁矿精矿熔炼所得的钛渣，TiO_2含量高、CaO与MgO的含量低；而原生钛铁矿精矿熔炼所得的钛渣则TiO_2含量低，CaO、MgO等杂质高。

2．熔炼设备　钛渣的熔化温度高于1500℃，粘度也相当大。所以一般不宜在高炉或

表 2-2-3 钛渣的化学成分（%）

成　　分	TiO_2	FeO	SiO_2	CaO	MgO	MnO	Al_2O_3	V_2O_5
原生矿钛渣	72～88	2.7～6.5	2.8～5.6	0.5～1.2	3.0～6.5	1.0～1.5	2.0～6.0	0.1～0.15
砂矿钛渣	92～94	3～4	<1.0	<1.5	<1.5	<2.0	～1.0	<0.1

鼓风炉中进行熔炼，而在电弧炉中则能顺利地进行还原熔炼。还原熔炼用的电炉一般为三相电弧炉（矿热炉），功率为数千 kVA到数万kVA，与生产铁合金和粗硅的电炉类似。既可在敞开电炉中进行还原熔炼，也可采用密闭电炉。两者相比，使用敞开电炉时热损失大，粉尘量大，劳动条件差、钛回收率低一些；而使用密闭电炉熔炼时，不仅可克服上述缺点，还可能使还原产生的CO得到利用。所以，大型生产厂用密闭电炉为宜。图2-2-3为苏联熔炼钛渣用的密闭电弧炉示意图。该设备的容量是5000kVA。

由于工艺特点和物料特性，电炉中有一个圆柱形的熔池，其底部容纳铁水，上部为比重小的钛渣。炉内衬为氧化镁砖或高铝砖，为了防止炉衬被钛渣侵蚀，在电炉内壁保持一

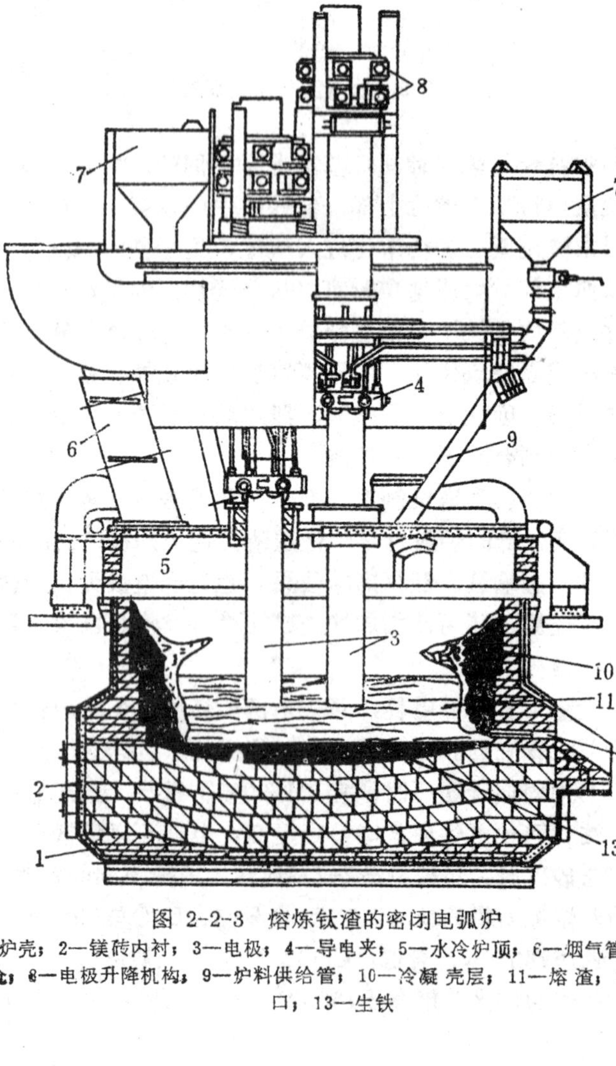

图 2-2-3 熔炼钛渣的密闭电弧炉

1—炉壳；2—镁砖内衬；3—电极；4—导电夹；5—水冷炉顶；6—烟气管道；7—料仓；8—电极升降机构；9—炉料供给管；10—冷凝壳层；11—熔渣；12—排料口；13—生铁

层凝固的难熔渣层；在靠近炉底的某一高度（如高出最低点300mm处）有排料口，铁水与钛渣可以从同一出口排出，也可分别排出。电炉由三相电极供电，电极为石墨棒或自焙电极。图2-2-3所示电炉的炉膛直径为4550mm、深2175mm、壁厚可达700mm、炉底厚1400mm。电极通过水冷导电夹与母线连接，通过升降机构调节电极上、下位置，往炉内供电。

在电炉中既可熔炼产出供生产四氯化钛和人造金红石的高品位钛渣($TiO_2$85～95%)，也可以熔炼酸溶性较好的供硫酸法生产钛白的低品位钛渣（$TiO_2$72～85%）。所得生铁浇铸成锭送炼钢厂，或经脱硫后直接制成生铁球供球磨机用。国外钛渣生产的技术经济指标如表2-2-4所示。

表 2-2-4 国外钛渣的生产技术经济指标

项目		国家		
		日本	苏联	加拿大
电炉容量，kVA		1500	5000	24000
电炉类型		敞开式	密闭式	密闭式
精矿组成	TiO_2，%	55	45～46	35.4
	FeO，%	35～40	23～45	45～55
	其它，%	3～3.5	8～12	6～8
钛渣组成	TiO_2，%	93	85～90	70～74
	FeO，%	1.2～1.5	2.5～5.0	10～12
	其它，%	3.5～4.5	7～10	14～20
钛渣单炉产能，t/d		7	35～40	140～190
还原剂种类		石油焦	无烟煤	无烟煤
电能单耗，kWh/t		3700	2100～2500	2200～2400

第三节　从钛铁矿精矿生产富钛料的其它方法

电炉还原熔炼法生产钛渣的方法，存在着电能消耗大、不能除去精矿中CaO、MgO、Al_2O_3、SiO_2等杂质的缺点，这给氯化工艺带来了氯气消耗大、冷凝分离系统负担重、钛的总回收率低等问题。因此国内外广泛研究并采用了其它的方法以除去钛铁矿精矿中的铁，从而得到TiO_2品位较高的富钛物料（简称富钛料），或得到金红石型TiO_2含量高的富钛物料(称之为人造金红石)。

不论采用火法、湿法，还是火法与湿法的联合法，其目的都在于除去钛铁矿精矿中铁的同时，还尽可能多地除去精矿中的CaO、MgO、SiO_2、Al_2O_3等杂质。为了获得好的技术经济指标，可以对精矿预先进行氧化焙烧或还原焙烧。

在900～1000℃下进行氧化焙烧时，$FeTiO_3$中二价铁可氧化成Fe_2O_3(或Fe_3O_4)：

$$2FeO\cdot TiO_2+1/2O_2=Fe_2O_3\cdot TiO_2+TiO_2 \tag{2-2-10}$$

使钛铁矿转化成假板钛矿，从而使矿粒结构疏松，易于被还原，且在湿法除铁时，易于保持矿粒不致细化，使富钛物料利于沸腾氯化时沸腾层的稳定，减少粉尘。对于晶粒细小，结构致密的原生钛铁矿，预氧化处理是很有意义的。

预还原对于一些湿法处理过程也常常是必要的。在1200℃下还原时，由于还原获得的金属铁的颗粒很小，且与二氧化钛结合紧密，无法用磁选法分离铁和TiO_2。只有在1300℃以上进行还原，使铁粒长大，才有可能使用磁选法除去大部分铁(约70～80%)。

制取富钛料的主要方法有选择氯化法、还原锈蚀法、酸浸法和还原磁选法等。

一、选择氯化法

控制配碳量（约为精矿量的6～8%），在800～1000℃下，钛铁矿中的铁被氯气优先氯化并挥发：

$$FeO\cdot TiO_{2(s)}+C+3/2Cl_{2(g)}=FeCl_{3(g)}+TiO_{2(s)}+CO_{(g)}$$

产出的$FeCl_3$（沸点319℃）在冷凝系统中收集，TiO_2留在炉内。在冷凝收尘器得到的$FeCl_3$固体，或直接作为产品出售，或经氧化回收氯气：

$$2FeCl_3+3/2O_2=Fe_2O_3+3Cl_2$$

产生的Fe_2O_3可作为炼铁原料，氯气则返回氯化工序。在氯化过程中，可以使部分CaO、MgO被氯化。对氯化后的固体物料，经过湿法除去过剩碳和$MgCl_2$、$CaCl_2$，磁选除去未被氯化的钛铁矿后，可获得TiO_2含量达90%以上的人造金红石。氯化过程一般在沸腾炉中进行。

选择氯化法在国内、在日本都得到了工业应用。

二、还原锈蚀法

钛铁矿砂矿，或经过预氧化（式2-2-10）的原生钛铁矿，在1000～1200℃下，用煤作为燃料和还原剂，在回转窑内可使假板钛矿($Fe_2O_3\cdot TiO_2$）中的高价氧化铁（Fe_2O_3）还原成氧化亚铁（形成$FeO\cdot TiO_2$），并进一步还原成金属铁：

$$Fe_2O_3\cdot TiO_2+TiO_2+CO=2(FeO\cdot TiO_2)+CO_2$$

$$FeTiO_3+CO=Fe+TiO_2+CO_2$$

得到金属铁与二氧化钛细粒嵌布的还原产物（还原钛铁料)。经磁选脱除非磁性的碳粒和灰分后，还原钛铁料在含有1.5～2.0%NH_4Cl、pH＝6～7的水溶液中进行搅拌，并鼓入空气，让其中的金属铁粒发生电化学腐蚀而形成Fe^{2+}转入溶液：

$$Fe=Fe^{2+}+2e$$

在矿粒外部溶液中，

$$2H_2O+O_2+4e=4OH^-$$

Fe^{2+}经过矿粒微孔（半径约为0.5μm）扩散到矿粒表面，与OH^-结合成$Fe(OH)_2$，进而被鼓入的空气氧化成水合氧化铁析出：

$$2Fe(OH)_2+1/2O_2=Fe_2O_3\cdot H_2O+H_2O$$

用螺旋分级等方法可以将钛物料与细颗粒的水合氧化铁分开，得到以TiO_2为主，且含有少量Ti_3O_5（约占总钛的10%）的富钛料，经氧化焙烧即可得到含TiO_2 90～96%的人造金红石。以原生钛铁矿为原料时，所得人造金红石品位较低，一般$TiO_2<90\%$。

水合氧化铁沉淀可作炼铁原料，也可以经过处理后作为红色颜料（铁红）出售。此方法能耗和化工原料消耗少、产品成本低，但对燃料煤的要求高，高灰分的煤可造成还原时结窑。

该方法在澳大利亚和我国都已用于工业生产。

三、酸浸法

采用浓或稀的盐酸和硫酸，都可以溶出钛铁矿中的铁，从而得到富钛物料，主要工艺有：

1．稀盐酸浸出　美国采用轻度还原后的钛铁矿（80～95%的三氧化二铁被还原成二价铁），在耐蚀性很强的衬钽的球形反应器中，143℃、用18～20%的再生盐酸在0.245 MPa（约2.5kg/cm²）的压力下浸出4 h。经过连续真空带式过滤机过滤和水洗后，在870℃下煅烧滤饼，以除去物理水和化合水，即得到人造金红石。主要反应如下：

$$TiO_2+Fe_2O_3\cdot TiO_2+C=2(FeO\cdot TiO_2)+CO$$

$$FeO\cdot TiO_2+2HCl=FeCl_2+H_2TiO_3$$

$$H_2TiO_3=TiO_2+H_2O$$

残酸和$FeCl_2$溶液经喷雾焙烧，即可得到HCl气体、铁和其它杂质的氧化物。用过滤机的洗水吸收焙烧时产生的HCl，获得浓度为18～20%的再生盐酸返回分解精矿；纯度为90%左右的氧化铁可作为钢铁厂或水泥厂的原料。该工艺的关键设备是衬钽反应器和$FeCl_2$溶液回收装置，投资大。

在搪瓷反应设备中，用浓盐酸或稀盐酸处理原生钛铁矿精矿时，在对浸出产物进行再处理以除去未分解的钛铁矿后，也可以得到TiO_2达90～95%的人造金红石细颗粒的产物，可作为黄色涂料的原料提供用户。

2．稀硫酸浸出　用稀H_2SO_4浸出钛铁矿精矿，也可以得到富钛物料。例如，用生产钛白时排出的浓度为22%左右的废硫酸溶液，来处理经预还原的钛铁矿，可以得到$TiO_2$95%的富钛料产品：

$$FeO\cdot TiO_2+H_2SO_4=FeSO_4+TiO_2+H_2O$$

若往浸出残液中通入氨气，则可制得肥料硫酸铵和炼铁原料Fe_3O_4（含铁可达62%）：

$$3FeSO_{4(aq)}+6NH_{3(g)}+(n+3)H_2O+\frac{1}{2}O_{2(g)}$$

$$=Fe_3O_4\cdot nH_2O_{(s)}+3(NH_4)_2SO_{4(aq)}$$

这一方法在日本的石原公司被用于生产，故又称石原法。

第四节　二氧化钛的生产

二氧化钛俗称钛白，有金红石型、锐钛型二大类产品，以金红石型为优。在目前世界的钛白产品中，75%为金红石型，25%为锐钛型。

目前，生产钛白的方法有硫酸法与氯化氧化法两种，以硫酸法为主。氯化氧化法的产能在逐年增大，1984年该法的产能占世界钛白总产能的34～38%，而北美洲氯化氧化法的产能却占其总产能的78%。

一、硫酸法

硫酸法生产钛白时，可以用钛铁矿精矿，也可以用酸溶性钛渣作原料。从钛铁矿精矿生产钛白的原则流程如图2-2-4所示。

酸分解在160～200℃下进行。其反应如下：

$$FeTiO_3+2H_2SO_4=TiOSO_4+FeSO_4+2H_2O$$

$$Fe_2O_3+3H_2SO_4=Fe_2(SO_4)_3+3H_2O$$

用浓H_2SO_4（固相法）分解时，获得$TiOSO_4\cdot 2H_2O$块，用水浸出所获溶液的酸度用酸比值（F）来表示：$F=[H_2SO_4]_{有效}/[TiO_2]$。式中$[H_2SO_4]_{有效}$为溶液中游离酸与钛化合酸浓度（g/l）之和，[TiO_2]为溶液中TiO_2的浓度（g/l）。生产上溶液的酸比值为1.6～4.5。当$F>2.45$时，溶液中钛主要以$Ti(SO_4)_2$形式存在，而当$F<2.45$时，钛主要以$TiOSO_4$形式存在。

以硫酸盐形式进入溶液中的铁，有Fe^{2+}、Fe^{3+}两种形态，而Fe^{3+}能以氢氧化物或碱式硫酸铁形式与偏钛酸同时沉淀，造成产品污染，所以要加铁屑使Fe^{3+}还原成Fe^{2+}。然后将溶液温度从60℃降至15℃，即可使Fe^{2+}呈$FeSO_4\cdot 7H_2O$（铁绿矾）结晶被除去。往除铁后的溶液中加水和晶种，便可水解沉淀出偏钛酸：

$$TiOSO_4+2H_2O=H_2TiO_3\downarrow+H_2SO_4$$

偏钛酸沉淀时，沉淀中存在$TiO_2:SO_3=10:1$(mol)的硫，相当于组成$10H_2TiO_3\cdot SO_3$。沉淀经漂洗除去夹杂的残酸和杂质后，在回转窑中干燥、煅烧可得到TiO_2：

$$H_2TiO_3\xrightarrow{200\sim300℃}TiO_2+H_2O$$

$$10H_2TiO_3\cdot SO_3\xrightarrow{500\sim950℃}10TiO_2+10H_2O+SO_3$$

偏钛酸在煅烧初期生成锐钛型TiO_2（950℃以前），而后在950℃以上可转化成金红石型TiO_2。

生产上除要求保证TiO_2的纯度外，一般还要求TiO_2的球形颗粒均匀，颗粒尺寸合适（0.1～0.2μm），晶体结构完整，物理化学性质稳定，为此，需控制好煅烧温度、时间。加入适当的添加剂（如Al、Zn、Na或Ca、Ba化合物）可加速向金红石型TiO_2的晶型转变。晶种性状和用量、料液浓度、杂质含量、水解条件、煅烧条件等，对产品粒度和物理性能都有不同程度的影响。

二、氯化氧化法

用金红石为原料生产氯化氧化法钛白的原则流程见图2-2-5。

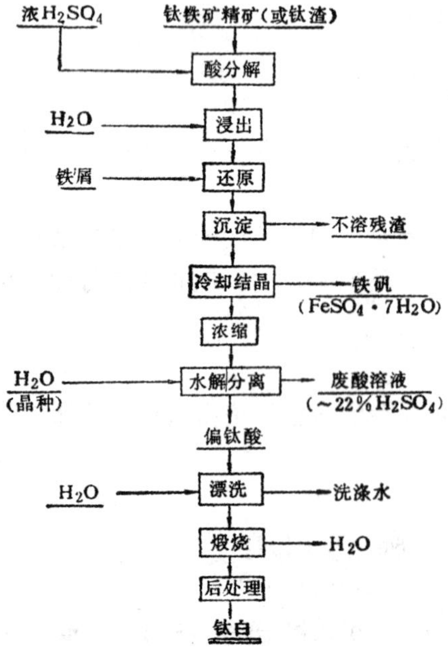

图 2-2-4　硫酸法生产钛白的原则流程

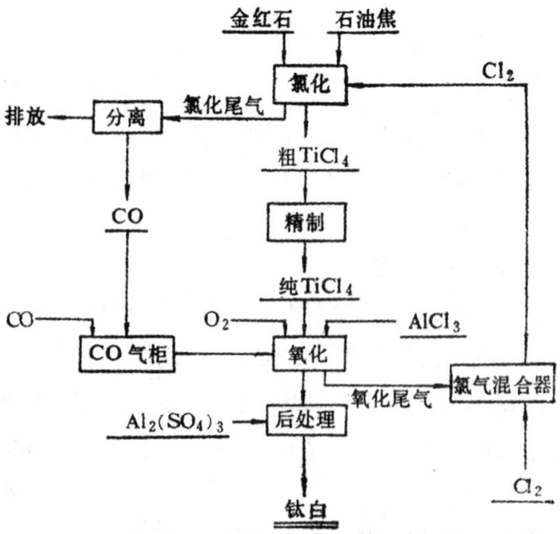

图 2-2-5　氯化氧化法生产钛白的原则流程

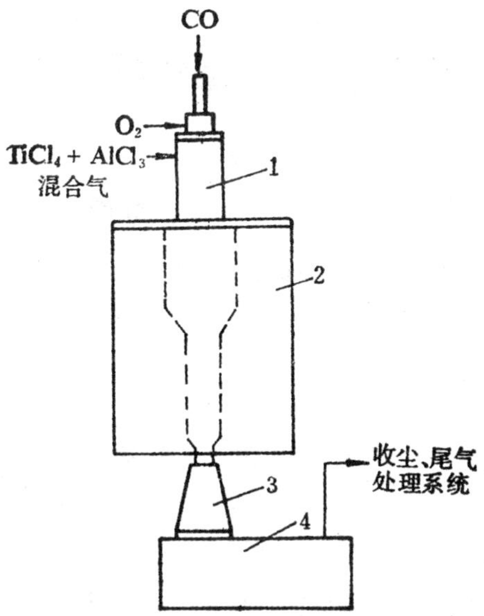

图 2-2-6 四氯化钛气相氧化设备示意图

1—喷咀；2—氧化炉；3—冷却器；4—收尘箱

氧化过程在1300～1600℃的温度下进行：

$$TiCl_{4(g)} + O_{2(g)} = TiO_{2(s)} + 2Cl_{2(g)} \qquad (2\text{-}2\text{-}11)$$

生成金红石型TiO_2时，反应式（2-2-11）的$\Delta G^{\circ}_{1500K} = -89.03kJ$，而在同样温度下生成锐钛型$TiO_2$时，$\Delta G^{\circ}_{1500K} = -79.25kJ$。

氧化反应进行时的温度、气流速度对金红石型TiO_2的转化率和粒度有着直接的影响。加入一定量$AlCl_3$或$SiCl_4$可优先氧化成Al_2O_3或SiO_2，作为TiO_2的籽晶，并促进其往金红石型TiO_2的晶型转变。

$TiCl_4$的氧化装置可以用高频等离子体加热，也可以用CO燃烧加热。用CO加热的氧化装置如图2-2-6所示。

硫酸法与氯化氧化法的优缺点如下：

（1）硫酸法历史悠久、方法成熟、设备简单、投资少；氧化法设备投资大、操作技术要求高；

（2）硫酸法会产出大量的副产物$FeSO_4 \cdot 7H_2O$和废酸，对环境污染严重；而氯化氧化法可使氯气返回氯化工序，实现闭路循环，无“三废”；

（3）氯化氧化法生产能力大，容易获得高质量的金红石型钛白。且产品粒度均匀、白度好、着色力强、分散性好、耐老化性好；

（4）就目前情况而言，氯化氧化法比硫酸法投资大，生产成本高。

思考题

1．钛铁矿精矿的还原熔炼工艺对熔炼设备有些什么要求？请绘出还原熔炼设备的原则结构图。能不能用鼓风炉或高炉熔炼高钛渣？为什么？

2．试比较生产富钛料诸方法的优缺点。

3．你认为用何种方式利用钛铁矿精矿中的铁最合理。试予以论证。

4．金红石、钛白、二氧化钛、富钛料、高钛渣的含义有什么异同？

第三章　四氯化钛的生产

第一节　钛渣氯化过程的基本原理

在目前的四氯化钛生产中，绝大多数工厂采用钛渣或金红石作为氯化的直接原料。由于天然金红石产量有限，所以我们在此主要只讨论钛渣（主要成分为TiO_2）氯化过程的原理与工艺。

一、钛渣氯化过程的热力学

1．二氧化钛直接氯化　二氧化钛与氯气的反应式可以表示为：

$$TiO_{2(s)}+2Cl_{2(g)}=TiCl_{4(g)}+O_{2(g)} \qquad (2\text{-}3\text{-}1)$$

该反应的标准自由焓变化：

$$\Delta G_T^\circ=199024-51.88T(\mathrm{J})(298\sim1300\mathrm{K})$$

在1000K时　　$\Delta G_{1000\mathrm{K}}^\circ=147.1\mathrm{kJ}$

反应（2-3-1）在1000K时的平衡常数：

$$K_P=\frac{p_{TiCl_4}\cdot p_{O_2}}{p^2_{Cl_2}}=2.06\times10^{-8}$$

由此求得系统中在$p_{Cl_2}=0.1\mathrm{MPa}$、$p_{O_2}=0.1\mathrm{MPa}$的条件下，四氯化钛平衡分压$p_{TiCl_4}=2.06\times10^{-9}\mathrm{MPa}$，因此从工业生产的条件和生产角度看，二氧化钛直接与氯气的反应不能自动进行。

编者及其同事，曾对Ti-O-Cl体系和其它难熔金属的Me-O-Cl体系（Me代表难熔稀有金属）进行热力学分析，得出了在1100K时Ti-O-Cl系的热力学平衡图（图2-3-1）。图的横坐标为氯位（以$\lg p_{Cl_2}$表示），从右向左氯位降低；纵坐标为氧位（以$\lg p_{O_2}$或$\lg\frac{p_{CO_2}}{p_{CO}}$表示），自上往下氧位降低，亦即系统中的氧分压降低；图中斜实线是固相TiO_2与气相混合氯化物的平衡线，根据共同平衡原理和热力学数据，还计算了混合氯化物蒸气（主要指$TiCl_4$、$TiCl_3$、$TiOCl_2$）稳定区中$TiCl_4$与$TiCl_3$的平衡分压比值（虚线1～3）和$TiOCl_2$与$TiCl_4$的平衡分压比值(虚线4～6)。从图2-3-1可以看出，当系统中的氧位$\lg p_{O_2}=-5$(即$p_{O_2}=10^{-5}\mathrm{MPa}$)时，即使$\lg p_{Cl_2}=-1$(即$p_{Cl_2}=0.1\mathrm{MPa}$)，系统中的$TiO_2$是稳定的，即$TiO_2$不被氯化；但只要降低系统中的氧位，就会进入氯化物的稳定区。从TiO_2与混合氯化物蒸气的平衡线位置可以看出，降低系统中的氧位时，则系统中的平衡氯位随之降低。这就说明：

（1）在1100K下，系统中氧分压降到一定值时，TiO_2可以被氯气氯化成$TiCl_4$（$TiCl_3$与$TiOCl_2$的含量极微，可以忽略不计）；

（2）氧分压愈低，则氯气平衡分压愈低，对氯化愈有利。

大量的研究表明，添加固体碳、或通入CO、或添加其它能降低系统中氧分压的还原剂，都可以使TiO_2与氯气的反应自动进行。

2．二氧化钛的加碳氯化　有碳存在时，TiO_2的氯化反应式可表示如下：

$$TiO_{2(s)}+2Cl_{2(g)}=TiCl_{4(g)}+O_{2(g)} \qquad \Delta G^\circ_{(2\text{-}3\text{-}1)} \qquad (2\text{-}3\text{-}1)$$

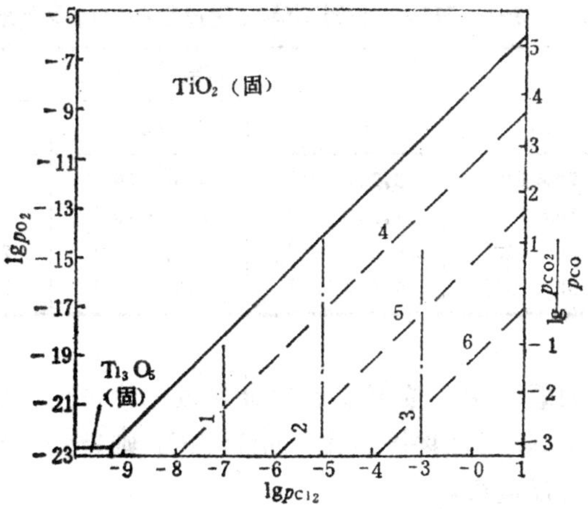

图 2-3-1　1100K时Ti-O-Cl系的热力学平衡图

（混合蒸气稳定区中p_{TiCl_4}:p_{TiCl_3}值：1—1:$10^{-3.9}$；2—1:$10^{-4.9}$；3—1:$10^{-5.9}$；
p_{TiOCl_2}:p_{TiCl_4}值：4—1:$10^{9.95}$；5—1:$10^{11.95}$；6—1:$10^{13.95}$）

$$C_{(s)}+O_{2(g)}=CO_{2(g)} \qquad \Delta G^\circ_{(2-3-2)} \qquad (2\text{-}3\text{-}2)$$

总反应为：

$$TiO_{2(s)}+C_{(s)}+2Cl_{2(g)}=TiCl_{4(g)}+CO_{2(g)} \qquad \Delta G^\circ_{(2-3-3)} \qquad (2\text{-}3\text{-}3)$$

反应式（2-3-1）加上（2-3-2）即得（2-3-3）式。显然，上述反应的标准自由焓变化可表示为：

$$\Delta G^\circ_{(2-3-3)}=\Delta G^\circ_{(2-3-1)}+\Delta G^\circ_{(2-3-2)}$$

由有关数据可求得：

$$\Delta G^\circ_{(2-3-2)}=-393839-1.42T \quad (J)$$

因此，虽然在一般的火法冶金温度范围内，$\Delta G^\circ_{(2-3-1)}>0$，但因$\Delta G^\circ_{(2-3-2)}\ll 0$，从而可使$\Delta G^\circ_{(2-3-3)}<0$。例如，在1000K时：

$$\Delta G^\circ_{(2-3-3)}=\Delta G^\circ_{(2-3-1)}+\Delta G^\circ_{(2-3-2)}=199024-51.88T+(-393839-1.42T)$$
$$=-194815-53.30T=-248115 \quad (J)$$

此时反应（2-3-3）的平衡常数：

$$K_P=\frac{p_{TiCl_4}\cdot p_{CO_2}}{p^2_{Cl_2}}=9.26\times10^{12}$$

说明反应可以自动进行。

根据TiO_2加碳氯化时可能发生的反应，系统气相中可能存在$TiCl_4$、CO_2、CO、$COCl_2$与游离Cl_2等（$COCl_2$可由反应$TiO_2+4Cl_2+2C=TiCl_4+2COCl_2$产生）。这些气体的气相平衡成分计算结果如表2-3-1所示。从表中可以看出，反应平衡时，气相中的$COCl_2$（光气）和氯气分压很小；气相中的主要成分是CO、CO_2与$TiCl_4$；不同温度下这三种气体在气相中的分压比可表示为：CO:CO_2:$TiCl_4$=17:37:46(600℃)、41:19:40(700℃)、59:6.0:35(800℃)、65:1.5:33.5(900℃)；在700℃以下时，碳与氧作用主要生成CO_2，而在700℃以上时则主要生成CO，这与布多尔反应的规律是一致的。

在钛渣中，除钛氧化物以外，还含有一定数量的杂质氧化物，可能被氯化。钛渣中各种氧化物与氯气的反应能力由大到小的顺序为：$K_2O>Na_2O>CaO>MgO>MnO$、$FeO>TiO_2>Al_2O_3>SiO_2$。显然，在保证TiO_2被完全氯化的条件下，位置处于TiO_2前面的氧

表 2-3-1　有碳存在时TiO_2氯化过程的气相平衡成分

t，℃	气相各组分分压，MPa				
	CO	CO_2	$TiCl_4$	Cl_2	$COCl_2$
600	1.70×10^{-2}	3.72×10^{-2}	4.57×10^{-2}	5.98×10^{-9}	5.63×10^{-13}
700	4.10×10^{-2}	1.93×10^{-2}	3.97×10^{-2}	2.38×10^{-8}	4.98×10^{-12}
800	5.88×10^{-2}	0.59×10^{-2}	3.53×10^{-2}	7.31×10^{-8}	6.37×10^{-11}
900	6.53×10^{-2}	0.15×10^{-2}	3.36×10^{-2}	1.86×10^{-7}	1.06×10^{-10}

化物都能被氯化。在上列顺序中，位置在后的金属氯化物可使其前面的氧化物被氯化，例如$TiCl_4$可使K_2O以至FeO等氧化物被氯化，此时$TiCl_4$则转化成氧化物。这就是氯化过程中可能存在的所谓“二次反应”。

二、钛渣氯化过程的动力学

钛渣的氯化过程属于气-固相之间的多相反应过程。研究表明，钛渣的氯化过程速度和机理与氯化剂、还原剂及钛渣成分有关，比较复杂，尚无一致的结论。苏联学者在这方面进行过比较多的研究，简单介绍于后。

1．氯化过程机理　对TiO_2加碳氯化而言，研究结果表明，碳不只是参加所谓“煤气化”反应，起降低系统中氧位的作用，同时还起着催化剂的作用。实践中提供了这样的事实：

（1）用CO与Cl_2的混合气体对TiO_2进行氯化时，其氯化速度比有固体碳参加反应时要低；

（2）用不同活性的固体碳（木炭、石油焦、焦碳、石墨）时，氯化速度也有明显的差异，固体碳原料的表面活性对氯化过程的速度有明显的影响。人们认为，固体碳能吸附氯分子，且在其上生成活性含氯物质，如COCl或碳氯化合物C_xCl_y（如C_2Cl_6）、活性氯分子Cl_2和原子氯Cl等。这些活性含氯物质都能加速氯化反应过程的进行。其中有原子氯参加反应的氯化过程可表示如下：

第一步，固体碳吸附氯分子并生成原子氯：

$$[Cl_2]_{(ad)} \rightleftharpoons 2[Cl]_{(ad)} \rightleftharpoons 2Cl_{(g)} \qquad (2\text{-}3\text{-}4)$$

第二步，在有CO存在的条件下（这种CO可来自系统中C与CO_2、O_2的反应），原子氯使TiO_2氯化：

$$TiO_2 + 4Cl + 2CO \rightleftharpoons TiCl_4 + 2CO_2 \qquad (2\text{-}3\text{-}5)$$

第三步，CO_2发生“煤气化”反应（布多尔反应）：

$$CO_2 + C \rightleftharpoons 2CO$$

生产实践中，人们在选用固体碳时，一般都采用活性强、且价廉的石油焦，而不用活性差的焦碳和石墨。

人们还研究过处于化学反应控制时，用CO与Cl_2、用$COCl_2$进行氯化时的反应机理。认为使用CO与Cl_2的混合气体氯化TiO_2时，其反应由下面基元反应组成。

首先是氯分子产生自由基氯原子：

$$1/2Cl_2 = Cl \qquad K_{(2-3-6)} = p_{Cl}/p_{Cl_2}^{1/2} \qquad (2\text{-}3\text{-}6)$$

继而，自由基氯原子与CO分子碰撞转化为中间产物COCl：

$$Cl + CO = COCl \qquad K_{(2-3-7)} = \frac{p_{COCl}}{p_{Cl} \cdot p_{CO}} \tag{2-3-7}$$

中间产物COCl与TiO_2相互作用生成TiOCl:

$$COCl + TiO_2 = TiOCl + CO_2 \tag{2-3-8}$$

经研究查明，TiOCl不稳定，很快就转化成$TiCl_4$:

$$TiOCl + 3Cl + CO = TiCl_4 + CO_2 \tag{2-3-9}$$

将上述四个步骤的反应加起来，就可以写出TiO_2被$CO + Cl_2$氯化的总反应式为

$$TiO_{2(s)} + 2CO_{(g)} + 2Cl_{2(g)} = TiCl_{4(g)} + 2CO_{2(g)} \tag{2-3-10}$$

在以上四个反应步骤中，第三步生成TiOCl的反应（2-3-8）最慢，是控制步骤。即反应速度与p_{COCl}成比例，而

$$p_{COCl} = K_{(2-3-6)} \cdot K_{(2-3-7)} \cdot p_{CO} \cdot p_{Cl_2}^{1/2}$$

即反应（2-3-10）的速度：

$$V_{(2-3-10)} \propto p_{COCl} \propto K_{(2-3-6)} \cdot K_{(2-3-7)} \cdot p_{CO} p_{Cl_2}^{1/2}$$

上式表明，TiO_2与$CO + Cl_2$的氯化反应不是如式(2-3-10)所示的四级反应，而是1.5级反应。

2．影响氯化速度的因素　凡影响气-固相多相反应的动力学因素，都可能对钛渣的氯化速度产生影响，但这些因素对其影响的程度则因具体条件而异。苏联学者Е.И.马奇卡索夫等人对钛渣制粒沸腾氯化过程进行过较全面的研究，简介如下。

（1）温度　根据Е·И·马奇卡索夫的实验，作出了反应速度V的对数与温度的倒数$(1/T)$关系图(图2-3-2)，从图上看出，在300～700℃的范围内，随着反应温度的升高，反应速度迅速升高；温度在700℃左右时，直线出现拐点，斜率开始变得平缓了。计算表明，在300～700℃时反应的表观活化能$E_表 = 36000$J/mol；在700～1100℃时，$E_表 = 8860$J/mol。研究结果表明，在700℃以下，氯化速度受化学反应控制，即反应在"动力学区"进行，提高反应温度是加速反应的有效方法；当温度达700℃以上时，氯化过程已转为受反应物或产物的扩散速度控制，即反应在"扩散区"进行，此时改善扩散条件，增

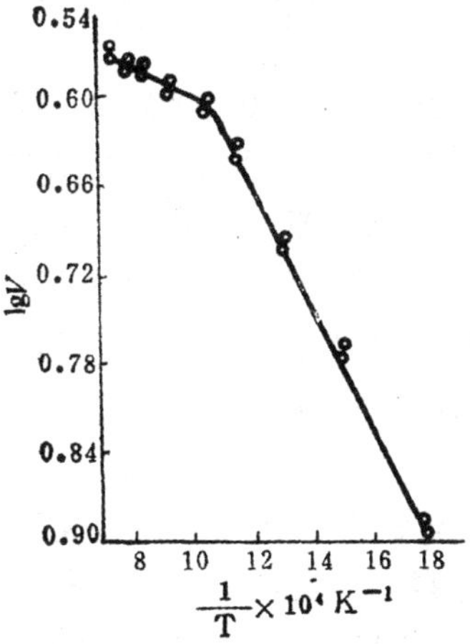

图 2-3-2　高钛渣制粒氯化速度与温度的关系

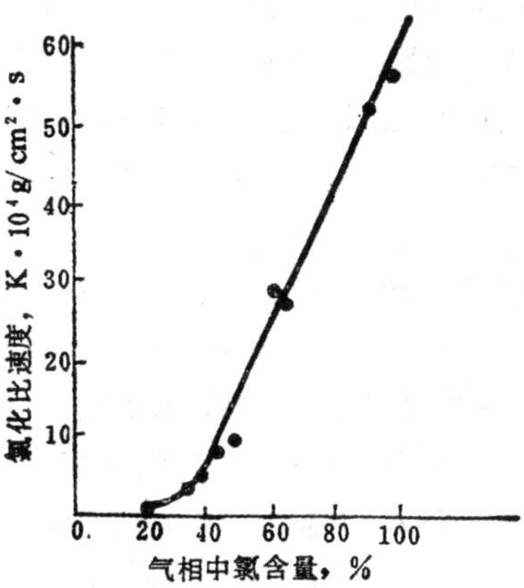

图 2-3-3　氯化速度与浓度（分压）的关系

大反应物浓度（分压）等才是强化过程的主要途径。

（2）氯气分压（浓度）当反应过程受化学反应速度控制时，氯气分压（浓度）对反应速度影响的情况与反应机理有关，这在前面已经述及。

已经指出，当使用CO与Cl_2混合气体进行氯化时，反应速度与氯气分压的1/2次方成正比。反应(2-3-10)即：

$$TiO_2+2CO+2Cl_2=TiCl_4+2CO_2$$

的反应速度（以mol $TiO_2/cm^2\cdot sec$计算）：

$$V_{(2-3-10)}=8.55\times10^{-5}\times e^{-123000/RT}\times p_{CO}\times p_{Cl_2}^{1/2}$$

对TiO_2加碳氯化反应而言，И.С.莫洛佐夫等人在氯气流速很大、以致外扩散不成为控制步骤的情况下，在600℃的固定层内研究了反应速度与氯气分压的关系，结果如图2-3-3所示，其反应为1级反应，反应速度与氯气分压的一次方成正比。

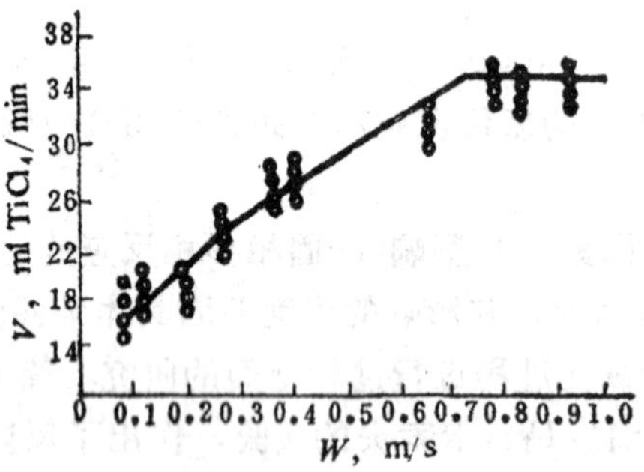

图 2-3-4 氯化反应速度与氯气线速度的关系（据Е.И.马奇卡索夫）

（3）氯气流速 图2-3-4表示钛渣制粒（1.0～5.0mm颗粒）沸腾层氯化为扩散控制时（900℃），氯化反应速度与氯气线速度的关系。由图可见，在Е.И.马奇卡索夫实验的具体条件下，当氯气线速度小于0.8m/sec时，氯化速度随氯气流速的增大而提高；但当氯气线速度超过某一值（0.8m/sec），外扩散速度已很大，整个反应过程已不再受其控制，此时再继续提高氯气流速，对反应速度已无明显影响。因此在生产实践中，为强化反应以提高设备的生产能力，可以适当地提高氯气流速，但过高的氯气流速并不能进一步使生产能力提高，反而会降低氯气的利用率。

（4）沸腾层内TiO_2含量 Е.И.马奇卡索夫等找出了在700℃下制粒沸腾氯化时，反应进入扩散区后，氯化速度与沸腾层内TiO_2含量（"浓度"）的关系。发现速度的对数值$\lg V$与TiO_2含量的对数值$\lg C_{TiO_2}$能很好地符合直线关系，即：

$$\lg V=\lg K+n\lg C_{TiO_2}$$

并且确定了700℃时，与温度有关的常数$K=50$，指数$n=2.42$。因而上式可改写为$\lg V=1.70+2.42\lg C_{TiO_2}$。可见当反应温度一定，且在扩散区进行时，氯化反应速度随料层中TiO_2"浓度"的增加而成指数增大。

在熔盐氯化层内，TiO_2的加碳氯化反应速度也随熔盐中TiO_2含量的增高而加快。

（5）物料特性 和其它气-固相间的多相反应一样，钛渣颗粒小，比表面积（或反应界面积）大，有利于反应进行，就沸腾氯化而言，固体物料的粒度还是确定氯气流速的主要因素。

实践证明，含钛物料的特性与含碳原料的种类，对氯化速度也有着很大的影响。就还原剂碳而言，一般是木炭最好，次为活性石油焦，煅烧过的石油焦又次之，焦碳与石墨粉在生产上一般不用。

实践中发现，钛渣比金红石精矿的氯化速度大，其原因不仅在于金红石是晶型最稳定的二氧化钛，而且因为钛渣中还含有相当数量的低价氧化钛（如Ti_2O_3、TiO等），甚至有少量的碳化钛、氮化钛或其固溶体。这些钛化物在较低的温度下（如350℃以上），就能迅速被氯气氯化，且氯化反应在"扩散区"进行。主要反应式及其在1000K时标准自由焓变化如下：

$$1/2TiC_{(s)}+Cl_{2(g)}=1/2TiCl_{4(g)}+1/2C_{(s)} \qquad \Delta G^{\circ}_{1000}=-232kJ/molCl_2$$

$$1/2TiN_{(s)}+Cl_{2(g)}=1/2TiCl_{4(g)}+1/4N_{2(g)} \qquad \Delta G^{\circ}_{1000}=-198kJ/molCl_2$$

$$1/2TiO_{(s)}+Cl_{2(g)}+1/4C=1/2TiCl_{4(g)}+1/4CO_{2(g)} \qquad \Delta G^{\circ}_{1000}=-206kJ/molCl_2$$

$$1/4Ti_2O_{3(s)}+Cl_{2(g)}+3/8C=1/2TiCl_{4(g)}+3/8CO_{2(g)} \qquad \Delta G^{\circ}_{1000}=-157kJ/molCl_2$$

$$1/6Ti_3O_{5(s)}+Cl_{2(g)}+5/12C=1/2TiCl_{4(g)}+5/12CO_{2(g)} \qquad \Delta G^{\circ}_{1000}=-150kJ/molCl_2$$

二氧化钛加碳氯化时$\Delta G^{\circ}_{1000}=-124kJ/molCl_2$，说明在相同条件下，钛的低价氧化物及碳氮化物比$TiO_2$容易氯化。

第二节 钛渣的沸腾氯化

在$TiCl_4$的生产实践中，有多种氯化方法：竖炉固定层氯化、沸腾氯化和熔盐氯化。

所谓竖炉固定层氯化，是将钛渣（或金红石）、石油焦（或无烟煤）与沥青配成的炉料，经混合、制团、焦化而得到具有一定强度和孔隙度的团块物料，送入间歇操作或连续操作的竖式炉中进行氯化。从氯化产生的气相分离大部分$FeCl_3$等固体杂质后，冷凝得粗$TiCl_4$；氯化后的残团块由人工掏出炉外（即"扒渣"）。这种方法劳动强度大、设备生产率和劳动生产率低；流程长，金属回收率低，能耗增大，大多数国家已不再使用。

一、影响沸腾氯化的主要因素

工业生产上，钛渣的氯化一般在800～1000℃下进行。在这样高的温度下，氯化过程为扩散控制，故强化物质交换和热交换是强化过程的关键措施。而沸腾层的特点是：一定颗粒的固体物料被一定流速的气体（或液体）托起，在反应区内剧烈地翻动，如液体沸腾一样，使气相与固相物质充分接触，故传质、传热效果良好。加快了反应速度，生产过程得到了强化，过程易连续，提高了设备生产能力和劳动生产率。

沸腾氯化法就是充分利用上述特点，使过程得到强化。过程温度靠化学反应放出的热量维持800～1000℃，生成的$TiCl_4$等沸点低的氯化物和其他气体进入收尘、冷凝系统，从而获得液体的粗$TiCl_4$。未被氯化的炉料及挥发温度较高的氯化物以残渣形式留在炉内，定期从排渣口排出，这种氯化基本上是连续进行的。这便是含钛物料的沸腾氯化方法。与稀有金属生产过程有关的某些氯化物的熔点与沸点列在表2-3-2中。

沸腾氯化过程是气-固相物料在炉内处于流态化状态下的多相反应过程。因此，凡是影响建立稳定的流态化状态的因素，均可能对氯化过程产生不同程度的影响。如固体物料的化学成分、粒度组成和密度、氯气的流速、浓度（分压）；设备结构（如气体分布板的结构、开孔率）、操作方法等。当然，上述因素也会对钛的氯化率、原材料单耗、设备生产率以至产品成本，产生不同程度的影响。

表 2-3-2 某些氯化物的熔点和沸点

氯化物	熔点，℃	沸点，℃	氯化物	熔点，℃	沸点，℃	氯化物	熔点，℃	沸点，℃
$TiCl_4$	−23	136	LiCl	605	1352	$LaCl_3$	852	1750
$SiCl_4$	−70	58	$CrCl_3$	升华	945	$CeCl_3$	802	1730
$VOCl_3$	−79	127	$ZrCl_4$	升华	330	$PrCl_3$	779	1710
VCl_4	−26	160	$HfCl_4$	升华	317	$NdCl_3$	773	1690
$AlCl_3$	升华	180	$NbOCl_3$	升华	400	$SmCl_3$	681	分解
CCl_4	−24	77	$NbCl_5$	205	248	$SmCl_2$	740	2000
$COCl_2$	−126	8	WCl_6	282	348	$EuCl_3$	626	分解
Cl_2	−102	−35	WCl_5	244	286	$EuCl_3$	727	2000
$FeCl_3$	304	319	$WOCl_4$	210	224	$GdCl_3$	612	1580
$FeCl_2$	674	1026	$MoCl_5$	194	286	$TbCl_3$	591	1550
$MnCl_2$	650	1190	$GeCl_4$	−49	84	$DyCl_3$	651	1530
$CaCl_2$	782	1600	$SnCl_4$	−34	115	$HoCl_3$	721	1510
$MgCl_2$	714	1418	PCl_5	升华	162	$ErCl_3$	777	1500
$BaCl_2$	962	1560	$ThCl_4$	765	920	$TmCl_3$	824	1490
NaCl	800	1405	$ScCl_3$	960	967	$YbCl_3$	857	分解
KCl	772	1407	YCl_3	703	1510	$LuCl_3$	895	1480

1．物料的成分与粒度　一般而言，钛渣中的TiO_2品位应高一些，杂质（特别是CaO、MgO）含量应低一些。例如$CaCl_2$与$MgCl_2$的熔点分别为782℃和714℃，而它们的沸点又在1400℃以上，当原料中CaO、MgO含量高时，很容易生成处于熔融状态的$CaCl_2$和$MgCl_2$，使炉料粘结成块，破坏流态化。所以一般的沸腾炉常常要求将钛渣中的CaO、MgO限制在1.5～2.0%以下，含TiO_2为90～94%。

钛渣的密度约为石油焦密度的2.5～3倍，为了保证相同氯气流速下物料能均匀沸腾，不致分层，必须使密度大的钛渣的粒度小于密度小的石油焦粒度。除了要注意这种不同物料的粒度分布外，还应注意到：最小颗粒的尺寸应大于逃逸颗粒的尺寸，以免物料未反应就过早逸入烟尘；最大颗粒的尺寸应小于临界速度颗粒的尺寸，以免流态化床中出现死角或造成料层中成分不均匀。

2．氯气的流速与浓度　氯气的孔眼直线速度一般应在10m/sec以上（按冷态计算），按炉子空膛截面积计算的操作速度应达到最小临界速度的2～3倍（冷态），约0.10～0.15m/sec；流速过大，对反应不再带来好的效果，反而会使烟尘率增加，氯气利用率降低。从化学反应的角度来看，提高入炉氯气的分压（即浓度）可使钛的氯化反应速度加快，物料停留时间一定时，钛的氯化率提高。高浓度氯气中的氮等废气体少，反应产物气体体积相对减小，气相中$TiCl_4$分压高，利于$TiCl_4$冷凝。

但是，在生产实践中，必须使用电解$MgCl_2$时产生的阳极氯气（含Cl_2约70～80%）、或使用氧化法生产钛白所产生的低浓度氯气（含$Cl_2$60～75%）。为了保证氯化过程的顺利进行，使用低浓度氯气时，必须配入一定量的纯氯，或采取其它提高氯气浓度的措施，使入炉的氯气浓度保持在80%（体积）以上，否则会影响氯化速度、氯化率、设备生产率和收尘冷凝系统的技术经济指标。

3．温度　钛渣的加碳氯化过程是放热反应。生产上沸腾层氯化一般靠自热进行，维持氯化温度在800～1000℃的范围内，此时产物气体的出口温度约为500～700℃。若要求氯化温度过高，则反应难以靠自热进行；另一方面，过高的氯化温度容易使杂质氯化率增高，增大氯气消耗、使设备寿命短、加重冷凝系统的负担。

除上述因素外，混合料中的配碳量及还原剂种类、固体炉料与氯气的供给比例、沸腾炉的结构等，对沸腾层氯化的效果也都有着不可忽视的影响，例如还原剂碳的活性强，则氯化速度快；少量钠、铝、铁氯化物的存在，对氯化过程有催化作用，炉子的结构也影响到氯化效果，当炉料含CaO、MgO较高时，有筛板的沸腾炉往往孔眼容易堵塞，而采用无筛板炉往往能正常工作。

沸腾层内必须保持一定的TiO_2“浓度”。炉料是连续加入的，炉料及残渣的增加，可造成床层阻力加大，当气流速度一定时，沸腾层的压力降也随之增大。故压差值变化正常与否，是流态化质量标志之一。过高的料层或过低的氯气流速，都可以使沸腾状态不正常，所以操作的好坏也直接影响沸腾氯化的效果。

二、沸腾氯化的原则流程

钛渣沸腾层氯化的工艺流程如图2-3-5所示。

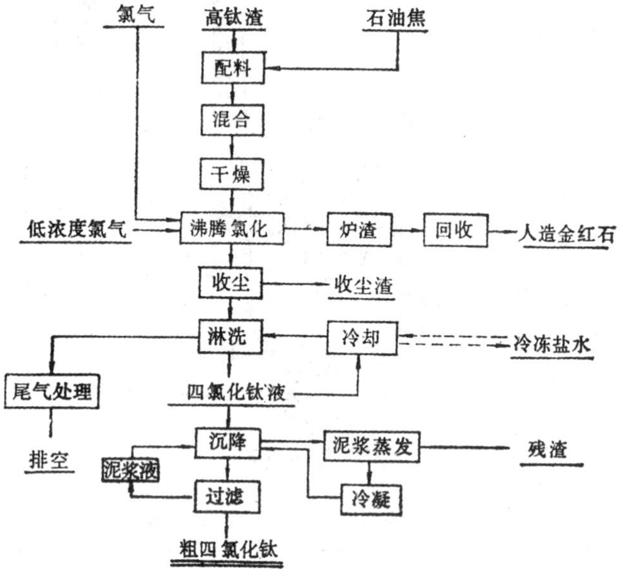

图 2-3-5 钛渣沸腾层氯化原则流程图

粉末状钛渣和石油焦碎块，经电子秤配料，再经破碎机粉碎后，粒度符合要求的颗粒风送进入混合料仓，再经干燥至水分含量小于0.5%即可入氯化炉。氯化炉出来的气流中，主要含有$TiCl_4$蒸气、CO、CO_2、HCl、N_2、过剩的游离氯、$FeCl_3$、$VOCl_3$、$SiCl_4$蒸气和固体烟尘（碳粒、细粒钛渣等），经收尘器除去固体粉尘和高沸点的$FeCl_3$、$AlCl_3$等。含有不凝性气体CO、CO_2、Cl_2、HCl、N_2在内的$TiCl_4$、$VOCl_3$、$SiCl_4$等混合气体，用冷的四氯化钛液进行多级淋洗，使气相中99%以上的$TiCl_4$冷凝。液体$TiCl_4$经过浓密机和管式过滤器，将随同$TiCl_4$沉下来的$FeCl_3$等固体物质分离掉，得到固体物质含量小于0.5%的粗$TiCl_4$液。未冷凝的尾气经水淋洗、碱液（或石灰乳）吸收掉其中的HCl和游离Cl_2以后，含Cl_2量降到0.5%，即可排入大气。在国外具备条件的工厂，尾气中的CO可用于加热含$TiCl_4$的泥浆，以便回收泥浆中的$TiCl_4$。

氯化残渣中主要成分为碳粒、未被氯化的钛渣（主要为TiO_2、SiO_2、Al_2O_3）和$CaCl_2$、$MgCl_2$、$MnCl_2$、$FeCl_2$等，经水洗除去氯化物、浮选去碳、或摇床除去碳和比重小的硅、铝氧化物，即可得到金红石。也可以只经水洗后直接配入混合炉料，返回氯化炉。

三、沸腾氯化的设备

氯化系统的设备包括配料风选设备、沸腾氯化炉、收尘、冷凝设备和尾气处理设备。

氯化主要在圆柱形有筛板沸腾炉中进行，有些工厂也用无筛板沸腾炉。它们都包括沸腾段、过渡段、扩大段和氯气分配装置四个部分。有筛板沸腾炉示意图见图2-3-6，氯化过程设备连接见图2-3-7。

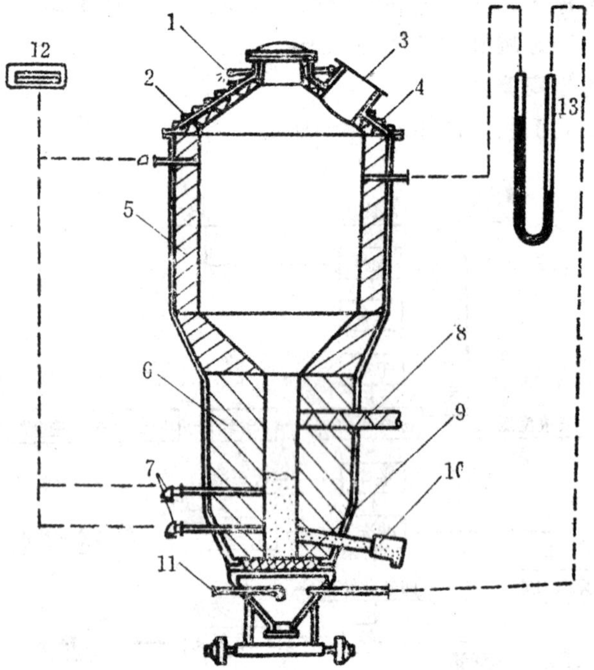

图 2-3-6 沸腾氯化炉示意图

1—炉盖喷水管；2—水冷炉盖；3—炉气出口；4—挡水板；5—扩大段炉衬；6—反应段炉衬；7—热电偶；8—加料器；9—筛板；10—放渣口；11—氯气入口管（预分布器）；12—高温计；13—压力计

氯化反应主要在沸腾段进行，该段高度一般为其直径的2～4倍。目前国内外氯化炉的直径为1000～2000mm。

沸腾段的炉衬依次往内为耐蚀防腐层（如沥青涂层）、耐热耐酸的混凝土捣固层，耐火砖砌体、密封层、耐腐蚀的耐火砖砌体或捣固层等。炉衬总厚度约为700～900mm。

沸腾段以上，经过渡段与扩大段相连接，实测的钛渣与石油焦混合料的自由堆积角约为30～35°，在工业炉内，过渡段的锥角一般取为60°，过渡段高度随沸腾段与扩大段直径而定。扩大段的作用在于增加粉尘在炉内停留时间，提高钛的氯化率，减少炉气中的烟尘量。其直径以满足炉气的上升速度低于最小颗粒的沉降速度为合适。工业炉的扩大段直径一般取为沸腾段直径的3.5～4.5倍，高度一般为其直径的1.5倍左右。炉衬由耐火、耐酸混

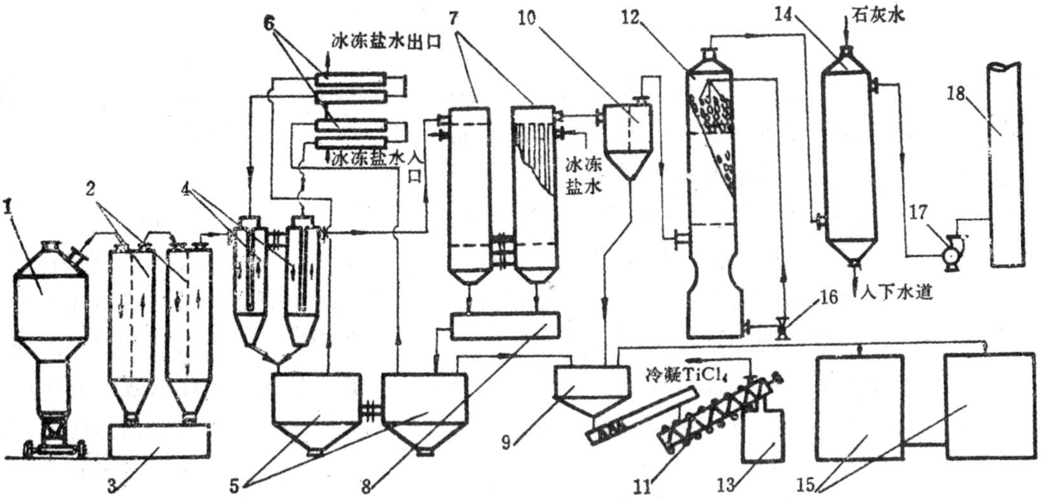

图 2-3-7 沸腾氯化设备连接图

1—沸腾炉；2—收尘器；3—烟尘清理室；4—$TiCl_4$淋洗塔；5—$TiCl_4$循环泵槽；6—淋洗用$TiCl_4$冷却器；7—列管冷凝器；8—中间贮槽；9—浓密机；10—捕滴器；11—泥浆蒸发器；12—尾气淋洗塔；13—泥浆干渣桶；14—石灰乳淋洗塔；15—粗$TiCl_4$贮槽；16—循环泵；17—风机；18—烟囱

凝土捣固层或耐火砖砌体组成。

氯气分配装置的作用是均匀分布气体，造成良好的流态化状态。有筛板沸腾炉的氯气分配装置由供氯管、氯气室和筛板组成。一般用平筛板，其上均匀分布直径为4～6mm的孔眼，开孔率为1%左右。此外，氯化炉还配有加料、卸渣管、测温管和测压管。

无筛板沸腾炉的下部为锥形炉底，在锥体壁上，安装有数排直径为16～30mm左右的供氯管。高速入炉的氯气使固体物料处于流态化状态。由于这种沸腾炉没有单独的筛板，不怕低熔点、高沸点的$CaCl_2$、$MgCl_2$堵塞筛板孔眼，也不存在筛板容易被腐蚀的问题。因而在国内已比较成功地用来氯化原生钛铁矿生产的钛渣，日本也使用了无筛板沸腾氯化炉来氯化金红石。

收尘器的作用是使氯化炉出来的混合气体，经过减速、降温，使沸点高的杂质氯化物（如$FeCl_3$等）冷凝，并与夹带的固体颗粒一起沉积下来。可用于四氯化钛生产的收尘器有旋风收尘器和隔板收尘器等，因隔板收尘器的结构简单，防腐问题好解决，虽然它的除尘效率低，但目前仍广泛采用它。收尘器的出口温度不能太高，以免大量$FeCl_3$进入粗$TiCl_4$中，致使泥浆量大；但也不能太低，以免$TiCl_4$在此冷凝。比较适宜的温度是130～140℃。

淋洗塔的任务是将气态四氯化钛冷凝成液体，一些低沸点的杂质（如$SiCl_4$、$VOCl_3$等）和收尘器未除尽的高沸点氯化物（如$FeCl_3$等）也被淋洗冷凝下来，使粗$TiCl_4$中的固体悬浮物含量高。所以一般只能采用钢制喷淋设备，用经过－10～－15℃冷冻盐水冷却降温的四氯化钛液直接喷淋。

第三节　钛渣的熔盐氯化

在苏联的钛冶金中，已使用大型熔盐氯化炉来生产四氯化钛，我国也在八十年代初完成了用熔盐氯化法生产四氯化钛的工艺和设备的研究，并用于工业生产。

一、熔盐氯化的设备与基本过程

图2-3-8是苏联使用的工业熔盐氯化炉的示意图。氯化过程一般在750～850℃的温度下进行。炉内装有熔融的氯化物熔盐。粒度为0.130～0.074mm的高钛渣和粒度为0.175～0.120mm的石油焦混合料，从炉子上部用螺旋加料机加到熔体表面，氯气则由几根通氯管从底部鼓入。在熔盐的循环运动、氯气与反应产物气体（CO_2、$TiCl_4$、CO等）的鼓泡搅拌作用下，使钛渣、石油焦和氯气在熔盐介质中充分接触，并发生氯化反应。氯化产生的$TiCl_4$、CO_2、CO、$SiCl_4$、$VOCl_3$等气体进入与沸腾层氯化法基本相同的收尘冷凝系统，而大部分挥发性小的$CaCl_2$、$MgCl_2$、$FeCl_2$及易溶于熔盐的$FeCl_3$、$MnCl_2$、$AlCl_3$等保留在熔盐中。在一定时间内，氯化可连续进行；但当熔盐中杂质富集到一定浓度、熔盐体积增大，且物理化学性质变化比较大时，则应从排渣口排出部分熔盐和底部的沉渣，补充新的熔盐继续进行氯化。

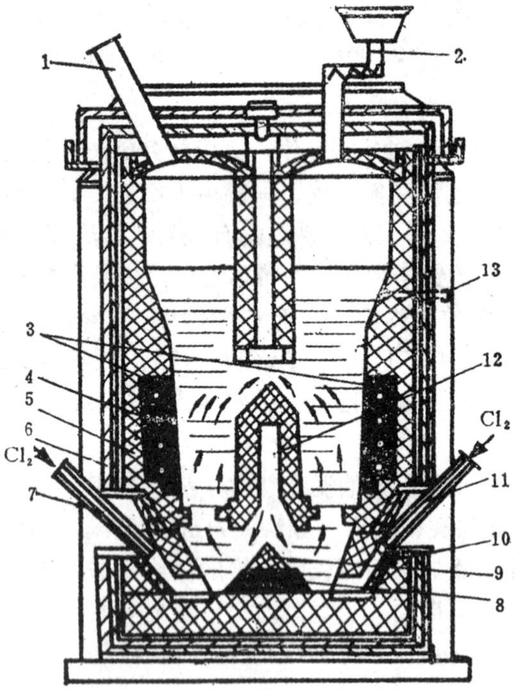

图 2-3-8　熔盐氯化炉示意图

1—气体出口；2—加料器；3—石墨电极；4—水冷导热钢管；5—炉侧壁；6—炉壳；7—通氯管；8—底部石墨电极；9—中间隔墙；10—水冷填料层；11—通道；12—供熔体循环耐火砖；13—热电偶

熔盐氯化炉的操作可分为间歇加料和连续加料。连续加料时，需保持熔体中TiO_2浓度为1.5～3.0%，碳浓度为2～5%；间歇加料时，则定期加入钛渣与碳粒混合料，使熔体中TiO_2浓度达7%，氯化到熔盐中的TiO_2浓度下降到1%时，再加入新的混合料。

熔盐氯化过程是一个有介质的氯化过程，过程传质、传热效果好、设备生产率高。据报导，国外大型熔盐氯化炉的生产率可达20～25t $TiCl_4/m^2\cdot d$。这个数字，与沸腾氯化炉的30～40t$TiO_2/m^2\cdot d$相比已很接近，比竖式氯化炉的生产率（5～8t$TiCl_4/m^2\cdot d$)高得多。

二、影响熔盐氯化的主要因素

由于熔盐氯化过程在固、液、气三相系统中进行，所以比沸腾氯化过程更为复杂，除氯气流速、分压和分布情况、过程温度、物料成分和粒度等因素外，熔盐的组成及物理化学性质也是非常重要的因素。

1．熔盐的物理化学性质　熔盐的表面张力、粘度和密度，对氯化过程有着重要的影响。氯化速度随熔盐的表面张力的降低而迅速增加。因为表面张力降低，改善了熔盐对反应物料的润湿性，也有利于氯气气泡的分散，增大了钛渣与氯气的反应界面，减少了钛渣与碳粒的分层现象；氯化速度随熔盐粘度的增加而降低，因为粘度增加可造成熔盐流动性变差，搅拌不好，氯气气泡分散性差；熔盐的密度太小，可造成难溶于熔盐的TiO_2往下沉，甚至沉积于炉底，使碳粒与钛渣分层，造成上层熔盐中TiO_2浓度下降，从而降低氯化速度和氯气利用率。

选择合适的熔盐介质是保证熔盐物理化学性质的关键。对常用的氯化物盐类KCl、NaCl、$MgCl_2$、$CaCl_2$而言，表面张力和粘度从大到小的顺序是$CaCl_2 \rightarrow MgCl_2 \rightarrow NaCl \rightarrow KCl$；800℃时，密度由大到小的顺序是$CaCl_2$(2.05g/cm^3)→$MgCl_2$(1.66g/cm^3)→KCl(1.55g/cm^3)→NaCl(1.50g/cm^3)，TiO_2的密度则为4.26(金红石型)和3.84(锐钛矿型)。兼顾考虑到上述的物理化学性质和价格，苏联在四氯化钛的生产中的最佳熔盐组成为(%)：1.5～5TiO_2、2～5C、10～20NaCl、30～40KCl、10～20$MgCl_2$、$CaCl_2$≯5～10、($FeCl_2$+$FeCl_3$)≯10～12、SiO_2≯3～6、Al_2O_3≯3～6。在生产中为了保持最佳熔盐组成，要往氯化炉中加入钾工业中的废钾盐，或者加入组成如下的镁电解槽的废电解质(%)：50～80KCl、5～10NaCl、8～10$CaCl_2$、4～5$MgCl_2$。这种废电解质既满足了$TiCl_4$氯化过程的要求，又十分便宜。生产四氯化钛以后的废熔盐成分为(%)：30～40KCl、25～35$MgCl_2$、10～20($FeCl_2$+$FeCl_3$+$MnCl_2$)、2～5NaCl、2～4$CaCl_2$、7～9C、3～6SiO_2、0.5～1.0TiO_2。除可回收废熔盐中的镁以外，尚可利用其中的KCl作钾肥。

2．氯气的流速与浓度　如沸腾层氯化一样，要保持反应物料在熔盐中造成高度的悬浮状态和熔体的循环运动，必须要有一定的氯气通入速度；实验证明，在700～850℃的氯化温度范围内，TiO_2的氯化过程系在扩散区进行，只有在较大的氯气流速下，才能保证熔盐层中的气-固、液-固间的传质传热。当然过大的氯气流速会造成氯气在熔盐层的停留时间太短，导致氯气的利用率下降；氯气的进气管要均匀分布，以便使气泡分布均匀、泡小，有利于氯化反应的进行。

3．氯气分压(浓度)　如沸腾氯化中所分析的那样，氯气分压对熔盐氯化过程也是影响很大的因素。使用电解制镁的阳极氯气时，应保证气体中的含Cl_2量在80～85%为好，否则易于在熔体上空气相中出现$TiCl_4$与O_2的二次反应：$TiCl_4 + O_2 = TiO_2 + 2Cl_2$。这样会降低钛氯化率、氯气利用率与设备生产率。

对熔盐氯化过程的计算表明，当使用被空气稀释了的浓度为70%的氯气时，反应产物气体的体积为使用纯氯气（100%Cl_2）时体积的1.87倍，产物蒸气中的$TiCl_4$浓度只有35%

（体积）、N_2占23.6％、CO_2等则占42.4％。而使用纯氯气时，气相产物中$TiCl_4$浓度则可达50％，CO_2等只占50％。

4．温度　熔盐氯化过程对温度的要求比沸腾氯化严格。温度太低，熔盐的粘度、表面张力太大，不利于反应进行；温度高则氯化速度加快（表2-3-3），对氯化反应有利；但温度太高，则熔盐挥发损失大，且对设备材料要求严格。据文献报导，温度高于680℃，氯化过程已进入"扩散区"，所以在生产中，氯化温度一般控制在750～850℃内。如果过程反应热过大，温度太高，则要通过插入氯化炉加热电极中的冷却管通水降温，以保证温度在规定的范围内。

除上述因素外，熔盐中的TiO_2浓度、钛渣与碳粒粒度组成等，对熔盐氯化过程也有不同程度的影响，其情况与沸腾层氯化过程有类似之处。

表 2-3-3　温度对TiO_2+C熔盐氯化速度的影响

温度，℃	500	600	700	800	900
氯化速度，$gTiO_2/hr$	8.67	18.3	29.0	66.7	145.0

三、熔盐氯化与沸腾层氯化的比较

与沸腾层氯化相似，熔盐氯化比固定层（竖炉）氯化的流程短，设备生产率高，过程的连续化、自动化程度高。

与沸腾层相比，熔盐氯化有如下优缺点：

1．原料适应性强　这种氯化法可以说就是为适应含钙、镁高的钛渣和金红石等含钛物料的氯化而发展起来的。氯化过程产生的低熔点、高沸点的$MgCl_2$、$CaCl_2$、$FeCl_2$、$MnCl_2$能够溶于熔盐，其在一定的含量范围内，氯化过程能正常进行。

2．气相产物中$TiCl_4$分压高　熔盐氯化一般在750～850℃下进行，排出的尾气中CO_2含量比CO高得多（CO只占CO_2的5～10％），因此气相中$TiCl_4$分压较高，利于$TiCl_4$的冷凝。

3．粗$TiCl_4$中杂质含量较少　熔盐中的NaCl、KCl能与$AlCl_3$、$FeCl_3$等氯化物形成氯铬盐（如K_3AlCl_6、Na_3AlCl_6、$KFeCl_4$等），因而熔盐层有净化除杂作用，所得的粗$TiCl_4$中杂质含量比沸腾氯化法少。

4．与沸腾层氯化相比　熔盐氯化需消耗熔盐，产生废盐，一般每生产1 t $TiCl_4$需排放100～200kg废盐，增加了"三废"处理的负担。

第四节　粗四氯化钛的精制

一、粗四氯化钛中的杂质

不管是哪种方法生产的粗四氯化钛，其中都含有一定量的杂质。根据它们在四氯化钛中的溶解情况，可分为不溶解的固体悬浮物和溶解于四氯化钛中的杂质。前者主要是指金属氧化物、碳粉、超过了溶解度的三氯化铁、二氯化铁等；后者又可以分为：常温下为气体（N_2、O_2、HCl、Cl_2、CO、CO_2、$COCl_2$等）的杂质、常温下为液体和常温下为固体的杂质（表2-3-4）。不同生产工艺获得的粗四氯化钛所含杂质不一样，以熔盐氯化所得的粗四氯化钛质量为好（表2-3-5）。但是也需要进行除去杂质的作业。国内外对精四氯化钛

表 2-3-4 粗四氯化钛中的杂质分类

可溶于$TiCl_4$中的杂质	常温下为气体	H_2、O_2、HCl、Cl_2、CO、CO_2、$COCl_2$、COS
	常温下为液体	S_2Cl_2、CCl_4、$VOCl_3$、$SiCl_4$、$CHCl_3$、CCl_3COCl、$SnCl_4$、CS_2等
	常温下为固体	$AlCl_3$、$FeCl_3$、$NbCl_5$、$TaCl_5$、$MoCl_5$、C_6Cl_6、$TiOCl_2$、Si_2OCl_6等
固体悬浮物		TiO_2、SiO_2、$MgCl_2$、$ZrCl_4$、$FeCl_2$、C、$FeCl_3$、$MnCl_2$、$CrCl_3$等

表 2-3-5 工业生产时粗四氯化钛中的主要杂质含量（%）

生产工艺	V	Si	Al	Fe	Mn	Cl_2	$COCl_2$等	悬浮物，g/l
固定层氯化	0.07	0.008	0.01	0.004	—	0.079	0.10	3.6
沸腾氯化	0.05～0.10	0.01～0.10	0.01～0.40	0.01～0.04	0.01～0.02	0.05～0.30	0.05～0.15	3.0(过滤后)
熔盐氯化	0.08	0.0012	0.001	0.002	—	0.050	0.004	3.1

的质量要求如表2-3-6所示。对照表2-3-6与表2-3-5中的数据，就很容易说明净化作业的必要性。

生产上要获得高纯度的金属钛或钛白，就必须提供高质量的精四氯化钛。计算表明，生产1t金属钛，理论上需要3.96t精四氯化钛；生产1t氧化法钛白，理论需要2.375t精四氯化钛。四氯化钛中的杂质可以按相应的比例富集到这些产品中。所以，必须对粗四氯化钛进行净化提纯，使精四氯化钛中的杂质含量符合表2-3-6中所规定的要求。

表 2-3-6 苏联与国内对精四氯化钛的质量要求（杂质不大于%）

指　　标	$TiCl_4$	V	Si	Fe	Al	N_2	O_2	CCl_4	Mo	Cr	色度
*ОЧТ-0	99.97	0.0005	0.0005	0.0002	0.001	0.0005	0.0002	0.0005	0.002	0.005	无色
ОЧТ-1	99.96	0.0010	0.0010	0.0010	0.001	0.0010	0.0004	0.0020	0.002	0.005	淡色
ОЧТ-2	99.50	0.0010	0.10	0.0010	0.01	0.010	0.01	0.01	0.002	0.005	淡染色
国内生产厂	99.80	0.0007	0.001	0.001	0.01	0.01	0.01	—	—	—	<10mg K_2Cr_2O/L

* 苏联ГОСТ48-18—72标准。

二、粗四氯化钛精制除杂的原理与方法

为了提纯粗四氯化钛，工业上用如下方法：过滤法除去固体悬浮物；用物理法（蒸馏和精馏）和化学法除去溶解在四氯化钛中的杂质。

蒸馏法是基于溶解在四氯化钛中的杂质（如金属氯化物）的沸点与$TiCl_4$沸点的差别。在一定温度下，沸点不同的物质挥发进入气相的能力不同，亦即平衡时它们在气相中的分压比和液相中浓度比不同。同一物质在气相和液相中含量之比为该物质的分配系数，两种物质分配系数的比值即是它们的分离系数α。对某种金属氯化物和$TiCl_4$而言，分离系数可表示为：

$$\alpha=(Y_{MeCl_x}/X_{MeCl_x})/(Y_{TiCl_4}/X_{TiCl_4})=(Y_{MeCl_x}/Y_{TiCl_4})/(X_{MeCl_x}/X_{TiCl_4})$$

对理想溶液而言，$\alpha = p_x^\circ / p_{TiCl_4}^\circ$。

式中 Y_{MeCl_x}、X_{MeCl_x}——杂质氯化物在气相和液相中的含量，摩尔分数；

Y_{TiCl_4}、X_{TiCl_4}——$TiCl_4$在气相和液相中的含量，摩尔分数；

p_x°、$p_{TiCl_4}^\circ$——杂质x和$TiCl_4$在工作温度下的饱和蒸气压。

不难看出，与其它多相平衡的情况类似，凡 $\alpha \gg 1$或$\alpha \ll 1$的杂质，都容易用蒸馏法除去。常见杂质在低含量时与$TiCl_4$的分离系数α如表2-3-7所示。

表 2-3-7 某些杂质低含量时与$TiCl_4$的分离系数α

杂质名称	$VOCl_3$	$SiCl_4$	$SiHCl_3$	CCl_4	CCl_3COCl	Cl_2	HCl	CO_2
沸点，℃ 分离系数，α	126.8 1.22	58 9.1±0.2	33.0 16.0	76.6 5.3	118.0 1.79	−34.7 ≫1	−85.0 ≫1	−78.5 ≫1
杂质名称	O_2	N_2	$FeCl_3$	$AlCl_3$	$MgCl_2$	$MnCl_2$	$NbCl_5$	$TiCl_3$
沸点，℃ 分离系数，α	−183.0 ≫1	−196 ≫1	319 1/14	180.2 ≪1	1418 ≪1	1190 ≪1	247.4 ≪1	810升华 ≪1

在生产实践中，为了除去粗$TiCl_4$中的$SiCl_4$与$FeCl_3$等$\alpha \gg 1$，$\alpha \ll 1$的杂质，用蒸馏法和精馏法是十分有效的。

对于表2-3-7中α值接近1的杂质（如$VOCl_3$），用精馏法则效果很差，所以生产上不采用精馏法除钒，而是用化学法。其实质是，用还原剂将溶解在$TiCl_4$中的$VOCl_3$还原成沸点比四氯化钛沸点更高、难溶于$TiCl_4$的低价钒化合物（如$VOCl_2$、VCl_3），接着用蒸馏法或过滤法分离钒的低价化合物。

三、粗四氯化钛精制的工业实践

国内外四氯化钛精制的原则流程之一见图2-3-9。也可以采用先除$AlCl_3$和$VOCl_3$，随后进行蒸馏-精馏-再蒸馏的流程进行精制。

1．精馏法 图2-3-9的流程图可以在图2-3-10所示的设备中实现。粗$TiCl_4$从浮阀（或其它筛板塔）精馏塔3的中部加入，与回流液合流并与下部蒸馏釜加热产生的$TiCl_4$等蒸气相遇，多次进行热交换和物质交换。在塔上部的精馏段、愈往上愈富低沸点的$SiCl_4$、最后让富$SiCl_4$的馏出液经冷凝器6进入低沸点馏分贮槽10；在塔下部的提馏段，愈往下则低沸点杂质愈少，除去低沸点杂质的$TiCl_4$部分回流入蒸馏釜2，大部分进入蒸馏釜2′再入塔4继而用铜丝除钒并除高沸点杂质。精$TiCl_4$入贮槽11收集，蒸馏釜2及2′的高沸点物则返回前面氯化工段回收处理。

2．化学法除钒 为了除钒，生产上常用铜、H_2S、有机物或铝粉作为还原剂。简述如下：

（1）铜粉(丝)除钒 用铜粉、铜丝、铜屑或铜基合金，可使四氯化钛中的$VOCl_3$发生如下的还原反应：

$$VOCl_3 + Cu = VOCl_2 + CuCl$$

用铜粉除钒时，还可以除去溶解在$TiCl_4$中的硫化物与某些有机物。当$TiCl_4$中的$AlCl_3$ >0.1%时，$AlCl_3$会使铜粉钝化，故须先用增湿的木碳或食盐除$AlCl_3$：

$$AlCl_3 + H_2O = AlOCl\downarrow + 2HCl$$

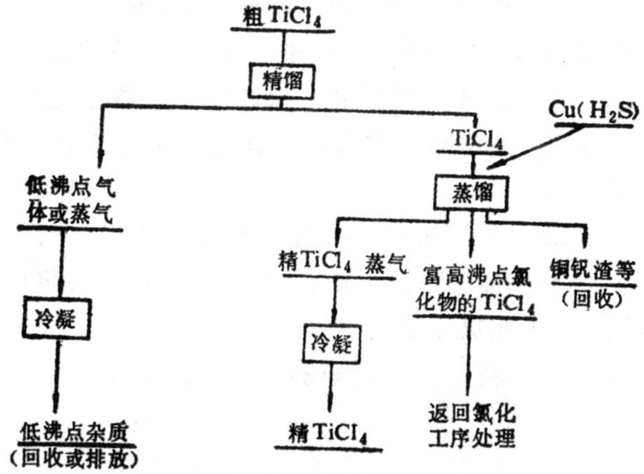

图 2-3-9 粗四氯化钛精制原则流程图

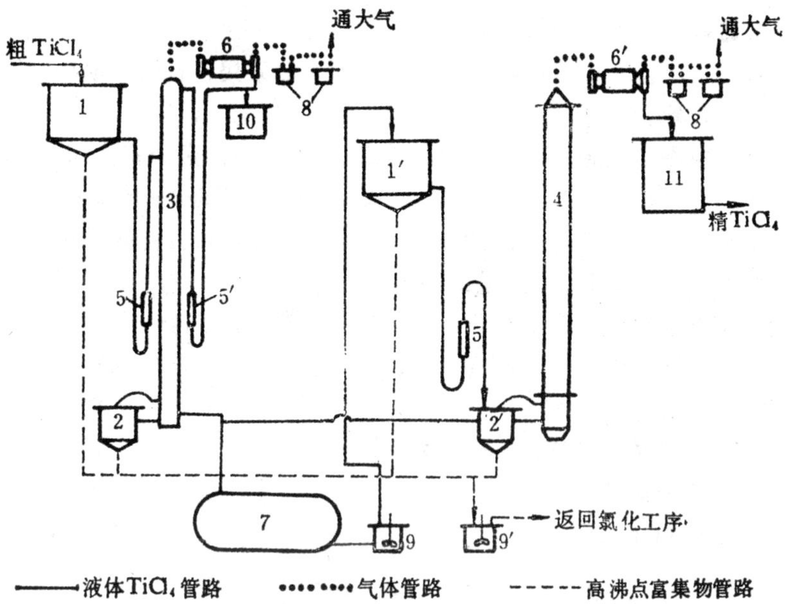

图 2-3-10 粗四氯化钛精制设备连接示意图

1′—高位槽；2、2′—蒸馏釜；3—精馏塔；4—铜丝塔；5、5′—转子流量计；6、6′—冷凝器；7—$TiCl_4$中间贮槽；8—酸封罐；9、9′—埋入式泵；10—低沸点馏分贮槽；11—精$TiCl_4$贮槽

尔后加铜粉除钒，得到含Cu20.2～26.2%、$TiO_2$10～12%、$V_2O_5$7～9%、Cl～45%的铜钒渣，送去回收铜和钒。用铜丝除钒时，作业在充填铜丝球的填料塔内进行。除钒作业设备由图2-3-10中的蒸馏釜2′、铜丝塔4、冷凝器6′和精$TiCl_4$贮槽11等组成。定期清洗塔中铜丝球上的沉淀物(可回收其中的铜和钒)，并补充新的铜丝球。

当使用铜粉除钒时，每吨精$TiCl_4$消耗铜粉2.5～4.0kg；当使用铜丝(屑)除钒时，其消耗量略大一些。

（2）硫化氢除钒　日本一些企业在生产中用H_2S除钒：

$$2VOCl_3 + H_2S = 2VOCl_2 + 2HCl + S$$

在常温下将H_2S气体缓慢通入除硅后的$TiCl_4$中，反应器中装有搅拌器以防止固体$VOCl_2$及S沉淀。反应完后，在有硅藻土助滤层的多层圆盘过滤器上过滤除去固体渣。每吨精$TiCl_4$耗H_2S约1.7～2.0kg。此法除钒效果好、节省有色金属铜，且利于钒的回收；但H_2S的毒性大，操作要小心。

（3）铝粉除钒　苏联有工厂用铝粉除钒，降低了生产成本。

在有氯化铝起催化作用的情况下，铝粉先与四氯化钛反应，将部份$TiCl_4$还原成$TiCl_3$，继而，产生的$TiCl_3$使$VOCl_3$还原成$VOCl_2$：

$$3TiCl_4 + Al = 3TiCl_3 + AlCl_3$$

$$VOCl_3 + TiCl_3 = VOCl_2 + TiCl_4$$

得到的含有$VOCl_2$、$TiCl_3$、$AlCl_3$的沉淀物送去回收钒和钛。

在国外，也有用矿物油等有机物除钒的，除钒作业成本较低，但容易出现产品中含碳高等问题。

四、主要工艺条件与技术经济指标

精馏作业可以在填料塔或筛板塔内进行。我国一般采用自行研制的浮阀塔，其特点是体积小、效率高、产能大。

正常操作时，控制塔顶温度70～90℃，塔底140℃左右，蒸馏釜内140～150℃、塔内为正压、压差约为15～19kPa（约110～145mmHg）。经过如图2-3-9的流程精制后，所得精$TiCl_4$中，含杂质Si≤0.001%、Fe≤0.001%、V≤0.0007%、色度<5mg$K_2Cr_2O_7$/L，完全能满足海绵钛生产时对$TiCl_4$质量的要求。

国外公布的熔盐氯化法生产的精$TiCl_4$的成本组成如下(%)：

动力消耗（水、蒸气、电、压缩空气）	3.8
工资	6.8
主要材料（钛渣、碳、氯气）	66.0
辅助材料	2.9
车间非生产性开支	20.5

思考题

1．工业上为什么一般以金红石或高钛渣作为生产四氯化钛的原料，而不直接用钛铁矿精矿？

2．试分析比较固定层（竖炉）氯化、沸腾层氯化和熔盐氯化的优缺点。

3．请从物理化学原理和设备工作原理的角度，分析流态化技术在有色金属提取冶金中的地位。

4．四氯化钛生产过程中存在哪些“三废”产物和环保问题，请提出你对解决“三废”综合利用和环境保护的看法。

第四章　锆和铪化合物的生产

第一节　锆英石精矿的分解

一、分解方法概述

锆英石是生产锆产品和铪产品的主要矿物原料。可采用多种工艺流程从中生产二氧化锆(铪)。分解锆英石的主要方法有：

（1）与苛性钠共熔或与苏打烧结（熔合），得锆酸钠或硅锆酸钠等，然后用水处理；

（2）与石灰或碳酸钙烧结得锆酸钙，然后进一步分解；

（3）在等离子设备中，直接分解$ZrSiO_4$、而获得粗二氧化锆；

（4）与硅氟酸钾(K_2SiF_6)熔合，得氟锆(铪)酸钾(K_2ZrF_6、K_2HfF_6)；

（5）直接氯化锆英石与碳的混合料，获得粗四氯化锆(铪)，然后分离$ZrCl_4$与$HfCl_4$，并提纯；

（6）在电炉中进行碳还原，生成ZrC或Zr(C.N)，然后进行氯化以制取粗四氯化锆。

方法(1)～(3)用来生产工业纯二氧化锆或进一步生产锆的硫酸盐、锆酰基盐和氧氯化锆。也可以在生产流程中安排萃取等锆、铪分离措施，以生产高纯的二氧化锆和二氧化铪。

硅氟酸钾熔合法在苏联被应用，它与繁杂的分步结晶分离锆、铪的工艺相结合，可获得供熔盐电解法生产锆(铪)粉用的K_2ZrF_6、K_2HfF_6。

(5)、(6)两种氯化法与纯ZrO_2(HfO_2)的加碳氯化法均能生产四氯化锆(铪)，并进一步生产海绵锆(海绵铪)。

二、苏打或苛性钠熔合（烧结）法

苛性钠或苏打熔合（烧结）法的原则流程如图2-4-1所示。

苛性钠熔合法是比较老的一个分解法，我国目前还有一些工厂采用。在750℃左右的温度下，按$ZrSiO_4$:NaOH＝1:1.3（质量比）的比例配料，分解1.5～2.0h，可使98％以上的$ZrSiO_4$转化为能溶解于酸的Na_2ZrO_3和溶解于水的Na_2SiO_3：

$$ZrSiO_4+4NaOH=Na_2ZrO_3+Na_2SiO_3+2H_2O \qquad (2\text{-}4\text{-}1)$$

除按（2-4-1）式反应外，尚有部分$NaSiO_3$可与NaOH生成正硅酸盐Na_4SiO_4，也有部分锆生成Na_2ZrSiO_5。反应时得到的烧结料中含ZrO_2～30％，含SiO_2～14％。锆英石中锆、硅的转化率均可达98％以上，铀的转化率则小于90％，钍的转化率小于60％。烧结块用热水可以洗去98％以上呈Na_2SiO_3形态存在的硅。

水洗后的固体料中主要含有Na_2ZrO_3，部分Na_2SiO_3、Na_4SiO_4和少量Na_2ZrSiO_5。用盐酸或硫酸可使其中的锆溶解出来，然后进行锆、铪分离或制备含HfO_2的工业二氧化锆。

当生产规模大时，宜于采用更廉价的苏打在1100℃下进行烧结。用3mol苏打与1mol锆英石混合，进行“完全”烧结时，反应式如下：

$$ZrSiO_4+3Na_2CO_3=Na_2ZrO_3+Na_4SiO_4+3CO_2 \qquad (2\text{-}4\text{-}2)$$

采用1mol苏打与1mol锆英石配料时，反应式如下：

$$ZrSiO_4+Na_2CO_3=Na_2ZrSiO_5+CO_2 \qquad (2\text{-}4\text{-}3)$$

烧结过程按（2-4-3）式反应时，苏打用量只为按（2-4-2）式时的1/3，即节省了2/3的苏打用量。但在这种情况下，如果原料中有过量的SiO_2时，则会生成很复杂的锆硅酸盐$Na_4Zr_2Si_3O_{12}$或$Na_2ZrSi_2O_7$。

用水处理苏打烧结块，让Na_2SiO_3进入溶液；而锆酸钠、硅锆酸钠、正硅酸盐、水合氧化钛和氧化铁则进入固相沉淀中。再用盐酸或硫酸处理这些沉淀。

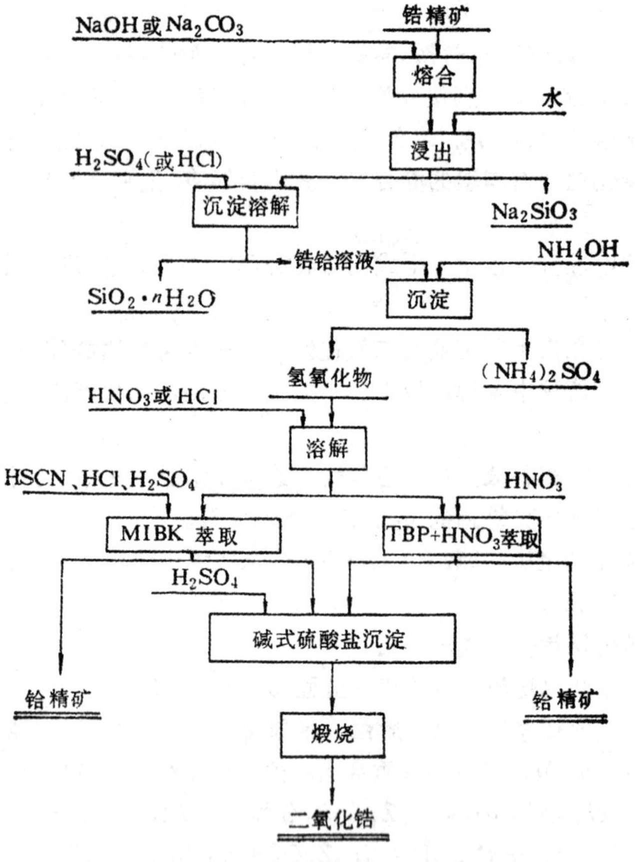

图 2-4-1　碱法分解锆英石的原则流程

当用浓度为10～25%的盐酸在加热下浸出水洗后的沉淀时，锆进入溶液。加入一些粘木胶或聚丙烯酰胺等凝聚剂，可促进硅酸沉淀。盐酸溶解的反应式可表示如下：

$$Na_2ZrO_{3(s)}+4HCl_{(aq)}=ZrOCl_{2(aq)}+2NaCl_{(aq)}+2H_2O$$

$$Na_2ZrSiO_{5(s)}+4HCl_{(aq)}=ZrOCl_{2(aq)}+2NaCl_{(aq)}+H_2SiO_{3(s)}+H_2O$$

当用浓硫酸在150～200℃处理烧结块时，过程能自热，且能使硅酸脱水。用水浸出硫酸化的产物时，锆以$ZrOSO_4$和$H_2[ZrO(SO_4)_2]$形态进入溶液，此时，除硅的作业比用盐酸法方便得多，不用添加凝聚剂。

用硝酸处理烧结块时，可以获得用作肥料的硝酸盐，但胶状物质的分离却很困难。

三、碳酸钙烧结法

在1400～1500℃下，锆英石与碳酸钙（如白垩石等）能以很满意的速度进行反应。当$ZrSiO_4:CaCO_3=1:3$(mol) 时，生成锆酸钙与正硅酸钙：

$$ZrSiO_4+3CaCO_3=CaZrO_3+Ca_2SiO_4+3CO_2$$

若混合料中碳酸钙不够，就会生成ZrO_2、$CaSiO_3$和$Ca_3ZrSi_2O_9$：

$$ZrSiO_4+CaCO_3=CaSiO_3+ZrO_2+CO_2$$

$$2ZrSiO_4+4CaCO_3=CaZrO_3+Ca_3ZrSi_2O_9+4CO_2$$

烧结过程在固态下进行，反应速度受扩散步骤控制。

往混合料中加入锆英石数量5%左右的氯化钙，由于$CaCl_2$使料中的$ZrSiO_4$晶体结构产生缺陷和氯化而造成的催化作用，使烧结温度可以降到1000～1100℃：

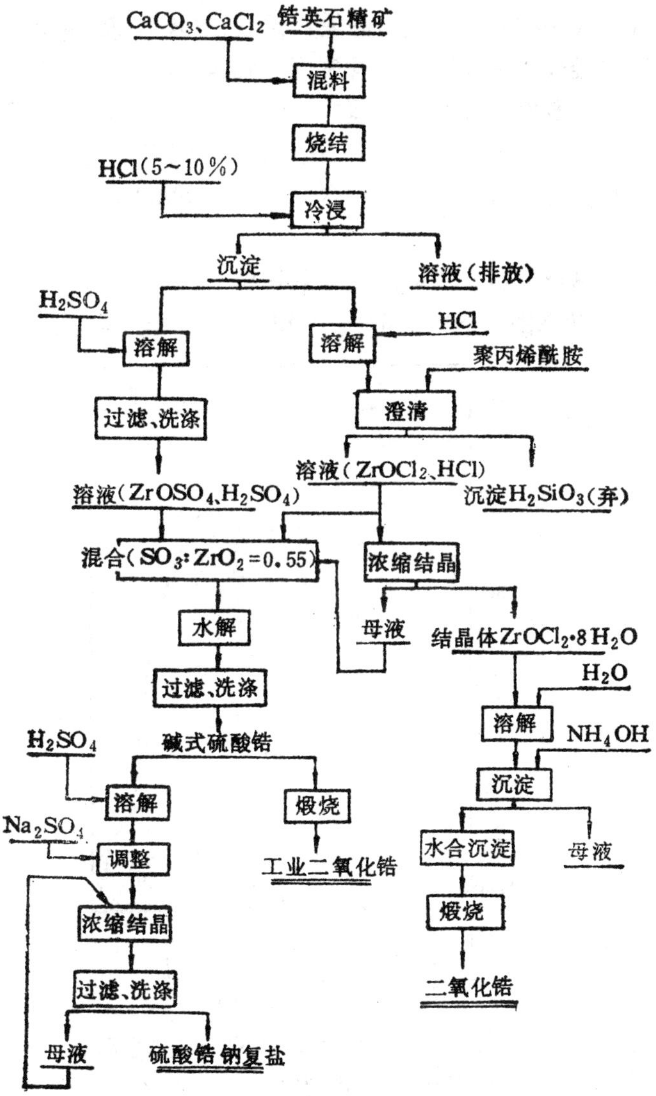

图 2-4-2 碳酸钙分解锆英石原则流程

$$2CaCl_2 + ZrSiO_4 = ZrCl_4 + Ca_2SiO_4$$

$$ZrCl_4 + 3CaO = CaZrO_3 + 2CaCl_2$$

铁的氧化物在烧结过程中与石灰反应生成亚铁酸钙$CaFeO_2$，钛铁矿与石灰反应则生成钛酸钙$CaTiO_3$。

包括烧结块处理流程在内的碳酸钙烧结法原则流程如图2-4-2所示。

在工业上，为使生成Ca_2SiO_4和$CaZrO_3$的反应进行，用粒度为0.16mm的锆英石，石灰石（或白垩矿）的用量要为理论量的110～120%，另外配入锆英量约5%的氯化钙溶液。料混匀后，在1100～1200℃下的回转窑中烧结4～5h，锆英石的分解率可达97～98%。与苛性钠或苏打烧结法相比，此法试剂便宜，利于大规模生产。但其产物处理过程比较复杂。

为了除去烧结块中过量的氧化钙和氯化钙，先用5～10%的冷盐酸处理烧结块，使大部分正硅酸钙被分解，生成的胶状硅酸和钙盐随同溶液被除去，而锆酸钙则不溶。随后用25～30%的盐酸在70～80℃下浸出烧结块，锆呈$ZrOCl_2$进入溶液。硅酸钙在酸分解时生成硅胶，为加速其凝聚，需添加一定量聚丙烯酰胺溶液或粘木胶作凝聚剂。

也可以直接用硫酸处理烧结块，此时，制取1tZrO_2会同时生成6t含有大量$CaSO_4 \cdot 2H_2O$和$CaSO_4 \cdot 0.5H_2O$的石膏滤渣。也可以采用盐酸和硫酸多段浸出相结合的流程处理烧结块。在上述几种烧结块的浸出液中，可含Zr100～200g/L，且含有Fe、Al、Ti、Si等杂质。

四、锆英石的高温分解法制取工业二氧化锆

从ZrO_2-SiO_2状态图（图2-4-3）上可以看出，在1775℃以上，锆英石可分解为ZrO_2

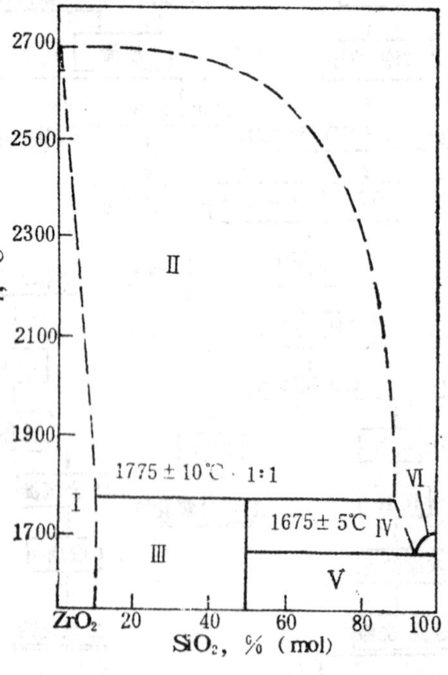

图 2-4-3 ZrO_2-SiO_2体系状态图

I—ZrO_2（固溶体）；II—ZrO_2（固溶体）+液体；III—ZrO_2（固溶体）+$ZrSiO_4$；

IV—$ZrSiO_4$+液体；V—$ZrSiO_4$+SiO_2；VI—SiO_2+液体

和富集SiO_2的熔体：

$$ZrSiO_4 \rightarrow ZrO_2 + SiO_2(\text{熔体}) \quad (2\text{-}4\text{-}4)$$

在等离子炉内的10000～13000℃下，细粒锆英石以很快的速度熔化并发生化学分解，用碱液溶解并分离硅后，得到工业纯的二氧化锆。分解设备流程如图2-4-4所示。

粉状的锆英石精矿均匀地加入反应器2，在等离子发生器1产生的12700℃的氩气火焰中，99％的$ZrSiO_4$按反应式（2-4-4）发生分解。反应产物迅速冷却后进入第一个NaOH浸出槽4，在浓度高达50％的NaOH溶液中，120℃下使无定形的SiO_2转化成Na_2SiO_3进入溶液。一段浸出后，经过离心过滤机5，滤渣进行二段浸出，再经真空圆盘过滤机6，滤去Na_2SiO_3溶液，真空过滤所得到的固体物经干燥器7干燥便可得到纯度达99％、平均粒度为0.1～0.2μm、树枝状结晶的二氧化锆产品。产品在浓硫酸中有很强的反应能力。在国外已建立了年处理锆英石能力达4550t规模的生产线。

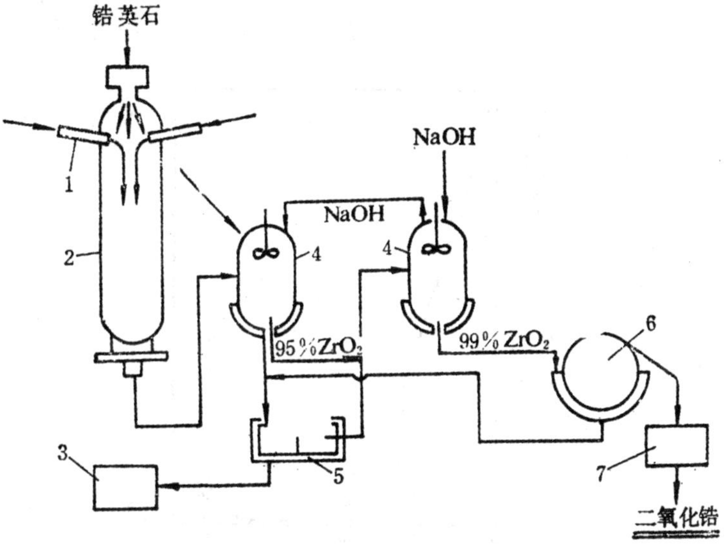

图 2-4-4 锆英石等离子反应器热分解设备连接图

1—等离子发生器；2—等离子反应器；3—Na_2SiO_3溶液贮槽；4—NaOH溶液浸出槽；5—离心过滤机；6—真空过滤器；7—干燥器

据报导分解1t锆英石的电能消耗是1320kWh。

五、其它分解锆英石的方法

在国内外，也有用碳还原法分解锆英石的。其原理是：在高温下（1800～1900℃）用碳使锆英石还原碳化，让SiO_2还原成SiO挥发除去；锆英石中的锆和铪则转化成碳（氮）化物，再在450～600℃的低温下用氯气氯化，则可在收尘系统中获得粗$ZrCl_4$、$HfCl_4$固体，然后将它们提供后续工序进行锆、铪分离。这一方法的缺点是：碳化过程需在约1900℃下进行，能耗高达8000～11000kWh/t ZrC，且间歇操作，故有逐步被其它方法取代的趋势。

还可以用锆英石加碳直接氯化的方法分解锆英石，将在后面予以介绍。

第二节 从水溶液中析出锆和铪化合物

含锆（铪）矿物原料不论是用苛性钠熔合或苏打烧结，还是用碳酸钙烧结法分解，都需接着用湿法处理，得到不同的含锆（铪）溶液。为了从溶液中析出锆（铪），从图2-4-1和2-4-2看出，可以采用如下的几种方法：

（1）从盐酸溶液中沉淀出碱式氯氧化锆（铪）$ZrOCl_2 \cdot 8H_2O$ 或 $Zr(OH)_2Cl_2 \cdot 7H_2O$；

（2）从盐酸或硫酸溶液中水解沉淀出碱式硫酸锆 $2ZrO_2 \cdot SO_3 \cdot 5H_2O$；

（3）从硫酸溶液中析出 $Na_4[Zr_4(OH)_6(SO_4)_7(H_2O)_2] \cdot nH_2O$ 和 $(NH_4)_4[Zr_4(OH)(SO_4)_7(H_2O)_2] \cdot nH_2O$ 晶体。

一、从盐酸溶液中沉淀出碱式氯化锆 $Zr(OH)_2Cl_2 \cdot 7H_2O$

碱式氯化锆在浓盐酸中的溶解度比在稀盐酸中低得多。从图2-4-5可以看出，20℃时当盐酸浓度为318g/l，碱式氯化锆的溶解度最小（10.8g/l），而在稀盐酸溶液中的溶解度可为其40～50倍；温度对其溶解度影响也很大，在70℃下浓盐酸中的溶解度约为20℃时的5倍。

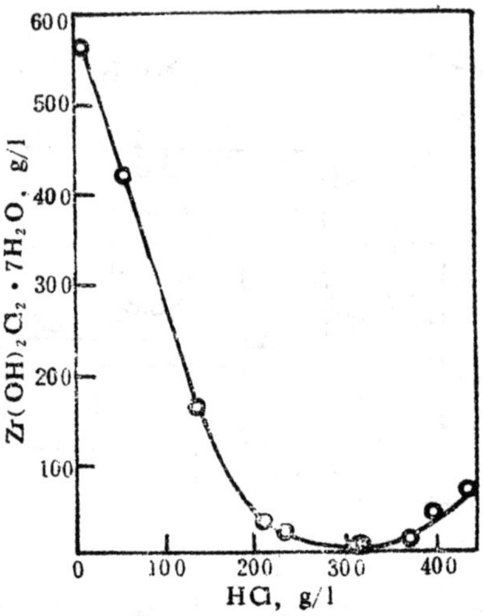

图 2-4-5　$Zr(OH)_2Cl_2 \cdot 7H_2O$ 溶解度与HCl浓度的关系(20°C)

蒸发稀盐酸溶液不可能使盐酸浓度提高到200g/l(20.2%)以上，因为此时形成恒沸点溶液。但此时溶液中锆盐的溶解度也只25g/l左右，冷却以后，可从溶液中析出70～80%的锆。而大部分Fe、Al、Ti等杂质则留在母液中；锆沉淀物经氨水再处理，在600～700℃煅烧后，可得到纯度为99.6～99.9% ZrO_2 的产品。

二、从溶液中沉淀碱式硫酸锆 $2ZrO_2 \cdot SO_3 \cdot 5H_2O$

在含Zr40～60g/l的盐酸或硝酸溶液中，按1mol ZrO_2 加入0.55～0.6mol H_2SO_4，然后将酸浓度中和或稀释到0.2～0.5mol/L，并加热到70～80℃，便析出组成为 $2ZrO_2 \cdot SO_3 \cdot 5H_2O$ 的碱式硫酸锆沉淀，锆的回收率可达97～98%。沉淀物经过滤、洗涤并在850～900℃下煅烧去掉 SO_3 和 H_2O，产品组成为(%)：97～98 ZrO_2、0.25～0.5 TiO_2、0.2～0.5 SiO_2、0.05～0.15 Fe_2O_3、0.2～0.5 CaO、0.3～0.4 SO_3。

三、从硫酸溶液中沉淀出水合硫酸锆 $Zr(SO_4)_2 \cdot 4H_2O$ 晶体

往硫酸锆或氯化锆的浓溶液中加入浓 H_2SO_4 时，即可析出四水硫酸锆 $Zr(SO_4)_2 \cdot 4H_2O$

晶体。水合硫酸锆在39.5℃时的溶解度与硫酸浓度的关系如下：

H_2SO_4浓度，%	31.2	35.6	42.5	46.7	51.5	57.4	69.5	70.5	72.9
ZrO_2,g/100g溶液	19.50	16.20	5.30	1.03	0.33	0.14	0.15	0.50	2.00

从以上数据可以看出，当H_2SO_4浓度为48.7～57.4%时，锆盐的溶解度最小（仅0.46～0.14克ZrO_2/100克溶液）。

在下列条件时，可以从溶液中析出绝大部分锆：向浓度为120～130g/1Zr的硫酸盐溶液（或200～220g/1Zr的氯化物溶液）加入与锆溶液体积相当的浓硫酸，即可析出易于沉降的白色结晶，锆沉淀率可达94～95%。且容易过滤，采用多孔陶瓷过滤器即可。

为了使结晶得到进一步净化，可将1kg晶体溶于1L水中，再用浓H_2SO_4由溶液中重新析出水合硫酸锆，便可得到纯锆产品。其中Fe、Cu、Ag的含量分别≤0.1ppm；K、Na、Mg、Si的含量分别≤10ppm。

水合硫酸锆晶体在850～900℃下煅烧后，可得到纯二氧化锆。

这一方法用来净化除去水解法所制得的碱式硫酸盐沉淀中的杂质，是十分有效和合适的。

四、从硫酸溶液中析出钠或铵的硫酸-锆酸盐

从含锆的硫酸溶液中可以析出钠或铵的硫酸-锆酸盐，其组成可以表示为：$Na_4[Zr_4(OH)_6(SO_4)_7(H_2O)_2]\cdot nH_2O$和$(NH_4)_4[Zr_4(OH)_6(SO_4)_7(H_2O)_2]\cdot nH_2O$。它们很容易溶于水，从溶液中结晶出的这种盐的摩尔比关系，可以表示如下：

$$H_2SO_4:Zr=1.8\sim2.4、Na_2SO_4:Zr=0.3\sim1$$

原料液可用碱式硫酸锆溶于H_2SO_4而制得，用添加硫酸钠或苏打来调整溶液。当溶液中氯离子（来自HCl或NaCl）浓度达40g/l时，会降低结晶中的杂质铁含量，但也降低了锆的沉淀率。

沉淀经洗涤并在100～150℃的真空干燥箱中干燥后，可以得到含ZrO_2达39%、很容易溶于水的粉末状结晶体。

第三节　四氯化锆和四氯化铪的生产

四氯化锆（铪）是金属热还原法生产海绵锆（铪）的直接原料。工业上生产四氯化锆的方法有三种：碳氮化锆与氯气反应、二氧化锆加碳氯化、锆英石加碳氯化。按氯化方式又可有固定层氯化、沸腾层氯化和熔盐氯化之分。

一、由碳氮化锆生产四氯化锆

前已述及，在1800～1900℃下的电炉中，锆英石与碳可发生如下的还原碳化反应：

$$ZrSiO_{4(s)}+4C_{(s)}=ZrC_{(s)}+SiO_{(g)}+3CO_{(g)}$$

由于氮气的存在，除ZrC外还可以生成碳氮化锆Zr(C、N)，所得到的产物成分为(%)：Zr70～73、Si2～4、$C_{总}$6～8（其中$C_{化}$4.5～5.5）、Fe0.26、Ti0.6、N3～5、O0.5～0.8、CaO<0.07、MgO<0.12。这样的物料在400℃便能以很高的速度与氯气反应，且放出大量的热：

$$ZrC+2Cl_2=ZrCl_4+C+842\ kJ$$

$$ZrN+2Cl_2=ZrCl_4+1/2N_2+670\ kJ$$

资料报道，美国曾在外径为1067mm，高2438mm的竖式氯化炉中用这种原料生产四氯化锆，在400℃时反应已激烈进行。圆形衬镍冷凝器直径为1219mm、高2438mm、保持150℃的温度，得到亮黄色的冷凝物，它是含有氧和氯化炉带入的机械杂质的粗四氯化锆（铪）。

如前所述，碳氮化锆的制取过程能耗很大，影响了这一方法的应用。

二、锆英石精矿的直接氯化

有碳参与反应时，在900～1100℃下，锆英石能以满意的速度与氯气反应。主要反应式为：

$$ZrSiO_{4(s)}+2C_{(s)}+4Cl_{2(g)}=ZrCl_{4(g)}+SiCl_{4(g)}+2CO_{2(g)}$$

$$CO_{2(g)}+C_{(s)}\rightleftharpoons 2CO_{(g)}$$

反应热仅约125kJ/molZr，还需补充热量才能维持反应温度。反应可在固定层的竖炉中进行，也可以在沸腾层或熔盐层中进行。

1．固定层氯化　用竖炉时，团块料中含碳25～30%。通过石墨电极往炉内供以低压（～25V）电流，以保持氯化温度。从精矿到$ZrCl_4$的总回收率可达97%，处理1t锆英石精矿约耗电1000kWh，氯气总利用率可达99.4%。当采用添加发热量大的原料（如碳化锆或粗硅粉）时，也可以不用通电加热。

氯化产物通入收尘系统和冷凝器，控制不同的冷凝温度分别冷凝得粗$ZrCl_4$和$TiCl_4$-$SiCl_4$液体。

在收尘室和冷凝器中得到的粗$ZrCl_4$大致成分为(%)：Zr33～36、Cl58～60、Fe0.2～0.8、Al1.0～1.6、$TiO_2$0.01～0.05、Si≤0.01。可以用蒸馏法进一步提纯$ZrCl_4$：用氢将$FeCl_3$还原成$FeCl_2$（沸点1026℃），而后在450～600℃下蒸馏$ZrCl_4$。也可以让$ZrCl_4$通过NaCl与KCl的混合盐层，使粗$ZrCl_4$得到提纯。

2．沸腾层氯化　如同钛渣的加碳氯化一样，锆英石的加碳氯化也可以在沸腾层中进行。95%精矿的粒度小于0.074mm，95%的油焦粒度小于0.147mm，就可建立起较好的沸腾状态。与钛渣的氯化不同之点是，锆英石氯化的放热量小，不能靠自热维持过程温度。往往需采用通入Cl_2+O_2的混合气体，让部分碳燃烧放热。例如使用混合料中含碳30～38%，混合气体线速度0.03m/sec时，能维持900～1000℃的氯化温度，但易于使氯化产物中$ZrOCl_2$含量增高，氯化物中只能回收91%左右的锆。

另一种维持炉温的方法是用电加热。对于一个外径为2250mm的沸腾炉而言，在1200～1300℃下进行氯化时，每天可产出$ZrCl_4$15t，但要用功率为1750kVA的电源向炉子供电；也可以向以石墨为炉衬的沸腾炉进行感应加热，这要求有大尺寸的石墨管、有良好的密封绝缘措施、可靠的供电装置，据报道这种沸腾氯化装置在国外已工业化。

3．熔盐氯化　苏联研究过在熔盐中进行锆英石的加碳氯化。氯化在等摩尔的NaCl与KCl组成的900℃的熔盐中进行。较好的条件是熔盐中含有14～15%的锆英石和6%的油焦，锆英石的氯化率可达99%。

用于生产海绵锆的$ZrCl_4$往往是用纯净的二氧化锆加碳氯化而制得，这比我们前面讨论的要更简单方便些，不在此累述。

第四节　锆和铪化合物的提纯

在原子能工业中应用的锆，要求其中的Hf<0.01%，而锆矿物中Hf/Zr达到2～2.5%。

因此，为了生产纯锆，必需分离除去与锆性质十分相似的铪。与此同时还应除去其他杂质，如Si、Al、Fe等。

用不同矿物原料分解方法所得到的中间产品不同，工业上用以进行锆、铪分离的方法也不尽相同。主要方法有湿法与火法两类，包括：

（1）氟锆盐的分步结晶法；

（2）有机溶剂的液-液萃取法；

（3）离子交换法；

（4）氯化物的火法分离法。

在湿法分离方法中应用最广的是有机溶剂萃取法和离子交换法，火法主要为精馏法。

一、有机溶剂萃取法

1．磷酸三丁酯萃取分离锆铪　在含游离硝酸的锆、铪硝酸盐溶液中，用磷酸三丁酯（TBP）可以萃取分离锆和铪。溶液中的ZrO^{2+}离子与TBP发生如下萃取反应：

$$ZrO^{2+}_{(aq)}+2H^{+}_{(aq)}+4NO^{-}_{3(aq)}+2TBP_{(org)}=Zr(NO_3)_4\cdot 2TBP_{(org)}+H_2O$$

该反应的浓度平衡常数可表示为：

$$K=\frac{[Zr(NO_3)_4\cdot 2TBP]_{(org)}}{[ZrO^{2+}]_{(aq)}\cdot[H^+]^2_{(aq)}\cdot[NO_3^-]^4_{(aq)}\cdot[TBP]^2_{(org)}}$$

平衡时，ZrO^{2+}在有机相与水相中的分配系数D_{Zr}：

$$D_{Zr}=\frac{[Zr(NO_3)_4\cdot 2TBP]_{(org)}}{[ZrO^{2+}]_{(aq)}}$$

则

$$D_{Zr}=K[H^+]^2_{(aq)}\cdot[NO_3^-]^4_{(aq)}\cdot[TBP]^2_{(org)}$$

由上式可见，提高溶液中的酸度、硝酸根离子浓度和TBP的浓度，有利于锆的萃取。铪的萃取同样服从上述规律，但影响的程度不一样。在图2-4-6中所示的条件下，$D_{Zr}>D_{Hf}$，但随着溶液中酸度的增大，D_{Hf}的增大速度比D_{Zr}大，所以分离系数$\beta_{Zr/Hf}$从12(6molHNO_3时）降到4（9molHNO_3时）。实践中，一般控制在5～6molHNO_3浓度下进行萃取，此时，锆与铪有相当好的分离效果，例如，将125g/lZrO_2+5NHNO_3、Hf/Zr为0.25%的料液加入连续萃取装置的第五级进行分馏萃取，萃取剂为60%TBP+n-庚烷，当料液:洗液:萃取剂=1:1.2:5（体积比）时，经九级萃取、五级洗涤后，可得到含铪小于0.01%的锆产品，同时还除去了锆中的大部分Al、Ca、Mg、Si、Ti等杂质；萃余液中得到Hf/(Hf+Zr)达45%的富铪产物。

2．用甲基异丁基酮（MIBK）萃取分离锆和铪　在含硫氰根离子（CNS^-）的硫酸或盐酸溶液中，锆与铪以未离解的分子$Me(CNS)_4$和$Me(OH)_2\cdot(CNS)_2$或络合物离子$[Me(CNS)_6]^{2-}$形态存在。酮、醚、醇等可以从这样的溶液中首先将铪萃取出来，其中最有效的萃取剂是甲基异丁基酮（MIBK），国外一些企业已用其分离铪和锆。

萃取时，铪和锆可呈$Me(OH)_2(CNS)_2\cdot MIBK$（低酸度时）或$Me(CNS)_4\cdot 2MIBK$（高酸度时）被萃取，在$H_2SO_4$体系中，且HCNS浓度大时，分离系数$\beta$可达80，而在HCl体系中，分离系数$\beta=4\sim5$。萃取流程如图2-4-7所示。

在90～100g/lZr(Hf)、1mol/L HCl和1mol/L NH_4CNS与2.7mol/L HCNS的溶液

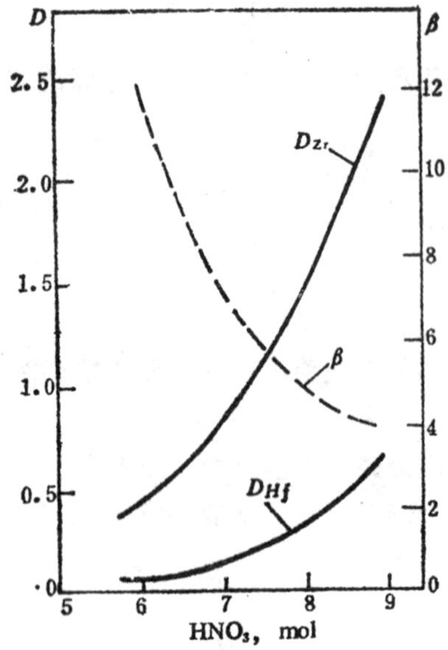

图 2-4-6 锆与铪的分配比与HNO_3浓度的关系（料液中Zr10g/L，有机相中TBP浓度20%）

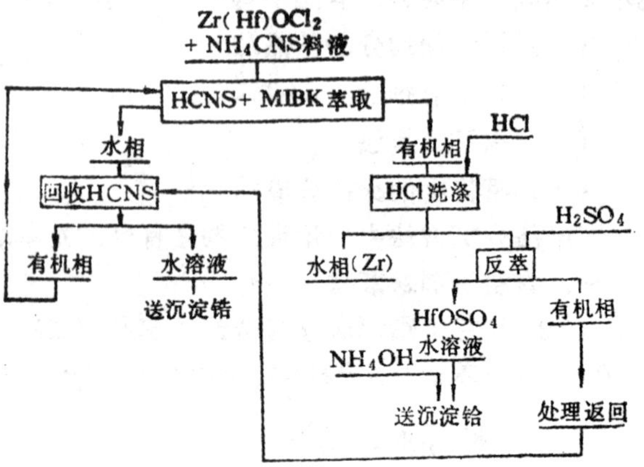

图 2-4-7 用含硫氰化物的MIBK萃取分离锆、铪的原则流程

中萃取分离时，铪富集在有机相。用2.5mol/L H_2SO_4由负载有机相反萃铪，反萃液含约98%Hf〔指Hf/(Hf+Zr)〕，以NH_4OH溶液沉淀出氢氧化铪。萃余液中留下90%的锆〔其中含Hf<0.01%(相对于锆而言)〕。

为了再生HCNS，用MIBK从含锆溶液中萃取硫氰酸（生成HCNS·2MIBK），继而以氨溶液处理之，得到NH_4CNS，将其送回制备原料液。

这一工艺的缺点是萃取剂太贵、损失大（MIBK易溶于水、易挥发），故常用价廉的磷酸三丁酯、苯乙酮或环己酮代替。

二、离子交换法

用离子交换法也可以分离锆和铪，一般既可以采用阳离子交换树脂，也可以采用阴离子交换树脂，视锆、铪在溶液中的形态而定。

例如，让含ZrO^{2+}、HfO^{2+}的硝酸溶液流过阳离子交换树脂时，这两种阳离子被吸附在交换柱上部的阳离子交换树脂上（或让它们在单柱的树脂中吸附达到饱和），然后以H_2SO_4溶液淋洗负载树脂。此时，锆首先被洗下，比铪优先转移到交换柱下部（或另一根柱）的树脂上。当交换柱足够长时，经过这种吸附、淋洗，便可获得含Hf<0.01%的锆。锆的回收率可达93～95%。

淋洗时，主要是利用ZrO^{2+}和HfO^{2+}两种离子与H_2SO_4形成络离子$[ZrO(SO_4)_2]^{2-}$和$[HfO(SO_4)_2]^{2-}$能力的不同而使锆被优先洗出。

例如，让17g/LZrO^{2+}+2mol/LHNO_3溶液缓慢流过两根串联的装有氢型阳离子交换树脂的交换柱，且让吸附柱中的树脂被锆、铪离子饱和，然后以0.5mol/L H_2SO_4溶液淋洗被锆、铪离子饱和了的树脂，锆优先转入吸附柱下部装有氢型阳离子交换树脂的分离柱，直至吸附柱出口溶液中出现铪。切断下部交换柱，继而以1.5mol/L H_2SO_4溶液淋洗交换柱中的铪。经过这种分离，可以分离出93%的锆，其中含Hf仅0.035%。

本方法的缺点是生产率低。但分离效果好，且过程可连续进行。

三、火法分离锆和铪

除有机溶剂萃取和离子交换等湿法分离法外，尚可用火法分离锆和铪。这些火法分离工艺主要适应于$ZrCl_4$与$HfCl_4$的分离。有工业前途的火法分离法主要有：氯化物精馏法、锆（铪）氯化物与$POCl_3$化合物的精馏法、在碱金属氯化物熔盐中精馏分离锆、铪氯化物等。

1．四氯化锆（铪）与$POCl_3$化合物的精馏 锆和铪的氯化物与$POCl_3$可分别生成$Zr(Hf)Cl_4·2PO_2Cl$、$Zr(Hf)Cl_4·POCl_3$化合物，也可以生成$3Zr(Hf)Cl_4·2POCl_3$。$3ZrCl_4·2POCl_3$的沸点为360±1℃、$3HfCl_4·2POCl_3$的沸点355±1℃，锆与铪的分离系数波动于1.14～1.16之间，经过50级塔板精馏后，可以得到含Hf<0.1%的锆馏出物，锆的一次精馏回收率可达40%。

为了使$ZrCl_4$与$POCl_3$分开，可将氯络盐$3ZrCl_4·2POCl_3$在300～400℃下与NaCl共熔，然后在800℃下分解出$ZrCl_4$：

$$3ZrCl_4·2POCl_3+6NaCl\xrightarrow{300\sim400℃}3Na_2ZrCl_6+2POCl_3$$

$$Na_2ZrCl_6\xrightarrow{800℃}2NaCl+ZrCl_4\uparrow$$

也可以让氯络盐通过800℃的碳层而分解出$ZrCl_4$：

$$3ZrCl_4·2POCl_3+2C\xrightarrow{800℃}3ZrCl_4+2PCl_3+2CO$$

沸点为75℃的PCl_3很容易与$ZrCl_4$分离。

这一方法在美国完成过半工业试验。

2．在碱金属氯化物熔盐中精馏分离 用于常压下精馏分离$ZrCl_4$与$HfCl_4$的熔盐是KCl与NaCl，精馏在$ZrCl_4(HfCl_4)$-$Na_2Zr(Hf)Cl_6$-$K_2Zr(Hf)Cl_6$三元低共熔组成的熔盐中进行。330～350℃时熔盐上空的$ZrCl_4$与$HfCl_4$的蒸气压可达0.1MPa(1atm)，且$HfCl_4$的蒸气压比$ZrCl_4$高。在含33～37%(mol)NaCl+KCl(它们的分子比为8:9）的熔盐中蒸馏时，$ZrCl_4$与$HfCl_4$的分离系数等于1.7。

在精馏塔内加入含$HfCl_4$达65%(mol)的NaCl-KCl混合盐，在塔板数为50级精馏塔内，得到了含Hf<0.01%的$ZrCl_4$和Zr<1%的$HfCl_4$。操作可在常压密封的不锈钢设备中进行。

此法已在国外完成了工业试验，且提供了用以生产海绵锆的$ZrCl_4$产物。

3．低价氯化锆（铪）分离法 在400～450℃下用锆粉将$ZrCl_4$还原成难挥发的$ZrCl_3$和$ZrCl_2$，而让$HfCl_4$挥发除去。在420℃下用锆粉选择性还原含1.5%Hf的$ZrCl_4$，当铪回收率达95%时，能得到含30%Hf的升华物；难挥发的还原产物为$ZrCl_2$、$ZrCl_3$和残余锆粉的混合物，其中铪含量降到0.05～0.1%。该法富集指标高，能与金属还原过程衔接；但过程缓慢，且锆粉易着火。

思 考 题

1．试分析比较锆英石精矿各种分解方法的优、缺点。你对强化分解过程、降低精矿分解时的单耗有什么想法？

2．请归纳分析从水溶液析出锆化合物各方法的特点及这些方法的基本原理。

3．在拟定生产四氯化锆和四氯化铪诸方法的工艺与设备方案时，要注意一些什么问题？并请分析比较四氯化钛生产方法与四氯化锆（铪）生产方法的特点与共同点。

4．请简述锆、铪分离的必要性及主要方法的原理和适用范围。

第五章 金属钛锆铪的生产

第一节 概 述

钛、锆、铪有很强的化学活性，能与氧、氮、碳、二氧化碳和水蒸气进行反应，也能溶解氧和氮。而微量的这些杂质，都有可能提高这些金属的硬度和脆性，降低它们的展性和韧性。所以在这些金属的生产过程中必须防止它们与氧、氮、氢、水蒸气、含碳气体和材料接触。因此，这些金属必须在密闭真空设备或惰性气体（氩或氦）保护下进行生产。它们的烧结、熔炼或制粉也一定要在真空或惰性气体中进行。所用的原材料（化合物、还原剂等）的纯度必须有充分的保证，生产现场也必须干净。

金属钛和锆（铪）的工业生产方法有：

（1）四氯化钛、四氯化锆（铪）的镁还原法或钠还原法；

（2）氯化物或氟化物的熔盐电解法；

（3）氟锆（铪）酸钾的钠还原法，或氟化锆的钙还原法。

目前工业上绝大部分金属钛是用四氯化钛镁还原法（Kroll法）或钠还原法（Hunter法）生产的。金属钛粉和锆粉多半用熔盐电解法、钠还原法或其它方法制取。

四氯化钛的镁还原法是由卢森堡科学家克洛尔（Kroll）1938年研究成功的。用纯四氯化钛和镁为原料生产商品海绵钛的原则流程如图2-5-1所示。

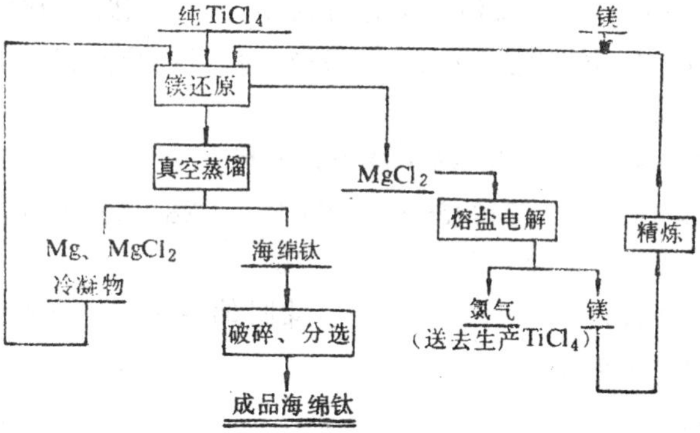

图 2-5-1 四氯化钛的镁还原法原则流程

镁还原法的实质是，在880～950℃下的氩气气氛中，让$TiCl_4$与金属镁进行反应得到海绵状的金属钛（海绵钛）和氯化镁；用真空蒸馏除去海绵钛中的氯化镁和过剩镁而获得纯钛。蒸馏冷凝物可经熔化回收金属镁，氯化镁经熔盐电解回收镁和氯气。

少数工厂也用钠还原法生产海绵钛（或钛粉）。该方法的实质是在800～950℃下的氩气气氛中，让金属钠使四氯化钛还原成金属钛。由于金属钠一般不需过量，且氯化钠价廉，所以生产上是将还原产物破碎后用含酸水洗净氯化钠和低价钛，即可得到海绵钛块及部分金属钛粉。

为了获得致密的金属钛或锆、铪，可用真空熔炼法或粉末冶金法制取金属锭或烧结块（参看本书第五篇）。

金属锆和铪的主要工业生产方法也是氯化物的镁还原法。

第二节　用镁还原四氯化钛生产金属钛

一、还原过程基本原理

1．热力学分析　用金属镁还原四氯化钛的还原过程是在充满惰性气体（氩或氦）的密封钢制反应罐中进行。液体的四氯化钛以一定的速度加入盛有熔融金属镁的反应罐中并气化，四氯化钛蒸气被反应罐内的液态或气态镁还原，总反应式为：

温度为987～1273K时

$$1/2TiCl_{4(g)}+Mg_{(l)}=1/2Ti_{(s)}+MgCl_{2(l)} \quad (2\text{-}5\text{-}1)$$

温度高于1378K（镁的沸点）时可发生如下反应：

$$1/2TiCl_{4(g)}+Mg_{(g)}=1/2Ti_{(s)}+MgCl_{2(l)} \quad (2\text{-}5\text{-}2)$$

反应（2-5-1）与（2-5-2）都是放热反应，在1100K时的热效应分别等于246和343KJ。在工业规模下生产，反应放出的热量不仅足以维持还原过程的进行，而且还要引出部分热量，以免反应过程温度过高。

实际还原过程可能经过生成低价氯化物的阶段。很有可能，反应的第一阶段是$TiCl_4$与镁蒸气两个气体分子间的相互反应，生成$TiCl_2$：

$$TiCl_{4(g)}+Mg_{(g)}=TiCl_{2(l)}+MgCl_{2(l)} \quad (2\text{-}5\text{-}3)$$

随后$TiCl_2$被镁还原成钛：

$$TiCl_{2(l)}+Mg_{(l)}=Ti_{(s)}+MgCl_{2(l)} \quad (2\text{-}5\text{-}4)$$

按反应（2-5-3）生成的$TiCl_2$可以溶解在氯化镁液中，1170K时，其溶解度接近40%。所以液体镁和$MgCl_2$熔体中$TiCl_2$之间的反应（2-5-4）系在凝聚相中进行（900℃时Mg在$MgCl_2$中溶解度为1.2%）。

反应（2-5-1）在987～1378K下的标准自由焓变化：

$$\Delta G^\circ_{(2-5-1)}=-240450-52.9T\lg T+231.5T\ (J)$$

在1173K时

$\Delta G^\circ_{(2-5-1)}=-159356(J)$，$K_P=1.25\times10^7$，此时的四氯化钛平衡分压$p_{TiCl_4}=6.35\times10^{-16}MPa$（约$6.35\times10^{-15}atm$）。

对于反应（2-5-3）：

$$\Delta G^\circ_{(2-5-3)}=-364250+147.62T(J)$$

在1173K时，标准自由焓变化：

$$\Delta G^\circ_{(2-5-3)}=-191092(J),\quad K_P=3.25\times10^8$$

四氯化钛平衡分压$p_{TiCl_4}=3.07\times10^{-10}MPa$。

从反应（2-5-1）的热力学计算表明，四氯化钛的镁还原反应进行得很彻底；反应（2-5-3）的计算表明，如果还原过程局部镁量不足，生成低价钛的反应可优先进行，但在1200K下，反应（2-5-4）的$\Delta G^\circ_{(2-5-4)}=-118000J$，平衡时熔体中的$TiCl_2$活度$a_{TiCl_2}=7.28\times10^{-6}$，说明若还原时镁量充足，即使按反应（2-5-3）生成了低价氯化钛，也会进一步被镁还原成金属钛。工业生产中，金属镁一般过量约50%，低价氯化钛的还原是有保证的。

反应（2-5-3）是最主要的生成低价氯化钛的反应。此外，还可能由二次反应生成低价氯化钛：

$$TiCl_4 + TiCl_2 = 2TiCl_3$$

$$3TiCl_4 + Ti = 4TiCl_3$$

$$TiCl_4 + Ti = 2TiCl_2$$

$$2TiCl_3 + Ti = 3TiCl_2 \qquad (2\text{-}5\text{-}5)$$

这些二次反应中，最重要的是（2-5-5）。镁量足时，这些二次反应可以避免发生，即使生成这些低价氯化物，也可以被镁还原成金属钛。

2．动力学及其影响因素

（1）反应机理　在四氯化钛镁还原过程中，有气相、液相与固相存在，同时存在着物质的气化、凝聚、扩散、吸附、溶解与结晶等各种物理化学过程。因而使四氯化钛的镁还原过程机理和海绵钛结构的形成机理变得很复杂。它决定于还原反应发生的条件和还原产物特性，反应中的一系列物理化学过程。

对于反应机理，目前尚无统一的意见，但它们之间也有一些共同之点，基本上可综合为两种代表性的意见：

1）还原过程主要是镁蒸气与四氯化钛蒸气之间的反应，通过生成低价氯化物阶段的还原而获得金属。有金属钛生成后，气相反应主要在金属钛的表面进行，但在一定条件下也有熔体反应（即溶解在$MgCl_2$中的$TiCl_2$被溶解在$MgCl_2$中的镁进一步还原成金属钛）；还原产物的海绵状结构是由于反应放热剧烈，使钛颗粒产生烧结等二次作用的结果，因此，还原过程的热效应也强烈地影响到还原过程的机理。

2）还原过程基本上是液体镁与海绵钛表面吸附的$TiCl_4$蒸气间的相互作用，也存在着液体镁与溶解在$MgCl_2$熔体中的低价氯化钛之间的反应；镁蒸气与$TiCl_4$气体之间的反应只发生在还原过程的开始阶段；同时认为还原过程具有自动催化作用，这种多相自动催化作用是镁还原$TiCl_4$反应的基本动力学特征，也是使钛形成海绵状结构的重要原因。现分析如下：在四氯化钛的镁还原过程中，四氯化钛的加入是按图2-5-2的加料曲线进行的，它可分为初期、中期和后期三个还原阶段。

在还原反应刚刚开始的反应初期（图2-5-2中0a段），反应罐中镁的液面充分暴露，空间有一定的镁蒸气。加入的$TiCl_4$蒸气在液镁表面发生还原反应，同时也在空间发生$TiCl_4$蒸气与镁蒸气的反应，从而在接近液体镁界面的罐壁上生成一层细粒金属钛。因新相形成

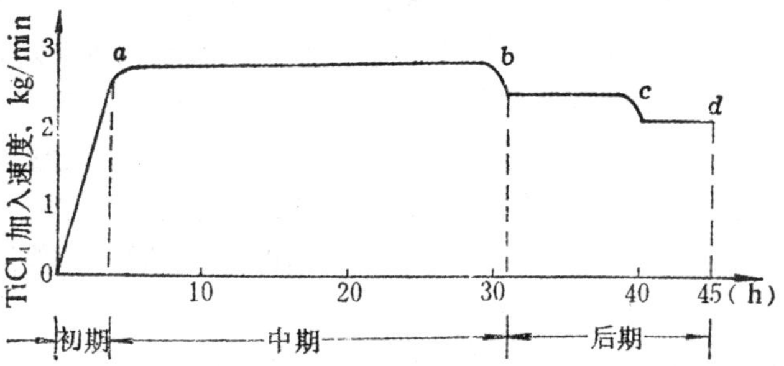

图 2-5-2　镁还原四氯化钛时的加料曲线（每罐产钛约2.0吨时）

的表面能高，此时的反应速度不大，因而加料速度也不可能太大。

当初始反应生成一些金属钛和$MgCl_2$后，具有很高活性的新生成的金属钛易于吸附$TiCl_4$，这种化学吸附只是在钛晶粒的锋尖、棱角等活化中心上发生，其结果削弱了$TiCl_4$内部原子间的引力，增大了它的活性，降低了它与镁反应的活化能，提高了还原速度，即造成了所谓"吸附活化自动催化作用"。另一方面，虽然生成的$MgCl_2$密度比镁液大(800℃时$MgCl_2$、金属镁、钛的密度分别为1.627、1.555、4.51g/cm³)，$MgCl_2$应迅速往下沉，但是因为$MgCl_2$对液体镁和被钛覆盖的罐壁的润湿性较好，故在钛表面和液体镁表面总有一层$MgCl_2$妨碍镁与$TiCl_4$的接触和反应。然而液体镁可沿海绵钛的毛细孔上升到吸附有$TiCl_4$的活化点上进行反应，生长的钛微粒粘附在原有的活化点上，使钛的生长优先在其锋尖和棱角上进行，从而导致钛出现海绵状结构。

反应结果，导致海绵钛数量增加，"活化中心"增加，从而使反应速度加快。在这段时间内，$TiCl_4$加料速度比初期要快（图2-5-2中ab段），新生的钛微粒不断沉积在海绵钛的活化部位，并沿纵向和横向发展。而往下流动的$MgCl_2$覆盖大部分的海绵钛侧表面，使横向生长缓慢，纵向生长较快，逐渐出现海绵钛柱状结构。当排放$MgCl_2$后，钛海绵柱因自重下沉，并为下一层钛柱的生成提供了条件。如此不断进行，海绵钛柱体便形成了，并显现层状结构。

还原后期（图2-5-2中bcd段），镁量逐渐减少，当它被消耗到总量的65%～70%时，即停止加$TiCl_4$，此时几乎全部镁液被吸入海绵体中，这些液镁进一步将熔体中的低价氯化钛还原成金属钛，使海绵钛柱结构趋于致密。

除以上两种看法外，也有人认为，对还原机理各种不同的看法不要认为是相互否定，而应看成是相互补充。总的看来，由于镁还原过程本身的工艺特点和设备缘故，给还原机理的研究带来很大的困难，因而人们对还原机理的研究还很不够，有待深入研究。

（2）还原过程的影响因素　根据以上分析与实践资料，影响$TiCl_4$镁还原过程的主要因素有四氯化钛的加料速度、温度、压力及罐内液面高度等。

1）四氯化钛的加入速度　这是还原过程的主要影响因素，不仅直接影响到还原反应速度，而且影响到过程温度、产物的组成与结构。生产上还原过程的温度除用电加热和通风散热调节外，主要靠改变$TiCl_4$的加入速度来调节；在一定范围内加大加料速度，可增加"活化中心"的数目，降低反应活化能（表2-5-1)，使反应速度加大。图2-5-3示出了加料速度与反应速度的这种关系。图中的水平段线条表明，当加料速度达到一定值时，过程受镁液沿毛细孔上升速度所限制，故而反应速度不再受加料速度的影响。

另一方面，加料速度大，反应速度增大，生成的$MgCl_2$量加大，对于海绵钛的横向生长不利；反之，则海绵钛侧面$MgCl_2$液变少、变薄，横向生长速度加快，甚至使横向海绵钛形成"海绵桥"，降低镁液与$TiCl_4$接触的机会。增加$TiCl_4$加料速度，也可使海绵钛比表面积增大，孔隙度增大，有利于以后的真空蒸馏。但$TiCl_4$加料速度如果过大，会造成温度过高，罐内压力过大，易生成低价氯化物，它们部分凝聚在反应器上部"冷区"罐壁，而后被还原成细粒钛粉。进入熔体中的$TiCl_2$在还原后期虽可被还原，但可造成海绵钛孔隙度下降。

四氯化钛的总加入量往往由反应罐的尺寸、投入的镁量，通过计算或试验来确定。

2）温度　升高还原温度，有利于镁液在毛细孔中的传递，加快反应速度；B.A.列

表 2-5-1 不同四氯化钛加入速度下，海绵钛比表面积与反应表观活化能

对海绵钛比表面积影响		对反应活化能的影响	
四氯化钛加入速度 kg/h	海绵钛比表面积 m^2/g	四氯化钛加入速度 ml/min	表观活化能 J/mol
52～67	1.0～1.18	3	107470
92～126	1.16～2.5	5	65240
—	—	10	44960
—	—	15	44960

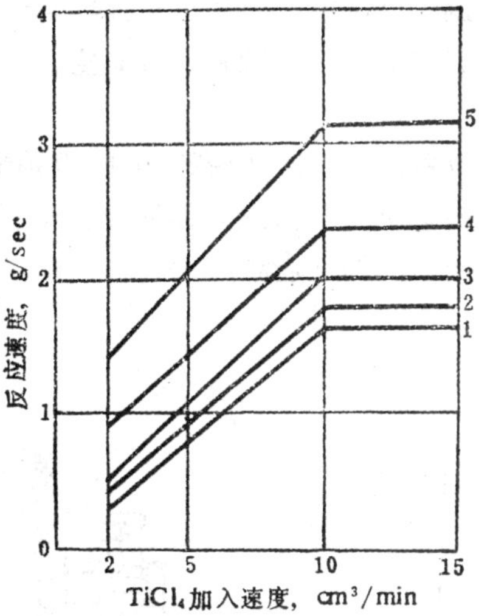

图 2-5-3 在不同温度下还原反应速度与四氯化钛加入速度的关系

1—700℃；2—750℃；3—800℃；4—850℃；5—900℃

尼兹尼钦科的实验可说明这种关系（如图2-5-4所示），$\lg V$与$1/T$成直线关系。提高还原过程温度，还可以促进细粒钛的再结晶和烧结作用，加速形成海绵体。但温度过高（一般控制在880～950℃），不仅可能造成海绵钛过早烧结、孔隙度下降，而且可引起罐壁参与反应而生成Fe-Ti合金。这不仅使产品Fe含量增高，还可能造成罐壁穿孔（Fe-Ti低熔共晶温度为1085℃）。

3）罐内压力　罐内的压力是指反应罐内上空各种气态物质分压（包括氩气、$TiCl_4$、镁蒸气、$MgCl_2$和低价氯化钛蒸气）的总和。适当、稳定的罐内压力是还原过程平稳、获得好的生产指标的技术措施之一。正常还原时，空间气相中93～98%为Ar，$TiCl_4$浓度（分压）仅只0.4～2%。除反应初期和末期，因反应速度低会出现压力升高的情况外，正常期，如果罐内压力过高或过低，往往是$TiCl_4$加料速度控制不当的表征。如果把过程中压力控制过高，除影响还原过程外，还可能造成往$TiCl_4$高位槽反冲；或使部分液态$MgCl_2$压入$MgCl_2$排放管的低温部分，造成堵塞。压力过低，易造成空气吸入，影响产品质量。生产上罐内压力一般控制在2.7～24.0kPa（20～180mmHg）。

4）液面高度　据计算，消耗1L液镁可生成3.68L $MgCl_2$和0.345L钛。随着反应的进行，以固体钛与液体$MgCl_2$体积比1：10.7的比值积累$MgCl_2$，液面超过海绵钛时，阻碍反应进行。因此，必须定期排放$MgCl_2$。根据$TiCl_4$的加入量可计算出$MgCl_2$量，每次排放出的$MgCl_2$量略低于计算值，以免将液镁排出和避免造成镁液沿毛细孔上升的困难而影响反应速度。

足够的镁量也是保证反应速度的基本条件；采用加液体镁的操作法时，要注意定期补足液体镁，以保证液面高度和液镁的供给。

二、还原的工业实践

1．还原设备　经过三十多年来世界各国的工业实践，还原设备经过不断改进，日趋完善。目前各国使用的钢制反应罐，一般每周期可产出1～4t海绵钛，规模最大的可产8～10t海绵钛，反应罐的直径可达1.8～2.0m。

还原装置包括：还原用的钢制反应罐、带加热和排热系统的电炉、带计量装置的四氯化钛贮槽和液体镁的加入装置、$MgCl_2$排放装置、抽真空、充氩、测压、放气、测温等辅助装置。

还原反应罐是还原的主体设备，由壁厚20～25mm的锅炉钢或不锈钢制成。目前工业上还多用间歇式竖式反应罐。根据$MgCl_2$的排放部位可分为上部、底部或侧部排放方式；工业上又可分为有内坩埚和无内坩埚的反应罐，无内坩埚反应罐示意图见图2-5-5。

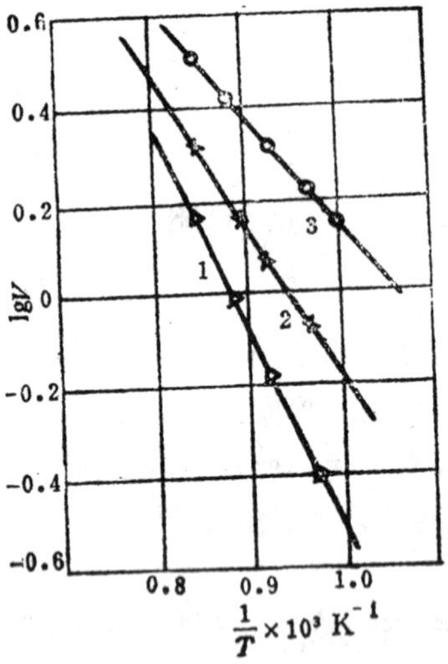

图 2-5-4　还原反应速度对数值与绝对温度倒数的关系（四氯化钛加入速度：1—2ml/min；2—5ml/min；3—15ml/min）

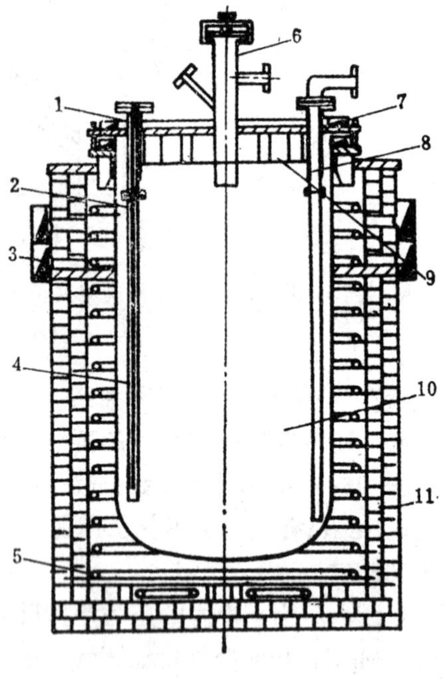

图 2-5-5　上部放渣式无内坩埚还原反应罐示意图
1—套管；2—热电偶套管；3—送风道；4—热电偶；5—加热炉电阻丝；6—加$TiCl_4$的装置；7—大盖；8—$MgCl_2$排出管；9—热反射器；10—还原反应罐；11—加热电炉

反应罐用电炉加热，炉体由10～15mm的钢壳、耐火砖和保温材料砌成的炉衬、电热体三部分组成。为了使炉温均匀和控温方便，一般分为3～5段加热。炉产2t海绵钛的还原反应罐，加热的总功率为220～300kW。为了导出多余的反应热、控制还原温度、炉子中部装有可强制送风或自然通风的排风管道。

2．工艺制度　新的还原反应罐经酸洗、水洗、压缩空气吹干、试压后，还需要在罐内壁进行涂钛层等表面处理，以保证产品质量。空反应罐经组装抽真空、检漏合格后，送入加热炉，按升温制度升温，达指定温度后，充氩气。用真空抬包加入液体金属镁（或在组装前加入固体镁锭）。

罐内升温到750～800℃时，开始加入四氯化钛，通过调节加热电源、$TiCl_4$加入速度和通风管道，让反应罐温度保持在880～950℃之间，最高不超过975℃。随着反应的进行，$MgCl_2$逐渐积累，需定期通过$MgCl_2$排出管排放出液体$MgCl_2$。采用上部排放$MgCl_2$的方式时，需保持罐内与排放管出口之间的压力差为6.7～13.3kPa（即50～100mmHg柱），用压力将液体$MgCl_2$压入$MgCl_2$抬包，送往镁电解槽。加完全部$TiCl_4$以后，需保温1～2h，让熔体中的低价钛得到充分还原，让反应产物$MgCl_2$充分往下流入$MgCl_2$层，然后将罐内的$MgCl_2$尽可能干净地排出（约占产出的$MgCl_2$总量的95%），以免增加下步真空蒸馏作业的负担。

排放最后一次$MgCl_2$后，反应罐保持较高的正压。并迅速吊出炉外。用自来水间接或直接冷却反应罐壁。当反应罐内部温度接近室温时，拆开罐盖，清除上部低价氯化物，装上真空蒸馏装置，送去进行蒸馏。

为了有效地调节和控制反应罐内温度、四氯化钛的加料速度（流量）、罐内的压力和液面高度，可以采用自动控制系统来操作（图2-5-6）。这一装置将热电偶感受的温度信号与$TiCl_4$的流速控制设备有机地结合起来，且能自动地从送风装置将冷空气送到过热的反应罐部位，或送电加热温度过低的反应罐壁。按最佳程序设计的自动控制系统可以保证以最大允许的反应速度进行还原反应，并能保持反应罐内的压力在允许的范围内。

炉子底部区域温度通过热电偶13和多点控制的电子电位差计10来控制，反应罐外壁的温度通过热电偶14～17和电子电位差计10来调节和控制。加热时电子电位差计通过继电器

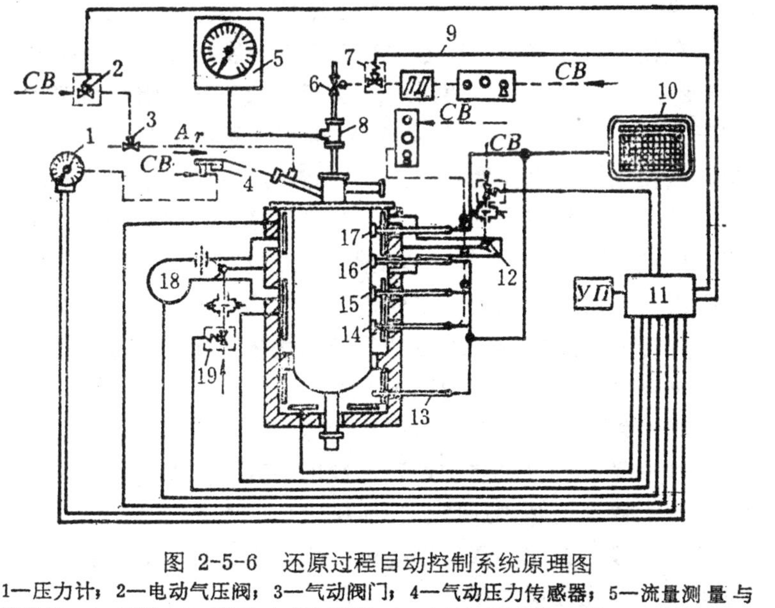

图 2-5-6　还原过程自动控制系统原理图

1—压力计；2—电动气压阀；3—气动阀门；4—气动压力传感器；5—流量测量与记录仪；6—阀门；7—$TiCl_4$电动气压阀；8—电子流量计传感器；9—$TiCl_4$流量电传感器；10—电子电位差计；11—继电器；12—空气流量调节阀；13～17—热电偶；18—电动风机；19—电动气压阀；CB—压缩空气

11逐点地控制各个加热段的温度。还原时，电子电位差计通过热电偶、继电器等，调节阀门12来控制空气流量以便控温；任意一支热电偶达到最大允许温度时，都可接通风机18，借助于电动气压阀门19将反应罐高温区的温度调整到允许的范围内。罐内温度接近危险值时，通过电动气压阀门7关闭四氯化钛。一般情况下，四氯化钛的流量传感器9和阀门6按规定的程序自动控制。四氯化钛的流量由电子流量计传感器8和仪表5来测量和记录；罐内压力由气动压力传感器4和电接点压力计联合测量。为调节罐内压力，则用可供给氩气的电动气压阀门2与压力计1来实现。

据报道，国外已采用电子计算机控制镁还原炉。一台计算机可控制多台还原炉，对提高设备生产率和保证产品质量带来好处。

三、还原产物的真空蒸馏和海绵钛砣的处理

镁还原四氯化钛的产物中，大约含有55～60%的钛、25～30%镁、10～15%氯化镁，还含有少量$TiCl_2$和$TiCl_3$。必须将产物中过剩的镁和残留的$MgCl_2$分离出去。除个别工厂用酸浸法和氦气吹除法外，都采用真空蒸馏法。用真空蒸馏法既可以保证产品的纯度，又可以使含氯化镁和镁的冷凝物得到回收利用，提高了镁的利用率。

表 2-5-2 镁、氯化镁、钛的蒸气压，kPa（括号内为mmHg值）

温度 ℃		700	800	900	1000
蒸气压	p_{Mg}	0.67(5)	3.33(25)	10.67 (80)	33.33(250)
	p_{MgCl_2}	—	0.29(2.2)	1.07 (8.0)	10.67 (80)
	p_{Ti}	—	—	$<9.7\times10^{-9}$ $(<7.3\times10^{-8})$	$<3.07\times10^{-8}$ $(<2.3\times10^{-7})$

1．真空蒸馏法分离钛、镁、氯化镁的基本原理　真空蒸馏是基于在800～1000℃温度下，镁与$MgCl_2$有较大的蒸气压，让它们在真空下挥发后冷凝在冷凝器壁上；而钛的蒸气压很小（表2-5-2），留在原来的还原罐内，从而使钛与其它组分分离。

在真空度高于1.3×10^{-3}kPa(10^{-2}mmHg）的蒸馏罐内，将还原产物在900～950℃下长时间加热，镁、氯化镁都可以挥发除去，在拆卸还原罐时可能吸附的水分，低温即被除去，使海绵钛获得净化。冷凝在冷凝器上的镁与氯化镁可直接返回还原工序使用，或进行熔化分离，将镁返回还原工序，氯化镁送镁电解工序。在真空蒸馏的后期，对蒸馏时间影响最大的是海绵钛毛细孔中镁和氯化镁（主要是氯化镁，从表2-5-2可知，其蒸气压比镁低得多）的除去。这部分镁与氯化镁必须经过毛细孔缓慢迁移到达海绵钛表面，然后挥发到空间，并扩散到冷凝器内，在冷凝器内壁上冷凝。

显然，影响蒸馏速度的主要因素有海绵钛的结构、蒸发温度、真空度和冷凝器内的冷却温度。蒸发温度和冷凝温度、真空度均可通过调整真空蒸馏过程的工艺参数来满足，而海绵钛的结构则在很大程度上是由还原过程所确定的。在真空蒸馏时不宜过早进入高温阶段，以防止毛细孔中的镁、氯化镁（特别是氯化镁）在迁移到海绵钛表面以前，毛细孔被烧结成闭孔，使其中的氯化镁被封闭在毛细孔内。

2．真空蒸馏操作　对产能2 t钛左右的规模而言，往往采用如下操作方法。

在400℃下保温4～6 h，脱除产物中吸附的气体和结晶水；逐渐升到800℃下保温3～

5 h，以脱除镁和大部分氯化镁。在这段时间内，设备内真空度不宜太高，以免由于来不及冷凝而使部分镁和氯化镁蒸气抽入真空系统；然后逐渐升温到930～960℃，保持40～60 h，以脱除仅占总量1～2%的残余氯化镁。在加热蒸馏罐和抽真空时，为了使罐壁不变形，必须在罐壁与炉膛之间用机械泵保持低真空。

在蒸馏后期，必须在6.67×10^{-4}～1.33×10^{-5}kPa（5×10^{-3}～10^{-4}mmHg）的真空度下稳定一段时间，重复两次关闭真空阀门后5～10min内，真空度下降数字小于2.67×10^{-3}kPa（2×10^{-2}mmHg）时，即可在高真空下降温冷却2～3 h。然后充氩冷却，并同时往炉膛空间缓慢放入空气，罐内充入足够的氩气后，便可将蒸馏罐移入水冷槽中冷却，用水（或空气）冷却到室温，才启开蒸馏罐。用风镐或顶杆机取出海绵钛砣（图2-5-7）。经破碎、分选、取样分析杂质含量（质量标准见表2-5-3），并进行硬度检验后，分级、合批装入包装铝桶，经密封、抽空、充氩便可出厂。

3．真空蒸馏设备　生产中的真空蒸馏设备由蒸馏罐、冷凝器、真空系统、加热炉、测量和控制系统所组成。根据冷凝器摆放的位置不同，可分为上冷式和下冷式两种。前者冷凝器放在蒸馏罐上部，如图2-5-8所示，后者则相反。下冷式设备在蒸馏时，镁和氯化镁不仅通过蒸发除去，还可以让其能以液态形式流入下部冷凝器，故可缩短蒸馏前期的时

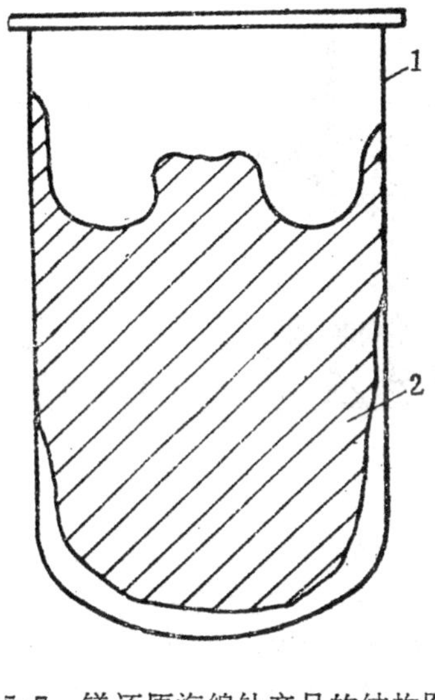

图 2-5-7　镁还原海绵钛产品的结构图

1—反应罐；2—海绵钛砣

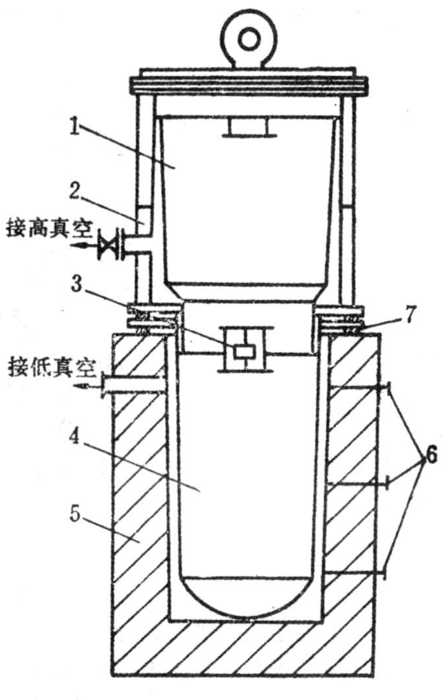

图 2-5-8　上冷式真空蒸馏设备示意图

1—冷凝套筒；2—冷却水套；3—隔热板；4—还原反应罐；5—蒸馏炉；6—热电偶；7—密封垫圈

间，降低其电耗。但下冷式设备在组装蒸馏设备系统时要倒装蒸馏罐和加热炉，组装时间长，易造成氯化镁吸湿。上冷式设备系统的组装则简单一些，所以工业上两种方式都用。

蒸馏罐由锅炉钢（或不锈钢）制成，无内坩埚还原时，盛有还原产物的还原罐就是蒸馏罐，用电炉加热。为了使罐内获得较高的真空度，配有高效率的真空机组。加热炉能密封，以便在蒸馏罐外壁和炉膛之间使用辅助机械泵抽成2.7×10^{-2}kPa（0.2mmHg）左右

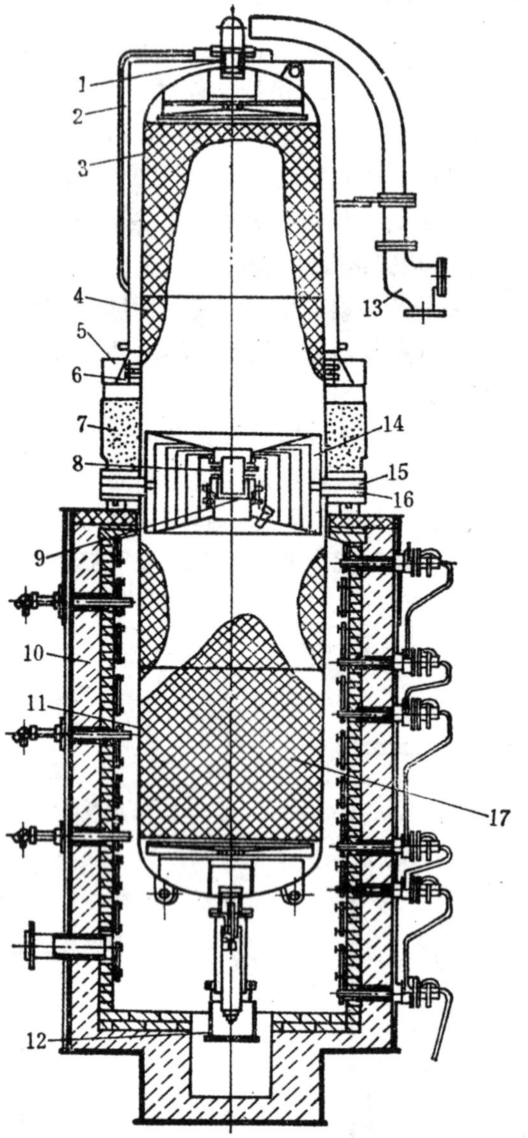

图 2-5-9 镁还原-真空蒸馏联合装置

1—真空系统连接管；2—喷淋器；3—可作还原罐的冷凝器；4—冷凝物；5—水收集器；6—密封环；7—保温层；8—连接管；9—镁塞；10—电炉；11—还原罐；12—金属塞；13—真空导管；14—隔热屏；15、16—蒸馏罐（还原罐）与冷凝器法兰；17—反应产物（海绵钛）

的低真空。

四、还原蒸馏联合法工艺和设备

上述镁还原、真空蒸馏工艺，可获得较高纯度的海绵钛，工艺也比较稳定可靠。但电能消耗大、生产周期长、使产品成本难以降低。针对这些问题，国内外进行了大量的试验研究工作。将还原过程与真空蒸馏过程紧密结合，甚至在同一装置中进行，这就是通常所说的“还原蒸馏联合工艺”。其实质在于；还原作业开始之前，在还原设备的旁边或顶部，就装好了供蒸馏用的冷凝设备，彼此之间用阀门或镁塞隔开（图2-5-9）；还原过程结束后，不必冷却及拆开还原罐和清除“冷区”的低价氯化钛，便可打开还原罐与冷凝器之间的阀门或镁塞，开始进行真空蒸馏；按真空蒸馏的工艺要求分离除去还原产物中的过剩镁和残留氯化镁后，才将蒸馏罐（即还原罐）进行冷却，取出罐内的海绵钛砣；蒸馏设备的冷凝器就是下--周期的还原罐，连同其中的冷凝物送往下周期进行还原作业。

使用这种联合法工艺和设备时，不能象还原、蒸馏分段作业那样在还原罐内测温，也不能在蒸馏前清除还原罐上部“冷区”的低价氯化钛，更不能让它们冷凝在阀门和蒸馏罐与还原罐的连接管路中，以免造成堵塞。所以“联合法”不仅要有能连接两个过程的设备，而且要有与之相适应的还原和蒸馏工艺制度。

还有一种在还原、蒸馏分段作业基础上改良的所谓“半联合法”工艺和设备。还原后不必在炉外冷却还原罐，稍降低炉温后，就在保护措施下卸去加$TiCl_4$等装置，并急速装上冷凝设备，接着进行真空蒸馏作业。

国内外工业实践证明，与相同规模的还原、蒸馏分段作业的工艺相比，联合法可缩短作业周期20%以上、电耗降低约20～30%、每吨海绵钛的净耗镁可由分段作业的100～150kg降到50～30kg，产品的质量和回收率均可得到相应的提高。从而使钛的生产成本降低10%以上。

目前，国外的大型还原装置（如每炉产钛8～10 t），都是采用联合法工艺和设备。我国已采用每炉产钛5 t的联合法工艺和设备。

五、镁还原法的主要技术经济指标

国内外镁还原法生产海绵钛的主要技术经济指标（从精$TiCl_4$起）如下：

金属回收率（从纯$TiCl_4$算起）95～98%，（从钛渣到商品钛，回收率<80%）；

产品合格率92～96%；

金属镁的直接利用率60～70%（镁的回收率90～98%）；

电能消耗4000～10000kWh/t·Ti（不包括镁电解）；

表 2-5-3 我国海绵钛标准（GB2524—81）

生产方法	产品名称	产品牌号	化学成分，%							HB，10/1500/30 不大于
			Ti含量，% 不少于	杂质元素，不大于						
				Fe	Si	Cl	C	N	O	
镁法	0级钛	MHTi—0	99.76	0.06	0.02	0.06	0.02	0.02	0.06	100
	1级钛	MHTi—1	99.65	0.10	0.03	0.08	0.03	0.03	0.08	110
	2级钛	MHTi—2	99.51	0.15	0.04	0.10	0.03	0.04	0.10	135
	3级钛	MHTi—3	99.35	0.20	0.05	0.15	0.04	0.05	0.15	155
	4级钛	MHTi—4	99.15	0.35	0.05	0.15	0.04	0.06	0.20	175
钠法	0级钛	NHTi—0	99.64	0.04	0.02	0.20	0.02	0.02	0.06	100
	1级钛	NHTi—1	99.57	0.06	0.03	0.20	0.03	0.03	0.08	110
	2级钛	NHTi—2	99.48	0.10	0.04	0.20	0.04	0.04	0.10	135
	3级钛	NHTi—3	99.36	0.15	0.05	0.20	0.05	0.05	0.15	155
	4级钛	NHTi—4	99.25	0.20	0.05	0.20	0.05	0.05	0.20	175

注：镁法钛以0.85～25.4mm粒度供应，特殊情况可供0.83～12.7mm粒度的产品；钠法钛粒度要求在15mm以下，其粒度组成为：均≤15mm，其中0.85mm以下的不超过5%；0.85～15mm的占95%。

氩气消耗约$25m^3/t\cdot Ti$。

国外海绵钛的成本构成如下（包括钛渣熔炼、四氯化钛生产到商品钛）：

项　目	占总成本的比例%
1．原料和主要材料	50～55
其中：含钛原料	18～20
镁（不包括蒸馏的$MgCl_2$）	18～20
氯气	8～13
2．辅助材料	3～5
3．燃料与能耗	8～10
其中电能（不包括生产镁的电能）	7～9
4．主要生产工人工资	5～7
5．设备折旧与耗损	15～20
6．车间、企业管理等非生产性费用	10～15
7．其它	1～2

第三节　用钠还原四氯化钛生产金属钛

四氯化钛的钠还原法，在日本、美国等部分工厂被用来生产海绵钛。

一、基本原理

四氯化钛的钠还原法基于下列化学反应：

$$TiCl_{4(g)} + 4Na_{(l)} = Ti_{(s)} + 4NaCl_{(l)} \qquad (2\text{-}5\text{-}6)$$

上式标准自由焓变化与温度的关系如下：

$$\Delta G^\circ_{(2\text{-}5\text{-}6)} = -921700 + 234.19T \quad (J)$$

1200K时反应的热效应为－755kJ。比镁还原时的热效应还大。钠还原反应可能是分阶段进行的：

$$TiCl_{4(g)} + Na_{(l)} = TiCl_{3(l)} + NaCl_{(l)} \qquad (2\text{-}5\text{-}7)$$

$$TiCl_{3(l)} + Na_{(l)} = TiCl_{2(l)} + NaCl_{(l)} \qquad (2\text{-}5\text{-}8)$$

$$1/2TiCl_{2(l)} + Na_{(l)} = 1/2Ti_{(s)} + NaCl_{(l)} \qquad (2\text{-}5\text{-}9)$$

以上这些反应的标准自由焓变化与温度的关系式分别为：

$$\Delta G^\circ_{(2\text{-}5\text{-}7)} = -378470 + 174.38T \quad (J)$$

$$\Delta G^\circ_{(2\text{-}5\text{-}8)} = -201990 + 26.35T \quad (J)$$

$$\Delta G^\circ_{(2\text{-}5\text{-}9)} = -170625 + 16.37T (J)$$

生成的$TiCl_3$、$TiCl_2$可溶于NaCl熔体中，$TiCl_2$与NaCl的共晶熔体中约含50%（质量）$TiCl_2$，其共晶体的熔点605℃。$TiCl_3$-NaCl共晶熔体约含63.5%（质量）$TiCl_3$，此时熔点为462℃。金属钠也可溶于NaCl熔体，810、825、890、930、950℃时的溶解度分别为（%）：1.12、1.99、3.88、9.63和11.02。所以低价氯化钛的钠还原反应是在NaCl熔体中进行的。

由上述反应的ΔG°-T方程可知，在还原温度900～920℃下（即1173～1193K），反应的ΔG°负值很大，在1200K时，反应（2-5-6）的$TiCl_4$平衡分压约$10^{-28.9}$MPa，而反应

(2-5-9) 平衡时$TiCl_2$的活度$a_{TiCl_2}=7.1\times10^{-14}$，说明反应进行得很彻底。

与镁还原法一样，钠还原法也是在惰性气体保护下的密封容器中进行的。虽然在金属钠的熔点（98℃）以上，就可能以显著的还原反应速度得到钛粉，然而工业生产的还原温度一般需在氯化钠的熔点（800℃）以上进行。让熔融的反应产物氯化钠（密度1.51g/cm³）穿过海绵钛层渗入反应罐底部，而让反应产物钛的表面不断暴露出来，以获得海绵状结构的金属钛。

与镁还原法不同的是，氯化钠熔体在还原过程中不但能溶解反应生成的低价氯化钛，而且还能与它们生成多种氯络盐，如Na_3TiCl_6、Na_2TiCl_5、Na_2TiCl_4等。络盐的存在使还原的物理化学过程变得更复杂，也增加了钠还原法的某些困难。因为低价钛能溶于氯化钠且可能形成络盐，还原结束前特别要注意保温时间以保证熔体中的低价钛被还原。还原过程不能排放含钛氯化钠、产出细粒钛等，均与镁法有异。

二、工业实践

钠还原法生产海绵钛的工艺有一段还原法、二段还原法、两段并举法和自热还原法等。

1. 一段还原法　还原过程中严格按$TiCl_4$：Na＝1：4（mol）同时加入$TiCl_4$和液钠，使$TiCl_4$一次还原成金属钛。也可以预先将全部钠加入反应罐，然后逐渐加入计算量的$TiCl_4$。两种加料方式的周期都较短，反应完全、产品多为海绵钛、易破碎、质量均匀，但粒度小、产品质量较两段还原法差；第二种加料法省电、节省劳动力，但反应激烈、操作要求严格。

2. 二段还原法　第一段按$TiCl_4$：Na＝1：2（mol）同时加入液钠和$TiCl_4$，按反应（2-5-7）和（2-5-8）获得含有低价氯化钛的NaCl熔体；第二段再加入与第一段数量相同的钠，按反应（2-5-9）将熔体中的低价氯化钛还原成金属钛。这种方法能得到产品纯度较高的粗粒金属钛；但工艺较一段法复杂、生产周期长、电耗大、产品粒度与质量不甚均匀。

以上方法中，一段还原法和二段还原法国外都在应用，以二段法为优；

四氯化钛的钠还原过程在钢制竖式反应罐中进行，用电阻炉加热。还原设备的结构与镁还原法大体相同，但不需NaCl的排放管道，而需有可连续加入液体钠的管道。空反应罐的清理、预抽空、检漏等准备工作与镁还原法相同。以一段还原法为例，将准备好的反应罐升温到400℃，接着加入经过金属多孔过滤器过滤、得到净化除杂的液体钠，并使罐内温度升高到600℃左右，然后按加料制度加入$TiCl_4$，并依靠反应热使温度升到900～920℃。采用调节四氯化钛加料速度的方法来控制温度。罐内压力维持0.67～2.67kPa（5～20mmHg）的正压。还原后期因反应热小，温度可能下降到700℃，为降低低价氯化钛的含量和保持氯化钠处于熔化状态，需送电保持罐内温度在900～920℃、恒温5～6h，使熔体中的低价钛反应完全，钛颗粒长大。随后停电降温、冷却。

反应产物上层主要为NaCl，下层为NaCl与海绵钛的混合物，经取出后，破碎至15mm；先用加有少量氧化剂HNO_3或NaClO的1%盐酸水浸洗（防止其中的低价氯化钛水解而造成产品含氧高），随后用无离子纯水洗净，脱水后，经真空干燥即得成品钛。

我国钠还原产品的标准示于表2-5-3中。钠还原的产品硬度一般较低（HB≈100）。生产1t海绵钛约消耗金属钠（99.5%）2.05～2.20t。浓盐酸（35%HCl）1.4t、氩气25m³，电耗较镁法低；产品中含铁量较镁法低，但含氯量往往比镁还原法高。由于钠原子价数低，当量值比镁大，虽还原时不需过量，但总的金属消耗量比镁还原法大，且NaCl无回收价值，所以金属钠的售价（或成本）在很大程度上决定了钠还原法的产品成本。

第四节 熔盐电解法生产金属钛

用于生产金属钛的还原剂镁和钠都是用熔盐电解法生产出来的。钛的生产过程是镁（或钠）来换取金属钛，人们很自然想直接用电解法从钛化合物来制取金属钛。和其它稀有金属一样，由于钛的析出电位负值很大，且氢在钛电极上的超电压很小，所以只能用熔盐电解制取金属钛。

国内外广泛研究过以TiO_2、$TiCl_4$、TiC、Ti(C.O)合金、Ti-Al合金为原料的电解法制钛工艺。其中工业前途较大的是$TiCl_4$的熔盐电解。

一、四氯化钛电解基本原理

1．钛化合物在电解质中的溶解度　根据电解质的熔点、导电性、密度与粘度、金属在其中的电极电位、熔盐的分解电压和表面张力等性质，在钛的熔盐电解中，经常用金属氯化物作为电解质的基本成分。钛氯化物在常用电解质中的溶解度列在表2-5-4中。从表可见，共价键化合物$TiCl_4$在表内电解质中的溶解度很小；含有一些离子键的$TiCl_3$的溶解度则高得多，在KCl中溶解度最大，这大概与形成K_3TiCl_6络合物有关；以离子键占优势的$TiCl_2$，在800℃以上几乎能以任何比例与表中金属氯化物共熔。

表 2-5-4　钛氯化物在某些熔盐中的溶解度

钛的氯化物	熔盐组成	温度，℃	溶解度，%
$TiCl_4$	LiCl	800	1.4
	NaCl	820	0.48
	KCl	800	2.12
	$MgCl_2$	800	0.64
	NaCl : KCl = 1 : 1 (mol)	700	0.52
$TiCl_3$	LiCl	800	22.0
	NaCl	820	40.8
	KCl	800	54.0
	$MgCl_2$	800	7.4
	NaCl : KCl = 1 : 1 (mol)	700	42.0

2．钛化合物的分解电压　表2-5-5中列出了与钛电解有关的氯化物在不同温度下的理论分解电压值。在碱金属和碱土金属氯化物熔盐中，$TiCl_4$的分解电压(E)与温度(T)、浓度（N，在熔体中的摩尔分数）和熔盐阳离子半径 r 的关系式为：

$$E=2.319-5.24\times10^{-4}T+(-0.318+1.8\times10^{-3}T)r^{-1}-4.96\times10^{-3}\lg N$$

在碱土金属氯化物中，此关系式的误差仅百分之几伏。但在实际电解中，主要是$TiCl_2$与$TiCl_3$被电解，分解电压值与上述关系式有区别，故一般还需通过实验测定。

3．钛离子在熔盐中的电极电位　钛离子在等摩尔的NaCl-KCl熔盐中，720℃下的还原电位如表2-5-6所示。由表可以看出，钛的高价离子比低价离子在阴极上放电电位较正，说明高价离子较容易还原成低价离子，而低价离子则要求阴极上有更负的电位才可能被进一步还原成金属。因此人们对钛电解的电极电位的研究，较大的注意力放在低价钛离子

表 2-5-5 与钛电解有关化合物的理论分解电压（V）

化合物	600℃	700℃	800℃	900℃	1000℃
LiCl	3.571	3.514	3.457	3.410	3.352
NaCl	3.424	3.332	3.240	3.112	3.019
KCl	3.658	3.550	3.441	3.298	3.155
$MgCl_2$	2.602	2.531	2.460	2.403	2.346
$CaCl_2$	3.462	3.393	3.323	3.266	3.208
VCl_2	1.695	1.631	1.566	1.504	1.441
$MnCl_2$	1.902	1.855	1.807	1.766	1.725
$TiCl_2$	1.885	1.89	1.82	1.77	1.72
$TiCl_3$	1.78	1.71	1.66	1.59	1.54
$TiCl_4$	—	1.58	1.54	1.50	1.46

表 2-5-6 钛离子在等摩尔NaCl-KCl熔盐中的还原电位，V（相对于氯电极）

离子状态	$\varepsilon^\circ_{Ti^{4+}/Ti^{3+}}$	$\varepsilon^\circ_{Ti^{3+}/Ti^{2+}}$	$\varepsilon^\circ_{Ti^{2+}/Ti}$	$\varepsilon^\circ_{Ti^{3+}/Ti}$	$\varepsilon^\circ_{Ti^{4+}/Ti}$	$\varepsilon^\circ_{Ti^{4+}/Ti^{2+}}$
还原电位，V	−0.889	−1.728	−1.899	−1.842	−1.603	−1.307

（特别是Ti^{2+}）还原成金属钛的还原电位上。与其它离子的电极电位相似，钛在熔盐中的电极电位值与温度、钛离子浓度有关，在等摩尔的 NaCl-KCl 熔体中，当钛离子浓度$[Ti^{2+}]\leqslant 4\%$时，它们之间存在如下的关系式（相对于氯参比电极）：

$$\varepsilon^\circ_{Ti^{2+}/Ti} = -2.379 + 5.84\times10^{-4}T + 9.92\times10^{-5}T\lg[Ti^{2+}]$$

由式可以看出，Ti^{2+}的放电电位，随温度的升高和熔体中Ti^{2+}浓度的增大而往较正的方向变化。

4．钛电解的阴极过程　通过对等摩尔NaCl-KCl熔盐中钛离子放电的阴极极化曲线的研究，认为四氯化钛电解时存在着如下的规律：

（1）在NaCl-KCl熔盐中，一旦含有一定浓度的钛离子，就可以直接在阴极上析出金属钛；钛离子浓度愈高，愈不容易在阴极上析出金属钠；只有当熔盐中钛离子浓度很低、且阴极电位又高于钠的析出电位时，才会在阴极上析出钠；

（2）由于Ti^{2+}与碱金属氯化物形成的络阴离子的稳定性比Ti^{3+}、Ti^{4+}的络合物稳定性差，其扩散能力强、不易引起浓差极化，因此，Ti^{2+}可以在较低的浓度下还原成金属钛；

（3）对于同一种钛离子、相同钛离子浓度的熔盐而言，温度高时有利于阴极上析出钛，而不利于析出钠。而降低温度时，则较易于在阴极上达到金属钠的析出电位。

5．钛与钛离子间的平衡　金属钛与钛氯化物间可以在熔盐中存在如下的反应：

$$3TiCl_4 + Ti = 4TiCl_3 \quad \text{或} \quad 3Ti^{4+} + Ti = 4Ti^{3+} \qquad (2\text{-}5\text{-}10)$$

$$TiCl_4 + Ti = 2TiCl_2 \qquad Ti^{4+} + Ti = 2Ti^{2+} \qquad (2\text{-}5\text{-}11)$$

$$TiCl_4 + TiCl_2 = 2TiCl_3 \qquad Ti^{4+} + Ti^{2+} = 2Ti^{3+} \qquad (2\text{-}5\text{-}12)$$

$$2TiCl_3 + Ti = 3TiCl_2 \qquad 2Ti^{3+} + Ti = 3Ti^{2+} \qquad (2\text{-}5\text{-}13)$$

上述反应的平衡常数与温度的关系如表2-5-7。反应（2-5-10）～(2-5-12)自左向右进行时，实质上就是$TiCl_4$的溶解反应。反应(2-5-13)则是钛与熔盐中Ti^{3+}、Ti^{2+}之间的平衡反应。两种钛离子浓度的比值，对电极过程和阴极钛的结晶形状有很大的影响。上述四个

表 2-5-7 反应（2-5-10）～（2～5～13）的平衡常数与温度的关系

$\lg K = A + BT^{-1}$	不同温度下的 lgK 值			
	800K	900K	1000K	1100K
$\lg K_{(2-5-10)} = 4.09 + 10347/T$	17.02	15.59	14.44	13.50
$\lg K_{(2-5-11)} = -1.798 + 7968/T$	8.16	7.06	6.17	5.45
$\lg K_{(2-5-12)} = 3.041 + 1194/T$	4.53	4.37	4.24	4.13
$\lg K_{(2-5-13)} = -5.038 + 6774/T$	3.43	2.49	1.74	1.12

反应自右向左进行时，则为低价钛的歧化反应，不利于$TiCl_4$在熔盐中的溶解，且可得到细晶粒钛粉，造成产品杂质含量高和回收率下降。

表2-5-7中的数据说明，在工业电解温度下，有金属钛存在时，$TiCl_4$溶于熔盐的反应平衡常数很大，反应（2-5-10)～(2-5-12)很容易进行；降低电解温度有利于$TiCl_4$的溶解，不利于歧化反应的进行；在表2-5-7中温度范围内，$\lg K_{(2-5-13)}$的数据表明，Ti^{2+}浓度大于Ti^{3+}浓度，降低电解温度有利于提高熔盐中的Ti^{2+}浓度。

在实践中发现，$TiCl_4$与金属钛的反应在400℃左右就能显著地进行，在氯化物电解质中在700～800℃的温度范围内，与金属钛处于平衡状态的Ti^{2+}，占钛离子总数的87～91%，Ti^{4+}仅占1%，相当于钛离子的平均价n为2.08～2.12，但是随着电解温度的升高，则Ti^{3+}的比例逐渐升高，即钛离子的平均价提高。浓差极化会增大，容易得到细粒钛粉。

注：钛离子平均价 $n = \dfrac{2N_{Ti^{2+}} + 3N_{Ti^{3+}}}{N_{Ti^{2+}} + N_{Ti^{3+}}}$

式中 $N_{Ti^{2+}}$——二价钛离子的摩尔浓度；

$N_{Ti^{3+}}$——三价钛离子的摩尔浓度。

综上所述，700～800℃下，在碱金属或碱土金属氯化物组成的熔盐中，利用金属钛和四氯化钛的反应使$TiCl_4$溶解于电解质中，利用钛与钛离子间的平衡，使熔盐中保持足够浓度的Ti^{2+}离子，进而可以在阴极电位低于K^+、Na^+等离子析出电位的条件下，在阴极上得到金属钛。

二、四氯化钛电解的工业实践

1．$TiCl_4$电解的特点　四氯化钛的熔盐电解过程除遵循一般稀有金属化合物电解规律外，还有其自身的特点：

（1）原料四氯化钛沸点低（136℃），在电解温度下为气态，它在熔盐中的溶解度很小，因而加料时有它的特殊要求；

（2）钛是变价金属，Ti^{3+}、Ti^{2+}在熔盐中的溶解度比Ti^{4+}大得多。在阴极上还原出来的低价离子易溶于电解质并扩散到阳极区再转变成高价钛离子，因此，在电解过程中要求把电解槽的阴极区和阳极区的电解质分开；

（3）金属钛的熔点高达1668℃，在电解温度下为固态，因此，它在阴极上的析出过程也是晶体生长的过程，应创造利于晶体生长的良好条件；

（4）固态阴极产品在取出时，总要夹带一些电解质，一般宜于湿法分离电解质。这就可能因低价氯化钛的水解而造成产品中含氧量增高，因而要求在电解结束前，使电解质中的钛离子浓度尽可能降低；或者在湿法处理阴极产物时，设法防止低价氯化钛水解。

在电解槽结构设计和工艺过程的控制方面，必须充分考虑上述特点。实践中，可以用隔膜或篮筐将电解槽阴极区与阳极区分开，但又可以让离子通过和保证$TiCl_4$的溶解等措施。

2．电解槽结构　图2-5-10为中心阳极、气相加料隔膜式电解槽的示意图。

这种电解槽用耐高温的多孔陶瓷材料将阴极区和阳极区隔开。四氯化钛由阴极区的密封空间加入后，在阴极区进行电化学溶解。阳极区的氯气不会窜入阴极区产生二次反应，且可得到高浓度的氯气，送往氯化工段生产四氯化钛。由于隔膜材料上有许多微孔，故电解质中的钛离子可以在电场作用下通过这些微孔，让电解过程顺利进行。这种电解槽的优点是氯离子向阳极迁移时不需穿过钛的结晶层，阻力甚小；电解结束后，阴极沉积物可提到阴极区上部空间，让其滴去部分电解质并冷却后，才移出电解槽，使阴极产物中含盐量少，且保护产品少受或不受氧化。

这种电解槽目前存在的主要问题是隔膜材料难以抵住低价钛离子对其强烈的腐蚀作用，且隔膜微孔易被钛化合物堵塞。

图2-5-11为中心阴极气相加料的篮筐式电解槽示意图。

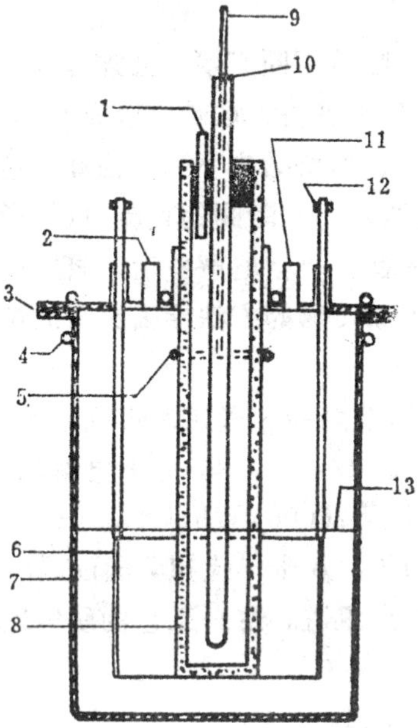

图 2-5-10　隔膜式电解槽

1—氯气出口；2—氩气出口；3—氯丁橡胶垫圈；4—水冷却管；5—隔膜刮板；6—阴极；7—合金罐；8—隔膜；9—隔膜刮板杆；10—石墨阳极；11—氩气及$TiCl_4$引入口；12—阴极支撑导线；13—熔盐面

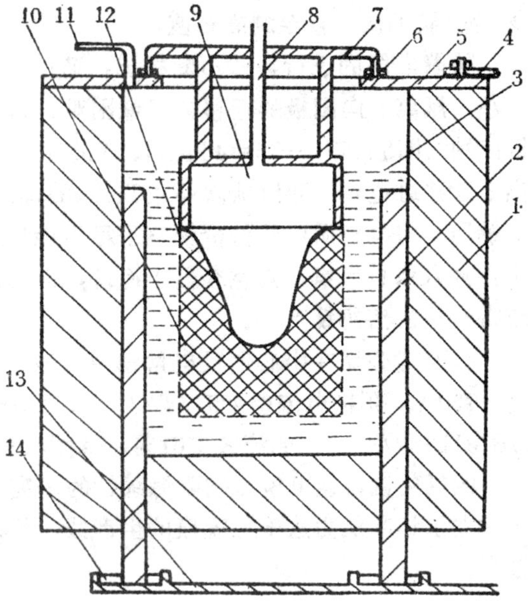

图 2-5-11　中心阴极气相加料篮筐式电解槽

1—耐火砖砌层；2—石墨阳极；3—熔盐液面；4—阴极电缆；5—电解槽顶盖；6—低熔点金属盘；7—阴极导电板；8—加料管；9—气相室；10—阴极沉积物；11—氯气管；12—阴极丝网；13—阳极导电板；14—低熔点金属盘

阴极篮筐处于电解槽的中心，四周为石墨阳极。篮筐由导电板、气相室、金属网筐所组成。由钢板焊成的气相室，上部通过支架（兼导电板）与直流电源阴极相连，下部与金属网筐相连。气相室的大部分浸入电解质中，加入的四氯化钛被封闭在气相室中，在气、液交界面通过电化学溶解溶入电解质，然后在阴极筐内网上沉积钛，逐渐形成钛隔膜，防止电解质中的低价钛离子扩散到阳极区去。

这种电解槽结构简单，可以得到优质的海绵钛。沉积物达到一定致密程度后，可以在高温下取出阴极篮筐而不至于造成钛的氧化。其主要缺点在于，氯离子必须穿过海绵钛层才能到达阳极放电。在电解后期，海绵钛逐渐变得致密，孔隙变小，使氯离子迁移困难，甚至使电解被迫终止，造成篮筐内聚集相当数量的低价氯化钛，降低钛的回收率、电流效率和产品质量。另一缺点是四氯化钛的溶解过程仅在电解质表面进行，加料速度不可能太快，影响了电流效率的提高。

3．电解作业　在装有熔融电解质的中心阴极篮筐式电解槽通以直流电后，即可往气相室加$TiCl_4$，由于电解质中没有低价钛离子，因此首先便是电解质中的碱金属（或碱土金属）离子在阴极上放电，并进而将$TiCl_4$还原成易溶于电解质的低价氯化钛。如此持续一段时间后，电解质中的低价钛离子增大到一定浓度，并进一步在篮筐内壁放电形成钛隔膜，氯离子则穿过隔膜到阳极上放电。

对结构和尺寸一定的中心阴极篮筐式电解槽而言，在工业实践中$TiCl_4$的加料速度应低于理论值(1.02ml/A·h)，电解初期和后期加料速度小，中期可能达到0.80～0.90ml/A·h。

篮筐内电解质中有足够的低价钛离子浓度时，析出碱金属等的副反应减少，$TiCl_4$加料速度明显加快，直至到高峰值。

随着电解的进行，钛不断析出，篮筐内的阴极沉积物被不断充填，且加厚，孔隙愈来愈小，氯离子向阳极的迁移愈来愈困难，甚至使$TiCl_4$加不进去。这时会造成$TiCl_4$使阴极钛溶蚀（即$3TiCl_4+Ti=4TiCl_3$、$TiCl_4+Ti=2TiCl_2$）、电流效率下降。因此，应该在氯离子迁移通道被堵死以前就停止$TiCl_4$的加入，且继续通入一定时间的直流电(即所谓“空电解”)，将电解质中的低价钛离子尽可能地还原成金属钛。“空电解”后，将篮筐迅速取出并放入保护气氛或真空容器中冷却，而后按处理钠还原产物的方法除去夹带的电解质，获得合格的海绵钛产品。

美国某公司在中心阴极电解槽中，通过插入NaCl熔盐内的导管通入四氯化钛，总电流为750A，阴极电流密度0.44A/cm、加料速度为0.66ml/A·h，850℃下电解72h，产品HB为113kg/mm^2，电流效率61%，钛回收率93%，电耗为26000kWh/t_{Ti}。

四氯化钛熔盐电解法制取海绵钛的研究开始于1920年，八十年代初美国DOW公司宣布建立了年产能力达千吨规模的生产线，但未见正式投产报道。这一工艺的研究还在继续进行。

第五节　残钛的回收利用

在海绵钛生产过程中，产品合格率一般为92～96%，还产出4～8%的等外海绵钛；在海绵钛铸锭时，成锭率为85～90%，有相当数量的边皮与车屑；在加工过程中，也有大量的残料与废料（总成材率低于60%），均需进行回收和利用。

铸锭、加工过程中污染不严重的残料，可部分或大部分返回铸锭；或用氢化-破碎-细磨-脱氢方法制取供粉末冶金用的钛粉，或经旋转等离子设备制取球形钛粉。

对于冶炼厂的等外海绵钛、加工厂污染严重的残钛，一部分可直接用于熔炼合金钢，也可以部分制取供烟火等工业用的钛粉。除此之外，还可以用电解精炼或热法精炼的办法使其转化成合格金属钛，在此只重点介绍残钛和废钛合金的电解精炼。

一、电解精炼原理

在NaCl或NaCl-KCl熔盐中，溶有3～6%的低价氯化钛，组成NaCl-KCl-$TiCl_2$-

表 2-5-8 钛与主要金属杂质的标准电极电位*

	Mn^{2+}/Mn	Zr^{2+}/Zr	Ti^{2+}/Ti	Al^{3+}/Al	V^{2+}/V	Cr^{2+}/Cr	Fe^{2+}/Fe	Mo^{3+}/Mo
电位值，V	−1.41	−1.36	−1.36	−1.24	−1.08	−0.97	−0.88	−0.65

* 在NaCl－KCl熔体中，850℃，银参比电极。

$TiCl_3$电解质体系。以残钛为阳极，在电场作用下阳极发生电化学溶解时，钛以Ti^{2+}和Ti^{3+}（少部分）形式转移到电解质中：

$$Ti-2e=Ti^{2+},\quad Ti^{2+}-e=Ti^{3+}$$

在阴极

$$Ti^{3+}+e=Ti^{2+};\quad Ti^{2+}+2e=Ti$$

废钛中常见的杂质有铁、铬、锰、铝、钼、钒、硅、镍、碳、氮、氧等，其中铁、镍、钼等的电极电位比钛正（如表2-5-8），在阳极溶解时，这些金属杂质留在阳极中；以固溶体形态存在的氧在阳极溶解时可转化为氧化物（TiO_2、Ti_2O_3等）的形式、碳以游离碳或碳化物的形式留在残阳极中；氮不溶于电解质可呈氮化物的形式留在残阳极中，或以单质在阳极上析出；硅生成不溶于电解质的$SiCl_4$气体与阳极气体一道被除去。从而在阴极上得到被提纯了的金属钛。残钛中所含的锰、铬、钒、铝等杂质，由于其电极电位与钛相近，当阳极电流密度较高时，可能与钛同时从阳极溶解而进入电解质，当它们在电解质中富集到一定浓度时，便又与钛一起在阴极上放电析出。所以在电解精炼时，除去氧、碳、氮的效果较好，而除去铬、锰、铝、钒的效果较差。在阳极电流密度合适和阳极材料溶出率不过高的情况下，阳极钛主要溶解为Ti^{2+}，而且可以在Ti^{2+}浓度一定的条件下进行阴极沉积。这给阴极钛结晶提供了有利的条件。如果选择的工艺条件适当，便可以得到较粗大的阴极钛结晶，且使其纯度达到或接近碘化法所得钛的水平，产品布氏硬度（HB）可达到60～70kg/mm²。

电解精炼废钛合金的工艺参数与废钛精炼差不多，从表2-5-8的数据可大致看出，除Mn、Zr以外，其它金属都可与钛分离。但是当阳极材料溶出率达到一定值时，由于阳极极化和阳极泥复盖的影响，严重影响杂质的除去程度和钛的回收率。当阳极钛溶出到一定程度后，比钛正电性的金属（如铁、钒、铬、铝）便可能和钛一起溶入电解质中并可能沉积到阴极上。如精炼Ti-Al合金时，开始阶段的阴极产物中仅含千分之几的铝；而随着阳极材料的消耗，后期的阴极产物中铝含量便迅速上升。钒和铬也有类似情况。但铁、镍、锡、钼、硅、氮、氧、碳等杂质都能很好地被除去。

二、电解精炼的工业实践

在KCl-NaCl电解质中，常用的电解条件为：钛离子浓度为3～6%、平均价为2.2～2.3、初始阴极电流密度为0.5～1.5A/cm²、阳极电流密度为阴极电流密度的1/4～1/8、电解温度800～850℃。最终阴极沉积物中含有20～30%（最多达50%）的电解质，钛呈排列整齐的六角形晶体或针状晶体，最大尺寸可达15～20mm。按Ti^{2+}放电计算，电流效率可达90%，直接消耗在电解的电能为4～5kWh/kgTi；总的电能消耗为10～11kWh/kgTi。

电解精炼的设备如图2-5-12所示。精炼在氩气保护下进行。被精炼的金属以20～40mm的散料装在多孔金属筐中，放入电解槽作阳极。电解结束后，将阴极提升到充满氩气的冷

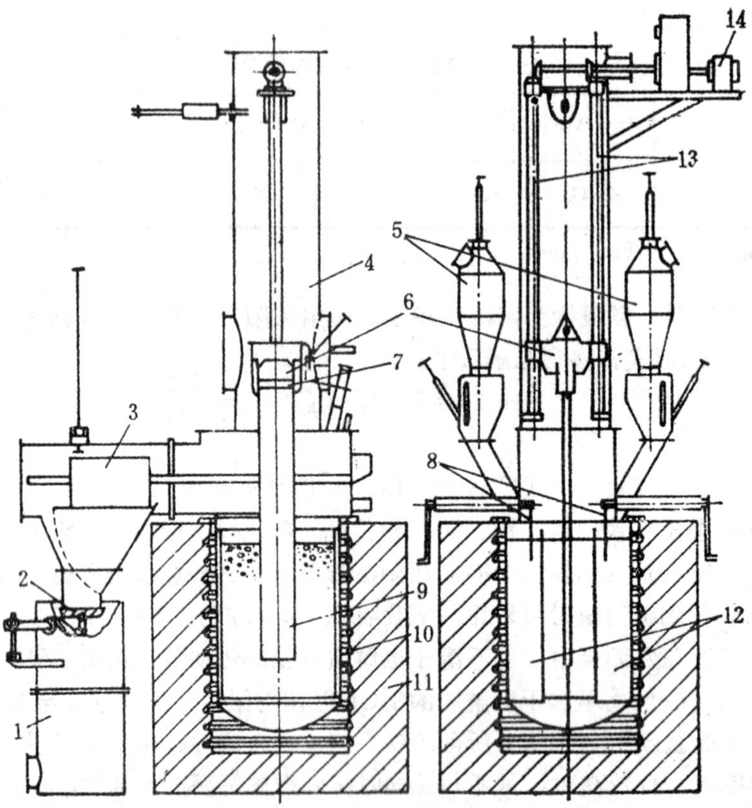

图 2-5-12 带散料阳极的电解槽

1—接收槽；2—气密阀门；3—小车；4—冷却室；5—加料槽；6—横梁；7—刀具；8—疏松器；9—阴极；10—坩埚；11—加热炉；12—阳极容器；13—阴极升降螺杆；14—电动机

却室中，用专门的刀具7将阴极沉积物刮入阴极下面悬着的盛料盘上，通过小车3移至接收槽上部。经过气密阀门2翻入接收槽。送去进行湿法处理，洗净电解质。

第六节 金属锆的生产

工业上生产金属锆的主要方法是四氯化锆的镁还原法，其次是K_2ZrF_6的钠还原法和熔盐电解法。

一、四氯化锆的镁还原法

四氯化锆的镁热还原法与四氯化钛的镁还原法类似。它是基于下列反应：

$$ZrCl_{4(g)} + 2Mg_{(l)} = Zr_{(s)} + 2MgCl_{2(l)}$$

热效应$\Delta H_{1100K} = -318kJ$。

在半工业或工业规模下，反应热足够维持过程温度达到780～920℃，通过控制$ZrCl_4$的加入速度来控制还原过程的温度。与$TiCl_4$的镁还原类似，$ZrCl_4$还原过程也会先生成$ZrCl_2$，继而还原成金属锆。还原的工艺过程包括：$ZrCl_4$原料的升华、净化、在反应罐中镁还原、真空蒸馏分离等过程。下面用日本的一个生产工艺来说明这些过程。

1．四氯化锆升华净化　必须净化除去粗四氯化锆中的$ZrOCl_2$、$FeCl_3$、$TiCl_4$、$SiCl_4$和$CrCl_3$等杂质及氯化炉带来的固体尘粒。

单罐处理能力达2～2.5吨粗四氯化锆的升华净化设备如图2-5-13所示。

蒸馏罐内装有多层四氯化锆料盘，冷凝器位于蒸馏罐上端，设备抽真空后，充以氢气和氩气，并加热到300℃，以便将杂质$FeCl_3$和$CrCl_3$还原成高沸点的$FeCl_2$（沸点1026℃）和$CrCl_2$（1300℃），让生成的HCl与H_2一起除去。$FeCl_2$、$CrCl_2$与$ZrOCl_2$都不升华。排出氢气后，将设备下部的温度升到600℃，冷凝器的温度保持在200～300℃，压力0.11～0.15MPa，升华持续100～120h，纯$ZrCl_4$的产出率约97～98%。杂质的除去情况如表2-5-9所示。

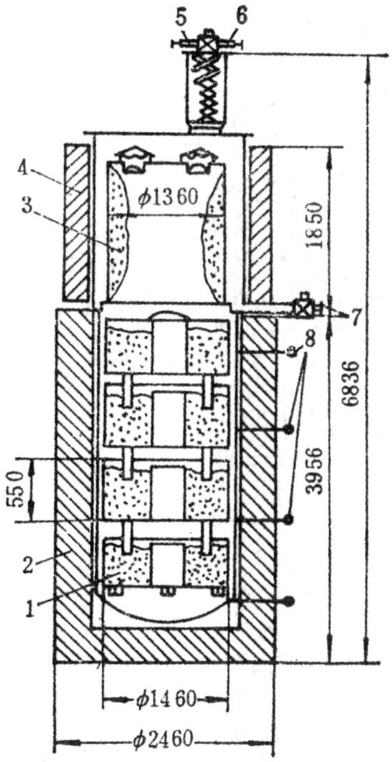

图 2-5-13 四氯化锆升华设备示意图

1—未净化的四氯化锆；2—四氯化锆蒸发炉；3—纯四氯化锆冷凝筒；4—冷凝器炉衬；5—通氢气的连接管；6—抽出蒸馏罐气体的连接管；7—惰性气体进入管；8—热电偶

2．还原 还原设备如图2-5-14所示。粘附有四氯化锆冷凝物的套筒装在还原反应罐的上部，在还原设备的底部安装有铬钢制成的盛有镁的反应坩埚。设备密封，抽真空并充氩。反应罐连同坩埚加热到750～780℃，设备上部的四氯化锆冷凝物部分加热到300～

表 2-5-9 $ZrCl_4$升华净化前后的杂质含量

杂质元素	Fe	Al	Ti	Si
蒸馏前含量，%	0.11	0.05	0.05	0.03
蒸馏后含量，%	0.01	0.008	0.003	0.006
净化效果，%	85	82	90	83

360℃。四氯化锆蒸气经过渡管道进入反应罐与液体镁进行反应。还原段的还原反应罐壁温度保持在780～920℃（高于930℃则锆与钢坩埚壁激烈反应）；当还原温度过高时，可降低升华段的温度以减小四氯化锆蒸气的供给速度。还原过程中，设备内的压力维持在0.11～0.18MPa（1.1～1.8atm）。氯化镁经过上、下两个排放管排出：上部排出装置用以保持反应罐中的熔体水平面；下部排出装置供还原过程结束时排出氯化镁。一个还原周期持续48 h，可以得到含锆0.7～0.8 t的锆、氯化镁和镁的混合物。反应产物中，锆的回收率为98.5％，镁的利用率可达70％。

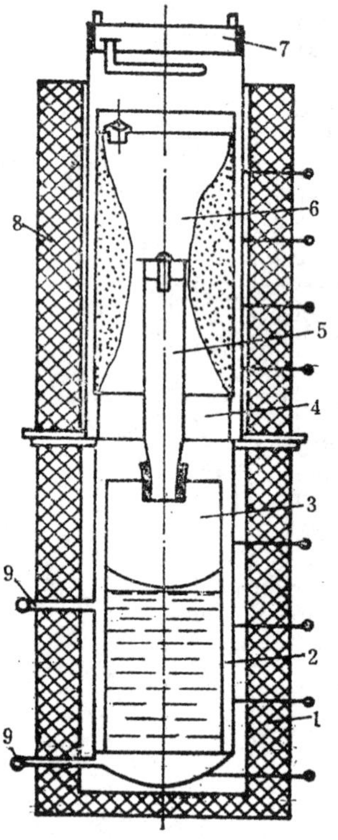

图 2-5-14　由四氯化锆还原锆的设备示意图

1—反应段加热炉；2—反应罐；3—盛镁坩埚；4—过渡段连接管；5—$ZrCl_4$蒸气进入反应坩埚的连接导管；6—纯四氯化锆冷凝物；7—带抽空、充氩管的上盖；8—四氯化锆蒸发炉；9—氯化镁排出管

3. 真空蒸馏　在工业生产上，镁还原产物的真空蒸馏作业，一般在下冷式真空蒸馏设备中进行。带有反应产物的坩埚连同反应罐，倒装在蒸馏冷凝器的上面，在蒸馏时，可使还原产物中的$MgCl_2$和过剩镁流入处于设备下部的冷凝器。蒸馏时，系统内残余压力为1.3×10^{-2}～1.3×10^{-4}kPa（约10^{-1}～10^{-3}mmHg)、温度为920～930℃。反应罐由可密封的电炉加热。经50～60 h蒸馏后，在真空下冷却到50℃时，往蒸馏设备中放入空气，让海绵锆表面生成薄薄的一层氧化锆膜，以防止拆卸时锆发生自燃。经钝化处理约20min后，再抽真空、充氩、冷却到室温。

在氩气保护下用风镐或风钻从坩埚中取出海绵锆，破碎到6mm左右。从反应产物中的锆到商品锆的回收率约78％。包括还原、蒸馏在内，每吨商品锆的电能消耗约27000 kWh。

海绵锆中的杂质含量为（％）：0.002～0.02Mg；0.001～0.04Cl；0.08～0.1O；0.002～0.004N；0.07～0.08Fe；0.005～0.008Al。经真空重熔以后，锆试样的布氏硬度HB约104～132kg/mm^2。

上述还原工艺的缺点在于，因缺乏四氯化锆的流量计，难以控制从升华物冷凝筒往还原反应罐送入$ZrCl_4$的供料速度。可借助于固体四氯化锆的自动调节给料机来保证$ZrCl_4$的供给。为此，必须保证设备有良好的密封性能，特别要保证往加料器供给氩气。使用这种加料方法，设备的生产率比用蒸发法供给$ZrCl_4$的设备要高。但是，由于难以避免四氯化锆中的杂质$ZrOCl_2$，产品锆的质量差一些。采用让四氯化锆经过 NaCl-KCl 熔盐层过滤法，可以获得高质量的四氯化锆原料，再让其通过加热的管道，往还原反应罐连续供给$ZrCl_4$蒸气，则可以保证原料纯度，同时，使设备获得高的生产率。

与海绵钛生产方法类似，也可以用四氯化锆的钠还原法生产金属锆，且有人完成了四氯化锆连续钠还原的工艺和设备研究，但未见工业上应用的报道。

二、由氟锆酸钾制取金属锆

用氟锆酸钾的钠还原法和熔盐电解法可以生产不同纯度的锆粉。

1. 钠还原法　此法可用来生产供烟火、起爆点火和电真空用的锆粉。这些部门对产品纯度要求不高。与四氯化锆的镁还原相比，此法的原料生产简单、不吸湿、在空气中稳定、易处理、还原操作方便、能用湿法分离锆与盐。还原过程基于如下反应：

$$K_2ZrF_6 + 4Na = Zr + 4NaF + 2KF$$

每公斤按化学计量的混合原料反应时的热效应大约为1100kJ。为了能激发反应，必须另外用电加热。配料时钠过量15～20%，还原可在800～900℃的钢弹中进行，产物敲出后用水、稀盐酸洗去盐和铁，在60℃下真空干燥，即可得到含Zr98～98.5%的锆粉。

2. 熔盐电解法　采用25～30%K_2ZrF_6和70～75%KCl+NaCl或20%K_2ZrF_6和80%NaCl的熔盐作为电解质，可在750～800℃下电解。以石墨为阳极，钢棒为阴极，阴极电流密度为3.50～4.50A/cm^2，阴极上可得到含锆30%、粒度为50～200μm锆粉的沉积物，余者为盐和低价锆。电解进行时，在阴极区，络阴离子ZrF_6^{2-}发生离解：$ZrF_6^{2-} \rightleftharpoons Zr^{4+} + 6F^-$，阴极反应可表示为：

$$Zr^{4+} + e \longrightarrow Zr^{3+},\quad Zr^{3+} + e \longrightarrow Zr^{2+},\quad Zr^{2+} + 2e \longrightarrow Zr$$

阳极反应可表示为：

$$6F^- + 6KCl(NaCl) - 6e = 6KF(NaF) + 3Cl_2\uparrow$$

为了获得纯度高的锆粉，必须用高纯电解原料，在氩气气氛中操作。电解槽用水冷或气冷的不锈钢夹套制成，在槽内壁形成电解质结壳保护不锈钢不受腐蚀，让低压交流电和直流电通过电解质产生的热量维持电解温度。

阴极产物用湿法处理提取锆粉。产品纯度高，杂质含量为（%）：N0.003；C0.05；O 0.06；Fe0.013；Ni0.07；Cu<0.001；Ti0.002；Mn<0.002；Cr<0.003；Co<0.05；Mg<0.01；Si<0.05；Cl<0.002；B<0.01。用自耗电弧炉熔炼后的锆锭HB为约100～143kg/mm^2。值得一提的是，在氟化物和氯化物电解质中电解时，可使锆和铪得到明显的分离。因铪比锆的析出电位负，故铪易留于熔体中。例如用Hf/(Zr+Hf)=0.6%的K_2ZrF_6作原料电解时，阴极产品中仅含Hf0.05%。这个方法的一大弱点是要周期性更换电解质，因为随着电解的进行会造成电解质中钾（钠）氟化物的积累而破坏电解质的正常组成。如果能用$ZrCl_4$溶于含KF熔盐的办法进行电解，那么就可以避免氟化物的积累，且可以降成本，这有待于进一步研究。

第七节　金属铪的生产

生产金属锆的方法都可用来生产金属铪。例如，四氯化锆的镁还原设备就可用于生产海绵铪。$HfCl_4$镁还原的反应为：

$$HfCl_{4(g)} + 2Mg_{(l)} = Hf_{(s)} + 2MgCl_{2(l)} \qquad (2\text{-}5\text{-}14)$$

铪的熔点比锆约高300℃，铪化合物比锆化合物的稳定性强。且$HfCl_4$镁还原的热效应比$ZrCl_4$镁还原小，如反应(2-5-14)的$\Delta H^\circ_{1000K}=300kJ$，而$ZrCl_4$的类似反应$\Delta H^\circ_{1000K}=318kJ$，这些差别使镁热还原法生产铪的工艺制度应在生产锆的基础上有所修改。用镁还原$HfCl_4$时，镁比理论量需过量40～60%，而对$ZrCl_4$过量20～25%就够了。由于铪与铁相互作用的温度比锆高，还原产物海绵铪与镁、$MgCl_2$的真空蒸馏温度可高到960℃；海绵铪比锆更易着火，所以从蒸馏罐取出海绵铪及铪的加工过程都要更加小心谨慎。

蒸馏后的海绵铪杂质含量为（%）：O0.1～0.12；N0.0014；Cl 0.005；Mg 0.065；Fe0.02；Al 0.002；Cr0.008；Mn0.0015；V0.0016；Ni0.0016；Ti 0.0016；Pb 0.0016。

根据美国矿物局的试验装置所获得的结果，从粗$HfCl_4$到纯$HfCl_4$的直接回收率为93.7%、还原工序的回收率97.4%、真空蒸馏作业的回收率为96.5%。推算起来，从粗$HfCl_4$到海绵铪产品的直接回收率为88.3%。升华过程的残料还可回收$HfCl_4$5%。

如同锆一样，可以在氯化物-氟化物电解质中，用电解法制取铪，电解质由K_2HfF_6、KCl、NaCl组成，电解温度800℃左右。

用四碘化铪热离解法可制取可锻性铪，粗铪的碘化法精炼设备与钛和锆的碘化物精炼设备类似。反应器壁的温度保持在300℃，粗金属的实际温度为600℃左右。根据不同的作者的数据，红热丝的温度为1700℃，铪的温度波动在1300～1700℃，制得的铪棒直径达25mm，杂质含量为（%）：C0.02；O0.01～0.04；N0.001～0.004；Fe0.003～0.08。经真空自耗电弧炉重熔过的碘化法铪的布氏硬度为1700MPa（约173kg/mm²）。

思 考 题

1. 工业上为什么一般都用氯化物或氟化物作为生产金属钛、锆、铪的原料。而较少直接以氧化物作原料来生产这些金属？

2. 试比较四氯化钛的镁还原和钠还原工艺的优缺点。

3. 依你的看法，请从技术和经济的角度，评述一下四氯化钛电解制钛的前途。

4. 四氯化钛的镁还原工艺过程对设备有哪些基本要求？

主要参考资料

[1] 李洪桂主编《稀有金属冶金原理及工艺》第二章、第七章、第十章，冶金工业出版社，1981.

[2] А. Н. Зеликман и дру, «Металлургия тугоплавких редких металлов», Москва, 1986. стр. 295—435.

[3] Л. Г. Нехамкина и др. «Металлургия Циркония и Гафния», Москва, 1979.

[4] А. Н. 节里克曼等编，宋晨光等译，《稀有金属冶金学》，第四章、第五章，冶金工业出版社，1982.

[5] М. К. Байбеков и др: «Магниетермическое Производство Губчатого Титана», Москва, 1984.

[6] В. В. Сергеев и др: «Металлургия Титана», Москва, 1979.

[7] 马慧娟主编《钛冶金学》，冶金工业出版社，1982.

[8] М. К. Байбеков и др. «Производство Четыреххлористого Титана», Москва, 1987.

[9] 李洪桂等《矿冶工程》，1984，Vol.4 No2，37～43.

[10] М. К. Байбеков等《国外钒钛》，1983，№4，1~65.

第三篇　钽 铌 冶 金

第一章　概　　论

第一节　钽铌冶金简史

元素铌（钶）是英国化学家哈特契特于1801年发现的，1802年，瑞典化学家埃卡别尔格发现了元素钽。由于钽和铌的性质很相似，故这两种元素曾一直被认为是同一种物质。直到1844年，德国化学家罗捷证明了钽和铌是两种不同的元素。

从钽和铌两种元素的发现到工业规模生产纯金属经历了较长的时间。1865年，瑞士化学家马利尼亚克根据钽铌的氟络盐的溶解度不同，发明了分离钽铌的分步结晶法。1903年，用金属钠还原钽氟络盐的方法制备了纯金属可锻钽。1922年，氟钽酸钾熔盐电解法生产金属钽粉成功，开始了钽的工业规模生产。1866年，在高温下用氢还原五氯化铌首先得到了金属铌，直到1944年，发明了铌的碳还原法才为铌的工业规模生产奠定了基础。

近几十年来，由于钽铌应用的开发及冶炼加工技术的改进，使钽铌材料在许多技术领域获得了广泛的应用，钽铌工业得到迅速发展。目前，世界钽原料年产量约1700 t Ta_2O_5，世界铌原料年产量约31000 t Nb_2O_5。

第二节　钽和铌及其主要化合物的性质

钽和铌同属于元素周期表第五族副族，具有相似的原子结构。因此，它们的物理化学性质非常接近，在自然界几乎总是相互伴生。

一、钽铌的性质

1．钽和铌的物理性质及机械性质

致密金属钽、铌为钢灰色，粉末状态钽呈深灰色，铌粉呈浅灰色。纯钽和纯铌具有良好的塑性，可冷轧成厚度达0.01mm的薄片而无须中间退火。钽和铌的主要物理性质及机械性质列于表3-1-1中。

金属钽和金属铌的共同物理特征是具有高熔点、高沸点、低的蒸气压以及比其它难熔金属（如钨和钼）为低的电子逸出功。同时，钽和铌的机械性能明显地随其加工状态及间隙杂质含量而改变。

2．钽和铌的化学性质

（1）在酸碱介质中的行为　金属钽、铌在许多矿物酸及其水溶液中都具有良好的化学稳定性，其中，钽的稳定性更优于铌。在常温或100～150℃的温度下，任何浓度的盐酸、硫酸、硝酸、磷酸和有机酸均不能浸蚀钽和铌。在王水中，由于能生成保护性氧化物薄膜，因此也具有抗蚀性能。钽和铌对某些液态金属的抗腐蚀性能也比较好。

但是，钽和铌可溶于氢氟酸溶液中，在热的氢氟酸和硝酸混合液中溶解尤为剧烈。钽

表 3-1-1　钽和铌的物理及机械性质

名　　称	钽	铌
原子序数	73	41
原子量	180.95	92.91
密度，g/cm^3	16.65	8.57
晶格类型	体心立方	体心立方
晶格常数A	a＝3.296	a＝3.294
熔点，℃	3000±50	2470±10
沸点，℃	5300	4840
比热，J/g·K		
0～100℃	0.142	0.272
1600℃	0.171	0.347
导热系数（25℃），W/M·K	54.0	52.0
线膨胀系数（0～100℃），K^{-1}	6.5×10^{-6}	7.1×10^{-6}
电阻率（20℃），Ω·cm	12.5×10^{-6}	13.2×10^{-6}
超导转化温度，K	4.38	9.22
电阻温度系数（0～100℃），K^{-1}	0.00382	0.00395
电子逸出功，eV	4.12	4.01
热中子俘获面，靶	21	1.15
弹性模量，$kg/(mm)^2$	19000	10600
抗拉强度极限，$kg/(mm)^2$		
经退火的烧结过的坯条	29.5	29.9
退火板材	25～45	～49
未经退火的金属丝	87.9～125.2	67.5～91.4
伸长率，%		
冷轧的	1～3	2
退火的	25～40	10～30
硬度，（HB）		
退火的	45～125	75
变形的	125～350	200～250
在真空下加热吸收气体的	600以下	—

和铌在碱溶液中的稳定性较差，热苛性钠溶液能明显地腐蚀金属钽铌。它们在熔融碱或苏打中迅速氧化，生成钽酸和铌酸的钠盐。

（2）与气体反应的行为　钽、铌金属的重要性质之一是能吸收氢、氧、氮及其它气体，并形成相应的固溶体和化合物。微量的这些元素杂质对金属钽和铌的机械性能和电性能都有很大的影响。

钽和铌在常温下的空气中是稳定的，加热到200～300℃以上时开始氧化，高于500℃时，金属钽和铌迅速氧化生成Ta_2O_5和Nb_2O_5。

在较低的温度下，钽和铌中都能溶解大量的氢，但低温下吸氢速度比较缓慢。当温度达到500℃（对于钽）和360℃（对于铌）时，吸氢的速度最大，这时，生成钽和铌的氢化物（TaH，NbH）。钽、铌吸氢后，性能变脆，易于破碎。但是，当在600℃以上在真空中加热时，金属中的氢又可全部放出，并恢复金属的原有性能。工业上就是利用这种性能来从钽条和铌条制备金属钽粉和铌粉。

钽和铌在600℃时开始吸收氮气，形成固溶体。在温度为2400K和氮分压为0.133Pa

时，氮在铌中的溶解度为0.18%（原子），氮在钽中的溶解度为0.71%（原子）。在氮分压较大时，氮还可以和钽铌生成金属氮化物TaN和NbN。

除此以外，碳和含碳气体（CH_4，CO）在高温下（1200～1400℃）也可与钽和铌相互作用生成难熔碳化物。

二、钽、铌的主要化合物的性质

元素钽和铌为第五族副族元素，具有多种价态，最稳定和在工业上最有价值的为五价钽和铌的化合物。此外，也有两价、三价和四价化合物。

1．钽和铌的氧化物　Ta_2O_5和Nb_2O_5是钽和铌的高价氧化物，它们是工业上处理钽铌矿物原料时的中间产品，为白色粉末。Ta_2O_5和Nb_2O_5的比重分别为8.71和4.55，熔点分别为约1870℃和约1465℃。

将氢氧化钽和氢氧化铌煅烧脱水可得五氧化二钽和五氧化二铌。随着煅烧温度的不同，具有不同的结晶变体。五氧化二钽具有α-Ta_2O_5（低温变体）和β-Ta_2O_5（高温变体）两种变体，其转变温度为1320℃。五氧化二铌有α、β、γ三种变体，在800～900℃以下煅烧生成低温变体α-Nb_2O_5，在1000℃左右煅烧生成中温变体β-Nb_2O_5，在1200℃煅烧生成高温变体γ-Nb_2O_5。

Ta_2O_5和Nb_2O_5都具有明显的酸性，它们不溶于水，也不溶于大多数酸，但在热的氢氟酸和过氧酸中能缓慢地溶解，与碱共熔时，得到钽酸盐和铌酸盐。

已知有两种铌的低价氧化物：NbO_2（黑色，熔点1915℃）和NbO（灰色，熔点1945℃）。它们均可由氢或碳还原Nb_2O_5得到。

2．钽酸盐和铌酸盐　在钽酸和铌酸衍生的盐中，已知有正钽(铌)酸盐和偏钽(铌)酸盐，其通式可分别表示为$Me_3Me'O_4$和$MeMe'O_3$(式中：Me表示一价碱金属，Me'表示钽和铌)。除此以外，还有成分复杂的聚钽酸盐和聚铌酸盐，其化学成分可用通式$xMe_2O \cdot yMe'_2O_5$表示。当Ta_2O_5或Nb_2O_5与苛性钠共熔时，根据碱用量的多少可生成正酸盐，也可生成偏酸盐。无水偏酸盐不溶于水，正酸盐可在水中水解生成各种成分复杂的含水聚钽酸盐和聚铌酸盐：$4Me_2O \cdot 3Me'_2O_5 \cdot nH_2O$、$7Me_2O \cdot 5Me'_2O_5 \cdot nH_2O$，$7Me_2O \cdot 6Me'_2O_5 \cdot nH_2O$等，在钽酸盐和铌酸盐中，最重要的是其钾盐和钠盐。

（1）钾盐　当Ta_2O_5或Nb_2O_5与苛性钾或碳酸钾共熔时，生成可溶于水的钽酸钾或铌酸钾。钽酸钾和铌酸钾可在水中水解为复杂的含水聚钽（铌）酸盐，如$4K_2O \cdot 3Nb_2O_5 \cdot 16H_2O$和$4K_2O \cdot 3Ta_2O_5 \cdot 16H_2O$。

（2）钠盐　将Ta_2O_5或Nb_2O_5与苛性钠或苏打共熔，并接着用水处理熔化产物时，则生成难溶的含水聚钽酸钠或聚铌酸钠沉淀：$4Na_2O \cdot 3Ta_2O_5 \cdot 25H_2O$和$7Na_2O \cdot 6Nb_2O_5 \cdot 32H_2O$。

3．钽和铌的氟化物　将Ta_2O_5或Nb_2O_5溶解于氢氟酸中，即生成TaF_5或NbF_5的溶液。这些氟化物与过量的酸作用，形成络酸H_2TaF_7和H_2NbF_7。

与TaF_5不同，NbF_5在弱酸溶液中（当HF浓度低于7%时）会发生水解作用而生成氧氟化物$NbOF_3$和相应的铌氧氟氢酸H_2NbOF_5。

加钾盐于含有钽、铌氟络酸的溶液中，能生成相应的氟络盐：K_2TaF_7、K_2NbF_7和K_2NbOF_5。氟钽酸钾（K_2TaF_7）和氟铌酸钾（K_2NbF_7）可形成类质同相的针状晶体，氟氧铌酸钾（K_2NbOF_5）在HF浓度低于7%时呈组成为$K_2NbOF_5 \cdot H_2O$的片状结晶析出。

K_2TaF_7的溶解度比$K_2NbOF_5 \cdot H_2O$的溶解度小得多，工业中分步结晶法分离钽铌就是利用它们之间溶解度的这种差异。

当氟与金属钽、铌或钽、铌的氧化物作用时，可获得钽和铌的无水氟化物TaF_5和NbF_5。TaF_5和NbF_5是低熔点、低沸点的化合物，具有强烈的吸湿性，在空气中会潮解冒烟。

4．钽和铌的氯化物　当氯和其它含氯试剂与金属钽、铌或者在有还原剂存在时与它们的氧化物作用时，就得到氯化物$TaCl_5$和$NbCl_5$。氯化Nb_2O_5时，主要是生成氯氧化铌$NbOCl_3$。$TaCl_5$和$NbCl_5$都为黄色针状晶体，熔点分别为216.5℃和204.7℃，沸点分别为234℃和248.3℃，$NbOCl_3$极易离解和升华，其升华温度为400℃。

$TaCl_5$和$NbCl_5$吸湿性很强，并且非常容易水解，在水溶液中发生水解的结果是析出白色的含水氧化物沉淀。

除高价氯化物$TaCl_5$和$NbCl_5$外，已知还有钽和铌的低价氯化物，如$TaCl_4$、$TaCl_3$、$TaCl_2$和$NbCl_4$、$NbCl_3$等，但五氯化物是最稳定的。用氢或活性金属还原$TaCl_5$和$NbCl_5$，则可得到钽和铌的低价氯化物。

5．钽和铌的碳化物　碳还原Ta_2O_5和Nb_2O_5，或碳直接和金属钽、铌作用均可制得钽和铌的碳化物。钽和铌的碳化物有TaC、Ta_2C、NbC、Nb_2C，它们对化学试剂有较好的稳定性，仅能溶于硝酸和氢氟酸的混合液中。碳化钽和碳化铌为高熔点高硬度材料，广泛地用于硬质合金生产。

第三节　钽和铌及其化合物的用途

由于钽和铌高熔点、耐腐蚀、冷加工性能好以及其它方面的优良特性，使之在电子工业、钢铁工业、化学工业以及原子能、超导技术、宇航等许多领域中得到越来越广泛的应用。

电子工业：由于阳极氧化时，钽能生成稳定的氧化膜，并且这种氧化膜具有很好的介电性，故钽大量被用于电子工业中做电解电容器。据估计，目前世界钽产量的60～70%用于该技术领域。钽电容器的特点是，介电膜薄而稳定、使用寿命长、工作温度范围大、可靠性好、比容高，钽电容器是同样大小的铝电容器容量的五倍。目前，电子工业的发展对钽电容器的小型化及高可靠性能的要求愈来愈严格。因此，要求钽粉具有高的纯度和良好的电性能。例如，对某种高压电容器级钽粉的要求为：氧小于1000ppm，碳小于10ppm，氮小于20ppm，铁小于10ppm，比电容2000μf·V/g，K值为$1.7\times10^{-4}\mu A/\mu f\cdot V$。

铌也可以用于制作固体电解电容器。目前由于介电性能良好的氧化铌膜形成比较困难，所以铌多用于制作低压（小于25V）电容器。用Nb_2O_5制取陶瓷电容器亦是铌在电子工业中具有发展前景的领域。

钢铁工业：铌是钢的重要合金元素之一。普通钢中加入极少量铌便能大大提高钢的强度、抗氧化性和抗蚀性，改善钢的机械性能。铌作为合金添加剂可以加到各种耐热合金钢、工具钢和磁钢中，作为添加剂用的铌，除了铌铁合金外，也可以是钽铌铁合金。

化学工业：钽和铌的化学稳定性很好，同时还具有良好的强度及加工性能。因此，钽、铌是化工设备中极有价值的结构材料。例如，可用金属钽和金属铌制作冷凝器、加热器、浓缩器、搅拌器等。此外，钽和铌在合成纤维工业上可以代替铂金作喷丝头。

原子能工业：铌的热中子俘获面小、熔点高、高温强度大，800℃左右在反应堆的载热介质液体金属钠、钾、铋、汞中稳定，与铀相互作用小，故铌被用于原子能工业中作为热中子和快中子反应堆的被覆材料和结构材料。

超导合金：铌的某些化合物或合金向超导转变的温度比较高，因此可用作超导材料。如一种铌、铝、锗的合金超导体，其超导转变温度为20.8K。金属间化合物Nb_3Sn的超导转变温度为18K，可用于制作体积小而功率大的电磁铁。

宇航和航空工业：由于钽、铌及其合金熔点高以及高温下能保持高强度的性能，因而是航空、导弹的优良防热和结构材料。如金属钽可作超音速飞机燃烧室的结构材料，钽钨铪合金用作火箭、导弹及喷气式发动机的耐热高强度材料以及控制、调节装置的零件等。

铌在宇宙航行和航空方面的应用比钽更广泛，这除了它具有良好的高温强度外，还由于它的比重较钽要小一倍。如Nb-Zr合金用作火箭推进器的姿态控制发动机部件，其它如Nb-10W-10Ta、Nb-10Hf-Ti等已在各种导弹和飞船上使用。

其它方面：碳化钽和碳化铌为良好的硬质合金材料，用于制造各种切削工具。此外，金属钽在医学方面还具有一定的特殊用途。

第四节　钽和铌冶金的原料

钽在地壳中的丰度为$2\times10^{-4}\%$，铌在地壳中的丰度为$1\times10^{-3}\%$。钽和铌的化学性质相近，故它们在自然界通常是共生的。

钽铌矿物种类繁多，成分复杂。目前已查明的含钽铌矿物约80多种，这些矿物大多都是成份极其复杂的铌酸和钽酸的复盐，其中除含钽铌外，尚含有稀土金属、钛、锆、钨、锡、铀、钍、锑、铋等元素。钽铌最重要的矿物有钽铌酸盐和钛钽铌酸盐两大类。

一、钽铌酸盐类

它们是由钽酸和铌酸组成的盐，这类矿物主要有：

1．钽铁矿和铌铁矿　钽铁矿和铌铁矿是属于铁、锰的钽酸盐和铌酸盐的类质同相混合物，可用通式（Mn，Fe）$(Ta, Nb)_2O_6$表示。在这类矿物中，钽和铌、铁和锰的比例变动范围很大，通常将含钽多的矿物称为钽铁矿，含铌多的矿物称为铌铁矿。钽铁矿中通常含41～48%Ta_2O_5，2.4～4.0%Nb_2O_5，比重6.7～8.3。铌铁矿中含23.5～77%Nb_2O_5，1～40%Ta_2O_5，比重5.3～6.6。钽铁矿和铌铁矿常含有杂质钛、锡、钨及其它多种元素。这类矿物呈综黑色，比重随钽铌含量中钽的比例的增加而增大。

钽铁矿和铌铁矿为顺磁性的矿物，其磁性随铁含量的不同而有所变化。钽铁矿和铌铁矿是目前工业上制取钽铌的主要原料之一。

2．褐钇铌矿　主要为钇族稀土的钽铌酸盐矿物，可用化学式（Y……）（Nb，Ta）O_4表示其组成，此外，还含有铀、钍等的氧化物。属四方晶系，黄褐色或黑褐色，比重4.89～5.82，为提取铌及稀土的原料。

3．钽锡矿（$SnTa_2O_7$）　钽锡矿为单斜晶系，棱柱状晶体，比重7.6～7.9，硬度为6，Ta_2O_5含量为72.83～77.59%，SnO_2含量为21.88～22.41%。

属于钽铌酸盐类型的矿物还有褐钇钽矿、铌钇矿、锑钽矿、锑铌矿及铋钽矿等。

二、钛钽铌酸盐类

钛钽铌酸盐类是组成复杂的钽铌复合矿物，其组成为钛酸、铌酸和钽酸的复盐，通常还含有不同数量的稀土元素，有的还含有铀、钍、锆、锡等元素。属于钛钽铌酸盐类的主要矿物有黄绿石、细晶石、铈铌钙钛矿、黑稀金矿、等轴钽钙石及黑钛钙铀矿等。

1．黄绿石和细晶石　它们是钠、钙、稀土金属等的钛钽铌酸盐，有时含有铀、钍、锆、锡等。其矿物通式可表示为 $(Na、Ca\cdots)_2(Me',Ti\cdots)_2O_6(F,OH)$，Me′为Nb时为黄绿石，Me′为Ta时为细晶石。在黄绿石中，含有50～71.5%Nb_2O_5，约4.0%Ta_2O_5，6～8%TiO_2，同时还含有大量的稀土元素及铀和钍。细晶石中含68～80%的Ta_2O_5，0.5～5.5%Nb_2O_5。

黄绿石和细晶石均为等轴晶系，八面体晶形。黄绿石颜色为黑、暗褐、红褐、黄等不同的颜色，比重为4.08～4.75，细晶石为淡黄到褐色，比重为5.95～6.5。

黄绿石是工业上制备铌的主要矿物原料之一，国外最大的黄绿石矿床分布在巴西和加拿大。细晶石是工业制备钽的主要矿物原料之一。

2．铈铌钙钛矿　铈铌钙钛矿是属于钠、钙和稀土元素的钛铌酸盐，其通式可表示为 $(Na, Ca, Ce\cdots)_2\cdot(Ti, Nb)_2O_6$。其中$Nb_2O_5$和$Ta_2O_5$之比为17∶1～20∶1，矿物呈黑色，比重为4.75～4.89。

3．黑稀金矿　这类矿物为钇、铈、钙的钛钽铌酸盐，其通式可写成 $(Y, Ca, Ce, U, Th)(Nb, Ta, Ti)_2O_6$。斜方晶系，硬度为5.5～6.5，比重为5.9，颜色呈浅黄、浅红褐色和黑色。

具有工业价值的主要钽铌矿物有钽铁矿、铌铁矿、黄绿石、褐钇铌矿、黑稀金矿、细晶石等。其中钽铁矿是制备钽的主要原料，黄绿石和铌铁矿是制备铌的主要原料。

钽铌矿一般是成分复杂的综合矿，总是和其它矿物共生（如锡石、钨锰铁矿、锂矿等）。同时，矿石中钽和铌的总量一般极少（五氧化物的总量一般只有0.003～0.2%）。因此，岩石中钽铌氧化物含量在0.02%以上即可作为工业用的钽铌矿床开采。

钽铌出窿矿石中除含钽铌矿物外，还含有大量的脉石和其它有用矿物。因此，必须经

表 3-1-2　我国钽铌铁矿精矿国家标准

级别	类别	$(Ta, Nb)_2O_5$(%) 不少于	Ta_2O_5 (%)	杂质含量（%）不大于		
				SiO_2	TiO_2	WO_3
一级品	一类	60	≥35	6	7	5
	二类	60	≥30	6	7	5
	三类	60	≥20	6	7	5
	四类	60	<20	6	7	5
二级品	一类	50	≥30	7	9	5
	二类	50	≥25	7	9	5
	三类	50	≥17	7	9	5
	四类	50	<17	7	9	5
三级品	一类	40	≥24	8	11	5
	二类	40	≥20	8	11	5
	三类	40	≥13	8	11	5
	四类	40	<13	8	11	5
四级品	一类	30	≥20	10	13	5
	二类	30	≥15	10	13	5

过选矿将其中的钽铌富集，以制备适合于工业上使用的钽铌精矿。钽铌的选矿一般分粗选和精选两个阶段。由于钽铌矿物性脆，比重大，粗选过程多采用重力选矿，以丢弃大部分脉石矿物，选出粗精矿，然后再进行精选。精选物料的组成复杂，分选难度大，通常采用多种选矿方法进行多次选别，如重选、磁选、静电选矿或选冶联合流程，选矿回收率一般在50～60%。对某些含钽铌的多金属综合矿，通常采用选冶联合的方法，制备钽铌富集物。

除了从钽铌精矿制取钽铌外，炼锡炉渣也是提取钽铌的重要原料。锡渣中含3～15%的$(Ta, Nb)_2O_5$，目前世界上钽产量的一半以上是由含钽锡渣中提取的。同时，从钨渣和其它冶炼渣以及钽铌尾矿中也可回收金属钽铌。

我国具有丰富的钽铌矿产资源，主要分布在华北、华东、中南、西南和西北等地。我国钽铌矿床的特点是贫矿多，复杂矿多，因而给选冶工作带来一定的困难。我国工业用钽铌精矿的国家标准如表3-1-2所示。

思考题

1. 试述钽、铌氧化物、卤化物的主要化学性质。
2. 试述钽、铌精矿的品种及特点，含有哪些主要伴生元素及杂质。

第二章　钽铌精矿的分解

第一节　钽铌精矿分解方法概述

分解钽铌精矿的目的是使矿物中的钽铌和伴生的杂质达到初步分离。钽铌矿物的化学稳定性高，分解比较困难。尤其是钽铌酸盐类矿物更难分解，除氢氟酸外，不能被其它矿物酸分解。钛钽铌酸盐类矿物的化学稳定性较钽铌酸盐类矿物的稳定性差些，通常可用硫酸分解，但其矿物成分却复杂得多。处理这类矿物时，除了从中提取钽铌外，还需考虑杂质的分离及有价元素的综合回收。因此，工业上处理钽铌精矿的方法主要有氢氟酸分解法，氯化法，碱熔合法和硫酸分解法等。

碱熔合法是工业上最早应用的分解钽铌精矿的方法。其实质是利用碱（NaOH或KOH、Na_2CO_3、K_2CO_3等）与钽铌精矿作用，使钽铌转化为其钠盐或钾盐。然后将钽铌的碱金属盐与酸作用得到钽和铌的混合氧化物。后来，由于钽铌分离和提纯的萃取法的广泛使用，使得氢氟酸分解钽铌精矿显示出了明显的优越性，因而碱熔合法已逐步被淘汰。

氢氟酸分解法既可以处理钛钽铌酸盐类矿物，也可以处理稳定性较强的钽铌酸盐类矿物，是目前工业上分解钽铌精矿的主要方法。氯化法则更适于处理成分复杂的钛钽铌酸类矿物或低品位钽铌难选中矿及含钽铌的冶炼渣。

第二节　氢氟酸分解法

氢氟酸分解法几乎可处理各种类型的钽铌精矿，现以处理钽铌铁矿及褐钇铌矿精矿为例，说明其原理及工艺。

一、氢氟酸分解钽铁矿和铌铁矿精矿

1．主要化学反应　钽铁矿和铌铁矿可在加热的条件下用氢氟酸分解，分解过程发生的主要化学反应如下：

$$Fe(Me'O_3)_2+16HF=2H_2Me'F_7+FeF_2+6H_2O$$

$$Mn(Me'O_3)_2+16HF=2H_2Me'F_7+MnF_2+6H_2O$$

式中Me′为Ta或Nb。

钽铁矿和铌铁矿中通常还伴生有铁、锡、钛、钨、硅、钍、铀、稀土及碱土金属等杂质，在分解过程中可和氢氟酸反应，生成相应的氟化物：

$$Fe_2O_3+12HF=2H_3FeF_6+3H_2O$$

$$SnO_2+6HF=H_2SnF_6+2H_2O$$

$$TiO_2+6HF=H_2TiF_6+2H_2O$$

$$WO_3+8HF=H_2WF_8+3H_2O$$

$$SiO_2+6HF=H_2SiF_6+2H_2O$$

$$U_3O_8+8HF=2UO_2F_2+UF_4\downarrow+4H_2O$$

精矿中有还原性杂质（如Fe^{2+}）存在时，则六价铀被还原四价：

$$4HF+UO_2^{2+}+2Fe^{2+}=UF_4+2Fe^{3+}+2H_2O$$

因此，绝大部分铀以UF_4形态留在固相中。

精矿中的稀土杂质生成氟化物沉淀：

$$RE_2O_3+6HF=2REF_3\downarrow+3H_2O$$

同时，由于分解是在$HF-H_2SO_4$体系中进行，故某些杂质还可和硫酸反应生成相应的硫酸盐。

因此，精矿氢氟酸分解后的溶液中除有钽、铌外，铁、钨、钛、硅、锡等杂质也以可溶形态转入溶液，在下一步萃取分离钽铌时可将其除去。而精矿中的碱土、稀土、钍及铀等杂质则主要生成难溶的硫酸盐或氟化物留在渣中。

2．分解过程工艺　用氢氟酸分解钽铁矿和铌铁矿的原则流程如图3-2-1所示。

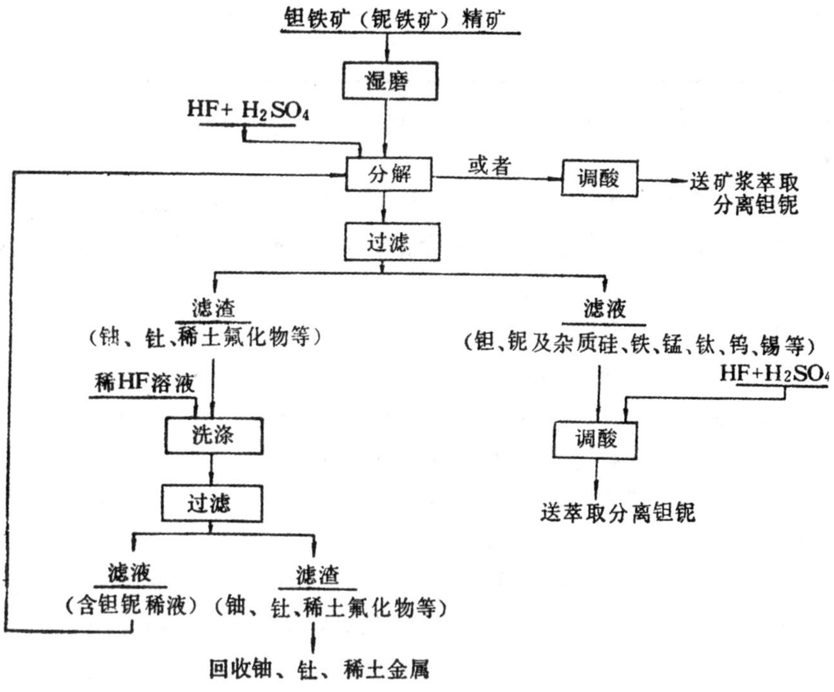

图 3-2-1　氢氟酸分解钽铁矿（铌铁矿）的原则流程图

分解过程是在铝镍合金、衬铅或衬硬橡胶的带夹套蒸汽加热的分解槽内进行。首先把需要量的工业氢氟酸和工业硫酸加入分解槽内，在不断搅拌下慢慢加入磨细的精矿（90%小于0.043mm），物料加完后，将温度控制在80℃，保温4～6 h。氢氟酸用量为理论计算量的105～110%，1kg $(Ta+Nb)_2O_5$加入0.73kg硫酸。

分解产物过滤后，用2%稀氢氟酸溶液洗涤滤渣，要求分解渣中$(Ta+Nb)_2O_5$总量小于0.5%。分解渣可做放射性废渣处理，或从中回收铀、钍及稀土金属。在滤液中加入适量的氢氟酸和硫酸调整其酸度和钽铌浓度供萃取分离用。也可直接调整滤矿浆的酸度进行矿浆萃取。当处理的钽铌铁矿的化学成分为（%）：31.13Ta_2O_5、19.70Nb_2O_5、4.27MnO、13.60FeO、8.15TiO_2、4.69SiO_2、8.33MgO、0.60Al_2O_3、2.57 WO_3、0.55SnO_2、0.71CaO、0.003MoO_3、0.103U_3O_4时，在上述分解条件下所得到的分解液含HF7.29mol/L，含$H_2SO_4$2.84mol/L，含$(Ta+Nb)_2O_5$241.58g/L，分解率99.4%。

3．影响分解速度和分解率的主要因素

（1）分解温度　提高分解温度有利于提高分解速度和分解率。但如果温度过高，氟化氢的挥发损失增加。因此，一般控制反应温度在HF溶液的沸点以下；生产实践中为80℃左右。氢氟酸分解钽铌精矿过程为放热反应，在精矿加入过快的情况下反应很激烈，温度急剧升高，造成HF挥发损失。因此，要在不断搅拌下缓慢加入精矿，在低于50℃下加完物料，再升温至80℃保温。

（2）精矿粒度　分解过程中精矿粒度对分解率的影响如表3-2-1所示。

表 3-2-1　精矿粒度对分解率的影响

精矿粒度，mm	1	4.3	10
分解率，%	99	96	78

从表3-2-1中可看出，精矿粒度越小，固液两相之间的接触面积越大，因而分解速度快，分解率也高。

（3）酸用量及其浓度　在一定的范围内，氢氟酸用量增大，分解率增大，生产实践中一般控制在过理论量5%比较适当。氢氟酸浓度的增大也有利于提高分解速度和分解率，但氢氟酸浓度过高时，其挥发损失大，其起始浓度一般以25～30mol/L为宜。

分解时加适当的硫酸有利于分解反应的进行。因为硫酸能和部分杂质反应，强化了分解过程，减少了氢氟酸的消耗和挥发损失，并能和后继$HF-H_2SO_4$萃取体系相衔接。但H_2SO_4的加入量也不能过多，否则会降低矿浆中HF浓度，反而使分解率降低。

（4）搅拌速度　分解过程中加强搅拌可以减少矿粒表面液膜扩散层的厚度，从而提高反应速度和分解率。但搅拌速度也不能太大，否则由于离心力作用产生液固分离，不利于反应的进行。

（5）反应时间　在一定的范围内，分解时间增长，分解率会增大。但分解时间的增加必定会引起HF损失和能耗的增大，因此在保证精矿分解率的前提下，应尽量减少分解时间。

此外，分解时矿浆的固液比也是影响分解速度和分解率的重要因素。在酸用量一定的情况下，固液比大时，矿浆中酸浓度高，有利于反应进行。但固液比如果太大，则矿浆粘度大，不利于扩散过程进行。

二、氢氟酸分解褐钇铌矿精矿

褐钇铌矿的典型化学成分如表3-2-2所示。

表 3-2-2　褐钇铌矿的典型化学成分

成　分	Nb_2O_5	Ta_2O_5	ΣRE_2O_3	U_3O_8	Fe_2O_3	WO_3	TiO_2	ThO_2	SiO_2	其　它
%	30.16	2.16	20.57	1.82	11.28	1.69	2.90	1.75	8.50	19.17

氢氟酸分解的目的就是使精矿中的钽铌及其它杂质元素和HF作用转变成相应的氟化物，其分解过程的化学反应与上述钽铌铁矿的分解相似，即：

$$Nb_2O_5+14HF = 2H_2NbF_7+5H_2O$$

$$Ta_2O_5+14HF=2H_2TaF_7+5H_2O$$

$$RE_2O_3+6HF=2REF_3\downarrow+3H_2O$$

钽和铌进入溶液，渣中主要是稀土（40～50%），铀（4～5%），钍（3～4%）的氟化物。可用碱将这些氟化物转化成易溶于酸的产物：

$$REF_3+3NaOH=RE(OH)_3+3NaF$$

$$UF_4+4NaOH=U(OH)_4+4NaF$$

$$2UF_4+10NaOH+O_2=Na_2U_2O_7+8NaF+5H_2O$$

$$ThF_4+4NaOH=Th(OH)_4+4NaF$$

用水洗去可溶性的氟化钠后，送回收稀土。

氢氟酸分解褐钇铌矿精矿的原则流程与图3-2-1大同小异。分解过程所使用的设备和工艺条件与用氢氟酸分解钽铌铁矿基本相似，使用浓度为50%的工业氢氟酸，其消耗量约为1.6 t 氢氟酸/吨精矿。在100℃温度下分解2 h，分解率可达98%。

氢氟酸分解法可以处理任何种类的钽铌精矿，和下一步的萃取工序相联结具有酸度易于调节、产品纯度高、流程短等优点。该法的缺点是消耗大量昂贵的氢氟酸，分解后的溶液中含杂质较多，增加了萃取分离工序的负担。

为了克服上述缺点，研究了先用苛性钠溶液压煮法分解精矿，然后再用氢氟酸分解沉淀的方法。该法的实质是，在150～200℃的温度下，用浓度为35～45%的NaOH(或KOH)溶液与钽铁矿或铌铁矿精矿作用，其反应可分两步进行。第一步反应的结果是生成聚钽酸盐和聚铌酸盐，然后，聚钽酸盐和聚铌酸盐再转化为偏钽酸盐和偏铌酸盐。如：

$$3Fe(TaO_3)_2+8NaOH+(n-1)H_2O=Na_8Ta_6O_{19}\cdot nH_2O+3Fe(OH)_2$$

$$Na_8Ta_6O_{19}\cdot nH_2O=6NaTaO_3+2NaOH+(n-1)H_2O$$

分解后所得到的偏钽（铌）酸盐及铁、锰等的沉淀用盐酸处理，可除去铁、锰等可溶性杂质。例如，当处理的精矿成分为（%）：41.0Ta_2O_5、23.4Nb_2O_5、11.0FeO、7.3MnO、3.0TiO_2、2.0SiO_2、2.35SnO_2时，用NaOH溶液进行分解后再用15%的盐酸溶液处理沉淀（固液比为1：1），得到的产品成分为(%)：77.2$(Ta, Nb)_2O_5$，11.4Na_2O，1.9FeO，0.68MnO，1.6TiO_2，0.14SnO_2，1.89SiO_2。将得到的偏钽（铌）酸盐沉淀溶于10～15%的冷氢氟酸溶液中，使钽铌转化为$H_2(Ta, Nb)F_7$。

碱浸并分离含钽铌沉淀后的碱液中含杂质较少，可以返回到原碱浸工序再次使用。因此，苛性钠溶液分解精矿的碱耗量小于0.5公斤NaOH/公斤精矿，为苛性钠熔合法碱耗量的六分之一。

和直接用氢氟酸和硫酸的混合液分解钽（铌）铁矿相比，先用苛性钠溶液分解而后再用氢氟酸分解沉淀的方法具有如下优点：

（1）降低了氢氟酸消耗和挥发损失；

（2）分解后的氢氟酸溶液含杂质少，简化了萃取中的净化和分离过程。

第三节　氯　化　法

氯化法是由钽铌精矿中提取钽铌的有效方法之一，尤其是对于成分复杂的多金属矿，不仅能从中提取钽铌，而且也能提取其中的有价组份稀土金属和钛。现以氯化法处理复合钛钽铌矿为例说明其原理和工艺。

复合钛钽铌矿是碱金属、碱土金属及稀土金属的钛钽铌酸盐，在不同的矿物中所含钛、钽、铌和稀土金属的范围变化很广。就其化学稳定性而言，钛钽铌酸盐类矿物较钽铌铁矿为差，因而它们可用硫酸分解。但由于这类原料组成复杂，如铈铌钙钛矿精矿的成分为（%）：8.5～9.1$(Ta, Nb)_2O_5$，34.2～36.5TiO_2，28～30 $(Ce, La\cdots)_2O_3$，6～8 CaO，7～8Na_2O，0.2～0.7ThO_2，其中Ta_2O_5与Nb_2O_5之比为7：15，因此由它得到纯的钽铌化合物比较困难，尤其是从钽铌中分离除钛困难更大。同时，由于这类矿物含有多种金属组分，因而分解过程还要考虑各种有价组分的综合回收，从这一角度考虑氯化法是有一系列优越性的。

一、氯化过程的基本原理

铈铌钙钛矿精矿的氯化过程是基于在温度为750～850℃和有碳存在的情况下，精矿中的各组分同氯气作用，生成相应的氯化物。这些氯化物具有不同的沸点，沸点比较低的钽、铌、钛的氯化物随气流带出，分别收集在冷凝器中，沸点高的稀土金属、碱金属和碱土金属氯化物以熔体形态留在氯化炉中，定期排出，从而分别得到各种有价元素的氯化物。某些金属氯化物的性质可参见第二篇表2-3-2。氯化过程的主要反应如下：

$$Nb_2O_5 + 3Cl_2 + 1.5C = 2NbOCl_3 + 1.5CO_2$$
$$(\Delta G^{\circ}_{1000K} = -417kJ)$$
$$Nb_2O_5 + 5Cl_2 + 2.5C = 2NbCl_5 + 2.5CO_2$$
$$Ta_2O_5 + 5Cl_2 + 2.5C = 2TaCl_5 + 2.5CO_2$$
$$TiO_2 + 2Cl_2 + C = TiCl_4 + CO_2$$
$$(\Delta G^{\circ}_{1000K} = -248kJ)$$
$$Ce_2O_3 + 1.5C + 3Cl_2 = 2CeCl_3 + 1.5CO_2$$
$$(\Delta G^{\circ}_{1000K} = -1610kJ)$$

氯化过程中生成的其它氯化物还有$CaCl_2$、$NaCl$、$AlCl_3$、$FeCl_3$和$SiCl_4$等。反应生成的CO_2按布多尔反应和碳作用：

$$CO_2 + C = 2CO$$

因此，氯化过程也有CO参加反应：

$$Nb_2O_5 + 3CO + 3Cl_2 = 2NbOCl_3 + 3CO_2$$
$$(\Delta G^{\circ}_{1000K} = -407kJ)$$
$$TiO_2 + 2CO + 2Cl_2 = TiCl_4 + 2CO_2$$

($\Delta G^{\circ}_{1000K} = -122$[illegible]kJ)

正如第二篇所介绍，氯化过程一般加碳。这是因为不仅碳能和氧化物中的氧结合成CO_2或CO，而且能降低氯化过程的活化能。

二、氯化过程实践

1．氯化过程　有两种氯化工艺，团块在竖式电炉中氯化和熔盐氯化。

团块在竖式电炉中氯化与ZrO_2的氯化大同小异，包括团块的制备，氯化以及各种氯化物的冷凝收集等过程。用石油焦作还原剂，氯化过程在800～900℃温度下进行。团块竖炉氯化工艺的缺点是团块的制备化费大量的时间和劳动，同时，由于需要定期停炉清除未氯化的残余物，使得氯化过程不能连续操作。

熔盐氯化是近年来研究成功的一种新的氯化工艺，其工艺及设备结构与高钛渣的熔盐氯化相似。

熔盐氯化装置主要由氯化炉和冷凝系统组成（如图3-2-2所示）。氯化过程中生成的钠、钙和稀土元素氯化物熔体在氯化炉中形成熔池，这种熔盐的大致成份为约55%的稀土氯化物，约20%的$CaCl_2$和约15%的NaCl，其余为其它元素氯化物。随着氯化过程的进行，多余的熔盐便经过溢流槽流入贮料槽，然后再经处理以从中提取稀土金属。溢流槽前面放有多孔石墨过滤器，以便从流出的熔盐中清除飘浮在上面的未被氯化的精矿和未反应的焦碳颗粒。通过装在氯化炉中的石墨电极使熔盐加热。

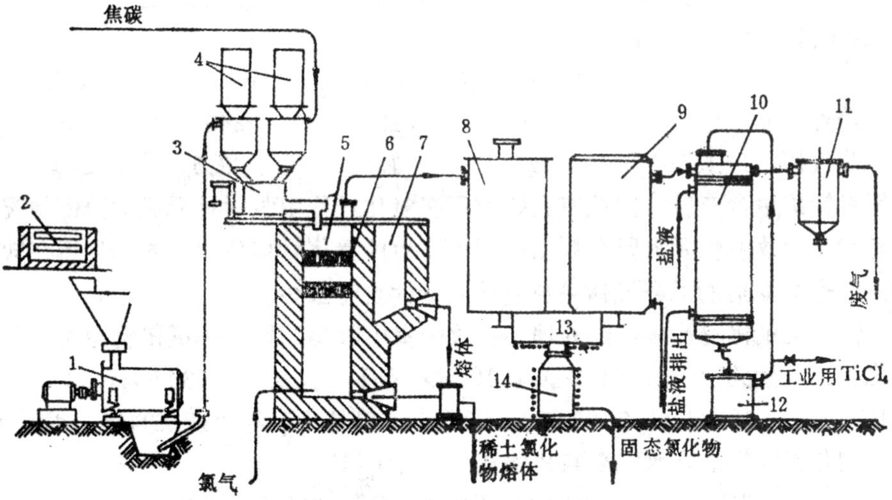

图 3-2-2 铈铌钙钛矿精矿熔盐氯化设备示意图

1—振动球磨机；2—精矿烘箱；3—螺旋送料机；4—布袋收尘器；5—氯化炉；6—多孔石墨过滤器；7—稀土金属氯化物熔盐贮罐；8—带刮板的固体氯化物冷凝器；9—布袋收尘器；10—四氯化钛冷凝器；11—捕集器；12—氯化物收集器；13—氯化物冷凝液混合蒸发器；14—氯化物收集器

氯化过程在850～900℃温度下进行，熔盐中铈铌钙钛矿的平均含量为1.5%，碳的平均含量为5～6%。在这样的条件下，单位生产能力（按精矿计）为5～5.5t/m²·d，而团块竖炉氯化的生产效率只有1.5～2t/m²·d。

和竖炉氯化相比，熔盐氯化的优点是省去了团块的制备和焦结等过程。同时，由于氯气在熔盐中的鼓泡而引起的搅拌作用使反应能够更有效地进行，因此，氯化速度快，氯化炉生产率高，并可使氯化过程连续进行。

2．氯化物的冷凝与分离　氯化后的气体混合物中有$NbCl_5$、$NbOCl_3$、$TaCl_5$、$TiCl_4$、$FeCl_3$、$AlCl_3$和$SiCl_4$，同时还含有CO，CO_2及少量的Cl_2、HCl、$COCl_2$（光气）等。工业上通常采用连续冷凝系统收集各种氯化物。这种冷凝系统主要由捕集固体氯化物（钽、铌、铝、铁）的收尘室，玻璃纤维织物做的布袋收尘器（分离从收尘室被炉气带出的固体氯化物颗粒）和凝结$TiCl_4$的喷淋式冷凝器组成。收尘室装有刮板并用空气冷却。

从氯化炉出来的气体混合物首先通过收尘室，收尘室内温度保持在140～200℃，这时，固态的钽铌氯化物和$FeCl_3$、$AlCl_3$便收集在收尘室中。从收尘室出来的气体进入喷淋式冷凝器收集液态$TiCl_4$，淋洗剂为预冷过的液体$TiCl_4$。此外，还有部分钽、铌氯化物会被气流带入淋洗冷凝器中落入$TiCl_4$冷凝液内，和$TiCl_4$同时冷凝的还有可溶于$TiCl_4$液体中的$SiCl_4$。当精馏$TiCl_4$时，进入$TiCl_4$冷凝液中的钽、铌氯化物留在蒸发残液中，并将其和收尘室中的钽、铌氯化物合并在一起。

钸铌钙钛矿精矿氯化后得到三种产品：含稀土金属氯化物的熔体，含杂质铁的钽、铌氯化物和工业四氯化钛。

近几年，又在冷凝系统中引入一种盐滤装置，以便更好地使铁及铝的氯化物和钽、铌氯化物进行分离。盐滤的作用在于，$FeCl_3$和$AlCl_3$同NaCl（或KCl）可生成一种复盐$MeFeCl_4$和$MeAlCl_4$（式中Me代表Na，K），这种物质的熔点低，稳定性好，且在300～500℃温度下具有低的蒸汽压：

	$KAlCl_4$	$NaAlCl_4$	$KFeCl_4$	$NaFeCl_4$
熔点，℃	256	152	249	163
蒸气压，Pa(500℃)	20	13.3	36.6	334

钸铌钙钛矿中含有钍，因此有人研究了在氯化过程中放射性元素的分配情况。其结果是大约有40%的放射性元素留在氯化过程中产生的氯化物熔体中，约60%留在盐滤器的盐熔体中，经过盐滤后的混合气体中放射性元素的含量极少。

3．钽、铌氯化物冷凝物的处理　在收尘室中收集的钽、铌氯化物冷凝物的成分（换算成氧化物）大致为（%）：51.2～54.3$(Ta, Nb)_2O_5$，1.0～1.8TiO_2，0.43～1.4SiO_2，0.4～11.1Fe_2O_3，0.64～0.79Al_2O_3。工业上一般是将这种含杂质的钽、铌氯化物进行水解，以制备钽和铌的含水混合氧化物：

$$2NbOCl_3+(n+3)H_2O = Nb_2O_5 \cdot nH_2O+6HCl$$

$$2TaCl_5+(n+5)H_2O = Ta_2O_5 \cdot nH_2O+10HCl$$

大部分杂质进入水解后的酸液中，然后再用加有NH_4Cl的2%的盐酸溶液洗涤沉淀物，即可得到约含90～93%$(Ta, Nb)_2O_5$的钽铌水合氧化物混合物，其中主要杂质为铁、硅、钛。

也可采用再氯化的方法从冷凝后的氯化物中制取纯的钽、铌五氯化物，然后再用精馏法将钽铌进行分离提纯。

氯化分解法具有流程短、分解率高以及不受矿物成分的限制和变化、有利于综合回收等优点。但是，氯化过程对设备腐蚀严重，钽、铌氯化物容易吸潮水解，故在设备构造和过程操作方面比较复杂。

第四节　硫酸分解法

硫酸分解法适宜于处理钸铌钙钛矿精矿。硫酸分解时，矿物中的组分生成相应的硫酸盐，然后利用一些元素的硫酸复盐溶解度的不同，使稀土金属、钛、钽铌分离。分解过程在150～250℃温度下和85%的硫酸溶液中进行，其主要反应如下：

$$TiO_2+CaO+3H_2SO_4 = CaTi(SO_4)_3+3H_2O$$

$$4TiO_2+RE_2O_3+11H_2SO_4 = RE_2(SO_4)_3 \cdot 4Ti(SO_4)_2+11H_2O$$

当有大量钛存在时，钽铌以类质同象形态进入钛的硫酸复盐成分中。

用水浸出经硫酸处理的产品时，绝大部分稀土金属以难溶的硫酸复盐$Na_2SO_4 \cdot$

$RE_2(SO_4)_3 \cdot 2H_2O$以及它们与$CaSO_4$的类质同相混合物形态留在沉淀中，钛、钽及铌则转入到溶液中，钛在溶液中以$TiOSO_4$形态存在，钽和铌大概以$Me'_2O_3(SO_4)_2$形态存在。最后，可用硫酸铵从溶液中沉淀出溶解度小的硫酸复盐$(NH_4)_2TiO(SO_4)_2 \cdot H_2O$，而使钛与钽铌分离。

第五节　各种难选低品位钽铌原料的处理

某些钽铌矿属于难选矿物，为了保证在选矿过程中得到标准钽铌精矿，必然会产生一部分含$(Ta, Nb)_2O_5$为2～15%的低品位钽铌矿。难选低品位钽铌矿的特点是成分复杂，含有钛、稀土、锆、锡、钨等一系列伴生元素。此外，在冶炼其它金属过程中所产生的渣（如锡渣、钨渣、铁渣等）也含有部分钽铌，是提取钽铌的原料之一。对于这些低品位钽铌原料，工业上除用选冶联合法进行富集外，一般还用冶金方法进行处理，制得钽铌富集物后，再用通常的方法进行提取和分离。一般的处理方法有还原熔炼法、氯化法、焙烧-浸出法、硫酸过氧化物浸出法等。

一、还原熔炼法

该法是将钽铌原料和焦碳在电弧炉中1500℃的温度下进行还原熔炼，得到含钽和铌碳化物的富集物和还原渣。将还原渣排放后，在1250～1350℃温度下将富集物进行吹炼，由于钽铌对氧的亲和力大，故优先氧化成氧化物而富集在吹炼渣中，再用化学法进一步使钽铌富集。或者使还原熔炼后得到的钽、铌、铁合金在$FeCl_2$-HCl-$(NH_4)_2SO_4$或$FeCl_2$-NH_4Cl水溶液中电解，钽铌铁合金作为阳极，阴极上可获得高纯电解铁，钽铌则随着合金中铁的溶解而沉积在阳极渣中。

二、氯化法

用氯化法处理低品位钽铌原料工艺和用氯化法处理钽铌精矿相类似。对含有碱金属和碱土金属的钽铌原料，在氯化过程中由于生成它们的氯化物，因此采用熔盐氯化比较合适。如果矿物的脉石成分主要是石英岩或长石-闪岩，采用团块氯化更好些。

三、焙烧-浸出法

这种方法可处理低品位钽铌钨混合矿或含钽铌的钨渣，其原理和工艺与苏打烧结法处理钨精矿相似，钽铌收集在水浸后的沉淀中，并可从溶液中回收钨。富集过程$(Ta, Nb)_2O_5$的总回收率为94～98%。

四、硫酸-过氧化物法

国外曾研究用浓硫酸在200～300℃的温度下处理低品位钽铌原料1～2h，然后再用浓度为150～300g/lH_2SO_4和10～30g/lH_2O_2的溶液浸出硫酸化后的产品，浸出时固液比为1:3～5，时间1h。浸出时加H_2O_2的作用是生成易溶的钽铌过氧化络合物$H_2TaO_2(O_2)$、$H_2NbO_2(O_2)$，钛也生成过氧化络合物$H_4TiO_3(O_2)$，钽、铌、钛铁和其它某些杂质进入硫酸溶液。二氧化硅和锆留于沉淀中。过滤后在90～98℃温度下加热溶液2～3h，这时钽铌过氧化络合物便分解为含水氧化物$(Ta, Nb)_2O_5 \cdot nH_2O$从溶液中沉淀出来，而大部分钛留在溶液中，钽和铌的回收率为85～90%。

思考题

1. 用HF和H_2SO_4混合液分解钽铌精矿，钽铌精矿成分为（%）：31.3Ta_2O_5，19.7Nb_2O_5，

4.27MnO，13.6FeO，8.15TiO_2，4.69SiO_2，2.57WO_3，0.103U_3O_8，0.55SnO_2，若HF用量为理论量（不包括杂质耗HF）的107%，并按每公斤$(Ta+Nb)_2O_5$加0.73kgH_2SO_4，求：

（1）处理100kg精矿需要50%的工业氢氟酸溶液和98%的H_2SO_4溶液各多少公斤？

（2）若分解后得到9.56kg渣，且渣中含7.44% $(Ta+Nb)_2O_5$，求$(Ta+Nb)_2O_5$的分解率；

（3）若分解后得到分解液202L，其中含$(Ta+Nb)_2O_5$242g/l，求$(Ta+Nb)_2O_5$的浸出率。

2. 试根据工艺过程的要求，分析用氢氟酸分解钽铌精矿的分解槽的结构和要求。

3. 分析用氯化法处理钽铌矿物原料的优缺点及发展前景。

第三章　钽和铌纯化合物的制取

第一节　钽和铌的分离提纯方法概述

钽铌精矿分解后，得到钽和铌的混合化合物，同时还含有部分杂质钨、锡、钛、硅、铁等。为了制取纯金属钽、铌，首先必须使其进行分离，同时也使钽、铌和杂质分离，分别制得钽和铌的纯化合物。目前应用于工业上的钽和铌的纯化合物有氧化物（Ta_2O_5和Nb_2O_5），氟络盐（K_2TaF_7，K_2NbF_7）和氯化物（$TaCl_5$，$NbCl_5$）。由于对钽、铌金属的纯度要求高，故对其化合物的纯度要求也高。

钽和铌的化合物的性质非常相似，要使这两种金属得到良好的分离是一项复杂的任务。钽铌分离提纯的主要方法有：分步结晶法、有机溶剂萃取法、氯化物精馏法、离子交换法等。

分步结晶法是基于氟钽酸钾（K_2TaF_7）和氟氧铌酸钾（$K_2NbOF_5 \cdot H_2O$）在氢氟酸溶液中的溶解度不同，使钽盐和铌盐先后分别结晶出来。为了得到更纯的氟钽酸钾和氟氧铌酸钾，需要使它们进行重新结晶。分步结晶法曾经是工业上最早使用的分离提纯钽铌的重要方法，但由于操作繁琐，产品纯度不够高（尤其是除钛困难），目前已被萃取法所取代。

有机溶剂萃取法是目前工业上分离提纯钽和铌的主要方法，该法的优点是钽铌分离效果和除杂效果都好，可以制备高纯度钽和铌的化合物。目前，国内外绝大多数工厂都用这种方法分离提纯钽和铌。

选择还原法的基本原理是，$NbCl_5$比$TaCl_5$较容易被氢或某些金属（铝、钠）还原成不易挥发的低价氯化物。将$TaCl_5$和$NbCl_5$的混合物在180～200℃温度下蒸发，并使混合气体和氢一起通过加热到500～550℃的长管中，$NbCl_5$被氢气还原为$NbCl_3$凝聚在管壁上，而$TaCl_5$则被气体带走，然后收集在冷凝器中。分离后得到的$TaCl_5$和$NbCl_3$可分别用氢气还原为金属钽和铌。

氯化物精馏法是利用$TaCl_5$和$NbCl_5$沸点的差别，控制适当的温度使其分离。该法和用氯化法分解精矿相结合时，可使整个钽铌冶金流程大大简化，此法目前尚处于半工业性试验阶段。

钽和铌的离子交换分离一般在酸性溶液中进行（如氢氟酸溶液或盐酸溶液）。由于钽和铌在酸性溶液中呈络阴离子形态，故通常用强碱性或中等碱性的阴离子交换树脂，从钽、铌的酸性溶液中吸附钽、铌络阴离子，然后，使用不同浓度的酸液（盐酸溶液或盐酸和氢氟酸溶液）进行淋洗，将钽、铌分别洗出，以达到钽铌分离提纯的目的。

第二节　有机溶剂萃取法

一、基本原理

1．萃取体系的选择

（1）萃取剂的选择　萃取分离钽铌的萃取剂通常有铜类、酯类、胺类和醇类等。工

表 3-3-1 某些萃取剂的物理性质

萃取剂	物理性质					
	结构式	沸点，℃	闪点，℃	密度，g/cm³	粘度，mPa·S	在水中溶解度
甲基异丁基酮 (MIBK)	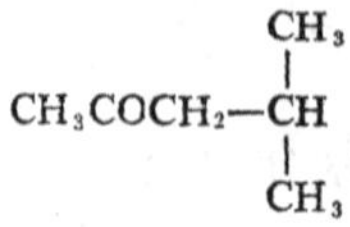	115.65	27	0.8006 (20℃)	0.585 (20℃)	2%（容积）(20℃)
仲辛醇	$CH_3(CH_2)_5CHOHCH_3$	179	73	0.8193 (20℃)	14.3 (20℃)	0.08%（质量）
磷酸三丁酯 (TBP)	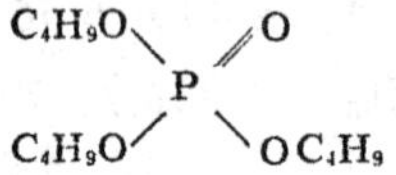	178	145	0.9727 (25℃)	3.32 (25℃)	6g/1 (25℃)
乙酰胺	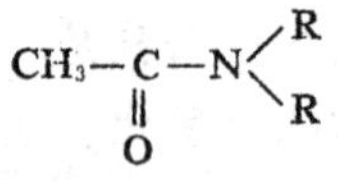 $R=C_7\sim C_9$	182～220	145	0.8667	18.13 (25℃)	0.05g/1 (26.2℃)
己酮	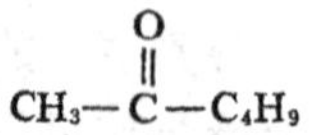	127.2	～27	0.80 (20℃)	—	—
环己酮	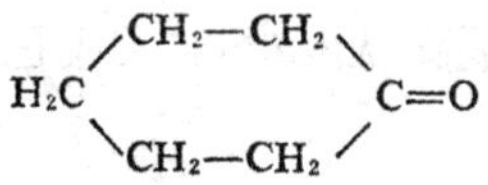	156.6	23	0.830 (20℃)	18.3 30℃	2.4%（质量）(20℃)

业生产中常用的有甲基异丁基酮、磷酸三丁酯（TBP)、乙酰胺、仲辛醇等。现将工业上常用于钽铌生产中的几种萃取剂的物理性质列于表3-3-1。

通过工业上对几种萃取剂应用的生产实践，可以将它们大致作一比较。

甲基异丁基酮比重小，流动性好，易分层，萃取钽铌的饱和容量大，萃取选择性好，可制得高纯钽铌化合物。其缺点是水溶性大，挥发性大，单价较高。

仲辛醇选择性较好，水溶性小，价格便宜。但粘度大，反萃时易出现乳化现象。

乙酰胺和磷酸三丁酯的萃取能力强，但选择性比MIBK差些。挥发性小，但粘度大，需加稀释剂，并易引起杂质钨和磷的增高。

生产中选择萃取剂时，一般都要求其萃取能力大，选择性好，水溶性小，粘度和比重小，挥发性小，性能稳定，无毒并容易再生。此外还要考虑原料的特点和处理方法，萃取剂价格便宜，来源充足等因素。

（2）酸体系的选择　通常，在氢氟酸-无机酸混合体系中萃取分离钽铌的效果比氢氟酸单酸体系要好。因此，在工业上实用的萃取体系中，无论用什么萃取剂，水相组成几乎都是在氢氟酸中加入其它无机酸，例如硝酸、盐酸和硫酸。研究指出，当用二异丙酮从含0.4mol/LHF和3.7～4.5mol/L各种无机酸的水溶液中萃取钽铌时，钽铌分离系数分别为：$\beta_{Ta/Nb(HCl)}=91$，$\beta_{Ta/Nb(HNO_3)}=880$，$\beta_{Ta/Nb(H_2SO_4)}=160$。由此可知，加入盐酸的分离系数最小，同时当氯根存在时，使铁等杂质极易萃取，影响产品纯度，故不使用盐酸。加入硝酸时的钽铌分离系数最高，而且对含有钨的料液，还可以起到抑制钨萃取的作用，但同时也会使铌的萃取率降低。加入硫酸时钽铌萃取率都提高，考虑到硫酸的廉价易得和

表 3-3-2 工业萃取钽铌体系

料液名称 \ 料液浓度 \ 萃取剂稀释剂		MIBK	TBP(80%) 煤油（20%）	仲辛醇（85%） 辛酮（<12%）	乙酰胺（40%） 二乙苯（60%）
原液	$(Ta, Nb)_2O_5$ (g/L)	200	100～110	200	100～200
	HF（mol/L）	6	6	5～6	8～10
	H_2SO_4（mol/L）	4	4.3	3.8～4.3	3.5～5
酸洗剂	HF（mol/L）		3		2
	H_2SO_4（mol/L）	4	5	4	4
铌反萃剂	H_2SO_4（mol/L）	0.75	0.83	1	
	纯水				纯 水
钽反萃剂	NH_4F（g/l）		100		39
	纯水	纯 水		纯 水	

操作方便，故目前工业上一般都采用氢氟酸-硫酸体系进行钽铌萃取分离。

现将目前工业上使用的几种萃取分离钽铌的萃取体系列于表3-3-2。

2．萃取过程机理 在氢氟酸-硫酸体系中，对钽、铌氟络阴离子的存在形式有不同的研究结果，一般认为主要是以$HTaF_7^-$、TaF_7^{2-}、TaF_6^-、$HNbF_7^-$、NbF_7^{2-}、NbF_6^-等形态存在。在低的氢氟酸浓度下，铌是以$NbOF_5^{2-}$形态存在。溶液中的主要杂质（W、Sn、Ti、Si、Fe等）则以H_2WF_8和$H_2WO_2F_4$、SnF_4和H_2SnF_6、H_2TiF_6、H_2SiF_6、H_3FeF_6形态存在。

关于萃取分离钽铌过程的机理，不少人进行过研究，一般认为萃取过程为锌盐萃取。不管是醇、酮、酯，还是酰胺类萃取剂，它们都含有氧原子。在强酸溶液中，氧原子上的孤对电子能吸引带正电荷的H^+或水合氢离子而形成锌阳离子，然后再和水相中的钽、铌络阴离子借静电引力结合成锌盐。例如，用MIBK在$HF-H_2SO_4$体系中萃取钽铌时，可发生下列反应：

$$\begin{matrix}R\\CH_3\end{matrix}\!\!>C=O+H^+=\left[\begin{matrix}R\\CH_3\end{matrix}\!\!>C=OH\right]^+$$

$$2\left[\begin{matrix}R\\CH_3\end{matrix}\!\!>C=OH\right]^++Me'F_7^{2-}=\left[\begin{matrix}R\\CH_3\end{matrix}\!\!>C=OH\right]_2^+[Me'F_7]^{2-}$$

锌盐在强酸溶液中才能形成，当酸度降低，如用水稀释时，锌盐即分解。这时，被萃取到有机相中的钽（或铌）又会回到水溶液中去，这就是反萃过程的基本原理。

在氢氟酸浓度大于4mol/L的溶液中，磷酸三丁酯是按水化溶剂化机理萃取钽、铌氟络合物的，即水溶液中水合氢离子$(H_3O\cdot 3H_2O)^+$或$(H_9O_4)^+$参加反应。三个分子磷酸三丁酯通过自己的活性基团P═O与水合氢离子结合，形成$[H_3O(H_2O)_3\cdot 3TBP]^+$，再和溶液中的钽、铌络阴离子结合为化合物$[H_3O(H_2O)_3\cdot 3TBP]_2Me'F_7$。

不论从弱酸溶液还是从强酸溶液中，钽都能被磷酸三丁酯萃取，而铌只有当酸的浓度大于4mol/L时才有可能被萃取（图3-3-1）。这是因为在氢氟酸浓度低的溶液中，铌是以氟氧络阴离子（$NbOF_5^{2-}$）形态存在，因此钽和铌的萃取反应是有区别的：

$$TaF_7^{2-} + 2H^+ + 3TBP + 4H_2O = [H_3O(H_2O)_3 \cdot 3TBP]HTaF_7 \quad (3\text{-}3\text{-}1)$$

$$NbOF_5^{2-} + 4H^+ + 2F^- + 3TBP + 3H_2O = [H_3O(H_2O)_3 \cdot 3TBP]HNbF_7 \quad (3\text{-}3\text{-}2)$$

可以得出，钽和铌的分配比与氢离子浓度的关系为：

$$D_{Ta} = K_{Ta}[H^+]_{aq}^2 \cdot [TBP]_{org}^3$$

$$D_{Nb} = K_{Nb}[H^+]_{aq}^4 \cdot [F^-]_{aq}^2 \cdot [TBP]_{org}^3$$

式中，K_{Ta}和K_{Nb}分别为反应（3-3-1）和（3-3-2）的平衡常数。

当氢氟酸浓度小于4mol/L时，因$K_{Ta} \gg K_{Nb}$，故$D_{Nb} \ll D_{Ta}$，因此，铌进入有机相的量很少。但随着氢氟酸浓度的增加，铌的分配比与氢离子浓度的四次方比例迅速增大。图3-3-1为用磷酸三丁酯作萃取剂时钽和铌的分配比与氢氟酸浓度的关系，表3-3-3为某些元素在磷酸三丁酯作萃取剂时在有机相和水相间的分配比。

从图3-3-1可知，在低氢氟酸浓度下，铌的分配比比钽小，在高的氢氟酸浓度（大于4mol/L）下，则两者分配比相近。同时，从表3-3-3可看出，在较高的氢氟酸浓度下，钽

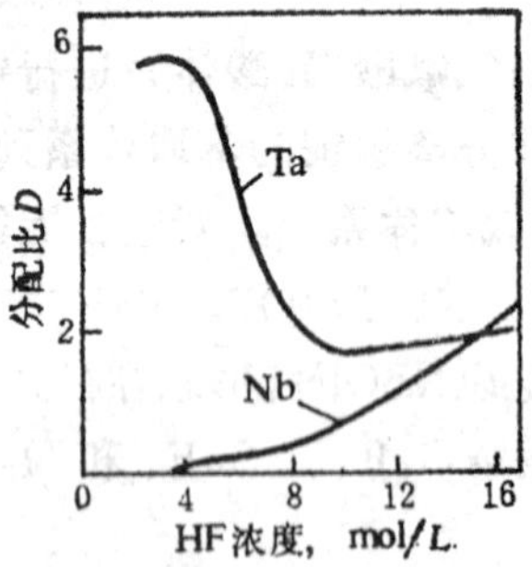

图 3-3-1　TBP萃取时钽和铌的分配比与HF浓度的关系

钽和铌在水溶液中的浓度：Ta—0.208mol/L；Nb—0.602mol/L

和铌的分配比要比杂质离子的分配比大得多。因此，可在高的氢氟酸浓度下将钽铌同时萃取到有机相中，使钽铌与大部分杂质分离，然后再在低的氢氟酸浓度下使钽铌分离。在工业生产中，萃取过程一般由三个阶段组成：

（1）钽铌共萃取，使钽铌进入有机相，杂质留在水相中；

（2）用水从有机相中反萃铌；

（3）用水或某种盐的水溶液（如NH_4F）从有机相中反萃钽。

表 3-3-3　某些元素在磷酸三丁酯与HF（10mol/L）和H_2SO_4（12mol/L）的水溶液之间的分配比

元素及其价态	Nb（V）	Ta（V）	Fe（Ⅲ）	Mn（Ⅱ）	Ti（Ⅳ）	Si（Ⅳ）
在原始溶液中的含量，g/L	2	2	10	2	10	2
分配比，*D*	183	119	0.001	0.017	0.02	0.05

3．影响钽铌萃取分离过程的主要因素　影响钽铌萃取分离的因素很多，其中有机溶剂的种类和酸体系的影响已在前面叙述，现只讨论一下其它因素对萃取过程的影响。

（1）氢氟酸浓度和硫酸浓度　在MIBK-HF体系中，氢氟酸浓度对于钽铌萃取率的影响如图3-3-2所示。在仲辛醇-HF-H_2SO_4体系中，HF、H_2SO_4浓度对钽、铌、钨萃取

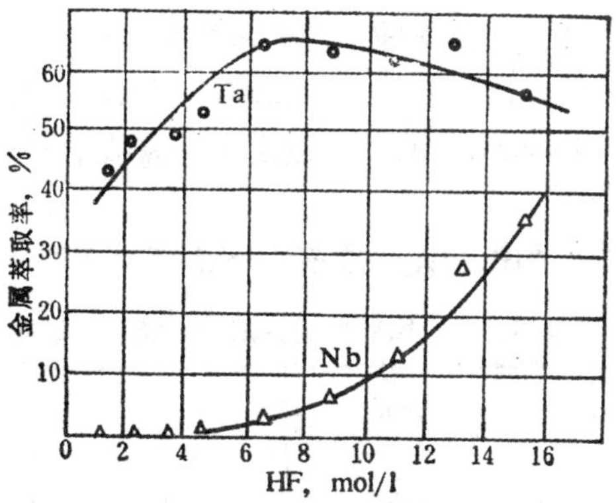

图 3-3-2　氢氟酸浓度对MIBK萃取钽铌的萃取率影响（相比为1：1，料液含Ta16g/l，Nb19.2g/l）

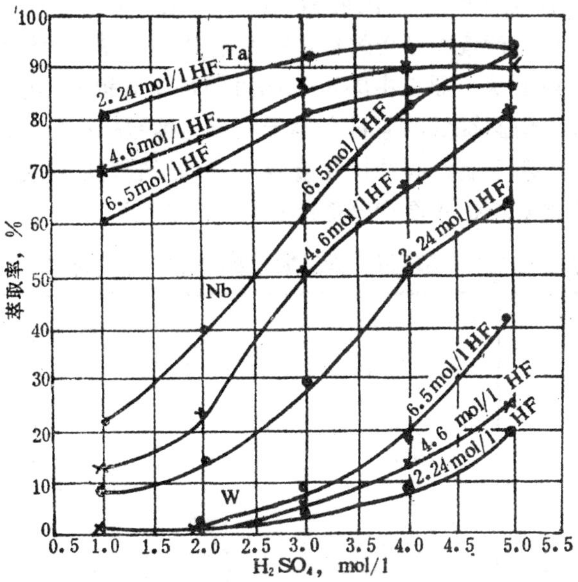

图 3-3-3　仲辛醇-HF-H_2SO_4体系中原液的HF、H_2SO_4浓度对钽、铌、钨萃取率的影响

萃取条件：1）原料成份（g/l）：

• 线原液含$Ta_2O_5$55.7，$Nb_2O_5$35.1，W4.1；

× 线原液含$Ta_2O_5$55.7，$Nb_2O_5$34.4，W4.1；

○ 线原液含$Ta_2O_5$64.2，$Nb_2O_5$32.03，W4.1；

2）相比为1：1。

率的影响如图3-3-3所示。

从图3-3-2和图3-3-3可看出，铌的萃取率随氢氟酸浓度的增加而增大，钽的萃取率先是随氢氟酸浓度的增加而增大，在6～8mol/L达到最大值后开始缓慢下降。当氢氟酸浓度一定时，随着硫酸浓度的增加钽和铌的萃取率都有所增加，而铌的萃取率增加更为明显，说明硫酸浓度对铌的萃取影响更大些。

杂质的萃取率与体系的酸度有关。一般说来，体系酸度增大时杂质萃取率也会增大，其中尤以钨最难与钽铌分离。氢氟酸浓度和硫酸浓度的增加均可使钨的萃取率增大，而硫酸浓度对其影响更为明显。因此，为了降低钨的萃取率，必须严格控制体系的酸度，特别是硫酸的浓度不要超过4mol/L。此外，适当增加原液中钽铌浓度或加入1～3mol/L 硝酸均可降低钨的萃取率。

（2）原液钽铌浓度和钽铌比　原液钽铌浓度对萃取率的影响如表3-3-4所示。

表 3-3-4　原液中钽铌浓度对钽铌萃取率的影响

原液中 $(Ta, Nb)_2O_5$，g/L	100	125	150	175
钽铌萃取率，%	85.5	81.37	77.15	73.5

注：原液HF4mol/L，$H_2SO_4$3mol/L，萃取剂为MIBK，相比为1：1。

从表3-3-4可看出，在一定的酸浓度和相比下，钽铌萃取率随原液钽铌浓度的升高而降低。但生产中为了提高产量和经济效益，一般还是采用高钽铌浓度萃取，至于萃取率的问题可以通过多级萃取解决。原液中的钽铌比对同时萃取钽铌影响不大，但对钽铌分离影响较大。一般来说，钽高铌低的原料有利于制取高纯钽化合物，不利于制取高纯铌化合物，铌高钽低的原料有利于制取高纯铌化合物，不利于制取高纯钽化合物。

（3）相比　相比对钽铌萃取率的影响如表3-3-5所示。

表 3-3-5　MIBK-HF-无机酸体系相比对钽铌萃取率的影响

酸浓度，mol/L 铌萃取率，% 相比	HF 9.53 HNO_3 7.86	HF 9.53 H_2SO_4 3.15	HF 9.53 HCl 6.72	HF 9.53
0.5	36.0	78.1	80.2	17.3
1	53.1	83.1	90.6	26.0
2	74.0	85.6	93.1	36.6
3	78.3	85.9	93.3	43.7
4	80.9	86.2	93.8	47.8

注：原液含 $(Ta, Nb)_2O_5$40g/L。

从表3-3-5看出，随着相比的增加，钽铌萃取率增加。

除上述影响因素外，影响钽铌分离的因素还有萃取级数、洗涤和反萃取级数、萃取槽结构、搅拌速度及搅拌器形状、位置等。只有各种条件都能满足工艺要求，才能保证萃取分离过程钽和铌的萃取率和质量要求。

二、工业实践

1．工艺流程　萃取过程可采用清液萃取，也可采用直接矿浆萃取。矿浆萃取时，精矿经氢氟酸分解后的矿浆不经过滤，直接进行萃取，其流程图如图3-3-4所示。

在矿石分解过程中会产生大量轻浮的黑渣，这种矿浆如不经预处理而直接进入萃取槽，将污染和消耗有机相，并给萃取过程带来困难。因此，矿浆萃取前必须对矿浆进行捕渣处理（通常使用煤油）。

钽铌萃取分离过程由矿浆萃取段、酸洗萃取段、反铌提钽段、反钽段、精制有机段等阶段组成。

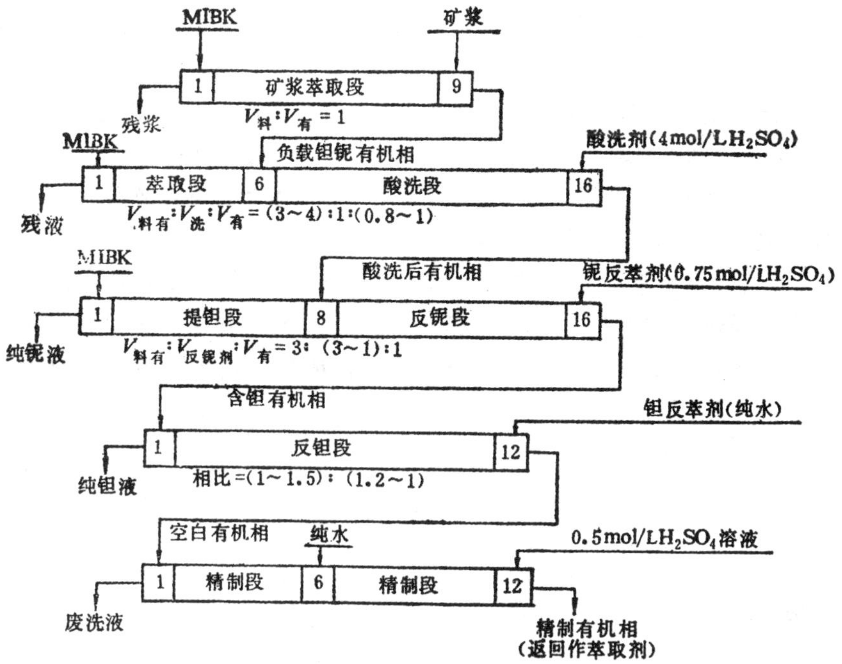

图 3-3-4 MIBK-HF-H_2SO_4体系钽铌萃取分离流程

料液成分：6±0.5mol/LHF；4±0.25mol/LH_2SO_4；180±20g/L$(Ta,Nb)_2O_5$

$Ta_2O_5:Nb_2O_5=1.5:1\sim1:1.5$，$V_{料}$—料液流速；$V_{料有}$—负载有机相流速；

$V_{有}$—有机相流速；$V_{洗}$—酸洗液流速；$V_{反铌剂}$—反铌剂流速

矿浆萃取段：其目的是在一定的氢氟酸和硫酸浓度下，将钽铌共萃取到有机相中，而杂质则留在水相中。

酸洗萃取段：酸洗段是利用钽铌和杂质元素在有机相和水相中分配系数的差异，利用酸洗剂将经矿浆萃取后所得到的有机相中的杂质除去，酸洗剂为硫酸溶液。由于酸洗时会使少量钽铌进入水相，因此再将酸洗后得到的水相与有机溶剂逆流接触，将水相中的钽和铌完全萃取到有机相中。萃取酸洗液后的有机相和未经酸洗的负载有机相一起流向酸洗段，酸洗并萃取后的残液中，$(Ta,Nb)_2O_5$含量小于1g/l。

反铌提钽段：反铌段的作用是将酸洗后的有机相中的铌反萃到水相中去。这主要利用在低酸度下，铌的分配比比钽的分配比小得多，这时铌进入水相，钽仍留在有机相中。提钽段是将从反铌段过来的水相与萃取剂逆流接触，将进入铌液中的少量钽萃取到有机相，而获得纯铌水溶液。

反钽段：反铌后的有机相只含纯钽，反钽段的作用是用钽反萃剂将钽完全反萃到水相中，获得纯钽水溶液。钽反萃剂通常为某种盐的水溶盐（如NH_4F）或纯水，反钽后的有机相经精制处理后反复使用。

与清液萃取相比，矿浆萃取的优点是省去了矿浆过滤洗涤工序，减轻了劳动强度，缩短了生产周期，提高了设备生产能力。萃取后可使残渣中吸附的钽铌降到最低限度，从而提高了金属回收率。同时，矿浆萃取能适应钽铌比变化大的原料和低品位钽铌精矿分解矿浆的萃取，缺点是有机溶剂损失大。

2. 萃取设备　工业上一般都是采用多级连续逆流方式进行萃取，常用的多级连续萃取设备有萃取塔和混合-澄清槽。萃取设备一般由不受氢氟酸和硫酸混合液腐蚀的材料(如硬聚氯乙烯塑料)或涂有防腐层的金属材料制成。国内普遍采用箱式混合澄清槽进行钽铌萃取分离。

混合澄清槽的结构和萃取过程有密切关系，其形式有多种，主要和所处理原料的性质、使用的有机溶剂的种类以及相比等有关。但是，无论何种结构形式都必须满足下列要求：即能保证水相和有机相充分混合，保证混合室和澄清室的溶液不相互干扰，澄清室的体积大小要保证有机相和水相彻底分层等。

图3-3-5为箱式清液萃取混合-澄清槽混合室的一种结构。水相和有机相分别从前一级和后一级澄清室通过水相入口 1 和有机相入口 2 进入混合室 3，两相经桨叶搅拌充分混合接触。搅拌桨一般用叶片式，特殊情况下用双层，或叶片式加涡轮式，或叶片式加螺旋桨式。混合相经混合相出口 7 进入澄清室。

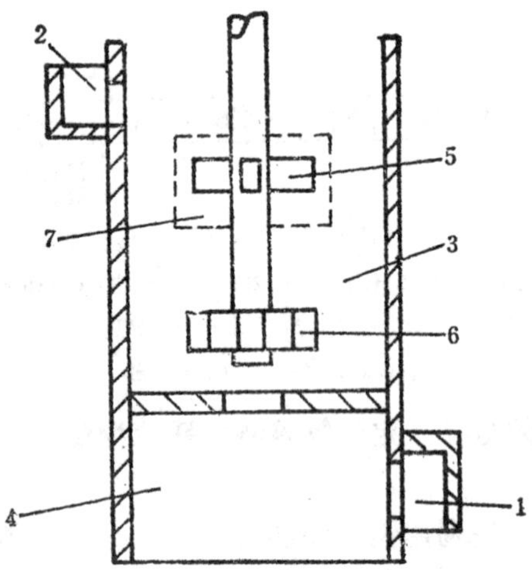

图 3-3-5　箱式清液萃取槽混合室结构示意图

1—水相入口；2—有机相入口；3—混合室；4—混合潜室；5—叶片式搅拌桨；6—涡轮式搅拌器；7—混合相出口

在箱式混合-澄清槽中，水相和有机相的流动情况如图3-3-6所示，图中示出了16级连续逆流萃取示意图。料液加入第 1 级的混合室M_1，与从第 2 级的澄清室S_2进来的有机相混合，然后经过澄清室S_1澄清后，进入第 2 级的混合室M_2，依次类推，最后从第16级的澄清室排出。而有机相则加入第16级的混合室M_{16}，与从第15级的澄清室S_{15}进来的水相混合，然后经过澄清室S_{16}进入第 15 级的混合室，……最后从第一级的澄清室S_1排出。因此，分别从萃取槽两头排出的是含有被萃取组分的负载有机相和被萃取了的空白水相（萃余液）。

矿浆萃取槽和清液萃取槽的结构有一定的区别。矿浆萃取槽的混合室上下各有一开口，分别与相邻的两个澄清室相连，有机相从上口进入混合室，矿浆从下口进入混合室，采用桨叶搅拌，经搅拌混合后进入澄清室。澄清室的底部向混合室一端倾斜，因而底部的矿浆沉积区紧靠混合室，它时时受到混合旋转的混合相的冲击而不会沉积，有助于矿渣流向混合室。

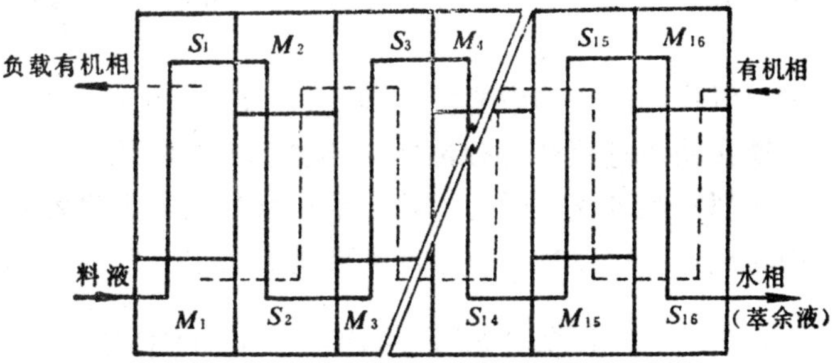

图 3-3-6　16级连续逆流萃取示意图

第三节　氯化物精馏法

用氯化法分解钽铌精矿或用氯化法处理钽铌混合氧化物时，可得到钽和铌的氯化物混合物。$TaCl_5$和$NbCl_5$的沸点分别为234℃和248.3℃，相差14.3℃，因此，使用精馏法完全可以将它们分离。

如果作为原料的氯化物混合物冷凝液中含有氧氯化物，在精馏之前必须进行补充氯化，使氧氯化物完全转变为五氯化物，一般是在350℃下用CCl_4进行氯化：

$$2NbOCl_3 + CCl_4 = 2NbCl_5 + CO_2$$

苏联研究者的半工业性精馏试验是在一个直径为100mm，体积为0.2m³，有40个塔板的不锈钢精馏塔中进行的(见图3-3-7)。在分离以含铌为主的氯化物混合物时，分离过程可分三段进行：

（1）预精馏：使钽铌与其它元素分离；

（2）主精馏：制取高纯铌的氯化物和钽的富集物；

（3）精馏钽馏分：制取纯氯化钽。

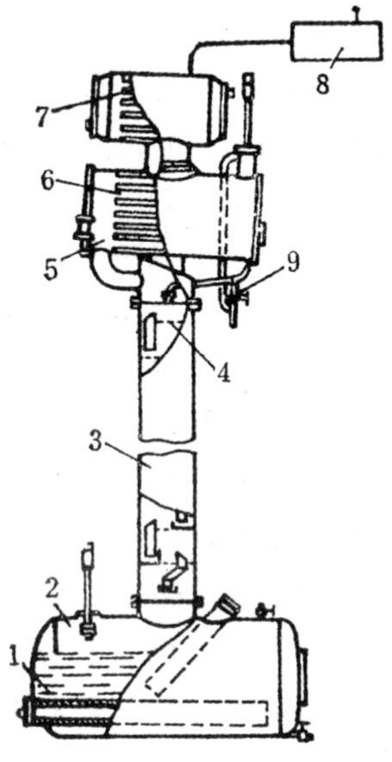

图 3-3-7　分离钽铌氯化物的不锈钢精馏塔

1—蒸馏釜主电加热器；2—精馏釜；3—精馏塔；4—多孔盘；5—冷凝器；6—冷凝器孔；7—载热体蒸汽冷却器；8—压力控制系统；9—精馏液取样开关

以处理225kg混合氯化物为例。混合氯化物成分为(%)：32.6Nb，1.4Ta，0.35Ti，0.4Al，0.005Si，4.5Fe，其余为氯。预精馏后得到189kg钽和铌纯净的氯化物混合物，其中含杂质为(%)：0.002Fe，<0.01Ti，<0.01Si，<0.01Al。净化后的氯化物进行主精馏后得到三种物质：

（1）含钽79%（相对于钽铌总量）的钽分馏物，钽的回收率为80%；

（2）含钽为0.76%的中间分馏物，钽的回收率为6%；

（3）含钽0.01%、含铁0.002%的铌分馏物，铌的回收率为66%，其中未发现钛、铝和硅。

在精馏过程中，氯化物混合物中的主要杂质Ti、Si、Al等因其氯化物沸点低很容易与钽铌分离。但氯化铁在精馏过程中部分离解为不易挥发的氯化亚铁（$FeCl_2$），这种氯化物聚集在塔板上而破坏精馏过程。因此，精馏前必须预先从氯化物中除铁。

精馏后所得到的纯钽、铌氯化物可作为生产纯金属钽、铌的原料。

第四节　从萃取分离后的钽液和铌液中制取钽、铌氟络化合物或氧化物

一、氟钽酸钾和氟铌酸钾的制取

钽铌经萃取分离后，钽和铌分别以氟钽酸（H_2TaF_7）、氟氧铌酸（H_2NbOF_5）的形态进入反萃钽和反萃铌后的水溶液中。当在合适的氢氟酸浓度下向溶液中加入钾盐溶液（通常为KCl）时，就会生成氟钽酸钾和氟铌酸钾：

$$H_2TaF_7+2KCl=K_2TaF_7+2HCl$$

$$H_2NbOF_5+2HF+2KCl=K_2NbF_7+2HCl+H_2O$$

K_2TaF_7和K_2NbF_7的溶解度随温度的降低而显著降低，因此可采用冷却结晶的方法使它们呈晶体状态析出。

K_2TaF_7的结晶过程为：将含Ta_2O_5 35～45g/L的钽液升温至80～85℃，并加氢氟酸调整溶液酸度为1.35～1.5mol/LHF。然后在搅拌下加入浓度为300g/L的KCl溶液，KCl用量为理论量的1.1倍，保温半小时后停止搅拌，使其自然冷却。当自然冷却至40～50℃后再通冷却水进行强制冷却至25℃左右并进行过滤，过滤后的K_2TaF_7晶体在干燥箱内约55℃下烘干。可用氨气沉淀法或MIBK直接萃取从过滤后的母液中回收钽。

结晶过程中，主要是保证获得粒度合适和纯度高的结晶体，研究指出，氟钽酸钾的结晶过程和钽液中Ta_2O_5和HF的浓度、KCl用量、结晶温度及冷却速度等因素有关。总的来说，在钽液酸度一定的情况下，K_2TaF_7晶体随钽液中Ta_2O_5浓度的增加而变细。在钽液中Ta_2O_5浓度一定时，HF浓度大时K_2TaF_7的粒度和回收率都会增大。同时，结晶时适当增加KCl用量有利于晶体的生长和提高K_2TaF_7的回收率。

为了获得具有合适晶粒大小的产品，还要控制恰当的结晶温度和冷却速度。结晶温度过低或者冷却速度太快，都会导至产生大量的极细粒晶体甚至带有少许白色粉末。因此，一般控制结晶温度为80～85℃。冷却过程是采用先自然冷却然后再强制冷却（水冷）的方法。

K_2NbF_7的结晶过程与K_2TaF_7基本相同。但是，由于K_2NbF_7在HF浓度大于7%的溶液中才能稳定存在，因此其结晶液酸度要比K_2TaF_7的结晶液酸度高得多（6～8mol/L HF）。同时，由于K_2NbF_7的溶解度也较K_2TaF_7大，故结晶原液中Nb_2O_5的浓度也比K_2TaF_7结晶时大（含Nb_2O_5 180～200g/l）。

二、五氧化二铌和五氧化二钽的制取

当将工业氨气通入萃取分离后的钽液和铌液中时（到pH值为8～9），就会沉淀出钽和铌的水合氧化物白色沉淀：

$$H_2TaF_7+7NH_3+5H_2O=Ta(OH)_5\downarrow+7NH_4F$$

$$H_2NbOF_5 + 5NH_3 + 4H_2O = Nb(OH)_5\downarrow + 5NH_4F$$

然后经压滤、洗涤、烘干、焙烧等工序，就可制得Ta_2O_5和Nb_2O_5。一般工业用Ta_2O_5含Nb_2O_5约0.3%，Fe_2O_3约0.03%，SiO_2约0.05%；工业用Nb_2O_5含Ta_2O_5约0.3%，Fe_2O_3约0.04%，SiO_2约0.04%。如果是高纯钽、铌氧化物，上述杂质的含量要求更低些。

思考题

1. 分析有机溶剂萃取法分离提纯钽和铌的基本原理以及影响萃取过程的有关因素。
2. 掌握清液萃取槽的基本结构、工作原理以及与矿浆萃取槽的不同之处。

第四章　金属钽和金属铌的生产

第一节　金属钽和金属铌生产方法概述

金属钽和金属铌是通过还原钽和铌的纯化合物（氧化物、氯化物、氟络盐）来生产的。由于钽和铌的化合物的化学稳定性高，因此需用活性强的物质作还原剂。从钽铌纯化合物中生产钽铌金属的方法有金属热还原法、非金属还原法和熔盐电解法等。

金属热还原法一般是用活性金属还原钽和铌的卤化物（氯化物、氟化物）和氧化物。

对于钽和铌的氯化物而言，虽然从热力学上钠、钙、镁均可作还原剂，但由于镁的价格低，在空气中比较稳定，并且氯化镁在水和弱酸中具有良好的溶解度，因此常用镁作还原剂，用镁还原 $TaCl_5$ 生产金属钽国外已有厂家生产。但因此法工艺设备都比较复杂，故未获得广泛应用。对于钽和铌的氟化物，一般是用金属钠作还原剂，这是因为氟化钠溶于水，容易同生成的金属钽、铌粉末进行分离。用钠还原钽和铌的氟络盐能够制取纯度高、颗粒细、比电容高的电容器级钽、铌金属粉。由于目前金属钽粉主要应用于生产电容器，因此，钠还原氟钽酸钾生产金属钽粉的方法已成为目前国内外的主要工业方法。

钽和铌的氧化物的还原可以用钙、镁、铝作还原剂，铝还原结果得到金属钽、铌或钽、铌与铝的合金。后者可通过真空熔炼或电解精炼的方法除去铝，最终得到纯金属钽和铌。近年来，国外对于钽、铌氧化物的铝热还原进行了大量的研究工作，被认为是很有发展前途的方法。用钙、镁还原钽和铌的氧化物目前尚处于小型试验阶段。

非金属还原法是用碳还原钽和铌的五氧化物和用氢还原钽和铌的五氯化物。由于碳价廉易得，反应生成的 CO 容易和产品分离，故是目前生产铌的主要方法。同时，也采用碳还原五氧化二钽生产高质量电容器级钽粉。

用氢还原钽和铌的五氯化物能制取金属钽、铌镀层和钽、铌超细粉末。此法和氯化法处理钽铌精矿或复杂低品位钽、铌原料相结合，具有流程短、经济合理等优点。因此，近年来愈来愈引起人们的重视，并作了大量的研究工作。

钽的熔盐电解是在由 K_2TaF_7、Ta_2O_5 和碱金属卤化物（通常是钾和钠的氯化物和氟化物）所组成的电解质熔盐体系中进行的，在阴极得到钽粉。熔盐电解法曾是工业上生产金属钽的主要方法，它的优点是过程连续，设备简单，生产率大，生产的钽粉纯度较高。但钽粉粒度较粗，不适合作高容量电容器级钽粉，因此使其在钽冶金中受到了限制，但国外某些厂家仍用熔盐电解法生产冶金级钽粉。

上述钽、铌金属的制取方法，有的已在工业上获得广泛应用，有的具有一定的发展前景。目前的情况是，在国外，工业生产钽、铌金属的方法有钽、铌五氧化物的碳热还原法和铝热还原法，钽、铌氟络盐的钠热还原法，钽、铌五氯化物的氢还原法以及熔盐电解法，在国内则主要采用碳热还原法生产金属铌，钠热还原法生产金属钽。

第二节　钠还原氟钽酸钾生产金属钽粉

一、钠还原氟钽酸钾的基本原理

氟钽酸钾钠热还原过程是基于下列反应：

$$K_2TaF_7+5Na=Ta+5NaF+2KF \quad (3\text{-}4\text{-}1)$$

一般认为K_2TaF_7是$TaF_5\cdot 2KF$形式的络合物，由于其中TaF_5分子与KF分子之间的键合力很低，因而反应所需能量主要用于破坏钽与氟之间的键。故可近似地按下反应的标准自由焓变化分析其热力学条件：

$$TaF_5+5Na=Ta+5NaF \quad (3\text{-}4\text{-}2)$$

$$\Delta G_T^\circ=-941000+144.69T(\text{J})$$

图 3-4-1 表示某些金属氟化物的标准生成自由焓和温度的关系。从图 3-4-1 和反应的$\Delta G_T^\circ\text{-}T$关系式中可看出，在还原温度下，钠还原氟钽酸钾的反应从热力学上是完全可能的。实际上，还原反应在约400℃就以显著的速度进行。

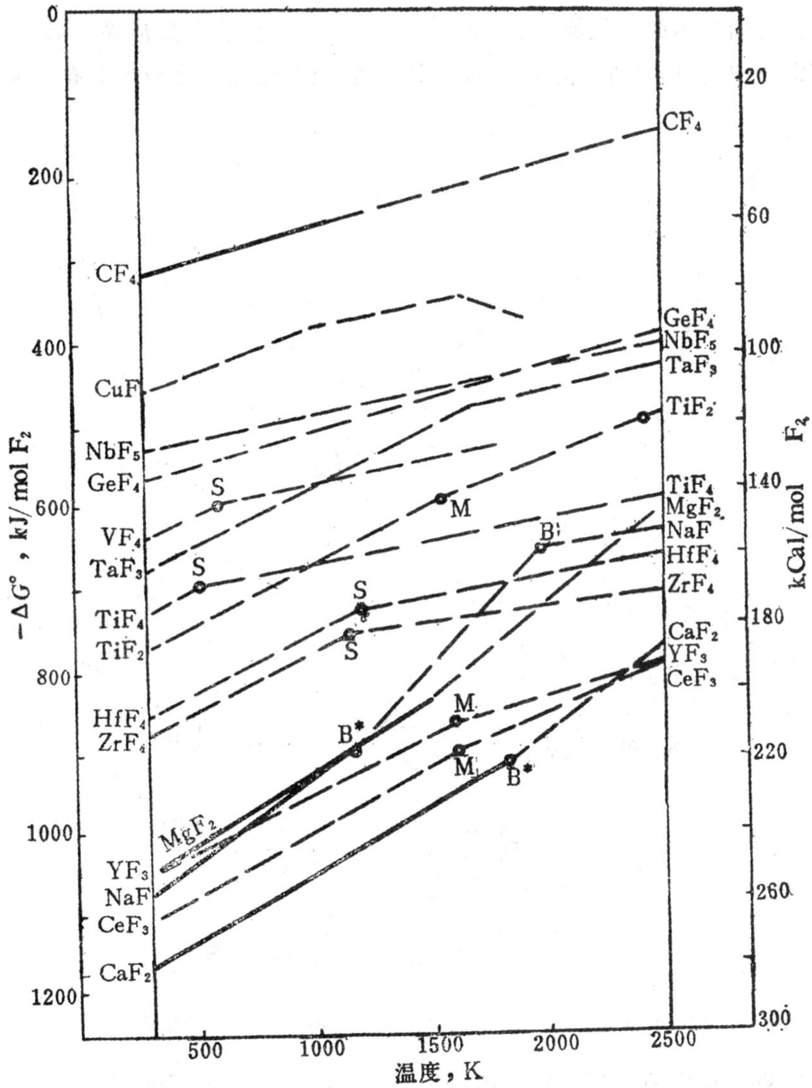

图 3-4-1 某些金属氟化物的ΔG°值与温度关系

M—氟化物溶点；*B**—金属沸点；*S*—氟化物升华点；*B*—氟化物沸点；实线表示实测值，虚线表示计算值

还原过程中，一旦反应开始进行后，反应生成的氟化钾与氟化钠（摩尔比为2：5）和尚未反应的氟钽酸钾组成 K_2TaF_7-NaF-KF 三元熔体。还原反应的进行将与此三元系的性质密切相关。目前对该三元系的熔度图未见报导，组成此三元系的三个二元系相图如图3-4-2所示。还原过程中三元熔体成分将沿着图中 ab 线变化，最终的成分为氟化钾与氟化钠的摩尔比为2：5的二元熔体。从图可估计在还原开始时，随着 K_2TaF_7 的减少，三元熔体的熔化温度将降低并低于 K_2TaF_7 的熔点（775℃），在反应放热的情况下，物料温度自动升高，并使之熔化，因此还原反应实际上是气态钠或液态钠与三元熔体中的 K_2TaF_7 相互作用，并主要在熔体与钠接触的界面上进行。考虑到高温下金属钠在上述熔体中有少量的溶解〔990℃时钠在NaF中的溶解度为2%(mol)〕，故也有少量溶解钠与熔体中的 K_2TaF_7 的反应。随着反应的继续，熔体中 K_2TaF_7 的浓度降低到一定程度后，熔体的熔化温度随 K_2TaF_7 浓度的进一步降低和NaF、KF浓度的升高而升高（在NaF-KF二元系中，KF与NaF的摩尔比为2：5的熔体的熔化温度为850～860℃）。为了防止在反应界面形成固相“盐壳”而阻碍反应继续进行，同时保证熔体具有一定的流动性，还原温度应控制在900℃左右。

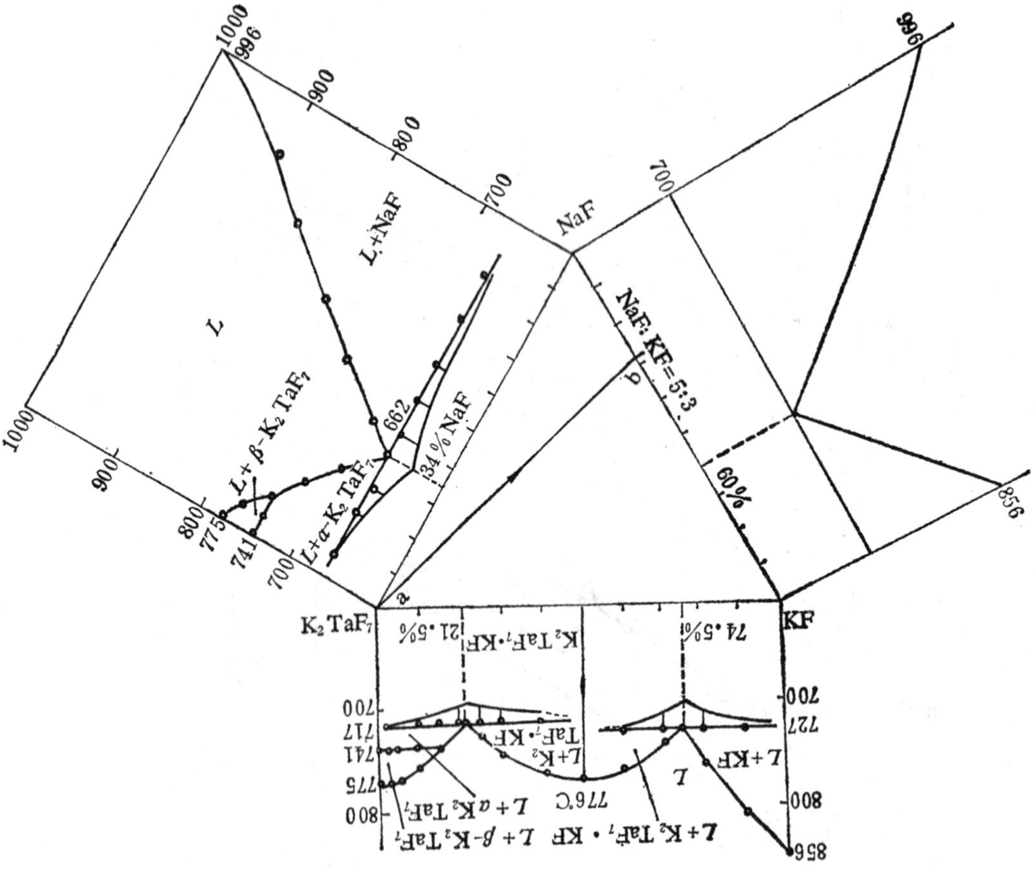

图 3-4-2 K_2TaF_7-NaF、K_2TaF_7-KF、NaF-KF二元系相图

钠还原氟钽酸钾的反应为放热反应（还原1mol K_2TaF_7 放热1505kJ），反应一旦开始，便放出大量的热而使物料温度自动升高。在实际还原过程中，为了控制升温速率及还原反应速度，常在反应物料中加入钾、钠的氯化物作为“缓冲剂”或“稀释剂”来提高反

应体系的热容，吸收过剩的反应热。同时，卤化物的加入能使熔盐体系的熔化温度降低，粘度减小，对改善钽粉性能，尤其是提高钽粉的比电容有明显的效果。另外，还可使用某些方法对炉子外部进行冷却来控制反应过程的速度。

二、钠还原氟钽酸钾过程的主要工艺概述

钠还原 K_2TaF_7 制取金属钽粉的工艺有多种，按其反应的装置不同可分为分盘装料法、混合装料法、搅拌钠还原法和连续钠还原法等。

1. 分盘装料钠还原　分盘装料法是将金属钠放在反应器底部的不锈钢盘中，K_2TaF_7 放置在钠盘上部的数个不锈钢盘内，每盘 K_2TaF_7 表面铺盖一层氯化钠（用量约为 K_2TaF_7 量的20%）。密封反应罐，抽空并用氩气置换，还原时钠的温度和 K_2TaF_7 料盘反应带温度分别控制在 915℃左右和 800～850℃。此时，钠变成蒸气与上部料盘中熔融的 K_2TaF_7（严格地说为 K_2TaF_7-NaF-KF熔体）反应生成金属钽粉。该法的特点是钠实际上进行了一次蒸馏提纯，故产品纯度高。但反应速度慢，生产周期长，产品粒度较粗，比电容较低。

2. 混合装料法　混合装料法是将 K_2TaF_7 装入几个料盘，依次放在料架上，使反应器密封并抽空用氩气置换。在正压下使反应罐升温至 140℃ 左右，再将过滤净化的钠均匀分配到各料盘中。将反应罐吊入预热的加热炉中，使还原温度控制在920～940℃，并在此温度下保温2h。与分盘装料法相比，其特点是液态钠直接和 K_2TaF_7 接触进行反应，故反应速度快，产品粒度较细，粒型较复杂，比电容高。同时，设备生产能力也比较大。

3. 连续钠还原　首先在325～375℃真空中使 K_2TaF_7 活化，再和磨细的碱金属卤化物、熔融金属钠一起制成糊状物。将糊状物自动装入用金属钽制成的容器中，并冷却到50℃以下。容器连续地经传送装置送入反应区，使糊状物升温进行还原反应。其特点是生产连续化，适于大型工业生产，缺点是设备结构复杂。

4. 搅拌钠还原　搅拌钠还原是在物料不断搅拌的情况下，使钠和 K_2TaF_7 进行反应。搅拌钠还原反应速度快，周期短，产量大。和分盘装料法及混合装料法相比，生产的金属钽粉纯度高、粒度细，形状复杂，比电容高，因而此法成为目前国内外广泛采用的生产钽粉的方法。

上述还原工艺各有优缺点，生产中是根据所要求的钽粉的性能来进行方法选择。当要求产品为高比容钽粉时，不仅要求钽粉纯度高，而且要求其粒度小，形状复杂，比电容高，性能好，在这方面，搅拌钠还原的优越性更明显些。

三、搅拌钠还原法生产金属钽粉

1. 主要工艺过程　搅拌钠还原有多种工艺，其中主要的有：

（1）连续加钠搅拌钠还原　即在还原过程中一边加钠一边还原，其原则流程图如图3-4-3所示。

还原要求所使用的原料氟钽酸钾粒度均匀，洁白透明呈针状结晶。其中杂质含量小于电容器级钽粉对杂质含量的要求，含游离五氧化二钽小于0.1%，含水量小于0.2%。同时要求氟钽酸钾中含腐蚀性的游离HF要尽量低。

还原剂金属钠采用陶瓷过滤法净化。为保证反应完全，还原剂钠必须过量，过量系数一般为10%左右。

还原反应在镍铬耐热不锈钢反应罐（图 3-4-4）中进行，炉内装有搅拌装置。首先将

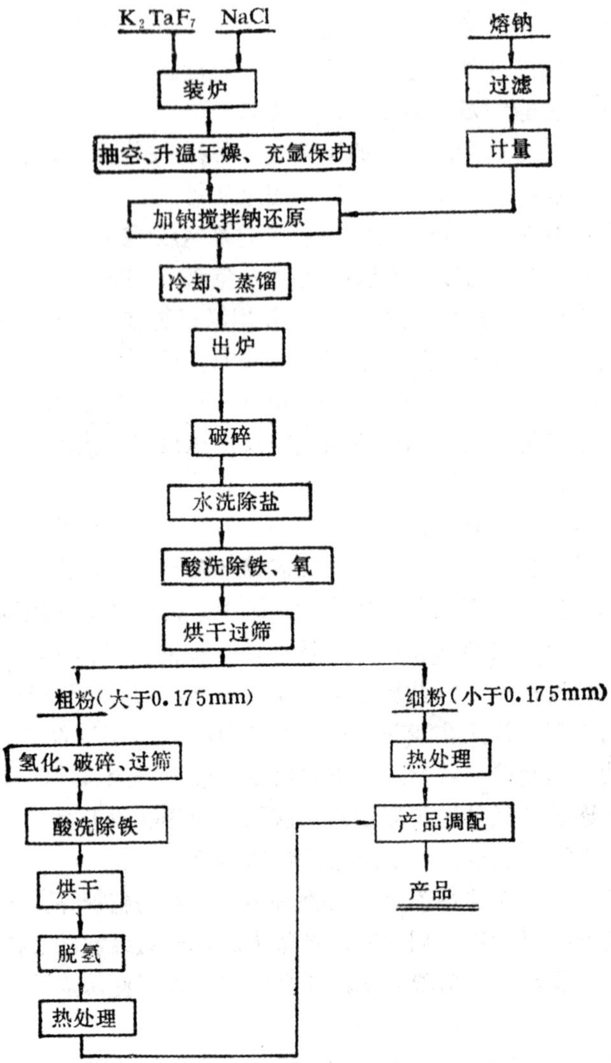

图 3-4-3 搅拌钠还原原则流程

K_2TaF_7和NaCl放入反应罐中，在真空中约300℃的温度下干燥，然后充氩并继续升温到加钠温度（600℃左右），并在此温度下按所需加钠速度边加钠边搅拌还原。还原过程中调节加钠速度及外部加热以控制在所需温度范围内。加钠完毕，进一步升温，使还原温度升至900℃左右，并在此温度下保温60min。

（2）混合搅拌钠还原 即将液态钠与氟钽酸钾先在低温下进行混合，然后再升温搅拌还原。本工艺的特点是，采用机械搅拌的方法，在干燥的氟钽酸钾和碱金属氯化物的混合物上包覆一层温度为100～200℃的液态钠，然后将反应罐吊入预先加热的炉中进行搅拌还原。并在900℃的温度下保温60min。

还原反应结束后，将反应罐吊出炉外，自然冷却到600～700℃后进行真空蒸馏，以除去反应物中过剩的金属钠，最后降温出炉。

2．影响产品质量及原粉率的因素 钠还原氟钽酸钾所生成的金属钽粉主要用以制作

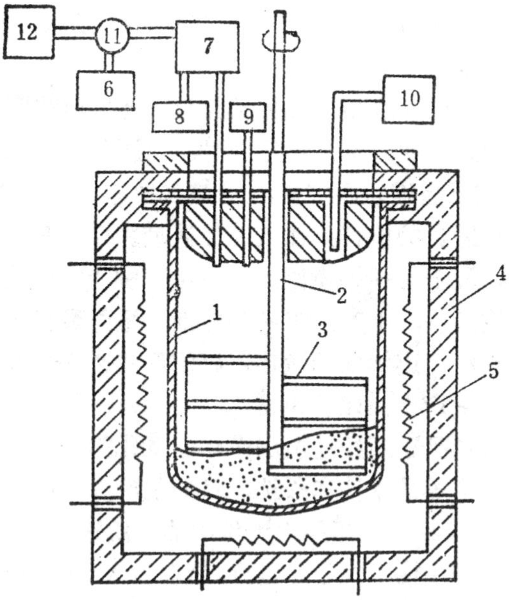

图 3-4-4　搅拌钠还原设备示意图

1—反应罐；2—搅拌器；3—桨叶；4—绝热层；5—电阻丝；6—真空泵；7—分离罐；8—集钠罐；9—安全阀；10—钠罐；11—阀；12—氩气

钽电解电容器，不仅要求其具有一定的化学纯度，而且也要具有合适的物理性能（如粒度、粒形等）。因此，为保证还原产品质量，提高金属回收率和钽粉原粉率（还原钽粉中可直接用于制造电容器而无须氢化破碎的细颗粒粉末占总钽粉的百分比），正确控制还原过程的工艺制度具有重要意义。

（1）还原过程的温度制度　产品的粒度决定于晶核的数量、反应速度及晶粒长大速度，当初期反应速度快而晶粒长大速度慢时，则生成大量晶核，往往得到细晶粒，且形状复杂；反之则得到粗晶粒，而这些都与还原的温度制度密切相关。

对连续加钠搅拌还原而言，加钠温度直接影响开始反应的温度，当加钠温度控制较低，加钠速度又快时，反应在较低的温度下以很快的速度进行，但晶粒长大速度仍然有限，因此往往形成大量晶核，得到细晶粒钽粉。

对混合加料搅拌钠还原而言，在反应开始前金属钠已包覆在氟钽酸钾周围，有良好的接触条件。当急剧升温时，则物料可能发生“爆炸式”反应，此时晶粒来不及长大，往往得到细晶粒钽粉。为实现急剧升温则需要在将装有混合料的反应罐吊入炉子前，将炉子预先升温至高温（吊罐温度），吊罐温度愈高，则钽粉晶粒愈细。例如，当吊罐温度分别为600℃和900℃时，钽粉的比电容分别为6000μF·V/g和7500μF·V/g。

但是，还原生成的钽粉颗粒也不能太细，否则在后继的湿法处理和储存过程中极易氧化，从而影响产品质量，因此应根据对产品的要求适当控制其粒度。

此外，保温温度和保温时间也对钽粉的性能影响很大。还原保温温度低，或者保温时间短，则不利于晶粒长大，往往得到细颗粒钽粉。但与此同时，还原反应会进行不彻底，在产品中残留K_2TaF_7，它在下一步湿法处理时水解成$2K_2TaF_7\cdot Ta_2O_5$，使钽粉含氧增高。如果保温温度过高和保温时间过长，会使钽粉颗粒增粗，原粉率降低，但有利于改善钽粉的耐压性能和减少漏电流损耗。

（2）添加剂　添加碱金属盐一般能改善熔体的性质，同时作为吸热剂降低升温速率，因而有利于钽粉颗粒变细。

另外，金属钠的过量系数和过程的搅拌条件也对还原所得到的产品有一定的影响。钠的过量系数一般以10%为宜，当过量系数降低时，还原反应会进行不完全。同时，还原过程中搅拌时间过短，会使反应进行不完全，金属实收率低；搅拌时间过长时，则产品中铁、镍含量增高，故选择适当的搅拌条件（搅拌速度和搅拌时间）是必要的。

在上述两种工艺中，混合搅拌钠还原反应属于一种“爆炸式”反应，反应一开始，立即波及整个物料，反应速度快，生产的钽粉颗粒细，呈凝聚状骨架结构，比电容高，因此一般可用于生产高比容钽粉。连续加钠搅拌还原的反应速度受加钠速度的影响，开始反应的激发温度高，一般用于生产中高比容钽粉。

从还原炉出来的还原产品还须经过湿法净化、氢化制粉、真空热处理等过程才能得到最终产品钽粉。湿法净化主要是水洗和酸洗，目的是洗去还原产品中的氟化物、氯化物、残余的钠以及未还原的 K_2TaF_7。为除去钽粉中的杂质铁和氧，先后用王水和1%的氢氟酸溶液浸出，并用纯水洗至中性，烘干、过筛，将粒度大于0.175mm以上的粗钽粉在800℃下进行氢化后在球磨机中磨细。磨细的钽粉经盐酸处理除铁，并在脱氢炉中脱氢。脱氢后的钽粉和原筛下粒度小于0.175mm的钽粉送往高温真空炉在1400～1500℃的温度下和小于 2.666×10^{-2}Pa（2×10^{-4}mmHg）的真空下处理 1～2h。热处理的目的是为了脱附吸附的气体杂质和未完全洗净的盐，同时使一些微细钽粉烧结成较粗的假颗粒，以降低钽粉的活性。热处理后的产品再根据要求进行粒度调配，以制备不同规格的电容器级钽粉。

在上述两种钠还原工艺中，连续加钠搅拌还原工艺的金属实收率为95%左右，原粉率68～72%，比电容 4000～5000μF·V/g。混合搅拌还原工艺的金属实收率为95%左右，原粉率75～80%，比电容为7000～8000μF·V/g。

用钠还原氟铌酸钾也可以生产电容器级铌粉，其工艺过程与钠还原氟钽酸钾相似。

第三节　碳还原五氧化二铌生产金属铌

一、碳还原五氧化二铌生产金属铌的基本原理

1．五氧化二铌碳还原过程的热力学分析　碳还原法生产金属铌是基于高温高真空下碳和 Nb_2O_5 相互作用，其总反应式为：

$$Nb_2O_5+5C=2Nb+5CO \qquad (3\text{-}4\text{-}3)$$

碳还原 Nb_2O_5 过程是很复杂的，研究表明，还原过程中不是直接从 Nb_2O_5 得到金属铌，而是经过一系列的低价氧化物（NbO_2、NbO）和碳化物（NbC、Nb_2C）阶段。表3-4-1列出了铌的各种氧化物和碳化物的标准生成自由焓，由此而绘制的 Nb-O-C 系自由焓图如图3-4-5所示。根据图3-4-5，可对碳还原 Nb_2O_5 过程作如下分析。

（1）在一定的温度下，碳还原 Nb_2O_5 过程是随着系统 p_{O_2} 值的降低，依次变成 Nb_2O_5 + NbC（温度高于760K 时为 NbO_2 + C），NbO_2 + NbC，NbO_2 + Nb_2C，NbO + Nb_2C，最后通过 Nb_2C 与 NbO 反应生成金属铌。具体说来，当温度高于 760K 时，随着 p_{O_2} 值的降低，将依次进行下列反应：

$$Nb_2O_5+C=2NbO_2+CO \qquad (3\text{-}4\text{-}4)$$

$$NbO_2 + 3C = NbC + 2CO \quad (3\text{-}4\text{-}5)$$

$$NbO_2 + 5NbC = 3Nb_2C + 2CO \quad (3\text{-}4\text{-}6)$$

$$3NbO_2 + Nb_2C = 5NbO + CO \quad (3\text{-}4\text{-}7)$$

$$NbO + Nb_2C = 3Nb + CO \quad (3\text{-}4\text{-}8)$$

温度低于760K时，则首先发生的反应为：

$$Nb_2O_5 + 7C = 2NbC + 5CO \quad (3\text{-}4\text{-}9)$$

$$NbC + 3Nb_2O_5 = 7NbO_2 + CO \quad (3\text{-}4\text{-}10)$$

表 3-4-1 铌氧化物及碳化物的标准生成自由焓$\Delta G°$

化　　合　　物	$\Delta G°$，J/mol
$Nb_2O_{5(s)}$	$-1854000+419T$
$NbO_{2(s)}$	$-776200+163.0T$
$NbO_{(s)}$	$-407740+81.5T$
$Nb_2C_{(s)}$	$-479200-18.26T\lg T+64.9T$
$NbC_{(s)}$	$-142300-23.6T\lg T+74.5T$

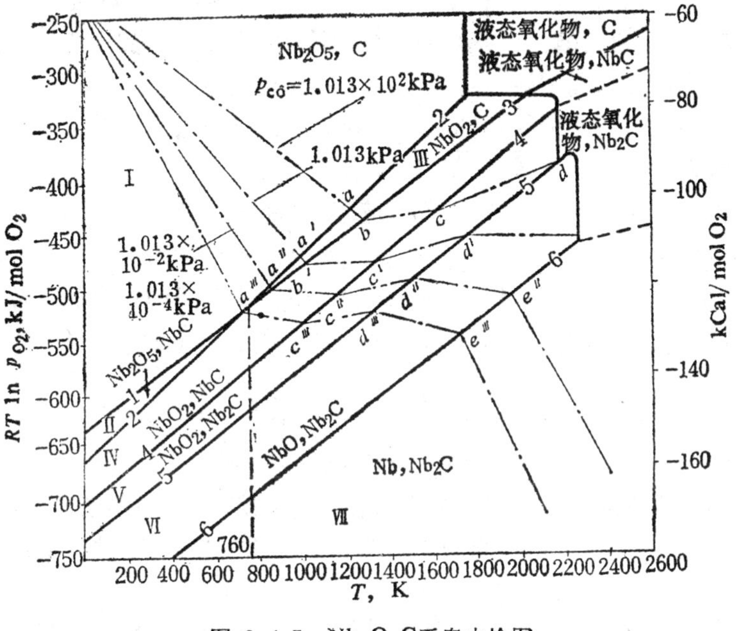

图 3-4-5　Nb-O-C系自由焓图

（2）根据图3-4-5可分析碳还原Nb_2O_5过程中各反应的热力学条件。现以e''点为例来研究图中各实线和点划线的交点的物理意义。e''点为CO平衡分压为1.013×10^{-2}kPa时两反应：

$$\frac{2}{3}Nb_2C_{(s)} + O_{2(g)} = \frac{4}{3}NbO_{(s)} + \frac{2}{3}CO_{(g)} \quad (3\text{-}4\text{-}11)$$

$$2Nb_{(s)} + O_{2(g)} = 2NbO_{(s)} \quad (3\text{-}4\text{-}12)$$

的$RT\ln p_{O_2}$-T线的交点，在e''点温度下，两反应的$RT\ln p_{O_2}$值相等，故两反应保持平衡〔反应（3-4-11）为区域Ⅵ中点划线$d''e''$所表示的反应，反应（3-4-12）为线6所表示的反

应〕。

当温度高于e''点温度时，反应（3-4-12）的氧平衡分压大于反应（3-4-11）的氧平衡分压，因此，系统中NbO存在时，NbO离解析出的氧将使反应（3-4-11）向右进行。同时，由于反应（3-4-11）的进行消耗了氧，又使NbO不断离解，这样，系统中将同时进行两反应：

$$2NbO = 2Nb + O_2$$

$$\frac{2}{3}Nb_2C + O_2 = \frac{4}{3}NbO + \frac{2}{3}CO$$

总反应为两者之和，整理后得到：

$$NbO + Nb_2C = 3Nb + CO$$

因此，当温度高于e''点温度时，反应向生成金属铌的方向进行。

同理，当温度低于e''点温度时，则此反应向左进行。故e''点所对应的温度实际上是当p_{CO}为1.013×10^{-2}kPa时，反应（3-4-8）的平衡温度，或者说是反应（3-4-8）进行的最低温度。图中其它交点a、b、c、a'、b'、c'、……、的意义可以类推。

同时从图3-4-5中还可看出，随着系统CO压力的降低，各交点所表示的反应的平衡温度降低，因此，真空度愈高则对碳还原Nb_2O_5的反应愈有利。

2．五氧化二铌碳还原过程的机理　一般认为，碳还原Nb_2O_5生成金属的过程大体上经过四个主要阶段。

第一阶段主要是通过Nb_2O_5和C之间的相互作用得到NbO_2和NbC（或$NbC_{0.8}$），此段反应在1100～1200℃就迅速进行。一般认为其反应机理除固体碳的直接还原外，气相CO起着重要作用，碳则通过布多尔反应使CO再生。故反应的主要机理是：

$$Nb_2O_{5(s)} + CO_{(g)} = NbO_{2(s)} + CO_{2(g)}$$

$$+\qquad C_{(s)} + CO_{2(g)} = 2CO_{(g)}$$

$$Nb_2O_{5(s)} + C_{(s)} = 2NbO_{2(s)} + CO_{(g)}$$

因此，在还原反应的第一阶段，由于反应主要以CO为还原剂还原Nb_2O_5，故要求还原系统中保持一定的CO压力，过高的真空度和抽气速率会使CO过快地排走，不利于反应进行。

第二阶段为NbO_2进一步与NbC作用生成Nb_2C和NbO，反应在1400℃可迅速进行。第三阶段是Nb_2C和NbO进一步作用生成金属铌〔实际上是碳和氧在铌中的固溶体Nb(O,C)〕。关于这两段反应进行的机理，一般认为除气体CO参加还原作用外，低价氧化物NbO_2、NbO的挥发起着主要作用。NbO_2、NbO的蒸气压在1600℃时已较大，气体NbO_2、NbO被吸附在NbC或其离解出来的碳的表面，进一步发生化学反应。同时，随着反应的进行，C、O的扩散过程也将起着越来越大的作用。因此，为保证NbO_2、NbO的挥发和C、O的扩散，第二、三阶段的反应应该在高真空下进行。

第四阶段为上述阶段生成的Nb(O,C)固溶体在高温高真空下进一步脱碳、氧生成CO排出，过量的氧则以NbO形态挥发除去。这一阶段的反应主要决定于C、O在铌中的扩散速度，因此需要1900℃左右的高温和小于1.3×10^{-1}Pa(10^{-3}mmHg)的真空中进行。

应该指出的是，在实际还原过程中，上述阶段并不是截然分开的，而是彼此交错，但是各有主次。

二、五氧化二铌碳还原的工业实践

碳还原Nb_2O_5生产金属铌的工艺有一段还原法和二段还原法。一段还原法是直接用碳还原Nb_2O_5一次在真空炉内得到金属铌，两段还原法是首先将部分Nb_2O_5碳化制取NbC，然后再用NbC还原Nb_2O_5得到金属铌。

1．两段还原法　两段还原法主要制取金属铌条，其原则流程如图3-4-6所示。

（1）制备碳化铌　在生产中，首先将碳黑与Nb_2O_5在1900～2000℃温度下在碳管炉中氢气保护下进行反应：

$$Nb_2O_5+7C=2NbC+5CO$$

为了得到适合于还原Nb_2O_5所使用的碳化铌，对碳化铌有如下要求：

1）碳化铌含碳11.5±0.2%，并要求游离碳含量尽可能少；

2）碳化铌应具有一定的粒度大小，其松装密度为2.5～3.5 g/cm^3；

3）为保证铌的纯度，碳化铌中含氮应小于0.05%，其它难挥发杂质（钨、钼、钛等）均小于0.002%。

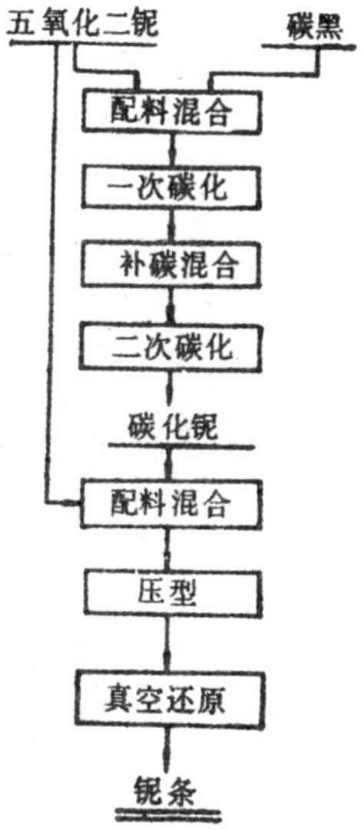

图 3-4-6　两段还原法生产金属铌条原则流程图

为了达到以上要求，生产中一般采用两次碳化的方法。第一次碳化是将Nb_2O_5和碳黑（配碳量仅为理论量的84～85%）混合后在碳管炉中2000℃温度下进行碳化，配碳的不足有利于碳化铌颗粒长大，以保证其密度，但同时也使碳化铌中含氮量增加。因为在碳量不够的情况下，会和气相中少量的氮发生如下反应：

$$Nb_2O_5+5C+N_2=2NbN+5CO$$

故产品中含氮和氧，氮、氧呈固溶体形态存在。

第二次碳化是将第一次碳化的产品按含碳11.5%进行补碳，其工艺条件与第一次碳化相同。第二次碳化的结果可使碳化铌中含碳量达到要求，并利用碳除去碳化铌中的氮，即：

$$[NbN]+C=[NbC]+\frac{1}{2}N_2$$

（2）真空碳还原　将碳化后生成的碳化铌和五氧化二铌配料混合，Nb_2O_5一般过理论量的1～5%。经压型后在真空碳管炉（图3-4-7）中进行还原。还原过程的工艺制度如下：

1）常温下经1h升温至1700℃后保温8h，且在真空度达2.67Pa(0.02mmHg）时开动扩散泵；

2）由1700℃一次升温至1850℃，保温6h；

3）由1850℃一次升温至1950℃，当真空度达到0.1333Pa(1×10^{-3}mmHg）时，在此温度下保温4～8h。

还原结束后，停电降温至120℃以下开炉出料。要求还原后的铌条不但要符合化学纯度的要求，而且要求外观无麻点和严重裂纹，断面均匀无夹心，无鼓泡及脏化现象。

为保证获得质量合格的金属铌条，还原过程中必须控制好各种工艺因素，如过氧系数

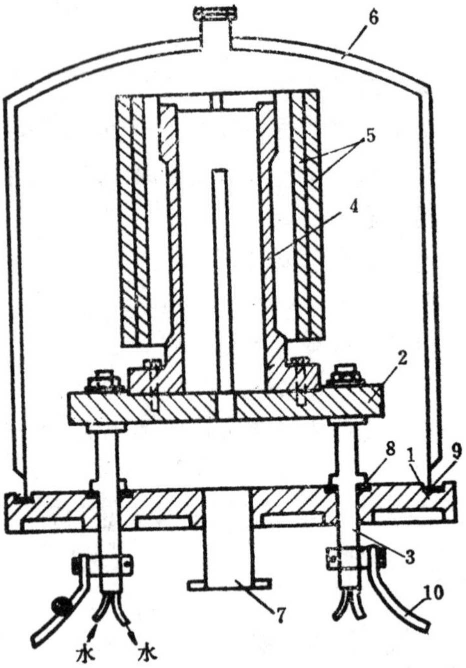

图 3-4-7　真空碳管炉示意图

1—水冷垫板；2—导电石墨半环；3—水冷铜导管；4—石墨加热器；5—碳布保温层；6—水冷罩；7—真空联结管；8—密封物及绝缘体；9—橡皮垫；10—导电母线

（配料时Nb_2O_5超过理论量的百分数）、成型压力、还原过程升温保温制度、真空度等。

两段还原法在工艺上有如下特点：

（1）$NbC+Nb_2O_5$混合料比重大，料中含铌量高达84.4%，而一段还原法混合料中含铌量仅57.7%，而且比重较小。因此两段还原法单位体积装料量比一段还原法要高出1.5～2倍。同时，两段还原法在还原过程中放气量较少，还原周期短，还原炉生产率比一段还原法要高2.5～2.7倍。

（2）由于两段还原法原料含铌量高，反应放气量少，因此还原产品外形规则，质地致密，适于进一步熔炼、烧结及加工轧制成材。故二段还原法主要用于生产金属铌条。

2. 一段还原法　一段还原法主要用以生产金属铌粉，它与两段还原法的工艺颇为相似。首先将经过烘干的Nb_2O_5与粒度小于0.104mm的石墨粉按反应 $Nb_2O_5+5C=2Nb+5CO$进行配料，且Nb_2O_5过量1～5%。使物料混合均匀并在6～8MPa的压力下成型，压成的坯条装入石墨坩埚中，在真空碳管炉内进行还原。还原结束后，使炉子停电降温，并在冷却过程中通入氢气进行氢化，使金属铌条变成脆性的氢化铌。氢化铌经破碎过筛后再行脱氢，便得到一定粒度和粒形的金属铌粉。金属铌粉主要用于制造铌电解电容器。

制定还原过程中合理的还原制度是保证获得合格产品的关键。生产中通常采用分段保温制度。和二段还原法相比，由于一段还原法较两段还原法真空还原阶段放气量大1～2倍，因此其升温速度控制较慢，应有一低温保温阶段（1400℃左右）。同时，为保证还原铌粉具有较小的粒度，其最终保温温度比两段法略低些（1900℃）。而且，由于一段还原法主要用于生产金属铌粉，故还原过程无须采取严格措施防止铌条变形。

碳还原Ta_2O_5可用来制备高压、高可靠电容器级钽粉，其工艺过程与碳还原Nb_2O_5大体相似。

近年来，由于等离子体加热能够获得更高的温度，因此可以预料碳热还原法生产金属铌和钽将有可能在更高的温度下在液态中进行。在日本，研究了在等离子弧中用碳还原Ta_2O_5制取金属钽的方法。将Ta_2O_5和石墨粉按规定量配料混合，并压制成圆柱型坯块在1000℃的温度下预烧结1h，然后放入等离子弧中在3100℃左右的高温下进行还原。物料在熔融状态下反应约10min，就可得到纯度达99.9%以上的金属钽。

第四节　氢还原五氯化钽和五氯化铌制取钽和铌

在高于600℃的温度下，氢可以还原钽和铌的五氯化物为相应的金属。其还原方法有多种，如在加热的基体载板上从气相中沉积钽、铌以制取致密金属（参见第一篇第五章），或在沸腾床层中用氢还原钽和铌的氯化物制取球型钽、铌粉。更有前途的方法是将$TaCl_5$或$NbCl_5$用氢的等离子体进行还原，以制取高纯钽和铌的粉末或镀层。用氢还原$TaCl_5$和$NbCl_5$生产的超细金属粉末可用于生产高比容电解电容器。

图3-4-8为在1200～1400℃下用氢还原$TaCl_5$蒸气使钽沉积在钽带上的一种装置。将$TaCl_5$蒸气与H_2的混合物一起通入反应器，反应器中心置一钽带，直接通电将钽金属带加热到1200～1500℃。在加热的钽金属带表面上进行下述反应：

$$TaCl_5 + 2.5H_2 = Ta + 5HCl$$

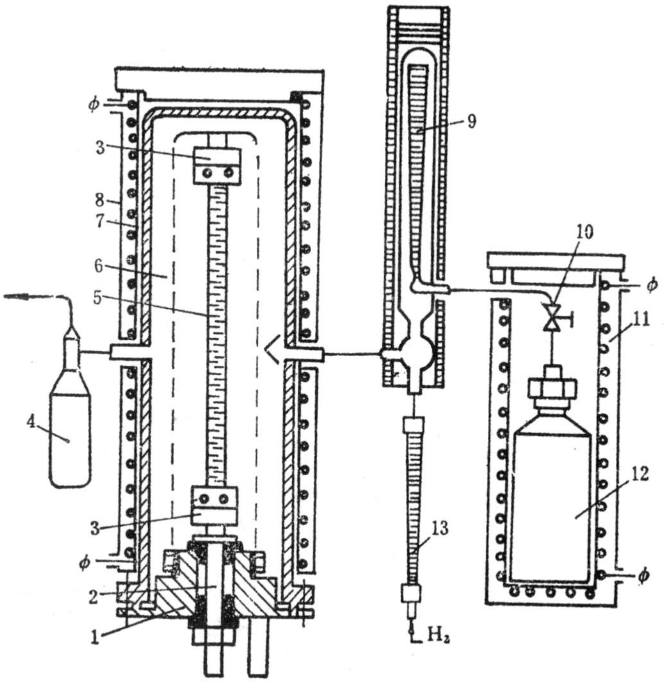

图 3-4-8　氢气还原五氯化钽的装置

1—反应器法兰盘；2—绝缘导线；3—电夹头；4—收集未反应氯化物的收集器；5—钽金属带；6—多孔不锈钢屏；7—反应器外壳；8—反应器加热器；9—测量$TaCl_5$蒸气流量的转子流量计；10—针型阀；11—蒸发氯化物用的电炉；12—$TaCl_5$蒸发器；13—氢的转子流量计

$$\Delta G^{\circ}_{1600K} = -512kJ$$

钽在钽金属带上的最佳沉积条件为：钽带温度1200～1300℃，$TaCl_5$在气体混和物中的浓度为约0.2%（体积）。钽的沉积速度为2.5～3.6g/cm²·h。沉积所得到的钽条可直接轧制成板材，也可在电子束炉中重新熔炼，或者通过氢化、破碎、脱氢等工序制得高纯金属钽粉。在这样的条件下，氯化物的还原率为20～30%，未反应的$TaCl_5$蒸气经冷凝后还可重新使用。

用上述方法也可以由$NbCl_5$制取金属铌。铌的最佳沉积条件为：铌金属带温度为1000～1300℃，$NbCl_5$的浓度为0.1～0.2%（体积），铌的沉积速度为0.7～1.5g/cm²·h，这时铌的还原率为15～30%。但铌的沉积过程比较复杂，因为在反应器中部分$NbCl_5$与炽热金属铌带尚有一段距离时就已经被还原成不挥发的$NbCl_3$而沉积在反应器的内壁上，降低了铌的回收率，并需要定期清理反应器。

氢还原$NbCl_5$还可分两段进行，第一段是在500℃下将$NbCl_5$还原为$NbCl_3$，第二段是将$NbCl_3$放入钼舟并推入管状炉中（温度为650～800℃），用H_2将$NbCl_3$还原为金属铌。

在氢等离子焰中进行五氯化钽氢还原，反应温度可高达2000～5000K，可得到粒度为1～10μm的金属钽粉。钽粉粒形呈蛀虫状，表面光滑，纯度很高，电性能良好，不易自燃，回收率超过90%，是一种很有前途的生产钽粉的方法。

第五节　铝热还原钽、铌五氧化物生产钽和铌

一、铝热还原制取金属铌

铝热还原五氧化二铌制取金属铌的总反应为：

$$3Nb_2O_5 + 10Al = 6Nb + 5Al_2O_3$$

但过程中可能生成低价氧化物NbO，故最终得到金属铌的反应为：

$$2NbO + \frac{4}{3}Al = 2Nb + \frac{2}{3}Al_2O_3 \qquad (3\text{-}4\text{-}13)$$

其反应的标准自由焓变化为：

$$\Delta G^{\circ}_T = -293000 - 10.4T\lg T + 75.3T\,(J)$$

该式表明，在通常的还原温度下，反应（3-4-13）的ΔG°仍有较大的负值。因此，用铝热还原五氧化二铌可能达到很高的铌产出率。

反应（3-4-13）具有很高的热效应，根据计算，其单位热效应值为2497kJ/kg。因此，还原反应一经触发便可自热进行。还原得到铌铝合金熔体和三氧化二铝渣，和渣分离后的金属熔体再经过真空热处理或电解精炼除去铝，最后在电子束炉中精炼为铌锭。

铝热还原五氧化二铌制取金属铌在工艺上有两种方法。其一是在封闭弹式反应器中进行，简称闭式还原工艺；另一种是在敞开式反应器中进行，简称开式还原工艺。前者所得到的产品含氧较低，后者的设备操作简单，适用于大规模生产。开式还原工艺的原则流程如图3-4-9所示，所用的设备如图3-4-10所示。

所用设备为内衬MgO（或Al_2O_3）捣固层的钢弹反应器，在料层顶部或中部装有镍铬丝，以通电引火触发反应。为使反应迅速触发，在镍铬丝处还装有少量氯酸钾和铝粉作为引火剂。

将800℃下煅烧过的Nb_2O_5和铝粉的均匀混合物（铝粉过理论量15%）装入反应器中

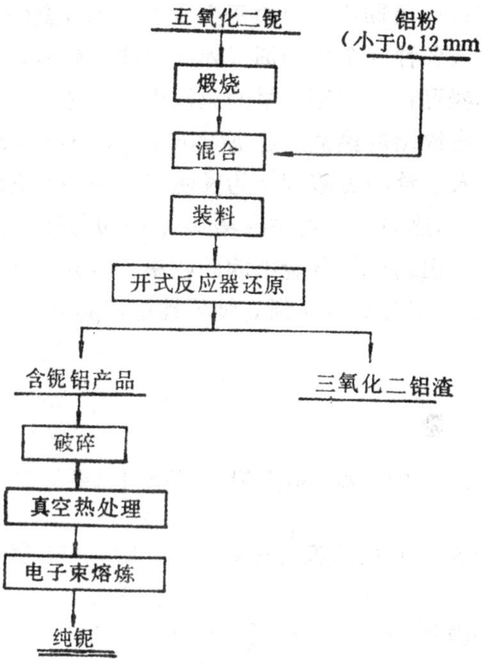

图 3-4-9 开式铝还原Nb_2O_5生产铌的原则流程

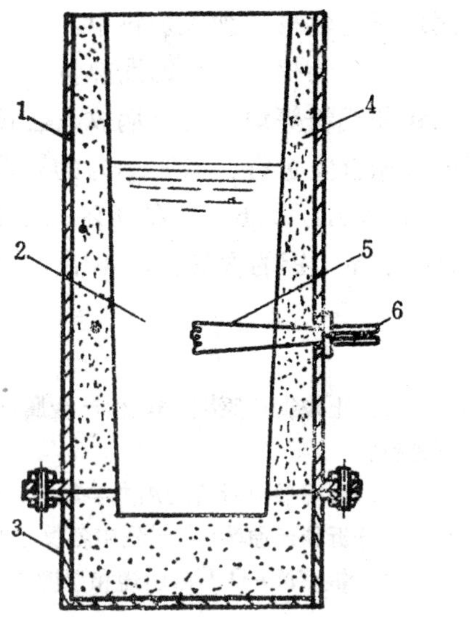

图 3-4-10 开式铝热还原Nb_2O_5的设备示意图

1—反应器；2—炉料；3—可拆的下底；4—MgO衬里；5—镍铬丝；6—导电棒

并压紧，使镍铬丝通电，此时炉料被局部赤热，放热反应随即开始并激烈地进行下去。随着反应热的大量析出，还原产物被加热到熔融状态并靠重力分层，上层为氧化铝渣，下层为含有一定量铝的金属铌熔体。使渣和金属分离，得到的金属铌块中约含4%Al，0.3%O_2，金属铌回收率为96%。

还原得到的含铝和其它杂质的金属铌接着被精炼提纯，精炼提纯的方法有：

（1）高温真空（1800℃，0.1333Pa）处理后，接着进行电子束熔炼；

（2）直接进行电子束熔炼；

（3）熔盐电解精炼或者熔盐电解精炼后又接着进行电子束熔炼为致密金属。

表3-4-2列出了经不同的精炼方法所得到的金属铌中的杂质含量。

表 3-4-2 还原铌产品经不同方法处理后所得金属的杂质含量，%

杂质	还原铌产品	直接电子束熔炼后	真空热处理后（1800℃）	真空热处理后再电子束熔炼	电解精炼	电解精炼后再电子束熔炼
Al	2	<0.002	0.2	<0.002	0.002	<0.002
C	0.068	0.006	0.008	0.005	0.02	0.01
Fe	0.11	0.003	0.05	0.0025	0.006	<0.002
Mg	0.045	<0.001	0.015	<0.001	<0.001	<0.001

二、铝热还原Ta_2O_5制备金属钽

铝热还原制取金属钽的总反应式为：

$$3Ta_2O_5 + 10Al = 6Ta + 5Al_2O_3$$

$$\Delta G^{\circ}_{2000K} = -1610kJ$$

在高于Al_2O_3熔点的温度下，还原反应进行的很彻底。但由于生成的钽铝合金的熔化温度较高，为保证金属和渣分离，需向炉中加入各种合金添加剂（如铁、硅、锰等），以降低反应生成的钽铝合金的熔化温度。还原过程可在氧化铝衬里的钢制坩埚中进行，添加剂以氧化物形态加入炉料中。铝还原Ta_2O_5反应放出的热量比还原Nb_2O_5少（895kJ/kg炉料），为提高炉料的发热量，可在炉料中放入适量的氯酸钾作为发热剂。将盛有五氧化二钽和铝粉等炉料的坩埚放入已预热到250℃的加热炉内，当炉温增加到1000℃时，反应即开始自发进行。当Ta_2O_5的处理量为250g时，钽到钽铝合金中的回收率为87%。合金中含2.8%Al，1.6%Si和96%Ta。然后，通过电子束熔炼可得到高纯延性钽，其中Si小于100ppm，铝的含量分析不出。

思考题

1．比较钠还原K_2TaF_7生产金属钽粉的几种工艺方法的优缺点，钠还原K_2TaF_7为什么要在氩气保护下进行？

2．利用书中所给的热力学数据，自己绘制Nb-O-C系自由焓和温度关系图，并以图中某两线交点为代表，分析碳还原Nb_2O_5过程中各反应的热力学条件。

3．根据Nb-O-C自由焓和温度关系图，分析碳还原Nb_2O_5为什么要在真空下进行？

主要参考资料

[1] 李洪桂主编，《稀有金属冶金原理及工艺》，冶金工业出版社，1981.

[2] A. H. Зеликман, «Металлургия тугоплавких редких металлов,» Моксва «Металлуртия», 1986.

[3] A. H. 节里克曼著，宋晨光等译，《稀有金属冶金学》，冶金工业出版社，1982.

[4] 辛良佐，《钽铌冶金》，冶金工业出版社，1982.

[5] U. S. Patent 3,992,192, 1976.

第四篇 稀土金属冶金

第一章 概 论

第一节 稀土元素的概念及其电子层结构

一、稀土元素的概念

稀土元素包括原子序数从57到71的15个镧系元素以及与镧系元素在化学性质上相似的钪和钇，共17个元素。它们属于周期表中第Ⅲ B族，正常原子价是正三价。

在这17个稀土元素中，钪与其它16个元素在自然界共生关系不太密切，性质差别也比较大，为此也有不把它列入稀土元素。同时，镧系元素中的钷（Pm）是反应堆铀裂变的产物或存于富铀矿中，常见的稀土矿中不含钷，所以，实际上稀土矿处理过程中只有15个稀土元素了。

根据稀土元素在物理化学性质和地球化学性质的某些差异和生产工艺的要求，分为轻、重两组或轻、中、重稀土三组。两组的分类法开始是基于人们把溶解度较小的、钆之前的稀土硫酸复盐富集在一起，故把钆之前的元素称为轻稀土元素或铈组元素，钆和钆之后的元素称为重稀土元素或钇组元素。三组的分类法通常是根据酸性萃取剂对稀土元素萃取的难易程度以及工艺需要来分组，往往把镧至钕富集在一起称为轻稀土元素，把钐、铕、钆称为中稀土元素，把钆之后的元素（包括钇）称重稀土元素。

二、稀土元素电子层结构

稀土元素的物理化学性质是极其相似的，这是由其电子层结构的特点所决定的。稀土元素原子的外部电子层结构见表4-1-1。从表中看出，随着原子序数的增加，其原子的最外二电子层（O和P层）结构是相同的，从一元素过渡到另一元素时，增加的电子填入原子内部的$4f$层。由于$4f$层电子最大可能数为14，这样就确定了镧系元素的数量。正常状态的镧系元素的$5d$层上是没有电子的（钆和镥除外），但使电子从$4f$层移至$5d$层所耗的能量并不大。由于一个电子从$4f$层移至$5d$层上，在这种情况下$6s$层的两个电子和$5d$层上的一个电子参与组成价键，使镧系元素呈现＋3价。在镧系元素中除＋3价外，还有＋4和＋2价的，这种价态是由于在$4f$层上电子数的不同而产生电子结合的强度差异所造成的。电子结合的强度随着使f层填充至一半（至7个电子）或全部填满至14个电子而增大。因此，铈和镨及钆后面的铽和镝（$4f$层电子很容易移向$5d$层）都会出现＋4价。钐、铕、镱等$4f$层电子数接近或等于7和14的元素经常为＋2价。

镧系元素的电子内迁移特性，使其原子半径（铕和镱除外）和三价离子半径的变化规律是随原子序数的增加而逐渐减小（表4-1-2所示)。这种现象称为“镧系收缩”现象。这是由于内填充的$4f$电子对核正电荷的屏蔽作用较弱，因而随核正电荷的逐渐增加，对外层电子的静电引力逐渐增强，引起电子壳的收缩。

表 4-1-1 稀土元素原子的外部电子层结构

原子序数	元 素	M			N				O			P
		3*s*	3*p*	3*d*	4*s*	4*p*	4*d*	4*f*	5*s*	5*p*	5*d*	6*s*
21	Sc	2	6	1	2							
39	Y	2	6	10	2	6	1		2			
57	La	2	6	10	2	6	10		2	6	1	2
58	Ce	2	6	10	2	6	10	1	2	6	1	2
59	Pr	2	6	10	2	6	10	3	2	6		2
60	Nd	2	6	10	2	6	10	4	2	6		2
61	Pm	2	6	10	2	6	10	5	2	6		2
62	Sm	2	6	10	2	6	10	6	2	6		2
63	Eu	2	6	10	2	6	10	7	2	6		2
64	Gd	2	6	10	2	6	10	7	2	6	1	2
65	Tb	2	6	10	2	6	10	9	2	6		2
66	Dy	2	6	10	2	6	10	10	2	6		2
67	Ho	2	6	10	2	6	10	11	2	6		2
68	Er	2	6	10	2	6	10	12	2	6		2
69	Tm	2	6	10	2	6	10	13	2	6		2
70	Yb	2	6	10	2	6	10	14	2	6		2
71	Lu	2	6	10	2	6	10	14	2	6	1	2

表 4-1-2 稀土元素的原子半径和三价离子半径值

原 子 序 数	元 素	原 子 半 径，Å	三价离子半径，Å
57	La	1.877	1.061
58	Ce	1.825	1.034
59	Pr	1.828	1.013
60	Nd	1.821	0.995
61	Pm	(1.810)	0.979
62	Sm	1.802	0.964
63	Eu	2.042	0.950
64	Gd	1.802	0.938
65	Tb	1.782	0.923
66	Dy	1.773	0.908
67	Ho	1.766	0.894
68	Er	1.757	0.881
69	Tm	1.746	0.869
70	Yb	1.940	0.859
71	Lu	1.734	0.848
39	Y	1.801	0.88
21	Sc	1.641	0.68

第二节 稀土元素发现史及稀土冶金简史

一、稀土元素发现史

稀土元素中第一个被发现的元素是钇，是由芬兰科学家J.加多林（Johan Gadolin）在1794年研究瑞典Ytterbite矿石时发现的。当时将加多林发现钇的矿石命名为Gadolinite

（即硅铍钇矿）。几年后，克拉普洛和别尔齐里乌斯同时从氟碳铈镧重石中分离出新的“铈土”。1839年莫扎捷尔从铈土中分离出铈的氧化物、镧的氧化物和“钕镨”（钕和镨的混合氧化物）。四年后他又从钇土中得到铽土和铒土。1859年光谱分析的发明加速了氧化物的进一步分析和新元素的发现。1878年马利尼雅克从铒土中分离出钇，而在1879年克列布从其中发现了铒、铥、钬。同年，列·布阿包德兰从铈土中得到了钐。1880年马利尼雅克又分离出钆。1873年门捷列夫首先用硝酸复盐分步结晶法分离镧和“钕镨”。在以后的一些年代里人们又发现了镝、铕和镥。直至1947年马利西和格列捷林才从核反应堆中铀分裂碎片内得到了钷。在1972年也从天然铀矿中发现微量钷。至此，17个稀土元素在地壳中均被找到。

二、稀土冶金简史

在十九世纪中叶，威斯巴赫发明了用硝酸钍和硝酸铈作气灯纱罩用于照明，标志着稀土工业的开始。1903年威斯巴赫又用熔盐电解法制取了铁铈发火合金，发明了打火石。1912年人们制成氟化稀土电弧棒。1920年稀土用作玻璃着色剂和发现了添加氧化镧的玻璃具有高折射低色散的特点。1933年制造了氧化铈抛光粉。1939年，以氧化铈作为乳浊剂用于陶瓷工业。四十年代，为了发展原子能工业，美国阿曼斯（Ames）实验室和橡树岭实验室研究成功了离子交换分离稀土和溶剂萃取技术。1955年美国钾碱化学公司建成了离子交换分离车间，从独居石矿中分离出12种99.9%纯度的稀土元素。1958年生产出99.9%的钪。1962年美国石油公司研究成功新型含稀土石油裂化催化剂，迅速成为稀土的主要工业用途之一。同年，钕作为激光玻璃材料而被应用。稀土在钢铁中应用始于五十年代，至七十年代有大规模应用。1964年，以钒酸钇作基质材料、铕为激活剂的彩电粉应用，进一步推动稀土工业发展。1967年发明了钐钴磁性材料，1983年又发现钕铁硼作为磁性材料的重要应用。近年来还发现了稀土元素在高温陶瓷、超导材料上的用途。因此，稀土工业已成为一种非常重要的新兴工业部门。

我国的稀土研究和稀土工业是在解放后才发展起来的。我国的稀土资源非常丰富，其储藏量占世界首位。目前，我国的稀土科研和分离技术已达到世界先进水平。

第三节　稀土金属及其主要化合物的性质

一、稀土金属的性质

1．物理性质　大多数稀土金属是银灰色，其中钕和镨略带黄色。稀土金属具有密集或面心立方晶格，只有钐（菱形结构）和铕（体心立方结构）除外。镧、铈、镨、钕、钇、铽和镱都有同素异形体。它们的晶形转变过程较缓慢，因而在金属锭中有时同时出现不同的晶形结构的两相。

稀土金属的某些物理性质如表4-1-3所示。铈组金属的熔点比钇组金属低得多。特别是具有+2价的金属（Sm、Eu和Yb）的沸点明显低于其它稀土金属。钆、钐、铕的热中子俘获面很大，而铈和钇的俘获面却很小。高纯稀土金属具有很好的可塑性，很容易加工成形。其机械性能在很大程度上取决于其杂质含量，特别是氧、硫、氮、碳等。钇组金属（镱除外）的弹性模数高于铈组金属。稀土金属的硬度一般是随原子序数的增加而增大，其布氏硬度在20～70之间。

稀土金属的导电性能较差。α镧在4.9K、β镧在5.85K时转变成为具有超导性能，其

表 4-1-3 镧系元素、钇和钪的物理性质

元素	原子序数	密度(X射线值) g/cm³	熔点 ℃	沸点(观测数据) ℃	电阻率(25℃) Ω·cm·10⁻⁶	热中子俘获面靶	晶体结构	原子平均半径(配位数为12时) Å	弹性模量 kg/mm²
La	57	6.162	920	3470	57	8.9	六方密集	1.877	3915
Ce	58	6.768	795	3470	75	0.70	面心立方（铜型）	1.825	3058
Pr	59	6.769	935	3130	68	11.2	六方密集（镁型）	1.828	3592
Nd	60	7.007	1024	3030	64	44	同 上	1.821	2860
Sm	62	7.536	1072	1900	92	6500	菱 形	1.802	3480
Eu	63	5.245	826	1440	81	4500	体心立方（钨型）	2.042	—
Gd	64	7.886	1312	3000	134	44000	六方密集（镁型）	1.802	5730
Tb	65	8.253	1356	2800	116	44	同 上	1.782	5864
Dy	66	8.559	1407	2600	91	1100	同 上	1.773	6433
Ho	67	8.779	1461	2600	94	64	同 上	1.776	6850
Er	68	9.062	1497	2900	86	116	同 上	1.757	7474
Tm	69	9.318	1545	1730	90	118	同 上	1.746	—
Yb	70	6.953	824	1430	28	36	面心立方（铜型）	1.940	1815
Lu	71	9.849	1652	3330	68	108	六方密集（镁型）	1.734	—
Sc	21	2.985	1539	2730	66	13	同 上	1.641	—
Y	39	4.472	1510	2930	53	1.38	同 上	1.801	6700

注：所列结构、密度及一系列特性均对室温下稳定变体而言。

它的稀土金属甚至在零点几度的绝对温度下仍无超导性能。除钆、镝、钬具有铁磁性外，其它稀土金属均具有顺磁性。

已知稀土元素的同位素有200余种，其中天然同位素只有56种，其余为人工核分裂产生的放射性同位素。

2. 化学性质　稀土金属的化学活性很强，能与大多数元素作用。可以生成极稳定的氧化物、卤化物和硫化物，能和氢、氮、磷、含碳气体等起作用。

稀土金属可分解水（冷则慢、加热则快），而且易溶于盐酸、硫酸和硝酸。稀土金属在氢氟酸中是稳定的，这是由于生成了难溶盐的保护膜。

在室温下的干燥和潮湿空气中，镧、铈、镨和钕氧化得很快，而另一些稀土金属则氧化得很慢，能在很长时间内保持金属的光泽。铈氧化后生成的Ce_2O_3很容易继续氧化成CeO_2，这是引起铈和富铈合金自燃的原因。当温度高于180～200℃时，所有稀土金属都会在空气中很快氧化而生成RE_2O_3型氧化物（其中铈、镨和铽则分别生成CeO_2、Pr_6O_{11}和Tb_4O_7）。

稀土金属在室温下即可吸收氢，在250～300℃时其相互作用加剧，并形成$REH_{2.8}$型（对于La、Ce、Pr）或REH_2型氢化物。氢化物在真空中加热至高于1000℃时分解，并且在潮湿空气中不稳定。

稀土金属在750～1000℃时能与氮反应，生成以REN型为主的氮化物。在硫蒸气中加热稀土金属会生成RE_2S_3、RE_3S_4和RES型组成的硫化物。稀土金属与碳、碳氢化合物、CO、CO_2在加热时相互作用，形成REC_2型碳化物。碳化物于湿空气中发生水解，生成以乙炔为主的碳氢化合物，还有部分甲烷。

所有卤素在温度高于200℃时均与稀土金属发生强烈反应，形成REX_3型的卤化物。

表 4-1-4 稀土元素REX_3型氯化物和氟化物的熔点及沸点，°C

元素	氟化物	氯化物②		元素	氟化物	氯化物②	
	熔点①	熔点	沸点		熔点①	熔点	沸点
La	1493	862	1750	Tb	1172	582	1550
Ce	1430	817	1730	Dy	1154	647	1530
Pr	1395	786	1710	Ho	—	721	1510
Nd	1374	753	1690	Er	1140	776	1500
Pm	—	—	—	Tm	1158	824	1490
Sm	1306	682	分解	Yb	1157	865	分解
Eu	1276	623	同上	Lu	1182	925	1480
Gd	1231	602	1580	Y	1152	709	1510

① 氟化物的沸点在2000～2300°C的区间内；

② 外推数值。

这些卤化物具有较高的熔点和沸点（表4-1-4）。除氟化物外，所有的卤化物都有很强的吸水性，并很容易水解生成REOX型卤氧化物。只有钐、铕和镱生成低价卤化物REX_2。

稀土金属能与多数金属元素生成金属间化合物或合金。与镁生成REMg、$REMg_2$、$REMg_3$、$REMg_4$等化合物(稀土金属还微溶于镁)；与铝生成$LaAl_4$、$LaAl_2$、LaAl、La_3Al、Ce_3Al_2等化合物；与钴生成$SmCo_5$、$SmCo_3$、$SmCo_2$、Sm_2Co_7、Sm_3Co、Sm_3Co_4等强磁性化合物；与镍生成LaNi、$LaNi_5$、La_3Ni_5等化合物；与铜生成YCu、YCu_2、YCu_4、YCu_5、$NdCu_5$、CeCu、$CeCu_2$、$CeCu_4$、$CeCu_6$等化合物；与铁生成$CeFe_3$、$CeFe_2$、Ce_2Fe_3、YFe_2等化合物。但镧与铁只生成低共熔体。

由于稀土元素的原子体积比较大，因此与其它金属元素一般不能形成固溶体。

稀土金属与碱金属及钙等均生成不互溶的体系。稀土在锆、铪、铌、钽中溶解度很小，一般只形成低共熔体。与铬、钼、钨也不能生成化合物。

二、稀土主要化合物的性质

稀土元素的氢氧化物$RE(OH)_3$具有碱性，并且难溶于水和碱中。随着稀土元素从镧到镥碱性的降低，其氢氧化物沉淀的pH值和溶解度也降低，如表4-1-5所示。

表 4-1-5 氢氧化物$RE(OH)_3$的沉淀pH和溶度积

元素	从硝酸盐溶液中沉淀的 pH	在25°C时$RE(OH)_3$的溶度积	元素	从硝酸盐溶液中沉淀的 pH	在25°C时$RE(OH)_3$的溶度积
La	7.82	1.0×10^{-19}	Gd	6.83	2.1×10^{-22}
Ce	7.60	1.5×10^{-20}	Er	6.75	1.3×10^{-23}
Pr	7.35	2.7×10^{-20}	Tm	6.40	3.3×10^{-24}
Nd	7.31	1.9×10^{-21}	Yb	6.30	2.9×10^{-24}
Sm	6.92	6.8×10^{-22}	Lu	6.30	2.5×10^{-24}
Eu	6.82	3.4×10^{-22}	Y	6.95	

Ce^{3+}容易氧化成Ce^{4+}，而且当pH＝0.7～1.0时，Ce^{4+}的氢氧化物从溶液中沉淀，这就很容易从其它稀土元素中分离出铈。

三价稀土元素的氯化物、硫酸盐和硝酸盐大都呈各种组成的水合结晶形态存在。最有代表性的为$RECl_3\cdot6H_2O$、$RE_2(SO_4)_3\cdot8H_2O$和$RE(NO_3)_3\cdot6H_2O$，它们都有强烈

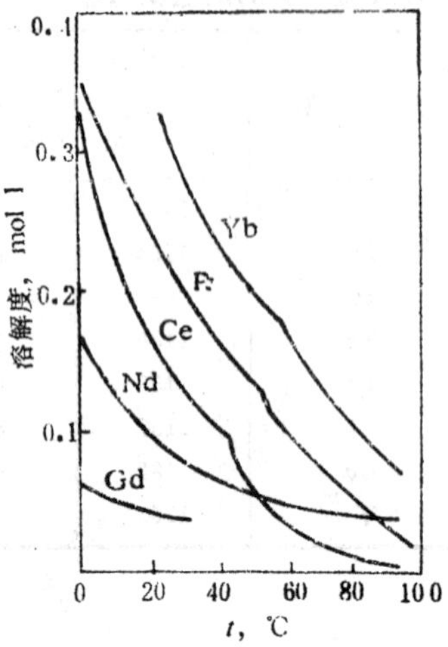

图 4-1-1　某些镧系元素硫酸盐的溶解度与温度的关系

的吸水性，易溶于水和稀的无机酸中。硫酸盐$RE_2(SO_4)_3\cdot 8H_2O$在水中的溶解度随温度的增高而降低，如图4-1-1所示。

稀土氟化物和草酸盐在水和稀无机酸中的溶解度很小。氟化物能以$REF_3\cdot 0.5H_2O$的水合结晶或无水盐（如PrF_3和NdF_3）从水溶液中沉淀。草酸盐中最有代表性的组成为$RE_2(C_2O_4)_3\cdot 10H_2O$。钇组元素的草酸盐在水中的溶解度大于铈组元素的草酸盐。当加热至500～600℃时，草酸盐分解并生成RE_2O_3型氧化物。

磷酸盐、碳酸盐和铁氰酸盐为难溶于水的稀土盐类。

多数稀土元素的单盐能与碱金属盐、铵盐以及许多二价元素的盐类生成复盐或络盐，其中最主要的有稀土元素与硝酸铵或硝酸镁形成的硝酸复盐$RE(NO_3)_3\cdot 2NH_4NO_3\cdot 4H_2O$及$2RE(NO_3)_3\cdot 3Mg(NO_3)_2\cdot 24H_2O$。其溶解度从镧到钇增加。当将碱金属或铵的硫酸盐加入稀土硫酸盐溶液时，可析出稀土硫酸复盐沉淀，其组成为$xRE_2(SO_4)_3\cdot yMe_2SO_4\cdot jH_2O$（Me代表Na、K、$NH_4$）。复盐的组成依溶液中稀土浓度、沉淀剂的浓度和沉淀的温度而有所不同。通常，y随溶液中沉淀剂浓度的增加而增大，j随温度的提高而减小。当温度高于90℃时，则生成无水盐。由于所用沉淀剂不同，生成的复盐溶解度也不同，其溶解度的顺序是：$(NH_4)_2SO_4 > Na_2SO_4 > K_2SO_4$。此外，复盐的溶解度还随温度的提高而降低。

根据稀土元素硫酸复盐在水中溶解度不同，可以将它们分为三组：微溶的（La、Ce、Pr、Nd、Sm），中等溶解的（Eu、Gd、Tb、Dy）和可溶的（Ho、Er、Tm、Yb、Lu、Y）。

稀土元素还能与许多有机酸形成络合物，其中最有意义的是与柠檬酸、醋酸、氨三乙酸（NTA）和乙二胺四乙酸(EDTA)生成络合物。与有机酸生成的络合物的稳定性大都是从镧至镥依次增加的，这一性质被广泛用于稀土元素的分离方法中。

第四节　稀土金属及其化合物的用途

稀土元素（金属、合金和化合物）在黑色和有色冶金、玻璃和陶瓷、原子能技术、电气照明、电视和激光技术、化学工业、医疗和农业生产等领域中得到了广泛的应用。近年来，在高温超导材料的研究中发现，含稀土元素的高温超导材料（如$YBa_2Cu_3O_x$）具有优良的超导性能，表明稀土在这一领域中有着重要的应用前景。

一、黑色和有色冶金

稀土添加剂愈来愈广泛地应用于钢、生铁和有色冶金中，其中主要是使用铈铁或含铈、镧的合金。也使用稀土氧化物添加剂。

稀土添加剂可提高和改善不锈钢、高速钢、硅钢及耐热钢的机械性能、特别是冲击韧性，提高抗蚀及耐高温性能、加工性能、铸件表面质量，提高钢的再结晶温度。一般是在1t钢中加0.9～2.25kg混合稀土金属。铈或混合稀土金属能使钢脱氧、除硫、甚至可能除氮。

稀土金属添加剂还可提高生铁质量，改善其浇铸性能及热可锻性，提高其抗氧化性能和强度。加入约0.15%的铈可以生产高强度的球墨铸铁。铈组金属含量高的铁合金（70～75%稀土和25～30%铁）会自燃，被广泛用于制成打火石，并用于大炮上作曳光剂。

含铈和锰的合金膨胀系数小，可作为制造活塞式发动机的合金材料。在各种铝、镁合金中加入稀土金属添加剂可提高其在高温下的强度。含0.05～0.35%铈添加剂的铝铜和铝铜硅合金用于制造各种航空发动机零件。混合稀土金属添加剂可提高用于航空工业的高强度细晶粒含锌和锆的镁合金的蠕变阻力。

加稀土于各种铝合金或镁合金中可提高其高温强度，用于制造轮船引擎上的叶轮、飞机发动机和导弹上的部件。在铝-锆合金(0.01～0.5%Zr)中，加入0.0005～0.08%的钇，可达到电缆的要求，在280℃下仍保持高强度，且不降低导电性能。

二、玻璃和陶瓷

稀土元素加入玻璃中可使其具有吸收紫外线和红外线的能力，如含2～4%Ce_2O_3的玻璃可用来制造吹玻璃和焊接时的防护眼镜（也可用镨和钕）。含铈玻璃在射线辐射下仍很稳定不发暗，因而在原子能技术中得到应用。

某些稀土氧化物应用于光学玻璃的生产中，如La_2O_3可作为照相机和潜望镜头的无硅玻璃的成分。添加Nd_2O_3和V_2O_5可用于光度计及其它一些仪器的光学玻璃中。

稀土氧化物被应用于玻璃脱色和着色，如少量的CeO_2可使玻璃脱色，加至1%时使玻璃呈黄色，而加量大时则呈褐色。Nd_2O_3可使玻璃呈鲜红色。氧化镨使玻璃呈绿色，而其混合物则使玻璃呈浅蓝色。

各种粒度的CeO_2粉（即抛光粉）被广泛用于玻璃抛光，其抛光质量和抛光速度都优于普通抛光材料（磨粉）。CeO_2的粒度可由煅烧温度来控制。

在陶瓷工业中，稀土氧化物用于对瓷器、瓷釉和珐琅着色，并使其不透明。稀土硫化物和氧硫化物是一种难熔的惰性化合物，可用于制作冶炼金属的坩埚。

三、原子能工业

在原子能工业中最有价值的是热中子俘获面较大的一些稀土元素钆、钐、铕。这些稀土氧化物可用作核反应堆和原子能发动机的控制棒及陶瓷保护层的组分。最适合这种用途的是铕，因为它具有五种能吸收热中子的同位素。

具有小的热中子俘获面的金属钇不与液态铀发生作用，故可用作核反应堆的结构材料如作铀合金燃料的包套。

四、磁性材料

一些稀土元素的金属化合物，例如YCo_5和$SmCo_5$是在高磁场强度下具有高感应值的磁性材料，YCo_3为9.6kJ/m^3，$SmCo_5$为40.8kJ/m^3。此外，还可制造钕铁硼三元合金磁性材料。这些磁性材料的特点是有很高的磁晶各向异性和很大的饱和磁化强度及较高的居里点。它们具有所有永磁材料优异的综合性能：剩余磁感应强度大、矫顽力大、和最大磁能积大。

铁稀土石榴石$3RE_2O_3 \cdot 5Fe_2O_3$（其中包括铁钇石榴石）具有铁磁性，同时也是半导体和电介体，可应用于高频技术，其中包括微波发射机（雷达系统）和其它电子仪器。

五、彩色荧光粉

由于稀土元素用作彩色电视荧光屏的荧光粉，使彩色电视机的生产得到迅速的发展。在用铕活化了的正钒酸钇的基础上制成红色荧光粉，在铽基础上制成绿色荧光粉。现正在研制浅蓝色的荧光粉。

六、激光技术

稀土元素广泛地用于各类激光（固态晶体、液态晶体等）技术上，可用稀土作基础材料或活化物质。例如，以$CaWO_4$为基的激光活化物为钕，以CaF_2为基的激光活化物为钐。常使用钕玻璃或掺钕的钇铝石榴石单晶制造莱塞玻璃。

七、电真空、放射技术及无线电技术

在电真空技术中，稀土元素用作非分散状气体吸收剂。氧化钕作为线性膨胀系数很小的一种电介质而用于电子仪器上。铥在核反应堆中经中子照射后变为γ辐射体，此时所产生的放射性同位素Tm^{170}可用来制造医疗和探伤用的软性X光轻便发生器。钷的同位素Pm^{147}（半衰期2.7年）用于制造原子能微型电池，在电池中钷的软性β辐射转变为电能。这种微型电池可用于小体积的接收机、助听器及用于火箭、卫星及其它仪器上。

八、化学工业及轻工业

稀土化合物可用于合成氨、石油的裂化和有机化学氧化过程的催化剂，并用于合成异戊橡胶和顺丁橡胶的生产上。稀土化合物可用作油漆、染料等的成分。在纺织工业中作为媒染剂和使纺织品不透水。

九、贮氢材料

最有代表性的贮氢材料是$LaNi_5$，它在室温及253kPa气压下，1kg合金中可吸收15g氢，在同样的重量和额定含量下，这种氢贮存器容积只有高压气瓶（2×10^4kPa压力）的十分之一，容器压力为1×10^3kPa。$LaNi_5$氢贮存器作为方便的氢源已用于原子钟和气相色谱仪。它用于镍-氢化学电池可作氢的载体，当电池充电时，放出的氢气被$LaNi_5$吸收，在电池放电时氢气从$LaNi_5 \cdot Hm$中解吸出来。该电池的电能密度达45Wh/kg。

十、农业

稀土微量肥料是一种混合稀土硝酸盐，用于水稻、小麦、棉花、油菜、高粱、玉米等农作物都有不同程度的增产效果。稀土元素化合物在农业上还可用作杀虫灭菌剂。

第五节　稀土冶金的原料

一、稀土元素在地壳中的分布

稀土元素在地壳中的储量比较丰富，其在地壳中的总含量为0.01%。镧、铈和钕是稀土元素中分布最广的。原子序数为奇数的元素在地壳中的含量一般小于与其相邻的原子序数为偶数的元素。

17个稀土元素在地壳中的丰度值如表4-1-6所示。

在地壳中，稀土元素主要存在于岩石圈中，然而在各类岩石中，稀土元素的含量也颇不均匀，它们多数富集在花岗岩、碱性岩和碱性超基性岩及与它们有关的矿床中。稀土元

表 4-1-6 稀土元素丰度值

原子序数	21	39	57	58	59	60	61	62	63
元素名称	钪	钇	镧	铈	镨	钕	钷	钐	铕
元素符号	Sc	Y	La	Ce	Pr	Nd	Pm	Sm	Eu
丰度，%	5×10^{-4}	2.81×10^{-4}	18.3×10^{-4}	46.1×10^{-4}	5.53×10^{-4}	23.9×10^{-4}	45×10^{-20}	6.47×10^{-4}	1.06×10^{-4}
原子序数	64	65	66	67	68	69	70	71	
元素名称	钆	铽	镝	钬	铒	铥	镱	镥	
元素符号	Gd	Tb	Dy	Ho	Er	Tm	Yb	Lu	
丰度，%	6.36×10^{-4}	0.91×10^{-4}	4.47×10^{-4}	1.15×10^{-4}	2.47×10^{-4}	2.00×10^{-4}	2.66×10^{-4}	7.50×10^{-4}	

素的这一地球化学特点对于寻找稀土资源无疑具有十分重要意义。

稀土元素在地壳中主要以矿物形态存在，其在矿物中存在状态主要有下列三种：

（1）与其它元素一道形成独立的矿物。这类矿物是通常称之的稀土矿物，如独居石、氟碳铈矿等。

（2）以类质同相（钙、锶、钡、锰、锆、钍等元素）的形态分散于许多造岩矿物和另外一些稀有矿物中，如萤石、磷灰石、钛铀矿等。

（3）呈离子吸附状态存在某些矿物中，这类矿物主要是花岗岩风化后的矿物及云母类矿物。

上述第一类稀土矿物是工业利用的主要资源，其它两类矿物可通称为含稀土元素的矿物，其中有一些矿物也是相当重要的稀土产品的工业来源。

二、稀土矿物

目前，世界上已知的稀土矿物约有150种，而含有稀土元素的矿物有250种以上，但国内外工业部门所利用的稀土矿物只有独居石、氟碳铈矿、磷钇矿、褐钇铌矿、易解石、菱氟钇钙矿、硅铍钇矿、复稀金矿、黑稀金矿等10种。在这10种矿物中，最有工业意义的是独居石和氟碳铈矿两种。

对已知的稀土矿物，按其化学成分大致可分为九类，即氟化物、碳酸盐及氟碳酸盐、磷酸盐、硅酸盐、氧化物、砷酸盐、硼酸盐、硫酸盐及钒酸盐。

按矿物中稀土的分配可分为两类：

1．完全分配型　在这类矿物中，铈组元素和钇组元素的含量相差不明显。属于此类的有铈磷灰石、钇萤石等。

2．选择分配型

（1）富铈组的矿物。在这类矿物中，铈组含量大大超过钇组含量，如氟碳铈矿、独居石、易解石等。

（2）富钇组的矿物。在这类矿物中，钇组含量较铈组含量明显得多，如磷钇矿、褐钇铌矿、菱氟钇钙矿等。

必须指出，每种矿物的稀土分配不是固定不变的，而是随着生成条件的不同而变化，其中以独居石更明显，如我国某铌-稀土-铁矿床，产于钠闪石型矿石和钠辉石型矿石中的独居石比其它类型矿石中的独居石贫镧而富钕、铕。

表4-1-7列举某些主要稀土矿物的大致成分及性状

表 4-1-7 某些稀土矿物的大致成分及性状

矿物名称	化学组成	大致成分	性状
独居石	$REPO_4$	RE_2O_3约60%，富铈组元素，其中Ce_2O_3占总稀土的45～55%，其次是La、Nd等，$ThO_2$4～12%，$UO_2$0.1～0.3%	红褐色、褐色、黄褐色或黄绿色，硬度5.0～5.5，比重4.6～5.4
磷钇矿	YPO_4	RE_2O_3约60%，富钇组元素，其中Y_2O_3占总稀土的52～62%，有时有ThO_2和UO_2	黄褐色、红褐色、绿色、黄色或灰白色，硬度4.0～5.0，比重4.4～5.2
氟碳铈矿	$REFCO_3$	RE_2O_3约74%，富铈组元素，其中Ce_2O_3占总稀土的50%左右，$ThO_2$0.13～0.17%，$Nb_2O_5$0.01%	蜡黄色或红褐色，硬度4.0～4.5，比重4.9～5.2
氟碳钙铈矿	$Ca(Ce、La)_2\cdot(CO_3)_3F_2$	$RE_2O_3$53～62%，富铈组元素，其中Ce_2O_3占总稀土的50%左右，CaO 10～12%	蜡黄色、黄褐色或褐色，硬度4.5，比重4.36±0.03
铈钇矿	$(Ca、Y、Ce、Er)F_{2\sim3}\cdot H_2O$	Ce8～16%，Y14～38%，Ca 20～33%，F33～42%	硬度4.0～5.0，比重3.36～3.63，CaF_2与$(\Sigma Y)F_3$及$(\Sigma Ce)F_3$形成类质同相

三、稀土矿石及精矿

稀土矿石通常是一些含多种有用矿物的复合矿石，一般只含百分之几至十万分之几的稀土氧化物（RE_xO_y）。因此，在冶炼前必须预先进行选矿，通过选矿抛弃脉石矿物和分离出有害杂质，得到满足冶炼要求的稀土精矿。

稀土矿石的选矿方法通常包括重选、浮选、磁选、电选，或采用这些方法的联合流程。经过复杂的分选才得到稀土和其它有用矿物的最终精矿。

我国稀土冶炼厂用得最多的是经选矿后得到的独居石及氟碳铈矿与独居石的混合精矿两种。冶炼工艺对独居石精矿的要求是：$\Sigma RE_xO_y>60\%$，$Ti<1\%$，$Fe<1\%$，$ZrO_2<2\%$，$SiO_2<3\%$。根据上述要求，选矿后的独居石精矿一般要达到含独居石矿物>97%，磁性杂质<2%，非磁性杂质<1%，轻矿物<1.8%。对氟碳铈矿与独居石的混合精矿的要求是：$\Sigma RE_xO_y\geqslant60\%$，$\Sigma Fe\leqslant5\%$，$CaO\leqslant5.5\%$，$BaO\leqslant2.5\%$。

我国蕴藏着丰富的离子吸附型稀土矿，这种矿中的稀土元素以离子形态被高岭石等铝硅酸盐矿物吸附，极少以微粒稀土矿物存在，一般不用经过选矿，用NaCl、$(NH_4)_2SO_4$或NaCl加HCl稀溶液渗浸就可以将稀土元素提取到溶液中。

思考题

1. 稀土元素的电子层结构有何特点？与稀土元素之间化学性质的相似性有何关系？
2. 稀土冶金的主要原料有哪些？其中稀土以何种形态存在？主要伴生元素有哪些？

第二章 稀土精矿的分解

第一节 独居石精矿的分解

如前所述，独居石精矿是一种主要含轻稀土元素的磷酸盐矿物，并含有放射性元素钍（$ThO_2$5～10%）、铀（$U_3O_8$0.2～0.6%）以及磷（$P_2O_5$22～31.5%），同时伴有ZrO_2、SiO_2及其它杂质元素。独居石是具有综合利用价值的矿物，除稀土外，钍、铀、磷等都可以综合回收。

工业上分解独居石精矿可采用苛性钠法和硫酸法，但目前主要用前种方法，故本节着重叙述苛性钠法。后种方法与氟碳铈矿—独居石混合精矿硫酸焙烧法大同小异，可参看本章第二节。

苛性钠溶液分解独居石的原则流程如图4-2-1所示。现将其主要工序介绍如下。

一、碱分解

1. 主要反应　独居石精矿中，稀土、钍分别以$REPO_4$、$Th_3(PO_4)_4$形态存在，而铀经常以4价和6价的氧化物U_3O_8（或$UO_2 \cdot 2UO_3$）形态存在。在加热下用NaOH溶液分解独居石时，稀土和钍分别生成氢氧化物沉淀，而铀生成重铀酸钠沉淀。其主要反应为：

$$REPO_4 + 3NaOH = RE(OH)_3 + Na_3PO_4$$

$$Th_3(PO_4)_4 + 12NaOH = 3Th(OH)_4 + 4Na_3PO_4$$

$$2U_3O_8 + O_2 + 6NaOH = 3Na_2U_2O_7 + 3H_2O$$

部分4价铀还可以氢氧化铀$U(OH)_4$沉淀析出，而在大大过量的NaOH溶液中，部分$U(OH)_4$又按下列反应生成络合物进入溶液中：

$$U(OH)_4 + OH^- = H_3UO_4^- + H_2O$$

其反应平衡常数为1.7×10^{-4}。

在分解过程中，精矿中少量的脉石矿物也能部分与NaOH反应，如：

$$ZrSiO_4 + 4NaOH = Na_2ZrO_3 + Na_2SiO_3 + 2H_2O$$

$$TiO_2 + 2NaOH = Na_2TiO_3 + H_2O$$

$$SiO_2 + 2NaOH = Na_2SiO_3 + H_2O$$

$$Al_2O_3 + 2NaOH = 2NaAlO_2 + H_2O$$

由于上述脉石成分分解成可溶于酸的钛和锆的钠盐，因而给后续的稀土、钍、铀的分离提取带来一些困难。

2. 影响因素　碱分解过程中，精矿的粒度，碱用量，碱浓度，分解温度及时间均对稀土、钍、铀的分解率有很大影响。

（1）精矿粒度　由于分解反应是在固液两相界面上进行，而且在精矿颗粒表面形成难溶的氢氧化物膜层，使被膜包在里层的矿粒难与NaOH接触，影响反应速度，大大降低精矿的分解率。因此，减小精矿的粒度可提高反应接触面积，加快反应速度。工厂中一般要求精矿的粒度磨细到95%以上小于0.043mm。

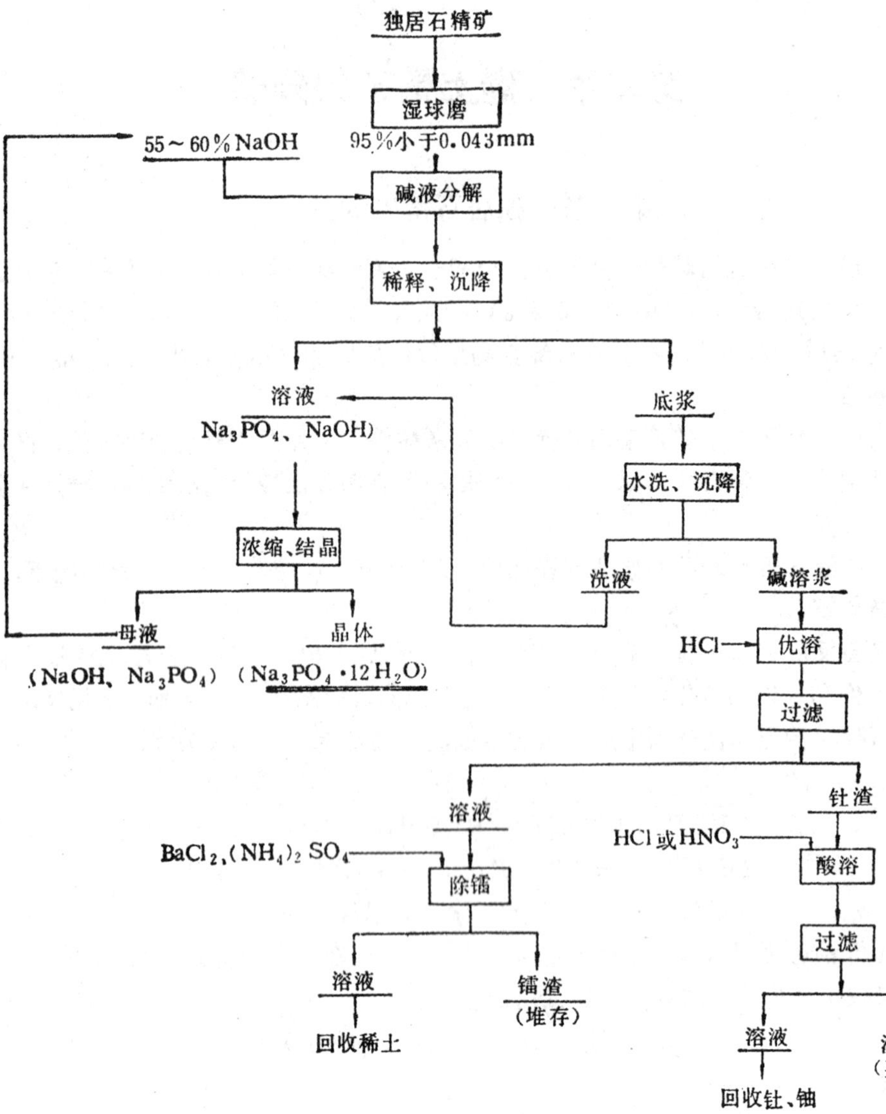

图 4-2-1 常压苛性钠溶液分解独居石精矿原则流程

（2）碱用量和碱浓度　为了提高稀土、钍、铀的分解率，碱用量通常为理论需要量的2～3倍，或为精矿量的1.3～1.4倍。因为独居石精矿的产地不同，因此精矿的组成不完全一致，应该根据不同的矿源来确定合理的用碱量。

为了加快反应的速度，可提高加入碱液的浓度。但过高碱度会使溶液粘度增加，流动性变差，这将影响工业生产的顺利进行，如堵塞输送管道等。另外，碱浓度愈大，铀进入分解液中也愈多。所以，一般采用浓度为50～55%NaOH为宜。

（3）分解温度和时间　用碱液分解独居石时，其反应速度随温度提高而加快。然而，加热温度过高将引起稀土和钍的氢氧化物脱水，降低它们在后续的无机酸溶解性能。实践证明，分解温度控制在140℃左右为宜。这一温度与分解液的沸点相当，因此不会使分解温度超过给定分解液的沸点而造成溢槽。

精矿分解率随分解时间的增加而提高。但实践表明，在140℃左右下分解5～6 h 即可达到97%以上的分解率。

3. 工业实践　独居石碱分解可以用间歇的分解作业，也可以用连续分解作业。前者是在钢制反应锅中进行。将按一定配比的湿磨矿浆和苛性钠溶液在不断搅拌下加入反应锅中，用夹套式蒸气加热至140℃左右。在此温度下保持5～6 h后，将料浆卸入钢制贮槽中澄清和沉降。连续分解作业是在数个串联成一组的钢制反应锅中进行。按一定矿碱比配好的矿浆先由配料槽输入第1个反应锅，反应锅用夹套式蒸气加热。在搅拌下反应物料在锅内停留一段时间后连续流入第2个反应锅。依此类推，反应物料从最后一个反应锅放出。这种连续分解作业的优点是生产能力大，操作连续化。

二、从碱分解产物中提取稀土和除镭

独居石精矿经过碱分解和澄清沉降后得到含稀土、钍、铀、一部分未分解的脉石及分解后的钛、锆等的钠盐的沉淀物。在沉淀物经充分洗涤除去PO_4^{3-}后，为了从沉淀物中将稀土溶解出来，而使钍和铀仍留在沉淀物中，一般是采用盐酸优先溶解。由于氢氧化稀土的溶度积比氢氧化钍大得多（表4-2-1），即氢氧化稀土容易被酸溶解，故只要酸溶时控制最终溶液的pH值为4.0～4.5即可达到此目的。但是，$Ce(OH)_4$的溶度积很小，故以+4价存在铈仍保留在沉淀中。

表 4-2-1　氢氧化物溶度积的负对数值（25°C）

氢　氧　化　物	pK_{SP}	氢　氧　化　物	pK_{SP}
$Th(OH)_4$	44.9	$Pm(OH)_3$	34.0
$U(OH)_4$	51.9	$Sm(OH)_3$	21.2
$La(OH)_3$	19.0	$Eu(OH)_3$	21.5
$Ce(OH)_3$	19.8	$Gd(OH)_3$	21.7
$Ce(OH)_4$	50.4	$Yb(OH)_3$	23.5
$Pr(OH)_3$	19.6	$Y(OH)_3$	23.3
$Nd(OH)_3$	20.7		

在生产实践中往往是加入盐酸后，先将反应酸度控制在pH1.5～2.0，然后再用沉淀物回调到pH～4.5，这样可得到较高的稀土溶出率（90%左右），而且溶液中非稀土杂质含量较低，符合制取混合稀土氯化物产品的要求。

优溶后的料浆进行过滤。滤饼中稀土约为精矿中总稀土量的10%左右，而钍、铀几乎全部集中在滤饼中。滤饼可用硝酸或盐酸溶解，得到的溶液采用溶剂萃取法分离提取其中的稀土、钍、铀。

由于用盐酸优溶得到的稀土氯化物溶液中一般含有微量放射性元素镭，故必须净化除镭。目前普遍采用硫酸钡共沉淀镭。先将稀土溶液加热至70～80℃，然后在搅拌下加入适量的硫酸铵和氯化钡溶液，此时便生成硫酸钡沉淀。由于镭和钡的离子半径很相近（Ba^{2+}半径为1.38Å，Ra^{2+}半径为1.42Å）。因此产生同晶共沉淀现象，在硫酸钡沉淀的同时将镭共载下来：

$$Ba^{2+}(Ra^{2+})+SO_4^{2-}=Ba(Ra)SO_4$$

为了提高除镭效果，除了需要足够量的Ba^{2+}和SO_4^{2-}离子外，还需使反应后让其在室温下陈化较长时间，有利于充分共载沉淀和沉淀的过滤。

除镭后的稀土氯化物溶液可送去蒸发结晶制取混合稀土氯化物产品，或进行萃取分组后用萃取法或离子交换法制取单一稀土化合物。

三、磷酸三钠的回收

独居石精矿经过苛性钠分解后，稀土、钍、铀进入沉淀中，而磷以Na_3PO_4形态留在溶液中。为易于固液分离，先用热水稀释分解后的浆液，然后在沉降槽中经过约6 h的陈化。先将澄清的磷碱吸出，底浆经过数段错流洗涤后，沉淀中的磷含量即可基本上除去。第一、二次的洗液与磷碱液合并，其中NaOH浓度为2mol/L左右，P_2O_5浓度为20g/l左右。通常采用蒸发浓缩的方法提高磷碱液浓度。在20℃时Na_3PO_4在36%NaOH溶液中的溶解度仅为1.3%，所以，浓缩后的磷碱液经冷却即析出$Na_3PO_4 \cdot 12H_2O$结晶。结晶母液中主要含NaOH，返回碱分解工序。

在冷却结晶时，微量的6价铀会带入结晶体中，故应将粗$Na_3PO_4 \cdot 12H_2O$晶体进一步除铀，即先用热水溶解粗结晶，加热至沸腾，随后加还原剂锌粉和硫酸亚铁，再加入石灰水，则铀被还原成4价状态，并以氢氧化铀沉淀除去：

$$UO_2^{2+} + Zn + 2H_2O = U^{4+} + 4OH^- + Zn^{2+}$$

$$UO_2^{2+} + 2Fe^{2+} + 2H_2O = U^{4+} + 2Fe^{3+} + 4OH^-$$

$$U^{4+} + 2Ca(OH)_2 = U(OH)_4 + 2Ca^{2+}$$

$$2Fe^{3+} + 3Ca(OH)_2 = 2Fe(OH)_3 + 3Ca^{2+}$$

如果只加锌粉而不加硫酸亚铁，则因铀量很少，不可能使$U(OH)_4$完全沉淀下来，而生成的$Fe(OH)_3$则能很好地将$U(OH)_4$共载沉淀。

经除铀后的溶液再在结晶槽中冷却结晶，得到$Na_3PO_4 \cdot 12H_2O$产品，其放射性比放可达到允许范围。

第二节　氟碳铈矿-独居石混合精矿的分解

氟碳铈矿-独居石混合精矿的特点是：

（1）为氟碳酸盐与磷酸盐两类稀土矿的混合精矿，随矿石类型和选矿方法的不同，精矿中这两类矿物的相对含量大约在9：1～1：1之间；

（2）精矿中还含有铁矿物（赤铁矿、磁铁矿），萤石（CaF_2），重晶石（$BaSO_4$），磷灰石等，且含有少量铌（Nb_2O_5 0.1～0.2%）；

（3）稀土元素中以轻稀土为主；

（4）放射性元素钍含量比一般独居石精矿少得多。

目前，分解此类混合精矿的方法主要有硫酸焙烧法和苛性钠分解法，同时也可用苏打烧结法和高温氯化法等。

一、硫酸焙烧法

其原则流程见图4-2-2所示。

1．焙烧

（1）主要反应　精矿与浓硫酸混合后加热至约200℃时，精矿中的稀土和钍生成硫酸盐，其它的脉石矿物也在不同程度上参加反应，生成相应的化合物。主要反应有：

$$2REFCO_3 + 3H_2SO_4 = RE_2(SO_4)_3 + 2HF + 2CO_2 + 2H_2O$$

$$2REPO_4 + 3H_2SO_4 = RE_2(SO_4)_3 + 2H_3PO_4$$

$$Th_3(PO_4)_4 + 6H_2SO_4 = 3Th(SO_4)_2 + 4H_3PO_4$$

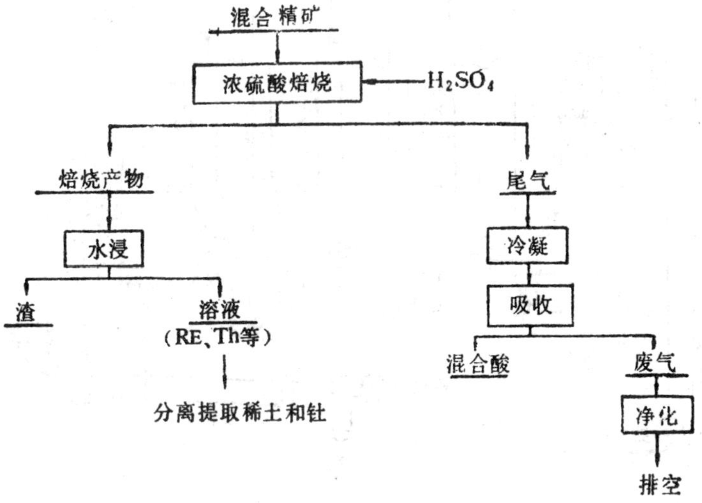

图 4-2-2 浓硫酸焙烧法的原则流程

$$CaF_2+H_2SO_4=CaSO_4+2HF$$
$$SiO_2+4HF=SiF_4+2H_2O$$
$$Fe_2O_3+3H_2SO_4=Fe_2(SO_4)_3+3H_2O$$

此外，在焙烧温度下还发生如下分解反应：

$$2H_3PO_4=H_4P_2O_7+H_2O$$
$$H_4P_2O_7=2HPO_3+H_2O$$
$$H_2SO_4=SO_3+H_2O$$
$$SO_3=SO_2+\frac{1}{2}O_2$$

（2）影响因素 稀土混合精矿分解率主要取决于硫酸用量，焙烧温度和焙烧时间。

1）浓硫酸用量 从上述焙烧时的反应可知，硫酸不仅消耗于稀土矿物上，而且相当部分消耗在分解脉石矿物上。故一般是，精矿中稀土品位高时，硫酸的耗量减少。因此，在工业生产中根据不同品位精矿采用不同的硫酸量（还应考虑部分硫酸的挥发和分解损失），一般是矿：酸为1：1～1.7。

2）焙烧温度 温度过低则分解速度减慢，分解不完全。但温度过高时，除了硫酸的挥发和分解损失外，还会引起稀土硫酸盐分解成难溶的$RE_2O_3\cdot SO_3$或氧化物，降低后续水浸时稀土的回收率。另外，温度过高将缩短分解设备的寿命。通常，焙烧是在回转窑中进行，此时从窑尾至窑头的温度控制在300至600℃为宜。

3）焙烧时间 焙烧时间过短，分解不完全，但焙烧时间过长则引起稀土硫酸盐分解，降低水浸时稀土的回收率。所以，应根据矿物分解完全的程度来确定焙烧时间，实践中一般40～80min。

（3）工业实践 将精矿（小于106μm）与浓硫酸混合后在回转窑中连续焙烧。物料从窑尾加入，焙烧过程中向窑头移动并逐渐变干。从窑头卸出的焙烧产物一般为直径30～

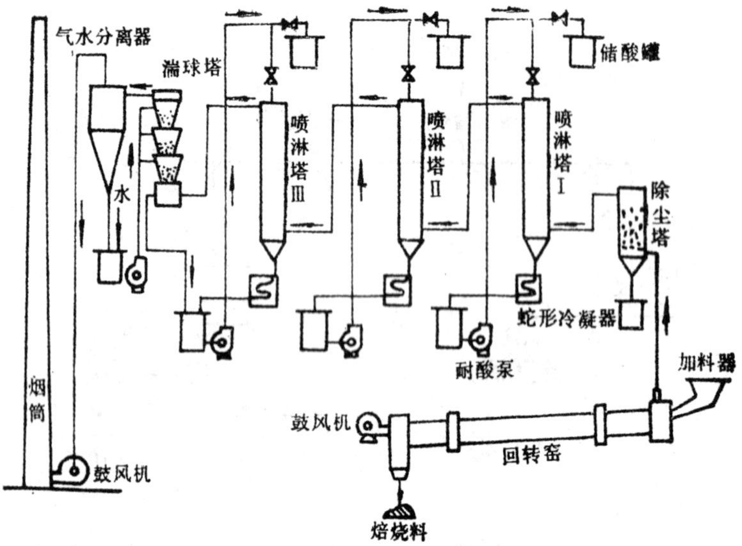

图 4-2-3 硫酸焙烧窑及尾气收集系统

50mm的小球，可直接用水浸出。

焙烧及尾气收集设备见图4-2-3所示。

回转窑可用铸铁管制成，窑体倾斜2°左右，以便在窑体转动时使物料从窑尾向窑头移动。窑体转动速度约2.5r/min。加热方式有内加热和外加热两种。内加热是用重油从窑头喷入燃烧。焙烧产生的气体从窑尾排出（约260℃），用排风机经烟道送至尾气收集系统。首先进入除尘塔，塔内松散填充焦炭块。尾气从塔底进入并通过焦炭块，滤去夹带出来的粉尘。从塔顶出来的尾气约200℃。接着连续通过三个淋洗塔，受塔顶部喷淋下来的冷水和循环的$HF-H_2SO_4$稀冷溶液淋洗和冷却，使所含SO_3、HF、SiF_4、H_2O等进入淋洗液中。通过三个淋洗塔后剩下的尾气，通过湍球塔加以净化，最后排至烟囱。净化效率可达98%以上。

2．水浸　焙烧后得到的固体分解产物移入带有搅拌器的耐酸槽用水浸出。如前所述，稀土硫酸盐的溶解度是随温度提高而降低，故通常是用冷水浸出。

浸出用水量应保证浸出液中有较高稀土浓度，但用水量过少，稀土浓度过高，则滤渣中吸附损失的稀土量增加，不利于提高稀土回收率。所以，一般用水量控制在浸出液中RE_2O_3总浓度不超过40～60g/l为宜。常用固液比约1：7～8。

浸出搅拌1～2h，然后静置4～8h。澄清后进行过滤。由于有硅酸和极细颗粒硫酸钙存在，使澄清和过滤困难，故可加入少量聚丙烯酰胺凝聚剂。

过滤出的硫酸盐酸性溶液中含有稀土、钍、磷酸、硫酸、硅酸、铁、钙、锰、钛、铝、镁等。将这种溶液送下一工序处理。

滤渣中含有萤石、重晶石、二氧化硅、硫酸钙、未分解的脉石，此外还含有微量钍的放射性衰变产物（MsTh）。渣用水洗净后，将洗液返回浸出焙烧产物。

3．从浸出液中提取稀土和钍　其方法主要有一般化学法和溶剂萃取法两种。这里先介绍一般化学法，溶剂萃取法将在本篇第三章叙述。

一般化学法的原则流程示于图4-2-4。

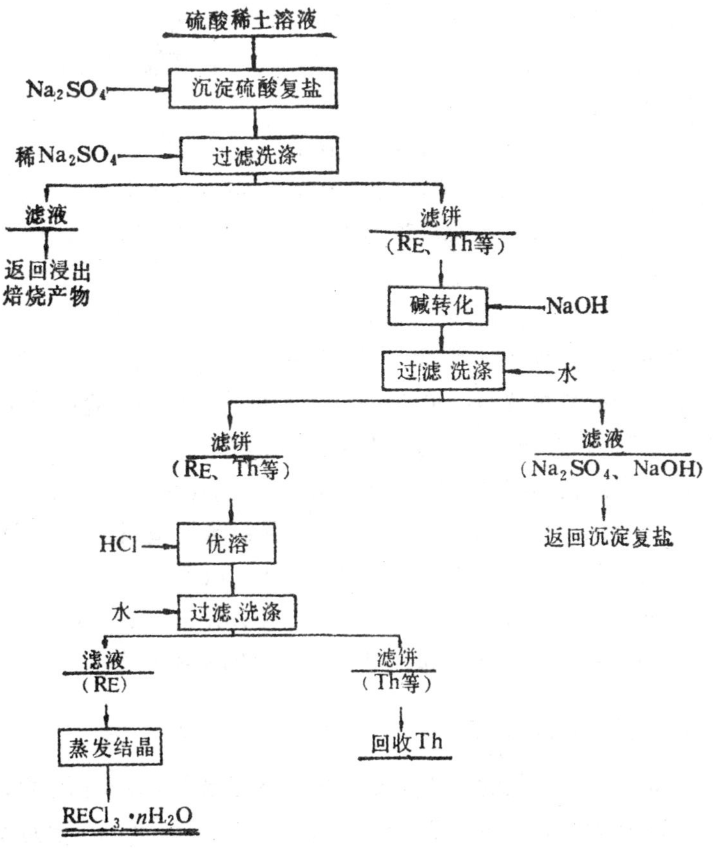

图 4-2-4 一般化学法从硫酸盐溶液中提取稀土和钍的原则流程

（1）沉淀硫酸复盐 当向上述硫酸盐溶液中加入硫酸钠（也可用K_2SO_4）时，稀土、钍生成硫酸复盐沉淀，而大多数杂质留在溶液中。

过程中发生如下反应:

$$RE_2(SO_4)_3+Na_2SO_4+2H_2O=RE_2(SO_4)_3\cdot Na_2SO_4\cdot 2H_2O$$

$$Th(SO_4)_2+Na_2SO_4=Th(SO_4)_2\cdot Na_2SO_4$$

为使复盐沉淀完全，硫酸钠用量为理论需要量的2～3倍。由于复盐的溶解度随温度的升高而降低，故沉淀作业需在不低于90℃下进行，此时还可能生成无水复盐$RE_2(SO_4)_3\cdot Na_2SO_4$沉淀。

复盐沉淀后进行过滤。滤饼吸附的母液含有铁、磷、锰、铝等杂质。为提高复盐纯度需进行洗涤。因复盐在水中能部分溶解，故一般是用稀硫酸钠溶液洗。

（2）碱转化 得到的稀土、钍的硫酸复盐通常是用苛性钠转化成氢氧化物:

$$RE_2(SO_4)_3\cdot Na_2SO_4+6NaOH=2RE(OH)_3+4Na_2SO_4$$

$$Th(SO_4)_2\cdot Na_2SO_4+4NaOH=Th(OH)_4+3Na_2SO_4$$

为提高复盐转化率，NaOH用量应大于理论需要量，工厂中一般采用每1kg RE_2O_3配NaOH 1kg。同时，为改善氢氧化物的沉降和过滤性能，要求在沸腾下转化，并保持游离碱0.5mol/L。

所得稀土、钍氢氧化物沉淀吸附有大量的硫酸钠、碱及其它杂质，故要求水洗，否则在下步氢氧化物酸溶时，又会生成复盐沉淀，降低稀土回收率。

（3）盐酸溶解与除钍　碱转化得到的稀土、钍氢氧化物用盐酸溶解时，稀土和钍分别成氯化物进入溶液：

$$RE(OH)_3 + 3HCl = RECl_3 + 3H_2O$$

$$Th(OH)_4 + 4HCl = ThCl_4 + 4H_2O$$

由于在碱转化过程中部分铈氧化成难溶于酸的$Ce(OH)_4$沉淀，故在酸溶时加入H_2O_2作为还原剂使铈还原：

$$2Ce(OH)_4 + H_2O_2 + 6HCl = 2CeCl_3 + O_2 + 8H_2O$$

从溶液中除钍是根据RE^{3+}、Th^{4+}沉淀pH不同，控制溶液的最终pH可达到稀土与钍分离。工业上是用盐酸溶解至pH0.5～1.0，然后再慢慢补加适量的稀土、钍氢氧化物至溶液的pH4～4.5，此时钍又形成氢氧化物沉淀出来。

除钍后的稀土氯化物溶液可供生产氯化稀土产品，也可作制取单一稀土的原料。

（4）氯化稀土产品的制取　氯化稀土溶液经蒸发浓缩、冷却即得到氯化稀土产品。为了加快蒸发速度，一般是采用真空蒸发。为防止浓缩所得的$RECl_3 \cdot nH_2O$在以后的脱水过程中形成稀土氧氯化物（REOCl），故在浓缩前加入氯化铵，其加量约为溶液中RE_2O_3量的3～5%。这样，可使脱水过程中形成的氧氯化物又转化为氯化物（见本篇第七章第一节）。

二、苛性钠溶液分解法

混合精矿苛性钠分解法的工艺与独居石的苛性钠分解法大体相同，但其特点是，混合精矿中仍含有少量的萤石（CaF_2）和重晶石（$BaSO_4$），在碱分解时不能完全分解除去，当随后用酸溶解碱分解产物时，这些脉石矿物会分解生成F^-离子，因而造成部分稀土元素成难溶的稀土氟化物沉淀损失在渣中，降低稀土的回收率。为此，在碱分解前，用3mol/L盐酸在约90℃下浸出精矿，将其中大部分萤石分解除去。

苛性钠分解是在带有搅拌器的钢制反应槽中进行。苛性钠浓度一般为50%，分解温度约为140℃，分解时间为3～4h。主要反应是：

$$REFCO_3 + 3NaOH = RE(OH)_3 + NaF + Na_2CO_3$$

$$REPO_4 + 3NaOH = RE(OH)_3 + Na_3PO_4$$

$$Th_3(PO_4)_4 + 12NaOH = 3Th(OH)_4 + 4Na_3PO_4$$

在酸预浸时仍未溶解除去的萤石和重晶石也部分与苛性钠作用：

$$CaF_2 + 2NaOH = Ca(OH)_2 + 2NaF$$

$$BaSO_4 + 2NaOH = Ba(OH)_2 + Na_2SO_4$$

上述反应中生成的Na_3PO_4、Na_2CO_3、Na_2SO_4、NaF均进入溶液中除去。

苛性钠用量应大于理论需要量，工业上每吨精矿（$RE_2O_3 \geq 60\%$）约需苛性钠1.5t。在预先将精矿磨至小于0.043mm的条件下，分解率可达98%左右。

分解产物的处理：先用水在80℃下将分解所得的矿浆稀释、沉清，并将沉淀洗涤、上清液及洗涤液中主要含NaOH、Na_3PO_4、NaF、Na_2CO_3，还含部分Na_2SO_4和$Ba(OH)_2$应进行回收。经洗涤后的分解产物通常是用盐酸优溶，提取大部分的稀土。其原理及工艺与上节独居石碱分解产物的酸溶大体相同。

三、苏打焙烧法

混合精矿苏打焙烧法原则流程见图4-2-5。

1．焙烧过程　精矿与苏打粉混合均匀后在回转窑中焙烧。在600～700℃下，稀土矿物与苏打发生如下反应：

$$2REFCO_3+Na_2CO_3=RE_2O_3+2NaF+3CO_2$$

$$2CeFCO_3+Na_2CO_3+\frac{1}{2}O_2=2CeO_2+2NaF+3CO_2$$

$$2REPO_4+3Na_2CO_3=RE_2O_3+2Na_3PO_4+3CO_2$$

$$Th_3(PO_4)_4+6Na_2CO_3=3ThO_2+4Na_3PO_4+6CO_2$$

部分萤石、重晶石和磷灰石也参加反应：

$$CaF_2+Na_2CO_3=CaCO_3+2NaF$$

$$BaSO_4+Na_2CO_3=BaCO_3+Na_2SO_4$$

$$Ca_5(PO_4)_3F+5Na_2CO_3=5CaCO_3+3Na_3PO_4+NaF$$

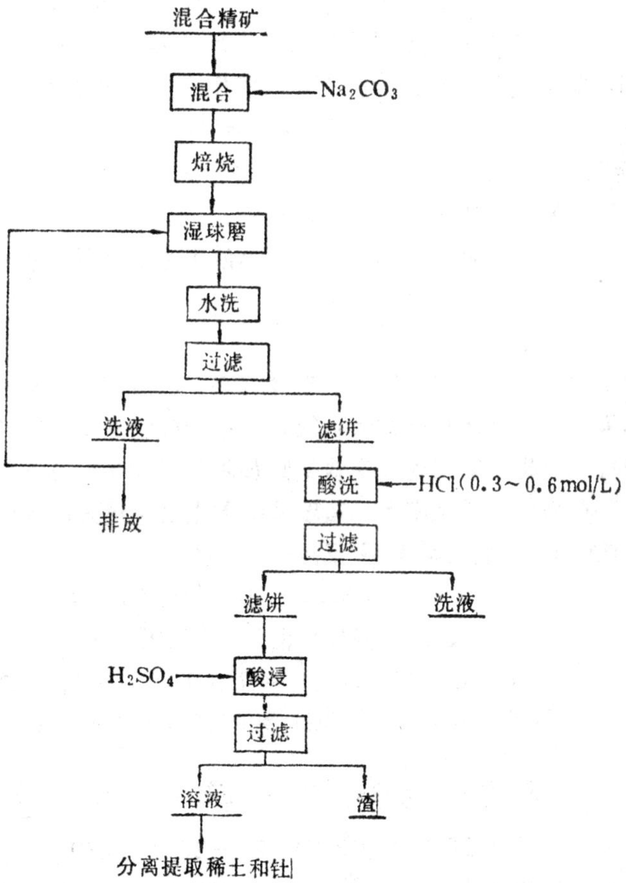

图 4-2-5　苏打焙烧法处理混合精矿的原则流程

应当指出，苏打焙烧的反应比较复杂，例如焙烧过程中生成的Na_3PO_4还有可能发生下列反应：

$$2Na_3PO_4+3BaCO_3=Ba_3(PO_4)_2+3Na_2CO_3$$

$$2Na_3PO_4+3CaCO_3=Ca_3(PO_4)_2+3Na_2CO_3$$

生产实践表明，当苏打用量低于理论需要量时，也能达到非常完全的分解。这可能是由于上述反应生成的Na_2CO_3参加精矿的分解。工业上苏打用量为精矿量的20～25%，在600～700℃下焙烧2h。

2．焙烧产物的处理　从回转窑卸出的分解产物经湿磨后进行水洗。水洗目的是除去分解生成的NaF、Na_3PO_4、过剩Na_2CO_3等可溶性钠盐，从而避免了后续工序硫酸浸出时稀土生成硫酸复盐及氟化物沉淀损失。水洗是在80℃下进行，固液比为1：5，搅拌1～2h。实际上在水洗时只有约20%的磷被洗去，这可能因焙烧时生成难溶的$Ca_3(PO_4)_2$和$Ba_3(PO_4)_2$之故。水洗可除去约35%的氟离子。以萤石状态存在的氟不能被洗去。然后再用稀盐酸或硝酸洗去反应生成的碳酸钙和碳酸钡。酸洗过滤后的滤饼用1.5～2mol/L H_2SO_4在60～65℃下搅拌浸出1～2h。酸浸时的主要反应是：

$$RE_2O_3+3H_2SO_4=RE_2(SO_4)_3+3H_2O$$

$$CeO_2+2H_2SO_4=Ce(SO_4)_2+2H_2O$$

$$ThO_2+2H_2SO_4=Th(SO_4)_2+2H_2O$$

杂质铁等也生成硫酸盐进入溶液中。浸出后进行过滤，滤渣用1mol/L H_2SO_4洗涤。

必须指出，酸浸过程中有部分萤石与硫酸作用使F^-进入溶液中：

$$CaF_2+H_2SO_4=CaSO_4+2HF$$

F^-进入溶液会造成稀土生成氟化物沉淀而损失于渣中。因此，浸出时间不宜过长，且酸浸完毕后应立即过滤，以减少生成稀土氟化物。

过滤后，含稀土和少量钍及其它杂质的溶液可用硫酸复盐法或溶剂萃取法提取稀土和钍。

四、氯化法

1．基本原理　根据研究表明，在有碳存在下，将氯气与稀土精矿作用，1000℃时，氯化反应的标准自由焓变化具有较大负值，即在标准状态下在1000℃左右稀土精矿的氯化反应能顺利进行。因此，氯化过程通常是在加碳并于1000～1100℃下进行。

一般认为，在约1000℃温度下，氟碳铈矿首先发生热分解形成稀土氧化物RE_2O_3，其中的铈氧化成CeO_2，然后与氯气反应：

$$RE_2O_3+3C+3Cl_2=2RECl_3+3CO$$

$$CeO_2+2C+2Cl_2=CeCl_4+2CO$$

$$REPO_4+3C+3Cl_2=RECl_3+POCl_3+3CO$$

$$REPO_4+3CO+3Cl_2=RECl_3+POCl_3+3CO_2$$

$$REPO_4+\frac{3}{2}C+3Cl_2=RECl_3+POCl_3+\frac{3}{2}CO_2$$

$$2POCl_3+2CO=2P+2CO_2+3Cl_2$$

$Th_3(PO_4)_4$也发生类似反应生成$ThCl_4$，精矿中的脉石矿物能部分参加氯化反应而生成相应的氯化物，例如$CaCl_2$、$FeCl_3$、$SiCl_4$、$BaCl_2$、$NbCl_5$等。

由于生成的各种氯化物熔点和沸点的差异（见表2-3-2），稀土、钙、钡等的氯化物的沸点高，故留在熔体中，而沸点较低的三价铁、磷、铌、钍等的氯化物则挥发逸出和稀土分离。

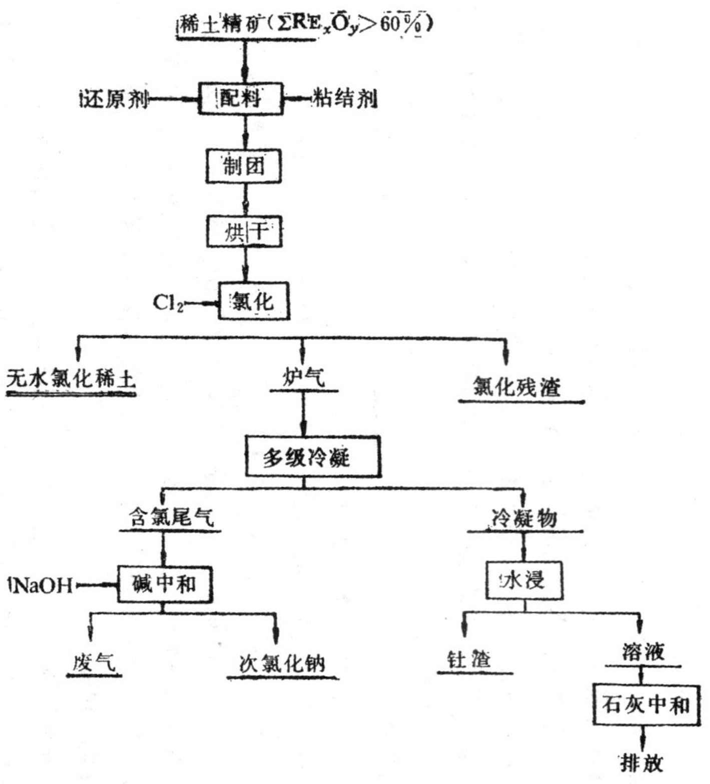

图 4-2-6　氯化法生产无水氯化稀土的原则流程

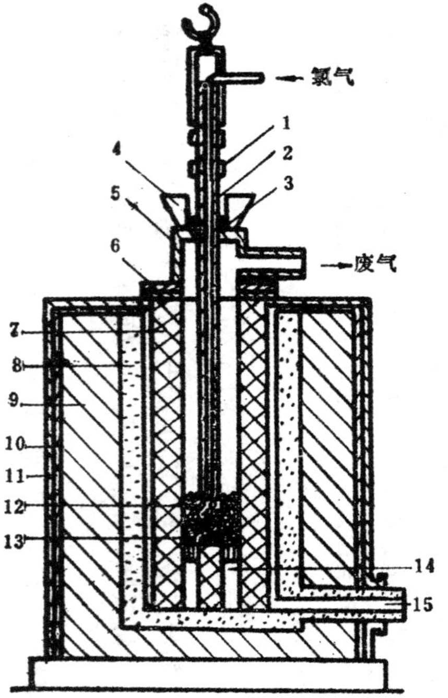

图 4-2-7　稀土精矿高温氯化设备示意图

1—电源接头；2—中心电报；3—绝缘密封圈；4—加料斗；5—炉罩；6—炉盖；7—内套；8—内衬；9—耐火砖；10—矿渣保温层；11—炉壳；12—炉料；13—焦炭；14—熔盐收集室；15—放液槽

2．工艺过程　氯化法的原则流程和设备分别如图4-2-6和4-2-7所示。

稀土精矿加碳氯化大多在竖式氯化炉中进行。其主要工序是：

（1）配料、制团　将精矿和碳粉按1：0.11配料并加适量粘结剂（纸浆废液等）放入球磨机内进行充分混合。静置约12h，再放入制团机内制成小球团，湿球团自然干燥4～5h。

（2）烘干　球团于120～130℃下烘干20～24h，以便脱去水份并提高其强度。

（3）氯化　氯化温度约为1100℃，在此温度下，铁、硅及其它低沸点的氯化物从炉顶排出而进入冷凝器。从冷凝器出来的炉气进入尾气处理系统，最后排空。稀土金属及碱土金属氯化物则从底部排出。

第三节　离子吸附型稀土矿的处理

离子吸附型稀土矿的特点是，约90％的稀土以离子状态吸附在高岭石及云母中，其余10％左右的稀土以矿物（氟碳铈矿、独居石、磷钇矿等）或类质同相（与云母、长石、萤石等）形式存在。

原矿中稀土含量很低，一般只有0.08～0.3％，一半以上的稀土存在于占原矿24～32％的小于0.074mm的矿砂中，用通常的方法难于选出稀土精矿。所以，生产上是采用电解质溶液渗浸法直接从原矿中提取稀土元素。这种矿几乎不含放射性元素钍、铀。

当电解质溶液与原矿接触时，吸附于高岭石等铝硅酸盐矿物上的稀土离子和电解质的阳离子发生交换反应：

$$[Al_2Si_2O_5(OH)_4]_m \cdot n\mathrm{RE} + 3n\mathrm{Me}^+ = [Al_2Si_2O_5(OH)_4]_m \cdot 3n\mathrm{Me} + n\mathrm{RE}^{3+}$$

式中　Me——Na^+或NH_4^+。

与稀土离子交换的顺序是$H^+ \approx NH_4^+ > Na^+$。

由于原矿中稀土含量很低，大约提取1kg稀土氧化物需1.5t的原矿，因此，通常是在矿区就地处理原矿得到稀土氧化物，以便减少运输和尾渣的堆放问题。

工业生产上常用的电解质主要有食盐或硫酸铵的水溶液。处理原矿的方法有淋洗法和搅拌浸出法两种。淋洗法必须用干法开采得到的原矿作原料，并应保证原料有良好的渗透性能。水法开采得到的原矿渗透性受到破坏，效果不好，故可采用搅拌浸出法。

一、原则流程

用食盐或硫酸铵水溶液的淋洗法的原则流程如图4-2-8所示。

二、淋洗过程及影响因素

淋洗过程常在水泥槽中进行。将原矿（粒度～1mm）堆积在槽下部的滤层上，用7％$NaCl$或1～2％$(NH_4)_2SO_4$溶液自上而下自然渗过矿层（厚度可为1.5m），在自然渗透过程中，Na^+或NH_4^+将原矿中的RE^{3+}交换到溶液中。溶液汇集在槽的底部，槽底有一定倾斜度。将溶液按稀土浓度分别收集，开始淋出的溶液中稀土浓度较高，平均约2g/L RE_2O_3，可从中直接回收稀土。末后淋出的溶液中稀土浓度较低，可返回配淋洗液。淋洗曲线如图4-2-9所示。

影响淋洗效果的因素主要有淋洗剂浓度、pH值和淋洗速度等。

图4-2-10表示淋洗率与淋洗剂浓度的关系。从图看出，随淋洗剂浓度提高，稀土的淋洗率增大，采用7％$NaCl$或1～2％$(NH_4)_2SO_4$溶液则可使被吸附的稀土淋洗率达95％以

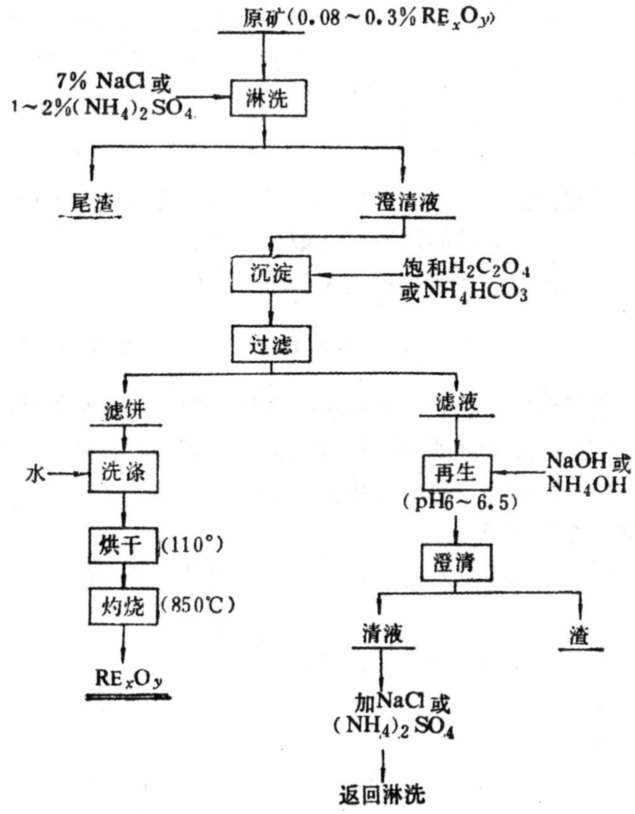

图 4-2-8 食盐或硫酸铵淋洗法提取稀土的原则流程

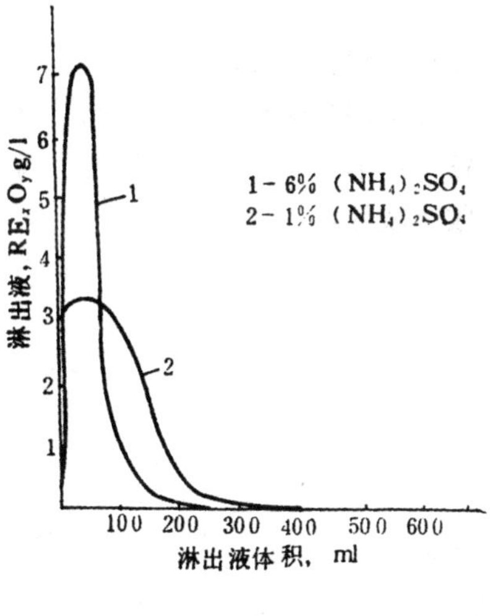

图 4-2-9 稀土淋洗曲线

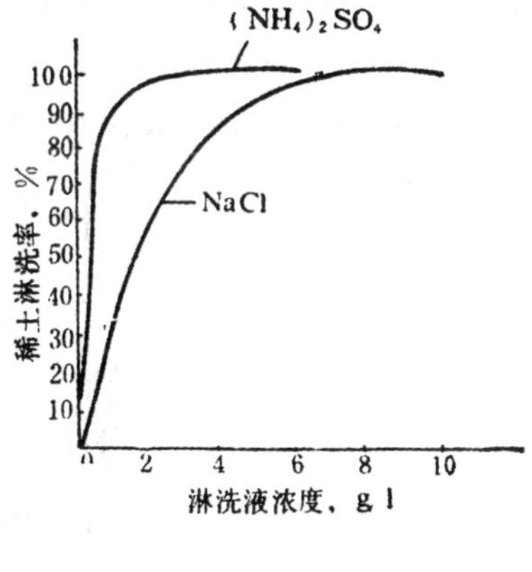

图 4-2-10 淋洗剂浓度与稀土淋洗率的关系

上。

淋洗剂的pH值与稀土的淋洗率有密切关系，如表4-2-2所示，淋洗剂pH为4左右时，淋洗率最高。pH值过大时，稀土离子有水解趋势，使稀土淋洗率降低。过低则杂质铝、铁等溶出多。

表 4-2-2 淋洗剂pH对稀土淋洗率的影响

淋洗剂 pH	1.01	2.01	3.00	4.01	5.02	6.06	7.02	8.05
稀土淋洗率，%	75.68	78.0	88.4	96.2	89.78	83.53	72.3	52.21

食盐淋洗法及硫酸铵淋洗法各有优缺点。用食盐的优点是价格便宜，来源广。缺点是所需食盐浓度高，单耗大，大量的尾渣对土壤有不良影响，而且用草酸从溶液中沉淀稀土时，有大量草酸钠一起沉淀，使所得稀土氧化物的纯度低。用硫酸铵的优点是所需浓度低，消耗量低，仅为NaCl的$\frac{1}{5}\sim\frac{1}{6}$，而且对环境污染小，比放小，所得稀土氧化物纯度高。缺点是使用大量硫酸铵，在供应上有一定困难。因此，这两种淋洗剂目前都在使用。

应当指出，采用电解质溶液的渗浸法只能提取以离子形态吸附在原矿中的稀土，而原矿中约10%的稀土（存在独居石等矿物中）不能回收。

三、从淋出液中提取稀土

从淋出液中提取稀土的方法有沉淀法和溶剂萃取法。目前在工业生产中主要用沉淀法。

1．沉淀法 作为沉淀剂的有草酸和碳酸氢铵。

（1）草酸沉淀法 向稀土淋出液中加入草酸溶液时则沉淀出稀土草酸盐。对于三价稀土离子，其反应为：

$$2RE^{3+}+3H_2C_2O_4=RE_2(C_2O_4)_3+6H^+$$

稀土沉淀率是随草酸用量增加而增大，但杂质的沉淀亦相应增加，故产品的纯度降低，如图4-2-11所示。

沉淀物经过滤、烘干，然后灼烧便可得混合稀土氧化物产品。

采用草酸作沉淀剂时，由于大部分非稀土杂质（特别是碱土金属）能与草酸形成络合物留在母液中，故所得产品纯度高。缺点是草酸较贵，消耗大，且由于稀土、特别是重稀土的草酸盐在母液中的溶解度较大，使稀土的回收率较低。

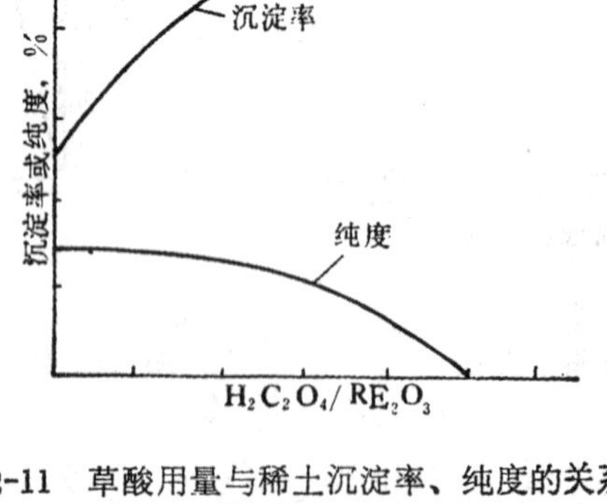

图 4-2-11 草酸用量与稀土沉淀率、纯度的关系

（2）碳酸氢铵沉淀法 近年来，在采用硫酸铵渗浸工艺中，也有采用碳酸氢铵（或碳酸铵）代替草酸而沉淀稀土碳酸盐的方法。对于三价稀土离子，其反应为：

$$2RE^{3+}+3NH_4HCO_3=RE_2(CO_3)_3+3NH_4^++3H^+$$

所得沉淀物经过滤、烘干和灼烧便可得混合稀土氧化物产品。该法沉淀率高，成本低，生产周期短，污染小，是一种较好的方法。

2．溶剂萃取法　由于淋出液中稀土浓度较低，每升溶液常含数克稀土氧化物，故一般可用价格便宜的萃取剂进行萃取富集，减少因萃取剂的损失而增加生产成本。其中以环烷酸作萃取剂较适宜。环烷酸萃取法详见本篇第三章。

第四节　磷钇矿及褐钇铌矿的分解

一、磷钇矿的分解

磷钇矿与独居石相似，也是一种稀土磷酸盐矿物，它的特点是：

（1）稀土元素中钇含量高（约占总稀土的60%），轻稀土含量低；

（2）精矿中钍含量少，一般只含1～2%；

（3）比独居石难分解，大多数采用浓硫酸焙烧分解、碱熔融或苏打烧结等强化方法处理。

用这些方法分解磷钇矿的基本原理及工艺过程与分解独居石类似，只是分解条件有所不同，下面仅作简单说明。

用浓硫酸分解精矿时，由于矿物中的重稀土含量高，用复盐沉淀的方法处理稀土硫酸溶液时，稀土沉淀不完全。因此，一般采用草酸沉淀法将稀土和钍以草酸盐形态沉淀下来，或者直接用溶剂萃取法分离提取稀土、钍和铀。

用苛性钠溶液压煮法分解精矿时，分解条件为：矿碱比＝1：2～2.5，分解温度为210℃左右，分解时间约12h。为了加速反应，也可用电流直接通过由精矿和苛性钠组成的混合物料，此时，电流产生的热量可使物料的温度迅速上升至700℃左右。在此高温下只需15min左右即可反应完全。

二、褐钇铌矿的分解

褐钇铌矿的主要成分是铌（钽）和稀土，还含少量钍、铀及微量镭。因此，考虑分解方法时应注意操作的防护措施，并且最好能将放射性元素集中在某种中间产物中，以便处理。

工业上处理此矿主要目的是提取铌、钽，但同时也考虑回收稀土、钍和铀。其分解过程见第三篇第二章。

思考题

1．试拟出对氟碳铈矿精矿处理的可能方法。

2．试对几种处理氟碳铈矿-独居石混合精矿方法的优缺点进行比较。

第三章　有机溶剂萃取法分离和提取铀、钍和稀土

第一节　萃取过程的基本原理

一、常用萃取剂

1．对萃取剂性能的基本要求

（1）它至少有一个萃取功能基，通过它与金属离子相结合形成萃合物。常见的萃取功能基是O、N、P、S四个原子。此外，还有含2个或2个以上功能基的萃取剂，如8-羟基喹啉，其中O和N原子都是萃取功能基。

（2）为了使萃取剂本身或生成的萃合物易溶于有机相而难溶于水相，它必须具备相当长的碳氢链或苯环。但碳原子数过多或分子量大于500也不适宜作萃取剂，因一方面它可能是固体，另一方面萃取容量将相对降低。

（3）具有较高的选择性，对欲分离的元素要求分离系数大，同时，有较大的萃取容量，即单位体积的萃取剂萃取金属元素的饱和容量较大。

（4）化学稳定性要好，不易水解，毒性小，能耐各种酸、碱、氧化剂和还原剂的作用，当料液中有放射性元素时，有较好的抗辐射性。

（5）要求比重小，粘度低，表面张力较大，易和水相分层，沸点和闪点高，不易着火，热稳定性好。

（6）生产萃取剂的原料来源丰富，生产成本低，价格便宜。

在数以万计的有机化合物中，要满足上述要求的并不多，就是目前应用很广的磷酸三丁酯和二-2-乙基己基磷酸等萃取剂也只能说基本上满足这些要求。

2．常用萃取剂分类及其主要性质　根据萃取剂的结构特征，一般可将萃取剂分为下列五类。

（1）含氧萃取剂　这类溶剂主要有醇、醚、酮有机化合物。在稀有金属冶金中用得较多的有甲基异丁基酮（MIBK），它主要用于从氢氟酸分解钽铌精矿、褐钇铌矿所得的溶液中萃取分离铌和钽；乙醚，它主要用于在硝酸溶液中萃取分离铀和钍。

MIBK和乙醚的结构式为：

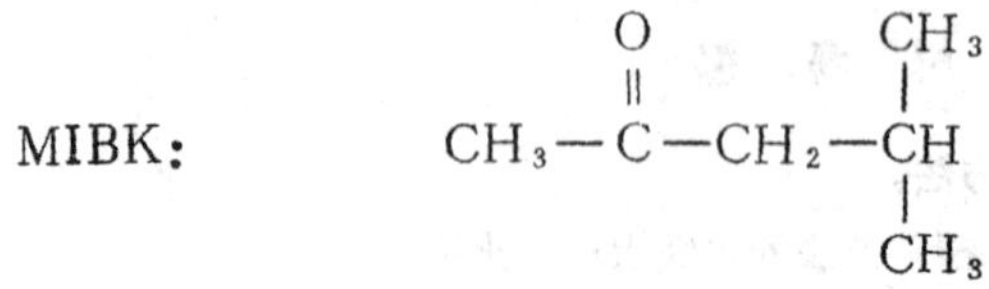

乙　醚：　　$C_2H_5-O-C_2H_5$

（2）中性磷型萃取剂　一般是指正磷酸分子中三个羟基完全被烷基取代的化合物。在稀有金属冶金中用得较多的有磷酸三丁酯（TBP）；甲基膦酸二甲庚酯(P_{350}）和三正辛基氧化膦（TOPO）等。它们主要用于从硝酸溶液中萃取分离稀土、钍和铀，或用于单一稀土的分离，如用P_{350}提取纯氧化镧等。

它们的结构式为：

TBP:

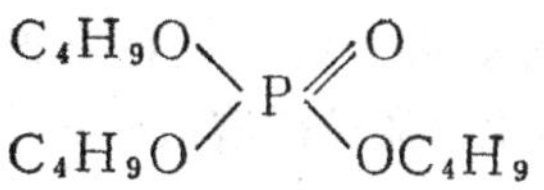

P_{350}:

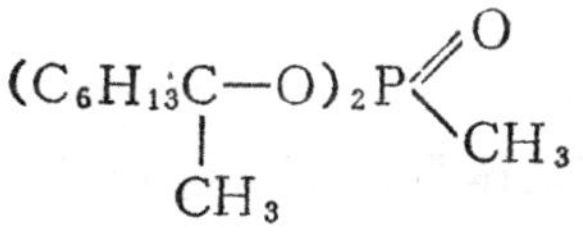

TOPO:

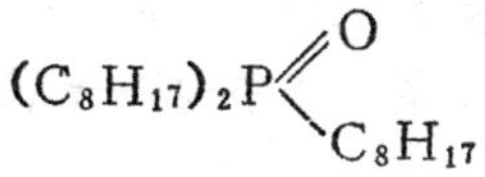

（3）酸性磷型萃取剂　当正磷酸分子中仍保留一个或两个羟基未被酯化或取代时，则分子具有酸性。冶金工艺上用得较多的有二-2-乙基己基磷酸（P_{204}）和2-乙基己基膦酸、2-乙基己酯（P_{507}）等。它们主要用于在盐酸或硝酸溶液中进行稀土元素的分组或分离提取单一稀土元素，例如用P_{507}分离制取纯镨、钕等单一化合物。

它们的结构式为：

P_{204}:

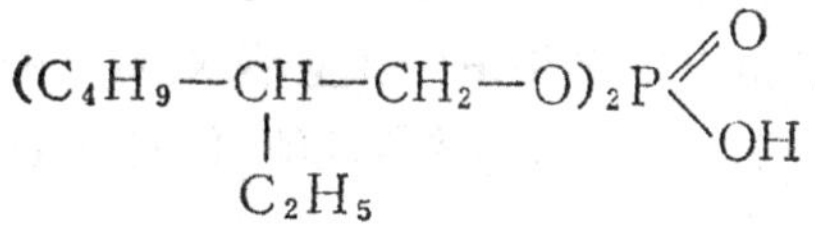

P_{507}:

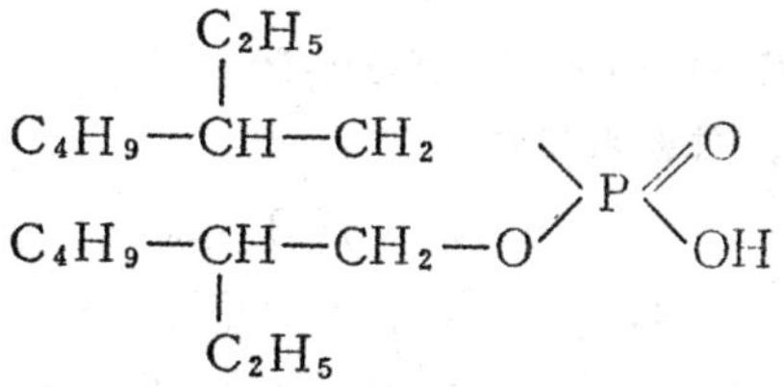

（4）螯合萃取剂及羧酸萃取剂　螯合萃取剂是指能和金属离子形成稳定螯合物的萃取剂。这类萃取剂主要有噻吩，甲酰三氟丙酮（HTTA）和8-羟基喹啉。由于螯合萃取剂较昂贵，故在萃取工艺上应用不广。

在羧酸类萃取剂中，主要有脂肪酸，异构酸和环烷酸。它们通常用于从弱酸性溶液中萃取稀土离子。用环烷酸作萃取剂还可制取高纯钇化合物。这类萃取剂价格便宜。

它们的结构式为：

脂肪酸：$C_nH_{2n+1}COOH$（$n=7\sim9$）

异构酸：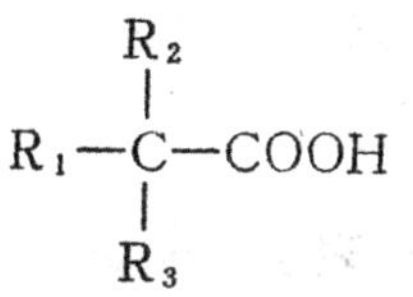（R代表烷基）

环烷酸：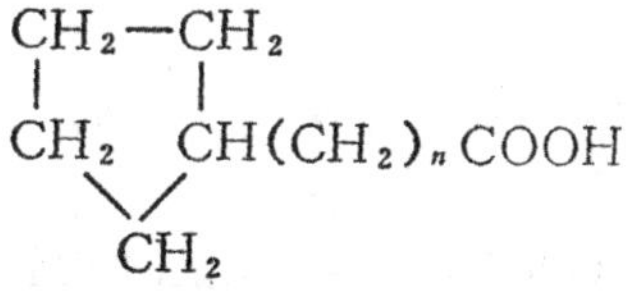（环上的H有的也被R取代）

（5）胺类萃取剂　它是氨的烷基取代物。当氨分子中三个氢原子逐步被烷基取代时，则分别生成三种不同的胺，即伯胺（RNH_2），仲胺（R_2NH）和叔胺（R_3N）。此外，季铵盐（R_4NX）也属于常用的胺类萃取剂，它比前三种胺的碱性强，在溶液较高pH值下仍有较好的萃取能力。

在稀土冶金工艺上用得较多的有伯胺（如A_{101}），它主要用于从硫酸溶液中萃取分离钍；叔胺（如TOA或N_{235}），它主要用于从硫酸溶液中萃取铀；季铵盐（如N_{263}），它主要用于纯钇化合物和铵富集物的提取。

二、萃取体系

在五十至六十年代，人们对萃取体系有着不同的分类方法，有的按萃取剂的类型来分，而有的按萃取反应机理来分。目前多数采用后一种分类方法。根据这种分类法和冶金工艺实践，可将溶剂萃取分为四种主要体系，即中性络合萃取体系，酸性络合萃取体系，离子缔合萃取体系和协同萃取体系。

1．中性络合萃取体系　这种萃取体系的特点是：

（1）萃取剂为醇、醚、酯和中性磷型有机化合物；

（2）萃取剂与被萃取物依靠配位键结合起来生成中性络合物（或称溶剂化络合物）；

（3）生成的中性络合物中，被萃物是以中性化合物形式存在。

在稀土、钽铌、锆铪冶金上常采用中性磷型萃取剂，例如磷酸三丁酯$(RO)_3PO$，单烷基膦酸二烷酯$(RO)_2RPO$，二烷基膦酸单烷酯$(RO)R_2PO$和三烷基氧化膦R_3PO。它们的萃取能力顺序有如下规律：

$$(RO)_3PO<(RO)_2RPO<(RO)R_2PO<R_3PO$$

以TBP萃取稀土、钽、锆为例，其萃取反应分别为：

$$RE^{3+}_{(aq)}+3NO^-_{3(aq)}+3TBP_{(org)}=RE(NO_3)_3\cdot 3TBP_{(org)}$$

$$TaF^{2-}_{7(aq)}+2H^+_{(aq)}+3TBP_{(org)}+4H_2O=[H_3O(H_2O)_3\cdot 3TBP]HTaF_{7(org)}$$

$$ZrO^{2+}_{(aq)}+2H^+_{(aq)}+4NO^-_{3(aq)}+2TBP_{(org)}=Zr(NO_3)_4\cdot 2TBP_{(org)}+H_2O$$

2．酸性络合萃取体系　这种萃取体系的特点是：

（1）萃取剂为有机弱酸，酸性磷型萃取剂，羧酸类萃取剂和螯合剂；

（2）被萃取物是金属阳离子；

（3）萃取时发生阳离子交换反应。

酸性磷型萃取剂在非极性稀释剂（如煤油）中通常以二聚分子形式存在，用P_{204}为例：

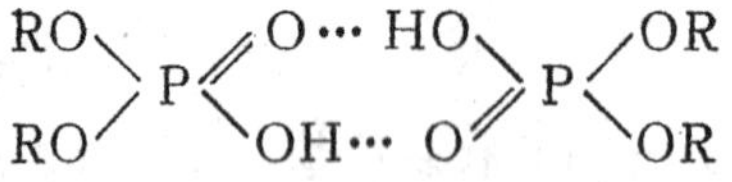

为简便起见，用HA表示P_{204}分子，故二聚合的P_{204}分子表示为H_2A_2或$(HA)_2$，它萃取稀土离子的交换反应为：

$$RE^{3+}_{(aq)}+3(HA)_{2(org)}=RE(HA_2)_{3(org)}\div 3H^+_{(aq)}$$

萃取MoO_2^{2+}的交换反应为：

$$MoO^{2+}_{2(aq)}+2(HA)_{2(org)}=MoO_2(HA_2)_{2(org)}+2H^+_{(aq)}$$

3．离子缔合萃取体系　这种萃取体系的特点是：

（1）萃取剂是含氧有机化合物，如乙醚，或含氮有机化合物，如胺和季铵盐；

（2）被萃物通常为金属络合阴离子；

（3）萃取剂与被萃物之间形成的萃合物是离子缔合物。

在稀有金属冶金中常用季铵盐从硝酸溶液中萃取稀土元素。商品季铵盐（N_{263}）为氯型季铵R_3CH_3NCl，使用前用硝酸铵溶液转化两次，使之转变成硝酸季铵盐$R_3CH_3NNO_3$。

季铵盐萃取稀土络阴离子时，一般认为是发生阴离子交换反应：

$$RE(NO_3)^{3-}_{6(aq)}+3R_3CH_3NNO_{3(org)}=(R_3CH_3N)_3\cdot RE(NO_3)_{6(org)}+3NO^-_{3(aq)}$$

在钨冶金中常用叔胺萃取偏钨酸阴离子，所发生的阴离子交换反应为：

$$(H_2W_{12}O_{40})^{6-}_{(aq)}+3(R_3NH)_2SO_{4(org)}=(R_3NH)_6\cdot H_2W_{12}O_{40(org)}+3SO^{2-}_{4(aq)}$$

所以，胺类萃取剂也称液体阴离子交换剂，反应生成的萃合物是有机胺盐与金属络阴离子依靠静电荷相吸引而结合起来的中性化合物，这种化合物也称为离子缔合物。

另一种离子缔合物是由有机锌盐阳离子与金属络阴离子结合成的萃合物，例如在高盐酸浓度下用乙醚萃取$FeCl_4^-$：

生成锌盐阳离子　$R_2O_{(org)}+H^+_{(aq)}=R_2O\cdot H^+_{(org)}$

生成离子缔合物　$R_2O\cdot H^+_{(org)}+FeCl^-_{4(aq)}=R_2O\cdot H^+\cdot FeCl^-_{4(org)}$

4．协同萃取体系　它的特点是由两种或两种以上萃取剂组成有机相，萃取金属离子时的分配比$D_{协}$可能不同于每种萃取剂在相同条件下单独萃取时的分配比之和ΣD。若$D_{协}>\Sigma D$，称正协同效应，若$D_{协}<\Sigma D$，称反协同效应，若$D_{协}=\Sigma D$，称无协同效应。严格的说，完全无协同效应是不存在的。

原则上，前述的中性络合萃取体系、离子缔合萃取体系及酸性络合萃取体系均可单独或互相组合成协萃体系。

协萃反应的机理比较复杂，但一般认为协萃效应是由于两种或两种以上的萃取剂与被萃金属离子生成一种更稳定的含有两种以上配位体的萃合物，或生成的萃合物更具有疏水性而易溶于有机相。例如，用酸性螯合萃取剂HTTA和中性络合萃取剂TBP组成的有机相萃取稀土离子时将发生如下反应：

$$RE^{3+}_{(aq)}+3HA_{(org)}+xH_2O=REA_3\cdot xH_2O_{(org)}+3H^+_{(aq)}$$

$$REA_3\cdot xH_2O_{(org)}+xS_{(org)}=REA_3\cdot xS_{(org)}+xH_2O$$

式中　HA表示HTTA；S表示TBP；x为1或2。

由于三价稀土离子的配位数大于6，它与HA生成REA_3后，配位数只有6，因此还有1或2个水分子参加配位。这种带水的萃合物亲水性大，故分配比较低，但加入S后，就可取代水分子形成协萃络合物$REA_3\cdot xS$，由于丧失亲水性而提高了分配比。

三、串级萃取方式及计算

由于单级萃取通常不能达到有效的分离，所以在实际生产中需要进行串级萃取，使有机相与水相多次接触，从而获得元素之间满意的分离。

串级萃取按有机相与水相流动方式的不同分为错流萃取、逆流萃取、分馏萃取和回流萃取等几种。在稀土冶金中应用最广的是分馏萃取。

串级萃取工艺的计算主要包括在满足产品纯度和收率的情况下，确定所需萃取级数，洗涤级数，各种相比（流比），料液组成，洗涤液组成，进料级位置等条件，使在一定工艺条件下能达到产品纯度和收率。

下面简单介绍几种串级萃取方式及工艺计算。对于所给出的计算公式这里不作详细推导，可阅读有关参考书和文献。

1. 错流萃取　错流萃取是指一份料液依次与多份新有机相接触的萃取方式。它的优点是在较少级数情况下保证易萃组分完全萃入有机相中，从而使萃余液中难萃组分纯度提高。缺点是有机相用量大，难萃组分收率低。错流萃取的两相流动方式如图 4-3-1所示。

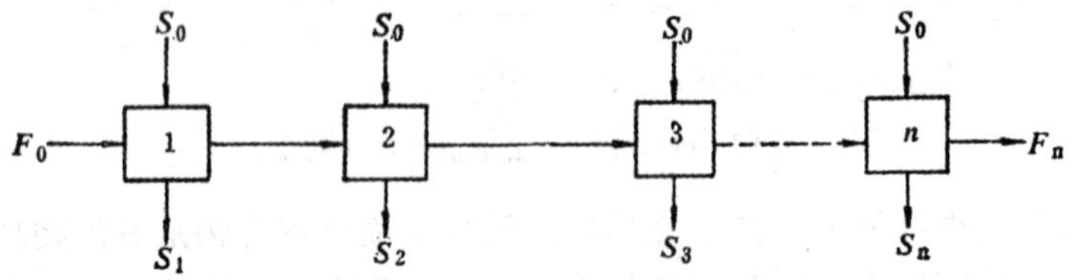

图 4-3-1　错流萃取两相流动示意图

S_0—有机相；F_0—料液

错流萃取计算公式：

$$\phi_A=\frac{[A]_n}{[A]_F}=\frac{1}{(1+E_A)^n}$$

$$\phi_B=\frac{[B]_n}{[B]_F}=\frac{1}{(1+E_B)^n}$$

$$n=\frac{\lg[A]_F/[A]_n}{\lg(1+E_A)}$$

式中　A、B——分别为易萃组分和难萃组分；

n——萃取级数；

$[A]_F$、$[B]_F$——分别为料液中A的浓度和B的浓度；

$[A]_n$、$[B]_n$——分别为第 n 级萃余液中A的浓度和B的浓度；

E_A——A的萃取比$=D_A\cdot r$；

E_B——B的萃取比$=D_B\cdot r$；

r——相比或流比；

D_A、D_B——分别为A的分配比和B的分配比；

ϕ_A、ϕ_B——分别为A的萃余分数和B的萃余分数。

从公式看出，当料液组成、分配比、相比和萃取级数给定时，就可计算产品纯度和收率。

例 1：已知料液中$[A]_F=0.02$mol/L，$[B]_F=1.98$mol/L，分配比$D_A=4.17$，$D_B=0.167$，相比$r=3$，萃取级数$n=2$，计算错流萃取后难萃组分B在萃余液中的纯度和收率。

解：$E_A=D_A\cdot r=12.5$

$E_B=D_B\cdot r=0.50$

则

$$\phi_A=\frac{1}{(1+E_A)^2}=0.0055$$

$$\phi_B=\frac{1}{(1+E_B)^2}=0.445$$

故
$$[A]_2=[A]_F\cdot\phi_A=1.1\times10^{-4}\text{mol/L}$$
$$[B]_2=[B]_F\cdot\phi_B=0.88\text{mol/L}$$

所以萃余液中A的百分比

$$\%A=\frac{1.1\times10^{-4}}{0.88+1.1\times10^{-4}}\times100\%=0.0125\%$$

$$\%B=100\%-0.0125\%=99.987\%\ (\text{即B的纯度})$$

$$\text{B的收率}=\phi_B=44.5\%$$

应该指出，在公式证明中是假设各级萃取器中分配比不变。但事实上分配比随有机相中金属浓度逐级不同而可能改变。所以采用上述公式计算的结果有一定误差。

2. 逆流萃取　逆流萃取是指料液和有机相在萃取槽系列(或萃取塔)的相反方向连续加入，而且两相在级与级之间是逆向流动的萃取方式。它的优点是有机相用量比错流萃取少，产品的纯度和收率高。缺点是一般只能获得一种纯产品。

逆流萃取两相流动方式如图4-3-2所示。

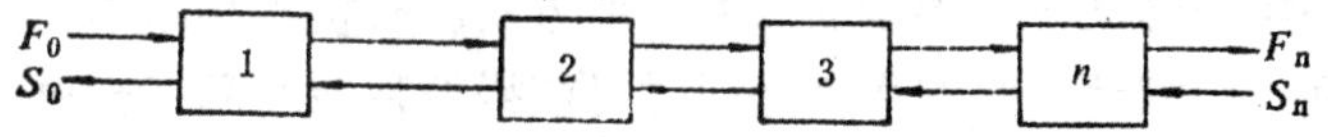

图 4-3-2　逆流萃取两相流动示意图

设料液中含有易萃组分A和难萃组分B，经过逆流萃取后，在萃余液中得纯产品B。那么，计算B产品的纯化倍数、纯度、萃余分数和级数的公式分别为（式中的符号与错流萃取公式中相同）:

（1）产品B的纯化倍数

$$b=\frac{\text{产品中B与A的比值}}{\text{料液中B与A的比值}}=\frac{[B]_n/[A]_n}{[B]_F/[A]_F}=\frac{[B]_n/[B]_F}{[A]_n/[A]_F}=\frac{\phi_B}{\phi_A}$$

（2）产品B的纯度

$$P_B=\frac{[B]_n}{[B]_n+[A]_n}=\frac{[B]_n/[A]_n}{[B]_n/[A]_n+1}=\frac{b[B]_F/[A]_F}{b[B]_F/[A]_F+1}$$

$$=\frac{b}{b+[A]_F/[B]_F}$$

（3）B和A的萃余分数

$$\phi_B=\frac{[B]_n}{[B]_F}=\frac{E_B-1}{E_B^{n+1}-1}$$

$$\phi_A=\frac{[A]_n}{[A]_F}=\frac{E_A-1}{E_A^{n+1}-1}$$

（4）萃取级数

$$n=\frac{\lg\left(\frac{E_A-1}{\phi_A}+1\right)}{\lg E_A}-1$$

例2：已知料液中A和B各占50%，$E_A=2.5$，$E_B=0.5$，问在箱式混合澄清槽中经过10级逆流萃取后，B的纯度和收率各多少？

解：假定箱式混合澄清槽的级效率等于90%，则有效级数：

$$n=10\times 90\%=9$$

且

$$\phi_A=\frac{E_A-1}{E_A^{n+1}-1}=1.57\times 10^{-4}$$

$$\phi_B\approx 1-E_B=0.5\ \text{（B的收率）}$$

$$b=\frac{\phi_B}{\phi_A}=3180$$

$$P_B=\frac{b}{b+[A]_F/[B]_F}=0.9997=99.97\%$$

故B产品的纯度为99.97%，收率为50%。

应该指出，在上述公式的证明过程中也是假设每级的分配比不变，所以计算结果有一定的误差。

3. 分馏萃取　分馏萃取是指有机相和洗涤液在萃取槽系列或萃取塔的相反方向连续加入，而料液是在中间的某一级连续加入的萃取方式。有机相和水相（包括料液、洗涤液）也是在级与级之间逆向流动。它的优点是同时可获得两种纯产品（当料液中只含两种欲分离的元素时）。

一个分馏萃取工艺是由萃取段、洗涤段和进料级三部分组成，如图 4-3-3 所示。萃取段和洗涤段既有联系又有相对独立性。

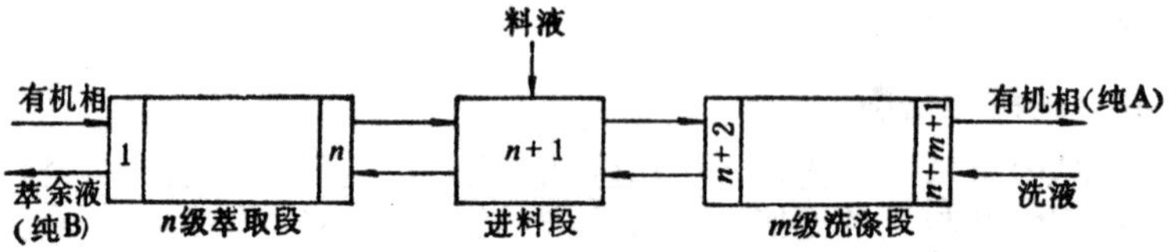

图　4-3-3　分馏萃取两相流动示意图

分馏萃取工艺设计的任务是在已知萃取体系的平均分离系数β并规定两头产品的纯度和收率，即规定ϕ_A和ϕ_B或纯化倍数 a 和 b 后，希望能用理论公式求得最优化工艺的n、m、E_A、E_B、E'_A（洗涤段A的平均萃取比）和E'_B（洗涤段B的平均萃取比）。当这6个参数求得后，分馏萃取的工艺条件也就确定了。

阿尔德斯的分馏萃取理论及其在推导出的计算公式中作了一些简化的假定，例如$E'_A=E_A$，$E'_B=E_B$，这样使得公式的应用受到局限性。但是，他导出了两个计算萃余分数ϕ_A、ϕ_B的基本公式，从ϕ_A、ϕ_B和料液组成就可计算出产品的纯度和收率。这样的计算与实验结果大致相符，这是阿尔德斯理论成功之处。

阿尔德斯的基本公式为：

$$\phi_A=\frac{(E_A-1)[(E'_A)^m-1]}{(E_A^{n+1}-1)(E'_A-1)(E'_A)^{m-1}+[(E'_A)^{m-1}-1](E_A-1)}$$

$$\phi_B=\frac{(E_B-1)[(E'_B)^m-1]}{(E_B^{n+1}-1)(E'_B-1)(E'_B)^{m-1}+[(E'_B)^{m-1}-1](E_B-1)}$$

我国徐光宪教授等发展了阿尔德斯分馏萃取理论，推导出的分馏萃取工艺最优化方程式具有广泛的实际意义。

（1）分离效果的指标——纯化倍数　要定量讨论最优化问题，首先要确定分离效果的指标。可用纯化倍数 a 和 b 来表示分离效果：

$$a=\frac{\text{有机相出口产品A与B的比值}}{\text{料液中A与B的比值}}=\frac{\overline{P}_A/(1-\overline{P}_A)}{(1-f_B)/f_B}$$

$$=\frac{[A]_{m+n+1}/[B]_{n+m+1}}{[A]_F/[B]_F}$$

$$b=\frac{\text{水相出口产品B与A的比值}}{\text{料液中B与A的比值}}=\frac{P_B/(1-P_B)}{f_B/(1-f_B)}$$

$$=\frac{[B]_1/[A]_1}{[B]_F/[A]_F}$$

式中　$\overline{P}_A$——有机相出口中A产品纯度；

P_B——水相出口中B产品纯度；

f_B——料液中B的克分子分数。

纯化倍数a、b和萃余分数ϕ_A、ϕ_B及产品纯度$\overline{P}_A$、P_B与收率Y_A、Y_B之间存在下列关系：

$$a=(1-\phi_A)/(1-\phi_B)$$

$$b=\phi_B/\phi_A$$

$$\overline{P}_A=\frac{(1-\phi_A)f_A}{(1-\phi_A)f_A+(1-\phi_B)f_B}=\frac{1}{1+[f_B/a(1-f_B)]}\approx 1-\frac{f_B}{a(1-f_B)}$$

$$P_B=\frac{\phi_B f_B}{\phi_B f_B+\phi_A f_A}=\frac{1}{1+[(1-f_B)/bf_B]}\approx 1-\frac{1-f_B}{bf_B}$$

$$Y_A=1-\phi_A=\frac{a(b-1)}{ab-1}$$

$$Y_B=\phi_B=\frac{b(a-1)}{ab-1}$$

（2）纯化倍数与萃取比和级数的关系　在分馏萃取中，B的纯化倍数主要由n和E_A决定，与洗涤段无关，反之，A的纯化倍数主要由m和E'_B决定，与萃取段无关。为此推出如下的计算公式：

$$b=E_A^n$$

$$a=\left(\frac{1}{E'_B}\right)^m$$

$$n=\lg b/\lg E_A=\lg b/\lg \beta E_B \qquad (4\text{-}3\text{-}1)$$

$$m=\lg a/\lg\left(\frac{1}{E'_B}\right)=\lg a/\lg(\beta'/E'_A) \qquad (4\text{-}3\text{-}2)$$

式中　β、β'——萃取段和洗涤段的平均分离系数，

$$\beta = E_A / E_B,\qquad \beta' = E'_A / E'_B$$

（3）萃取段的最优化方程　最优化的串级萃取工艺就是在萃取器的总容积（即级数乘每级容积）和分离效果相同情况下，使日产量达到最大的工艺。

分馏萃取器的水相出口中纯B的日产量Q_B（公斤/天）可用下式表示：

$$Q_B = \frac{1.44 V_{萃总}}{n(1+r)t}[B]_{n+1}\left(\frac{1}{1+r}\right)(1-E_B) \tag{4-3-3}$$

式中　$V_{萃总}$——萃取段的总容积，L；

r——澄清室与混合室的容积比；

t——混合室的混合时间，min；

1.44——是将产量由克/分化为公斤/天的系数，即$24\times60/1000=1.44$。

从（4-3-3）式看出，在其它因素恒定时，Q_B与（$1-E_B$）成正比，即E_B愈小产量愈大。由于分离系数β是恒定的，故E_B小则E_A也小，而根据$n=\lg b/\lg E_A$，当b恒定时，E_A小则n大。因Q_B又与n成反比，即n大则Q_B小，这就产生了矛盾。为了选择E_B或E_A值使Q_B最大，可采用微积分求极大值方法。求解结果得：

$$\ln\beta E_B = \left(\frac{1-E_B}{E_B}\right)\left(\frac{E_B+D_B}{1+D_B}\right) \tag{4-3-4}$$

式中　D_B——萃取段B的平均分配比。

（4-3-4）式就是选择E_B的最优化方程。已知β和D_B后可由此公式求得最优化串级工艺所应采用的E_B值。

把（4-3-4）式的左边用无穷级数展开：

$$\ln\beta E_B = (\beta E_B - 1) - \frac{1}{2}(\beta E_B - 1)^2 + \frac{1}{3}(\beta E_B - 1)^3 \cdots\cdots$$

如果只求近似值，即只取第一项，则：

$$\ln\beta E_B \approx \beta E_B - 1$$

通常$D_B < E_B < 1$，所以（4-3-4）式中的D_B可忽略不计，故：

$$\beta E_B - 1 \approx 1 - E_B$$

或

$$E_B \approx \frac{2}{1+\beta} \tag{4-3-5}$$

此式即为近似最优化方程。将（4-3-5）式代入（4-3-1）式得萃取段级数

$$n \approx \lg b / \lg\left(\frac{2\beta}{1+\beta}\right) \tag{4-3-6}$$

由（4-3-5）式计算的E_B值会偏低，但当$\beta \leqslant 2$时误差不大，如$\beta > 2$，应由（4-3-4）式求E_B，其中D_B可用下式估算：

$$D_B \approx \frac{有机相饱和浓度}{萃取段水相最大浓度}$$

（4）洗涤段的最优化方程　按上述类似的推导，可得有机相出口中纯A日产量最大的最优化方程式为：

$$\ln\beta'/E'_A=\left(\frac{E'_A-1}{E'_A}\right)\left(\frac{D'_A+E'_A}{D'_A+1}\right) \tag{4-3-7}$$

其近似计算为：

$$E'_A\approx\frac{1+\beta'}{2} \tag{4-3-8}$$

$$m\approx\lg a/\lg\left(\frac{2\beta'}{1+\beta'}\right) \tag{4-3-9}$$

第二节　萃取法分离铀、钍和稀土

如前所述，用于稀土生产中的许多精矿除含稀土外，还在不同程度上含有放射性元素钍和铀。因此，在工艺过程中使铀钍与稀土分离并加以回收利用是一项重要的任务。

由于稀土精矿分解方法的不同，以及铀、钍、稀土在分解生成的溶液或沉淀中的分布也往往不相同，故工艺上采用的萃取方法比较多，但主要方法有：

（1）用中性磷型萃取剂从硝酸或盐酸（或盐酸与硝酸的混合酸）溶液中萃取；

（2）用胺类萃取剂从硫酸溶液中萃取。

一、用TBP萃取分离铀、钍和稀土

1．基本原理　用TBP从硝酸溶液中分离铀钍和稀土是基于它们之间的分配比不同。其分配比的顺序是：$D_U>D_{Th}>D_{RE}$。例如，在30％TBP-煤油-HNO_3体系中，当水相HNO_3浓度为4mol/L时，$D_U=20$，$D_{Th}=1.5$，$D_{RE}=2\times10^{-3}$，其分离系数$\beta_{U/Th}=13$，$\beta_{U/RE}=1\times10^4$，$\beta_{Th/RE}=7.5\times10^2$。可知铀、钍易被萃入有机相，而大部分稀土留在水相中，达到分离的目的。

TBP萃取铀和稀土的反应为：

$$UO_2^{2+}{}_{(aq)}+2NO_3^-{}_{(aq)}+2TBP_{(org)}=UO_2(NO_3)_2\cdot2TBP_{(org)}$$

$$RE^{3+}{}_{(aq)}+3NO_3^-{}_{(aq)}+3TBP_{(org)}=RE(NO_3)_3\cdot3TBP_{(org)}$$

TBP也能萃取硝酸，不过萃取能力约为萃取铀的十分之一：

$$H^+_{(aq)}+NO_3^-{}_{(aq)}+TBP_{(org)}=HNO_3\cdot TBP_{(org)}$$

当HNO_3浓度大于5mol/L时，还可生成$2HNO_3\cdot TBP$。

TBP对料液中其它阳离子杂质的萃取能力一般很小，但却能很好萃取四价铈，如表4-3-1所示。

2．影响分离铀、钍和稀土的因素

（1）TBP浓度的影响　见图4-3-4所示。

从图4-3-4看出，TBP浓度愈大，铀、钍和稀土的分配比愈大，但为使铀、钍与稀土分离，TBP浓度不宜过高

（2）硝酸浓度的影响　见图4-3-5。从图看出。开始时铀和钍的分配比随硝酸浓度提高而增大，当硝酸浓度为4mol/L时达到最大，此后又随硝酸浓度的提高而降低。这是由于TBP萃取硝酸后使游离TBP浓度降低所引起的。稀土的分配比与硝酸浓度的关系不大。因此，对铀钍与稀土分离来说，硝酸浓度以约4mol/L为宜。

表 4-3-1 TBP萃取某些阳离子的分配比

离 子	料 液 组 成	TBP 浓 度（体 积 %）	分 配 比 D
Al^{3+}	4.7mol/LHNO$_3$，7.2g/LAl	15	0.0003
Ca^{2+}	4.7mol/LHNO$_3$，7.5g/LCa	15	0.0003
Cr^{3+}	3mol/LHNO$_3$，1mol/LCr(NO$_3$)$_3$	100	0.0001
Cu^{2+}	3mol/LHNO$_3$，0.8mol/LCu(NO$_3$)$_2$	100	0.0004
Fe^{2+}	4.7mol/LHNO$_3$，0.7g/LFe	15	0.005
Fe^{3+}	4.7mol/LHNO$_3$	22.5	0.002
Mg^{2+}	4.7mol/LHNO$_3$，2mol/LMg(NO$_3$)$_2$	15	0.0003
Ni^{2+}	3mol/LHNO$_3$，0.9mol/LNi(NO$_3$)$_2$	100	0.00006
Mo^{6+}	3mol/LHNO$_3$	22.5	0.001
V^{5+}	3mol/LHNO$_3$	22.5	0.01
Ce^{4+}	1mol/LHNO$_3$，0.01mol/LCe	100	52

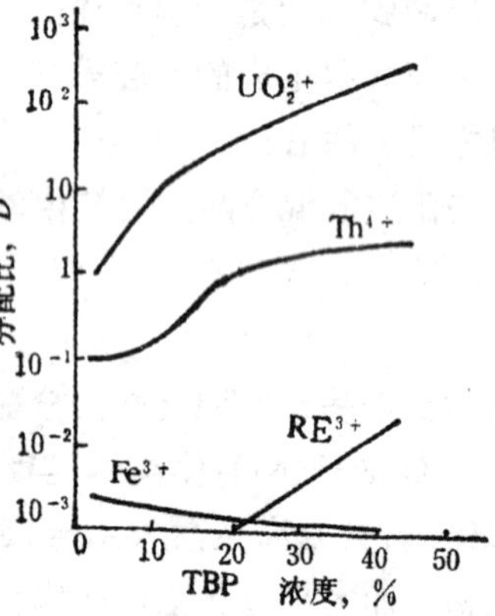

图 4-3-4 分配比与TBP浓度的关系

有机相TBP-煤油；初始水相含$U_3O_8$4.2g/L、ThO_2 3.75g/L、ΣRE_xO_y32.3g/L、$Fe_2O_3$5.45g/L、HNO_3 3mol/L；相比（O/A）=1

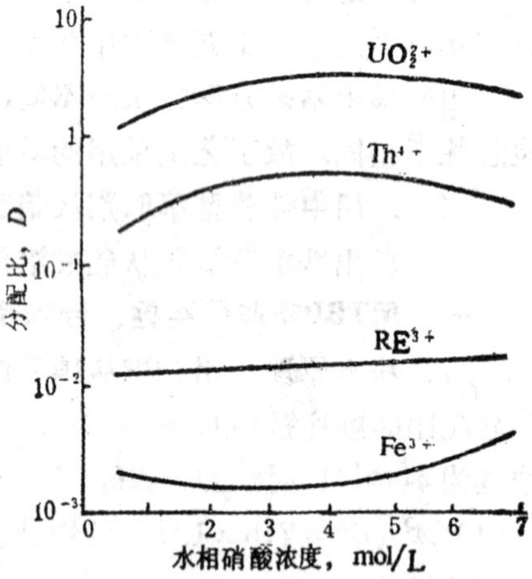

图 4-3-5 分配比与水相硝酸浓度的关系

有机相5%TBP-煤油；初始水相含$U_3O_8$4.2g/L、ThO_2 3.75g/L、ΣRE_xO_y32.3g/L、$Fe_2O_3$5.45g/L；相比（O/A）=1

表 4-3-2 某些盐析剂对TBP萃取铀的影响

盐 析 剂	D_U	盐 析 剂	D_U
Th(NO$_3$)$_4$	72	Ce(NO$_3$)$_3$	342
KNO$_3$	110	Zn(NO$_3$)$_2$	820
NH$_4$NO$_3$	200	LiNO$_3$	1070
Ca(NO$_3$)$_2$	206	Al(NO$_3$)$_3$	1740
Sr(NO$_3$)$_2$	290	Mg(NO$_3$)$_2$	1770
NaNO$_3$	310		

料液含U1g/L，25（体积）%TBP-正己烷，盐析剂在料液中的初始浓度为4mol/L。

（3）料液中盐析剂的影响 当向料液中加入某些盐析剂，例如钠、铵、钙、铁、铝、锂等的硝酸盐时，发现铀、钍、稀土的分配比均增大。以铀的分配比为例，其结果如表4-3-2所示。

由表4-3-2可见，各种盐析剂的作用通常随着它们的金属离子的价数增加和离子半径减小而增大。盐析剂的作用主要有两个方面：一方面增加料液中NO_3^-浓度，有利于萃取反应向生成萃合物进行；另一方面由于这些金属阳离子的水合作用，因而减少UO_2^{2+}的水合程度，有利于被TBP萃取。

但是，在选择盐析剂时，应以不沾污分离产品为宜，故工业上一般采用NH_4NO_3或$LiNO_3$作盐析剂。

（4）料液中阴离子的影响　磷酸根、硫酸根、氟和氯等阴离子能使TBP萃取铀、钍和稀土的分配比明显降低。这主要是因为这些阴离子会与铀、钍、稀土形成难被萃取的络合物之故。图4-3-6表明某些阴离子对萃取铀的影响。

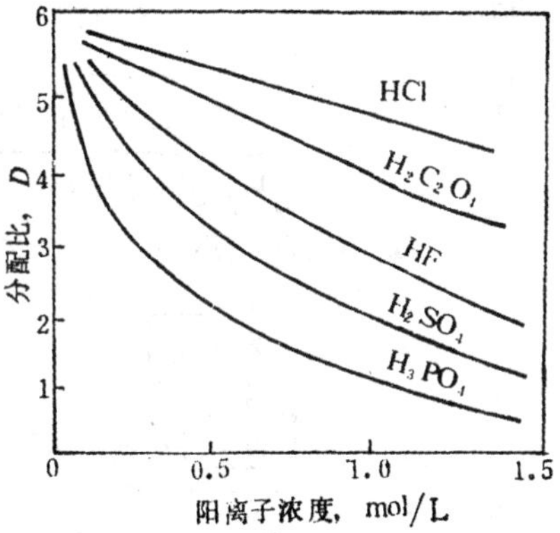

图 4-3-6　某些阴离子对TBP萃取铀的影响

表 4-3-3　某些铀络合物的稳定常数

反应式	稳定常数，K
$UO_2^{2+}+2F^-=UO_2F_2$	$(8.6\pm0.8)\times10^7$
$UO_2^{2+}+3F^-=UO_2F_3^-$	$(3.1\pm0.4)\times10^{10}$
$UO_2^{2+}+4F^-=UO_2F_4^{2-}$	$(7.0\pm1.5)\times10^{11}$
$UO_2^{2+}+2SO_4^{2-}=UO_2(SO_4)_2^{2-}$	350
$UO_2^{2+}+3SO_4^{2-}=UO_2(SO_4)_3^{4-}$	2500
$UO_2^{2+}+Cl^-=UO_2Cl^+$	0.8
$UO_2^{2+}+3SCN^-=UO_2(SCN)_3^-$	15
$UO_2^{2+}+H_3PO_4=UO_2(H_2PO_4)^++H^+$	15.5
$UO_2^{2+}+2H_3PO_4=UO_2(H_2PO_4)_2+2H^+$	21.8

一些阴离子与UO_2^{2+}形成络合物的稳定常数见表4-3-3。

（5）温度的影响　TBP萃取铀、钍和稀土的分配比通常随着温度的升高而降低，这是因为TBP萃取的反应是放热反应。但是，当料液中铀浓度较高时，温度的影响较小。

3．工业实践　如前所述，独居石精矿经苛性钠溶液分解后得到的碱溶浆（主要为稀土、钍的氢氧化物和重铀酸钠）用盐酸优溶，将大部分稀土溶解进入溶液，过滤得到的含铀、钍和部分稀土的滤饼，这种滤饼一般称铀钍渣。从这种渣中回收铀、钍和稀土通常是用硝酸溶解，然后用TBP萃取法分离，其原则流程见图4-3-7。

过程中主要问题说明如下：

（1）从铀钍渣洗去氯根　碱溶浆在盐酸优溶稀土时，少量Cl^-离子留在铀钍渣中，

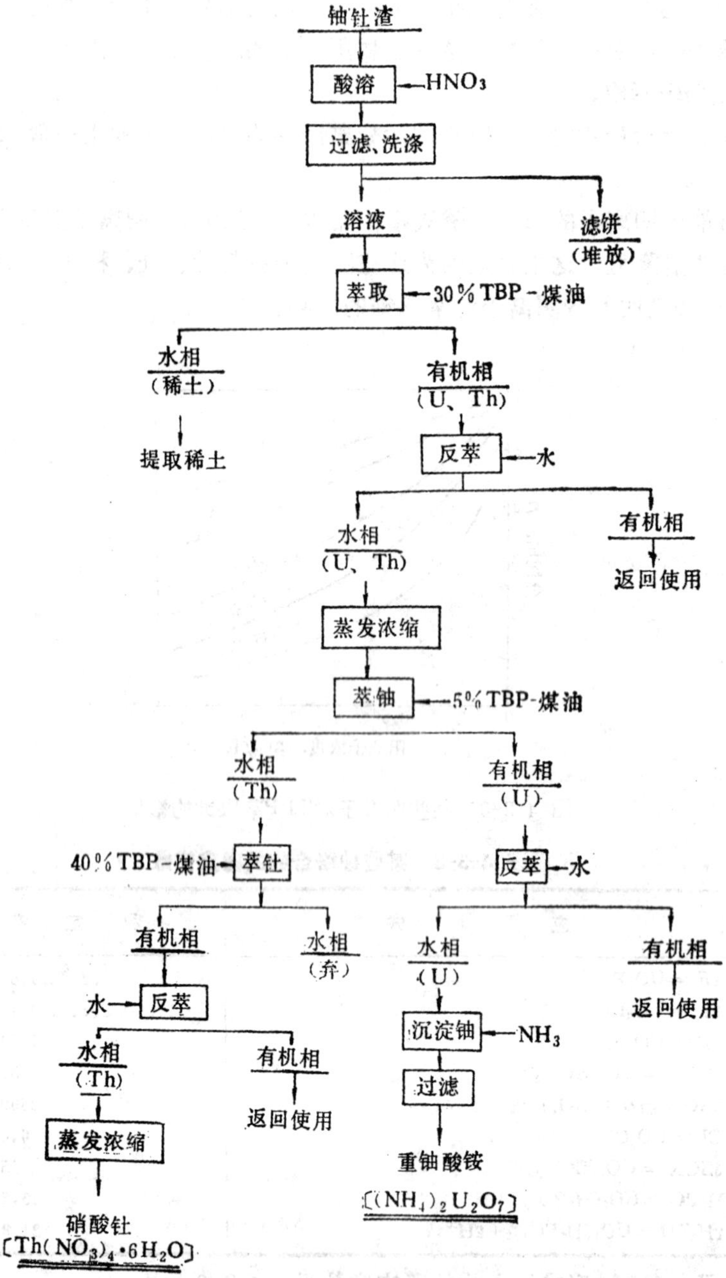

图 4-3-7 TBP-煤油-HNO_3体系分离铀、钍、稀土原则流程

为了保证Cl^-不进入下步硝酸溶液中，将铀钍渣先用热水洗净Cl^-。

（2）铀钍渣的硝酸溶解 洗去Cl^-后的渣用硝酸溶解，这时铀、钍和稀土及部分铁、钛、锆、硅等也进入溶液：

$$Th(OH)_4+4HNO_3=Th(NO_3)_4+4H_2O$$

$$Na_2U_2O_7+6HNO_3=2UO_2(NO_3)_2+2NaNO_3+3H_2O$$

$$RE(OH)_3+3HNO_3=RE(NO_3)_3+3H_2O$$

以上的溶解过程均为放热反应，结果使温度上升，一般可达115～120℃。加入的浓硝酸应保证溶解完全后浆液的酸度约为7.5mol/L，这样，并入滤渣水洗液后的游离酸度为3～5mol/L，适于后面的TBP萃取工序。

（3）TBP萃取分离铀、钍和稀土　由于TBP萃取的顺序为 $UO_2^{2+} > Th^{4+} > RE^{3+}$，故萃取一般是分三步进行：

1）30%TBP-煤油萃取铀钍　料液酸度约3.5mol/L HNO_3，相比为1，在混合澄清槽中进行10级逆流萃取，保证萃余液中 $ThO_2 < 0.2g/L$。含铀钍的有机相用少量纯水洗涤，以除去有机相中少量的稀土、铁等杂质。然后用热的纯水反萃铀钍。

2）5%TBP-煤油萃取铀　上述反萃液经蒸发浓缩至约含 ThO_2 100～120g/L，U_3O_8 5～7g/l，酸度4～4.5mol/L HNO_3，然后用5%TBP-煤油萃取铀，相比为1，经10级逆流萃取使萃余液中 $U_3O_8/ThO_2 \leqslant 0.0025\%$。含铀有机相用2mol/L HNO_3在相比为5的条件下经10级逆流洗涤除去少量的钍、铁等。洗后的有机相用纯水在相比为2下进行10级逆流反萃铀。得到的反萃水相用氨水沉淀重铀酸铵产品：

$$2UO_2(NO_3)_2 + 6NH_4OH = (NH_4)_2U_2O_7 + 4NH_4NO_3 + 3H_2O$$

3）40%TBP-煤油萃取钍　上述萃铀后的余液主要含钍，同时含少量稀土、铁、锆等。用40%TBP-煤油萃取钍，相比为2～2.5：1，有机相用少量纯水洗涤，相比为7～8：1，洗涤后的有机相再用纯水反萃钍，相比为3：1。萃取、洗涤、反萃均在10级逆流混合澄清槽中进行。

二、P_{350}萃取分离铀、钍和稀土

P_{350}和TBP是属于不同类型的中性磷型萃取剂，它们对铀、钍、稀土、铁等金属离子的萃取顺序相同。但是，P_{350}的萃取能力比TBP大，选择性高，化学稳定性也较好。

P_{350}萃取铀的最好酸度为3～4mol/L HNO_3，在此条件下，P_{350}对铀、钍的分离系数高于TBP，如表4-3-4所示。

表 4-3-4　P_{350}与TBP萃取铀、钍比较

萃取剂浓度	TBP-煤油			P_{350}-煤油		
%	D_U	D_{Th}	$\beta_{U/Th}$	D_U	D_{Th}	$\beta_{U/Th}$
1	0.127	0.032	33.9	0.945	0.016	59
3	2.12	0.0575	36.9	21.2	0.028	757
5	6.20	0.0965	64.2	48.0	0.131	365
7	18.6	0.176	106	60.2	0.336	181

由于P_{350}对铀、钍的分离系数较大，故原则上可以控制一定的条件第1步萃取铀，第2步萃取钍，达到铀、钍、稀土之间的分离。

有的工厂也用盐酸溶解铀钍渣，然后用P_{350}-煤油从溶液中萃取分离铀、钍和稀土。当溶液中盐酸浓度为2.5～3mol/L时，P_{350}能几乎完全萃取 Fe^{3+}和UO_2^{2+}，而很少萃取Th^{4+}和RE^{3+}。当盐酸浓度为5～6mol/L时，几乎能完全萃取 Th^{4+}而很少萃取RE^{3+}，因此达到铀、钍、稀土的分离。

用P_{350}-煤油从盐酸溶液中萃取分离铀、钍和稀土的优点是用较便宜的、来源广的盐

酸代替硝酸。缺点是萃取钍时要求的酸度较高。因此，有的工艺是在萃取铀、铁之后，向萃余液中补加少量硝酸再萃取钍，这样可明显降低萃钍酸度。

三、用有机胺萃取分离铀、钍和稀土

当独居石或氟碳铈矿－独居石混合精矿是采用硫酸分解法时，得到含铀、钍、稀土和其它金属杂质的硫酸溶液。这样的溶液通常适合于用有机胺萃取分离铀、钍和稀土。

在硫酸溶液中，有机胺萃取铀、钍、稀土的性能取决于胺的类型和结构。伯胺对钍有很强的萃取能力，其萃取的顺序为$Th^{4+} > UO_2^{2+} > RE^{3+} > Fe^{3+} > Fe^{2+}$。仲胺萃取钍的性能差别很大，烷基上的支链靠近N原子的仲胺基本不萃取钍，直链仲胺或支链远离N原子的仲胺萃钍的能力小于伯胺一个数量级以上。叔胺对铀具有很强的萃取能力，但几乎不萃取钍。

国外自独居石的硫酸分解液中回收铀、钍、稀土的流程主要包括三个步骤：先用伯胺（Primene JMT）萃取钍；再用叔胺（TOA或TIOA）萃取铀；萃余液中的稀土用伯胺萃取或沉淀硫酸复盐，使稀土得到净化和回收。

有的工厂先用叔胺萃取铀，然后用伯胺萃取钍，萃余液中的稀土用苛性钠溶液沉淀成氢氧化物回收。

过程的主要反应与叔胺从钨酸钠溶液中萃取钨相似。首先，叔胺与溶液中的硫酸作用生成胺盐：

$$2R_3N_{(org)} + H_2SO_{4(aq)} = (R_3NH)_2SO_{4(org)}$$

如果酸度较高，也能生成$(R_3NH)HSO_4$。然后，胺盐与溶液中的$UO_2(SO_4)_2^{2-}$发生阴离子交换反应，生成离子缔合物：

$$UO_2(SO_4)_2^{2-}{}_{(aq)} + (R_3NH)_2SO_{4(org)} = (R_3NH)_2UO_2(SO_4)_{2(org)} + SO_4^{2-}{}_{(aq)}$$

负载铀的有机相用氯化钠或硝酸钠水溶液反萃取铀：

$$(R_3NH)_2UO_2(SO_4)_{2(org)} + 2Cl^-_{(aq)} = 2R_3NHCl_{(org)} + UO_2(SO_4)_2^{2-}{}_{(aq)}$$

$$(R_3NH)_2UO_2(SO_4)_{2(org)} + 2NO_3^-{}_{(aq)} = 2R_3NHNO_{3(org)} + UO_2(SO_4)_{2(aq)}^{2-}$$

应该指出，用有机胺－煤油有机相萃取时，由于有机胺盐以及萃合物在煤油（或其它惰性溶剂）中的溶解度较小，容易生成第三相，故常向有机相中加入少量添加剂（或称极性改进剂、相调节剂）以防止第三相的形成。可作为添加剂的有长链醇、TBP、MIBK等。

第三节　萃取法分离稀土元素

一、用P_{204}分离稀土元素

稀土冶金中常采用P_{204}作萃取剂进行稀土元素的分组，如分成轻、中、重三组，得到以某些元素为主的稀土富集物作为进一步分离单一稀土元素的原料。还可以把分组后的轻稀土溶液直接蒸发结晶获得轻稀土氯化物产品。

1．基本原理　在一定的萃取条件下，P_{204}萃取稀土元素时，各稀土的分配比是随原子序数的增加（或原子半径的减小）而增大。所以，只要控制好一定的工艺条件，就可以按照预定的要求进行稀土分组或单一元素的分离。

P_{204}萃取稀土离子是按阳离子交换反应进行：

$$RE^{3+}_{(aq)} + 3(HA)_{2(org)} = RE(HA_2)_{3(org)} + 3H^+_{(aq)}$$

平衡常数

$$K=\frac{[RE(HA_2)_3]_{(org)}[H^+]^3_{(aq)}}{[RE^{3+}]_{(aq)}[(HA)_2]^3_{(org)}}$$

分配比

$$D=\frac{[RE(HA_2)_3]_{(org)}}{[RE^{3+}]_{(aq)}}$$

则

$$D=K\frac{[(HA)_2]^3_{(org)}}{[H^+]^3_{(aq)}} \tag{4-3-10}$$

可见分配比与有机相中$(HA)_2$浓度的三次方成正比，与水相中H^+浓度的三次方成反比。

将（4-3-10）式取对数形式，则：

$$\lg D=\lg K+3\lg[(HA)_2]_{(org)}-3\lg[H^+]_{(aq)} \tag{4-3-11}$$

从（4-3-11）式可看出，当$(HA)_2$浓度保持恒定时，$\lg D$随pH增大而增大。如以$\lg D$对$\lg[H^+]$作图则得斜率为-3的直线，如图4-3-8所示。

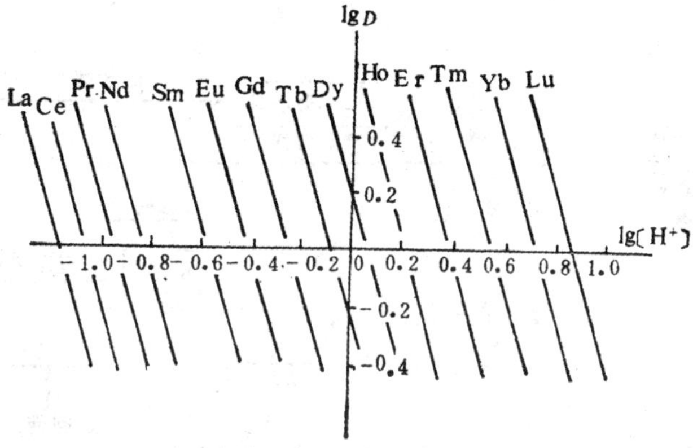

图 4-3-8　P_{204}萃取稀土离子时分配比与酸度的关系

有机相P_{204}（1mol/L）——甲苯，料液稀土浓度0.05mol/LRECl$_3$

从图4-3-8可看出，在同一水相酸度下，各稀土元素的分配比差别较大。例如，当水相酸度$\lg[H^+]=-0.6$，即$[H^+]=0.25$mol/L时，则钐及钐以后的重稀土元素将优先萃入有机相，而钐之前的轻稀土元素则主要留在水相中，这样就可在钐与钕之间分组。如选择别的水相酸度，也可在别的相邻稀土之间分组。

在P_{204}萃取体系中，$\lg D$也不是随pH增加而总是直线上升。当pH增加到稀土离子发生水解时，$\lg D$甚至会减小。通常，$\lg D$的最大值是在稀土离子开始水解的pH值。

另一方面，从萃取反应式可知，萃取稀土离子的结果使水相的酸度逐渐增大。这样，不但会影响萃取效率，而且会使水相的酸度难于控制。所以，在稀土冶金中，有时先用NH_4OH或NaOH溶液处理有机相，使一部分P_{204}成为酯（这样的处理称皂化）。例如，在有机相中按所要求的皂化率加入浓氨水或通入氨气，使NH_4^+与P_{204}分子中的H^+发生交换：

$$(HA)_{2(org)} + NH_4OH_{(aq)} = NH_4HA_{2(org)} + H_2O$$

$$NH_4HA_{2(org)} + NH_4OH_{(aq)} = 2NH_4A_{(org)} + H_2O$$

皂化后的有机相萃取稀土离子时，交换出的离子就有一部分是NH_4^+，而不致水相酸度明显变化。但是，皂化率过高有时会使萃取发生乳化现象，所以应控制适宜的皂化率。

2．工业实践　P_{204}萃取稀土可以在氯化物或硝酸盐体系中进行，但在氯化物体系中稀土元素之间的分离系数通常比硝酸盐体系大一些，且盐酸比硝酸便宜，分组后的轻稀土氯化物可直接蒸发结晶，供电解法生产混合稀土金属或以产品出厂。

在P_{204}-煤油-HCl-$RECl_3$体系中，通过对相比、级数和洗涤等条件的调节，控制一定的水相酸度和稀土萃取率，使中、重稀土萃入有机相而轻稀土留在水相，再采用不同盐酸浓度的反萃液分别将中、重稀土反萃至水相，这样就达到轻、中、重稀土元素的分组。其原则流程如图4-3-9所示。

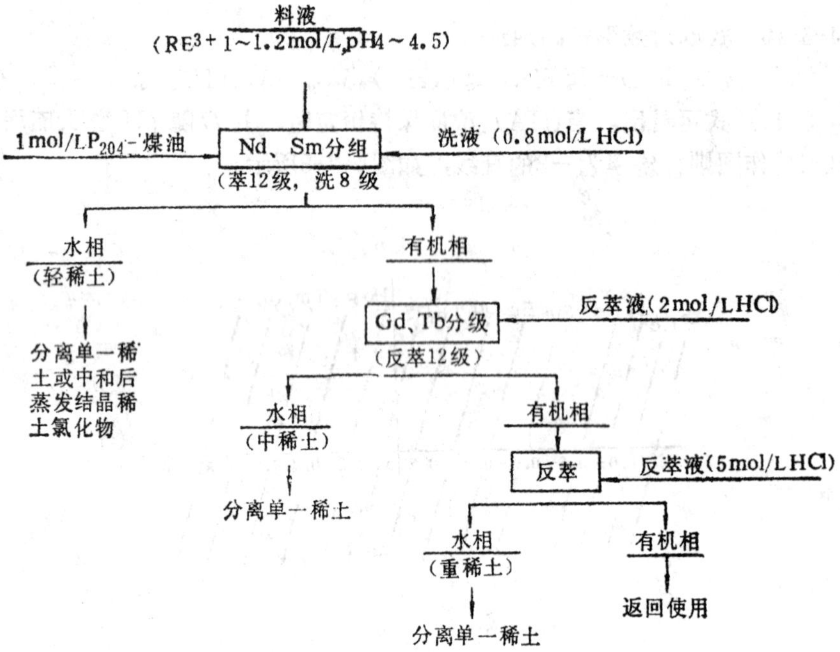

图 4-3-9　P_{204}-HCl体系进行稀土分组的原则流程

用P_{204}作为稀土分组的萃取剂的优点是对稀土的萃取能力大，价格也较便宜。缺点是反萃较困难，尤其是对重稀土，需要高酸度反萃。

P_{204}除了用于稀土分组外，还用于从富铈渣的硫酸浸出液中提取纯铈化合物。由于P_{204}对Ce^{4+}萃取能力很大，故只要萃取前将料液中的Ce^{3+}氧化成Ce^{4+}，则容易将Ce^{4+}萃入有机相，达到与其它三价稀土元素的分离。

二、P_{507}分离稀土元素

P_{507}也属酸性磷型萃取剂，其结构式与P_{204}相似，不同的是P_{204}分子中的一个RO基被R基取代了。与P_{204}类似，它在许多惰性溶剂中（如煤油、苯等）也以二聚分子$(HA)_2$型式存在。二聚分子中的一个H^+离子可以离解出来：

$$(HA)_2 = HA_2^- + H^+$$

平衡常数

$$K=\frac{[HA_2]^-[H^+]}{[(HA)_2]}$$

其pK值（即$-\lg K$）比P_{204}的pK值较大。

P_{50} 萃取三价稀土离子的反应与P_{204}相同，也属于阳离子交换反应：

$$RE^{3+}_{(aq)}+3(HA)_{2(org)}=RE(HA_2)_{3(org)}+3H^+_{(aq)}$$

但由于P_{507}分子中引入一个R基，而R基具有推电子作用，使P(=O)OH上的电子云密度增大，$(HA)_2$中的H^+难于离解，所以萃取稀土离子的能力比P_{204}小，但却易于反萃取。

P_{507}对15个稀土元素的萃取规律也是随原子序数的增加而提高，钇的位置在铒与铥之间，如表4-3-5所示。

在硝酸体系中，P_{507}萃取镥和镱的平衡常数分别为K_{Lu}763，K_{Yb}330。在盐酸体系中，K_{Lu}328，K_{Yb}191。这表明P_{507}可用于分离镥镱，且在硝酸体系中萃取更有利。

表 4-3-5 P_{507}萃取稀土元素的分配比

元　　素	D	元　　素	D
Ce^{3+}		Dy^{3+}	1.58
Pr^{3+}	0.045	Ho^{3+}	3.04
Nd^{3+}	0.099	Er^{3+}	6.97
Sm^{3+}		Tm^{3+}	13.9
Eu^{3+}	0.556	Yb^{3+}	20.3
Gd^{3+}	0.753	Lu^{3+}	25.7
Tb^{3+}	1.30	Y^{3+}	9.33

注：料液0.05mol/LRE^{3+}，0.1mol/LH^+，相比1，25℃。

用P_{507}从重稀土富集物中提取纯氧化镥时，最好采用回流萃取方式。回流萃取实际上是分馏萃取的一种改进，即把分馏萃取中的有机相改为含难萃组分（设B）的有机相，或把洗液改为含易萃组分（设A）的洗液，或两者都改。此时，萃取段水相中剩下的少量易萃组分（A）将与有机相中的难萃组分（B）发生交换反应，进而提高了水相（B）的纯度。而在洗涤段，有机相中含有的少量难萃组分（B）将与洗液中的易萃组分（A）进行交换反应，因而提高了有机相（A）的纯度。回流萃取的原则流程如图4-3-10所示。

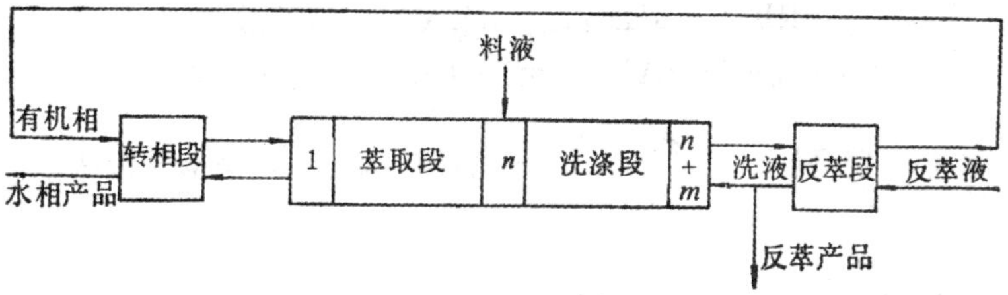

图 4-3-10 回流萃取的原则流程

流程中转相段的作用是将循环有机相与萃余液（即水相产品）接触，使它含有一定的难萃组分(B)；流程中的洗液即为有机相反萃液的部分回流液。

表 4-3-6　某些萃取剂的稀土分离系数

萃　取　剂	分离系数						
	Ce/La	Pr/Ce	Nd/Pr	Sm/Nd	Eu/Sm	Gd/Eu	Tb/Gd
70%P_{350}-煤油	~2.0	~1.6	1.3~1.4				
20%环烷酸-煤油	1.8~2.0	1.3~1.4	1.2~1.3	2.0~3.0			
1mol/LP_{204}-煤油	3.0~4.0	1.6~1.8	1.3~1.4	6.0~8.0	1.8~2.0	1.3~1.4	3.0~4.0
1mol/LP_{507}-煤油（氨化）	5.0~8.0	1.8~2.2	1.5~1.6	8.0~12	2~2.2	1.5~1.6	3.0~4.0

由于P_{507}对稀土元素的分离系数比一些常用萃取剂高（见表4-3-6），而且易反萃等优点，因此P_{507}可用于同时分离多种单一稀土元素的一步法萃取工艺。

一步法萃取工艺基本原理在于：分馏萃取工艺对于分离含两个元素的物料可以获得两种纯产品，然而在含三个元素的物料中只能获得一个纯产品。人们发现，在三个元素分馏萃取的槽体取样分析数据中，中间元素在某一级槽体中得到富集。若从此级放出部分水相，即可得到中间元素的富集产品，这就形成易萃组分在有机相出口，难萃组分在萃余液出口，而中间组分在某一级槽体出口，一步分馏萃取可同时获得两种纯产品和一种富集物。由此可见，采用分离系数大的P_{507}进行一步法萃取，原则上不需中间化学处理和重新备料，只要先进行稀土分组，然后各组依次萃取分离，每组出两个纯产品和一个富集物，再将富集物提纯，最后可获得各种单一稀土产品，此即为全分离萃取工艺。

例如，以P_{507}-煤油作有机相，先经过Nd-Sm分组，使La至Nd留在萃余液中，而中、重稀土萃入有机相中。以这种含中、重稀土的有机相作进料，在第二个分离段中进行分离，使Sm、Eu、Gd进入萃余液中，并在中间某一级引出部分Gd-Tb-Dy水相，而部分Dy及其它重稀土元素萃入有机相中。然后以上述Sm-Eu-Gd萃余液作进料在第三个分离段中再进行一步法萃取分离，得到纯Sm和Gd产品以及富Eu产品。

三、用环烷酸萃取分离稀土元素

用环烷酸作萃取剂在稀土工业上得到了广泛的应用，尤其在制取高纯氧化钇产品上，几乎取代了原来的N_{263}分离工艺。这种方法具有环烷酸资源丰富，价格便宜，工艺简单等优点。

1. 基本原理　和大多数羧酸类萃取剂一样，环烷酸在惰性溶剂中一般以单分子（HA）和二聚分子$(HA)_2$形式存在。萃取三价稀土离子也属阳离子交换反应：

$$RE^{3+}_{(aq)}+3HA_{(org)}=REA_{3(org)}+3H^{+}_{(aq)}$$

或
$$RE^{3+}_{(aq)}+3(HA)_{2(org)}=RE(HA_2)_{3(org)}+3H^{+}_{(aq)}$$

在REA_3中具有螯环$\left(R-C\begin{smallmatrix}\diagup O\\ \diagdown O\end{smallmatrix}\right)_3RE$结构，因此，环烷酸萃取体系也是螯合萃取体系。

在环烷酸-长链醇（作添加剂）-煤油-HCl体系（pH4.8~5.1）中，萃取稀土元素的顺序为：

$$Sm^{3+}>Nd^{3+}>Pr^{3+}>Dy^{3+}>Yb^{3+}>Lu^{3+}>Tb^{3+}>Ho^{3+}>Tm^{3+}>Er^{3+}$$
$$>Gd^{3+}>La^{3+}>Y^{3+}$$

由此可见，钇是最难萃取的元素，所以只要控制一定的萃取条件，使其它稀土萃人有机相，而钇留在水相，达到提取钇的目的。

2．工艺　和酸性磷型萃取剂一样，在环烷酸-长链醇-煤油组成的有机相用于萃取之前，有时用浓氨水进行部分皂化，使之形成环烷酸胺。皂化反应为：

$$HA_{(org)} + NH_4OH_{(aq)} = NH_4A_{(org)} + H_2O$$

皂化后萃取三价稀土离子的反应为：

$$RE^{3+}_{(aq)} + 3NH_4A_{(org)} = REA_{3(org)} + 3NH^+_{4(aq)}$$

但是，环烷酸的皂化率也不能过高，否则在萃取稀土时容易产生乳化现象。

萃取后的有机相可用盐酸反萃，此时：

$$REA_{3(org)} + 3HCl_{(aq)} = RECl_{3(aq)} + 3HA_{(org)}$$

环烷酸萃取分离钇时，水相的pH对钇与其它稀土元素的分离有很大关系，通常是：水相的pH高时，重稀土的分离效果提高，轻稀土的分离效果降低，但水相pH低时则结果相反。因此，为了能满意地分离轻、重稀土，水相的pH为4.7～5.1是适宜的。

环烷酸分离钇的原则流程如图4-3-11所示。

四、用P_{350}分离稀土元素

1．基本原理　P_{350}与上述TBP一样，是中性磷型萃取剂，也属于中性络合萃取体系。在硝酸溶液中萃取稀土元素是靠P_{350}分子中磷氧键（P═O）上的氧原子与稀土离子形成配位键结合成萃合物。由于“镧系收缩”现象，P_{350}萃取镧系元素的分配比是随原子序数的增加而增大。因此，只要控制一定萃取条件就可达到稀土元素分离的目的。

在硝酸体系中，P_{350}萃取稀土的反应为：

$$RE^{3+}_{(aq)} + 3NO^-_{3(aq)} + 3P_{350(org)} = RE(NO_3)_3 \cdot 3P_{350(org)}$$

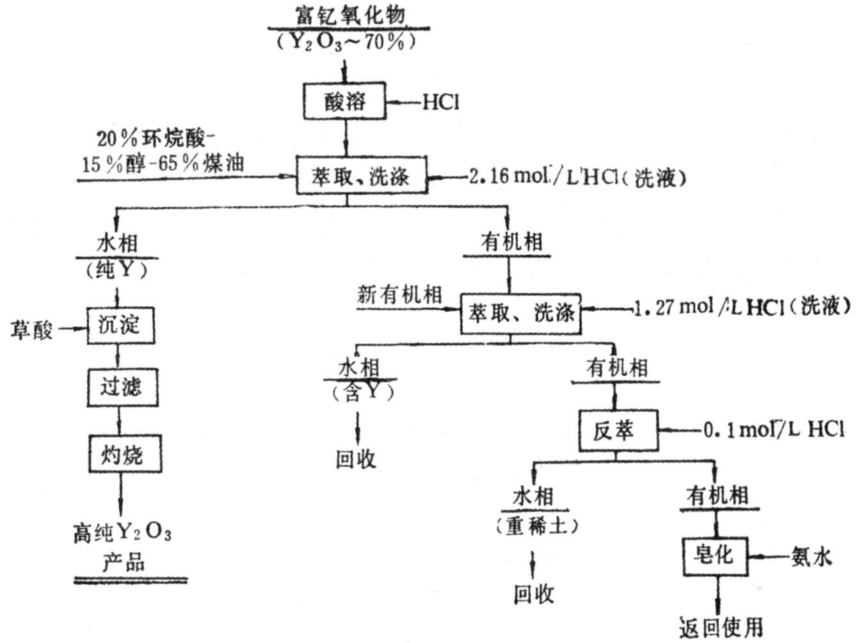

图 4-3-11　环烷酸-盐酸体系分离氧化钇原则流程

平衡常数为：

$$K=\frac{[RE(NO_3)_3\cdot 3P_{350}]_{(org)}}{[RE^{3+}]_{(aq)}[NO_3^-]^3_{(aq)}[P_{350}]^3_{(org)}}$$

分配比为：

$$D=\frac{[RE(NO_3)_3\cdot 3P_{350}]_{(org)}}{[RE^{3+}]_{(aq)}}$$

则

$$D=K[NO_3^-]^3_{(aq)}[P_{350}]^3_{(org)}$$

从此式看出，分配比与有机相的P_{350}浓度三次方及水相的NO_3^-浓度三次方成正比。

P_{350}也能萃取硝酸，与反应为：

$$H^+_{(aq)}+NO^-_{3(aq)}+P_{350(org)}=HNO_3\cdot P_{350(org)}$$

因为P_{350}萃取硝酸，使游离P_{350}浓度减小，因而稀土的分配比降低。所以，为了提高稀土的分配比，萃取过程一般是在低酸度(0.5～1mol/L)和添加盐析剂$LiNO_3$或NH_4NO_3下进行。人们的研究还表明，盐析剂不仅能提高分配比，而且能提高相邻元素的分离系数。例如，随着$LiNO_3$浓度增加，$\beta_{Pr/La}$也增大（表4-3-7）。

表 4-3-7　$LiNO_3$浓度对分离系数$\beta_{Pr/La}$的影响

$LiNO_3$浓度，mol/L	分配比，D		分离系数
	D_{Pr}	D_{La}	$\beta_{Pr/La}$
1	0.201	0.151	1.33
2	0.426	0.155	2.72
3	0.594	0.186	3.19
4	0.697	0.240	5.34
5	1.47	0.253	5.78

料液0.6mol/LLa$(NO_3)_3$，0.6mol/LPr$(NO_3)_3$，0.5mol/LHNO_3；

有机相70%P_{350}-30%煤油；相比2.5。

有时利用稀土硝酸盐本身的自盐析作用，可以用提高料液中硝酸根浓度来增加稀土的分配比，这样可以简化工艺。但是，稀土硝酸盐浓度也不能过高，否则会因为游离P_{350}浓度减小而使稀土分配比降低。图4-3-12表示稀土浓度对萃取的影响。从图看出，当水相稀土平衡浓度在0.24～0.65mol/LRE$(NO_3)_3$时，D值随稀土浓度提高而增大，但浓度大于0.65mol/L时，各稀土元素的D值均下降，其中以钐下降最明显。当水相稀土平衡浓度在0.5～0.8mol/L时，Sm的分配比与La、Pr、Nd相差很大。所以P_{350}用于从轻稀土中分离Sm是很有利的。

2．P_{350}-煤油-RE$(NO_3)_3$-HNO_3体系在提取纯镧化合物中的应用　这种工艺能在低硝酸浓度、高稀土混合物浓度下获得纯度为99.9%、直收率为99%的氧化镧。它具有流程简单、成本低的特点。

P_{350}萃取稀土混合物时，镧是所有稀土元素中分配比最小的。因此，在提镧工艺中是将其它稀土萃入有机相，而镧留在水相中。此工艺是以提高料液中稀土硝酸盐浓度作自盐析作用，不需外加入盐析剂。其原则流程如图4-3-13所示。

在此流程中，料液为总RE_xO_y 320g/L、1mol/LHNO_3的无铈溶液。有机相为70%

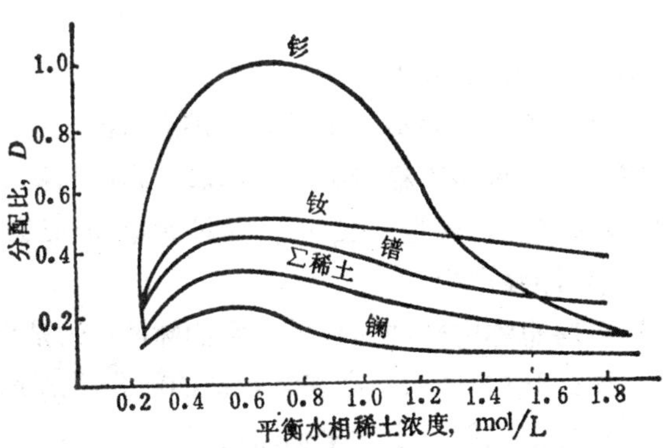

图 4-3-12 P_{350}萃取稀土硝酸盐的分配比与平衡水相稀土浓度的关系
料液$La_2O_3$51%，Pr_6O_{11}9.7%，$Nd_2O_3$30.8%，$Sm_2O_3$7.76%，pH0.5；有机相50%P_{350}-煤油；相比2

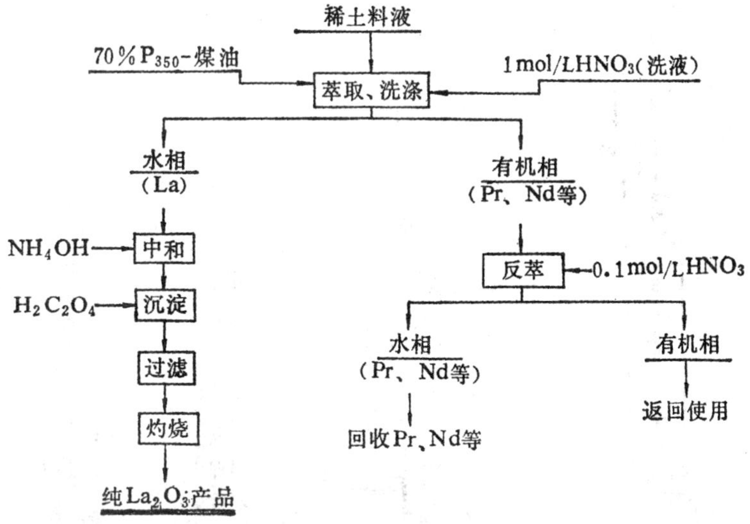

图 4-3-13 P_{350}-煤油-$RE(NO_3)_3$-HNO_3体系提取纯氧化镧的原则流程

P_{350}-煤油。24级逆流萃取，14级逆流洗涤（洗被萃取的少量镧）。流量比为有机相：料液：洗液＝4：0.94：1.0。10级逆流反萃，流量比为有机相：反萃液（水）＝1：1。

第四节 萃取设备

溶剂萃取过程是物质从一相转移到另一相的传质过程。因此，现代溶剂萃取设备都是采用搅拌、脉冲、离心力等方法强化传质过程，以便提高萃取速度和设备效率。

萃取设备的种类很多，但一般有混合澄清器(槽)、萃取塔和离心萃取器三类。前两类液体的混合借助外加动力，液体的澄清依靠重力。离心萃取器液体的混合和澄清均由高速的离心力来完成。以下简单介绍几种主要萃取设备的特性和应用。

一、混合澄清萃取器

其结构及使用性能参阅第三篇第三章。

二、塔式萃取设备

各种萃取塔按混合方式不同，大致分为下列三类。

1．脉冲萃取塔　脉冲萃取塔又可分为脉冲填料塔和脉冲筛板塔两种。其中脉冲筛板塔塔身结构简单，易于清洗，还可用于稀薄矿浆的萃取。脉冲筛板塔常用设备参数为：筛板孔径3～4mm，孔隙率23～26%，筛板距50mm，脉冲频率60～120次/分，脉冲振幅10～30mm。脉冲运动由往复式脉冲泵产生。

2．振动筛板塔　这种塔也称内脉冲筛板塔，它的脉冲运动是由在塔顶的机械装置带动塔内筛板作往复运动（图4-3-14）。两相在往复运动的筛孔切割下混合萃取。这种塔塔身结构简单，制造容易，动力消耗低，塔效率也比较高。

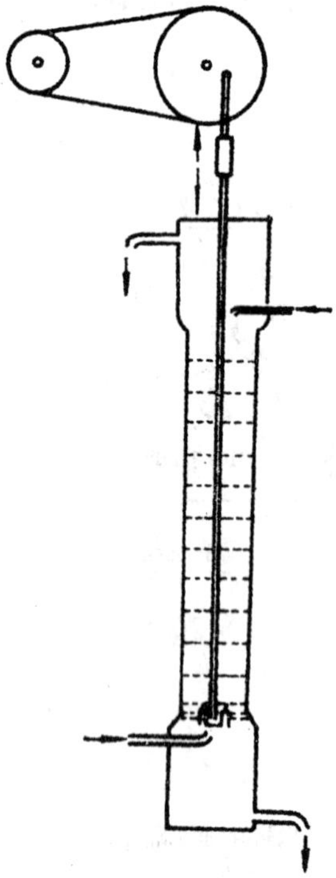

图 4-3-14　振动筛板塔

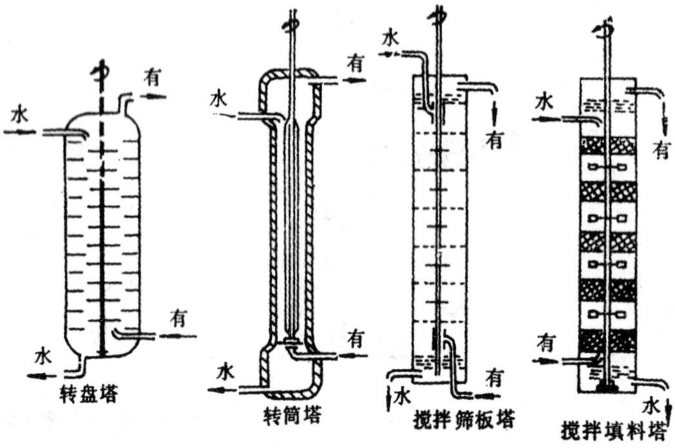

图 4-3-15　各种机械搅拌萃取塔

3．机械搅拌萃取塔　这类萃取塔借助于机械搅拌的湍流作用使两相混合。根据搅拌器的形状不同分为转盘塔，转筒塔，桨式搅拌筛板塔和桨式搅拌填料塔四种(图4-3-15)。

（1）转盘塔　塔壁内装有固定的空心挡板，搅拌器为旋转的圆盘。中心轴转动时，液体在转盘与固定挡板之间造成径向环流，从而提高两相间接触面积，强化萃取速度。转盘塔设有沉降室，两相经逆流漂移而在塔顶和塔底发生分相。此种塔的理论级当量高度一般为30～50cm。

（2）转筒塔　这是由固定的塔身和旋转的圆筒构成。两相在圆筒与塔内壁的环隙流过时，旋转的圆筒产生的切应力使两相充分混合。此种塔的理论级当量高度一般为10～20cm，其塔效率高于其它各种萃取塔。

（3）搅拌筛板塔及搅拌填料塔　搅拌桨与筛板（或圆盘挡板）相间安装，两相在搅拌力作用下混合。筛板或圆盘挡板可减少萃取塔纵向混合，提高塔的效率。理论级当量高度一般为10～30cm。当筛板用填料层代替，则成为搅拌填料塔。

三、离心式萃取器

离心萃取器的工作原理是两种比重不同的液体借离心力的作用进行混合和分相。离心萃取器有单台单级和单台多级两种。

1．膜式离心萃取器　这种萃取器的转鼓是由多孔的卷带或同心圆构成，卷带或同心圆之间有狭长的槽（图4-3-16）。转鼓旋转时，轻相由转鼓的周边向中心腔移动，重相先进入中心腔，然后流向转鼓的周边。轻、重两相在卷带或同心圆的孔中发生混合，而在狭长的槽中则发生部分澄清。经过许多层的逆流接触而获得很高的萃取效率。

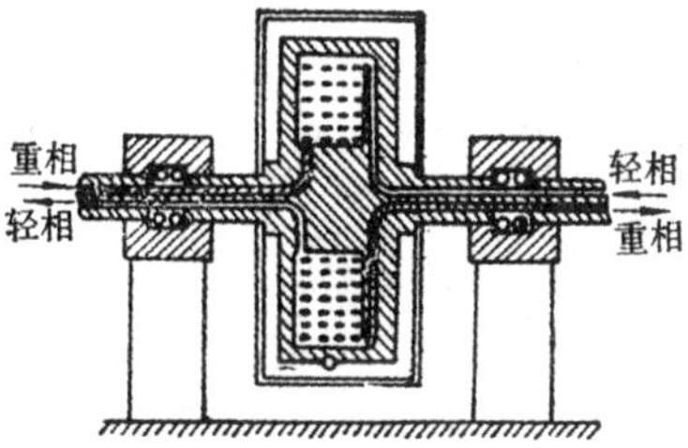

图 4-3-16　膜式离心萃取器

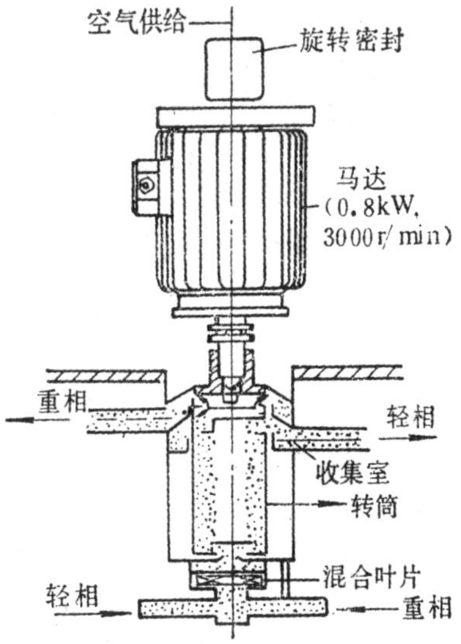

图 4-3-17　转筒式离心萃取器

2．转筒式离心萃取器　这是一种单台单级离心萃取器（图4-3-17）。混合室是固定的，分离室是旋转的圆筒，转轴下端装有桨式搅拌器。轻相和重相由搅拌器吸入混合室进行剧烈混合。混合液通过一个旋转挡板和装在轴上的固定挡板之间的喷嘴型入口，被推入离心室。混合液在离心转筒内分相，在离心力作用下，重相移向靠近转筒壁的外部，轻相移至内侧。两相分别经顶部的溢流堰进入收集室，然后两相分别通过切线方向的出口管进入另一个萃取器。如把一些这样的萃取器串接起来，就可以进行多级萃取。

四、萃取设备的选择原则

上面介绍了几种主要的萃取设备，它们各有其优缺点。因此，在选择设备时应根据萃取工艺的要求以及物料的特点综合考虑。例如，在稀土分离工艺中的主要特点是多级数，象环烷酸分离纯氧化钇需要100级左右，镧、镨、钕、钐及钆等的分离都需数十级，故最好选用箱式混合澄清槽。又如，在核燃料后处理的生产中，放射性很强，要求两相在萃取器中停留时间短，以减少有机相受辐射而可能分解，并要求实现自动控制，故最好选用离心萃取器。显然，对于萃取所需的级数少、要求在密闭性较好的条件下萃取的过程，适宜于选用塔式萃取器。

思 考 题

1. 在进行钍钍与稀土分离时，为什么在硝酸或盐酸体系中宜用TBP或P_{350}作萃取剂，而在硫酸体系中宜用胺类萃取剂？

2. 在进行稀土元素之间的分离时，为什么常采用分馏萃取工艺，洗涤段的作用主要是什么？

3. 串级最优化方程有什么意义，用它主要解决什么问题？

第四章　离子交换法分离稀土元素

第一节　概　　述

目前，除了用溶剂萃取法分离稀土元素外，离子交换法也是一种有效的分离方法。近年来，由于离子交换法的某些缺点，例如生产周期长，产率低和成本高等，故有些单一稀土的生产是采用萃取法。但是，因为离子交换法设备较简单，操作方便，投资少，尤其是能有效地生产单一重稀土高纯产品。所以，这种方法仍然是现在高纯单一稀土化合物生产的主要方法之一。

由于稀土元素之间的性质非常相似，只靠吸附过程中的分离是不可能的，故常采用淋洗色层法和置换色层法。本章将介绍其简单原理及其工艺。

第二节　离子交换树脂、淋洗剂及延缓离子

一、离子交换树脂

在稀土冶金中，由于稀土是以阳离子存在弱酸性溶液中，故通常是用聚苯乙烯磺酸型强酸性阳离子交换树脂。作为商品出售的该树脂呈Na^+型：

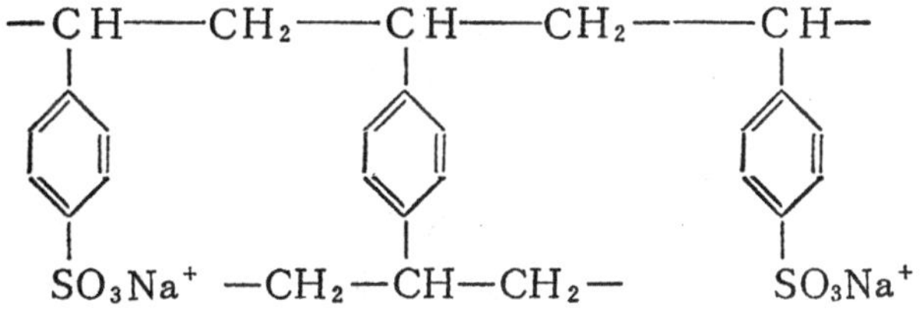

使用前需预处理，同时清除树脂中的杂质。

1．树脂预处理　先用无离子水将树脂浸泡24 h左右，使树脂充分膨胀。过筛后用盐酸浸泡24h左右，使Na^+型树脂变成H^+型树脂。盐酸用量为树脂：水：盐酸＝6：3：1(体积比)。酸浸后的树脂用无离子水清洗至最后pH3～4。

2．树脂转型　用5％的NH_4Cl溶液（也可用NH_4Ac或NH_4OH溶液）将树脂转为NH_4^+型。以最后流出液的pH5左右为宜。然后用无离子水清洗柱内的Cl^-离子。

二、淋洗剂

作为淋洗剂，首先必需具有与稀土元素形成络合物的稳定常数有较大的差异，即分离系数要大。其次，它与树脂上的离子反应速度要快。从经济观点来说，要求其价格要便宜，来源广且易于回收使用。

用于分离稀土的淋洗剂一般有醋酸铵、柠檬酸和某些氨羧络合剂，例如：EDTA(乙二胺四乙酸)、HEDTA（羟乙基乙二胺三乙酸）、DTPA（二乙三胺五乙酸）、NTA（氨三乙酸）和DCTA（环已烷二胺四乙酸）等。

某些氨羧络合剂与稀土生成络合物的稳定常数和原子序数之间的关系如图4-4-1所示。

在稀土分离工艺中常用的淋洗剂为EDTA和NH_4Ac。EDTA能有效地分离所有稀土元素，价格也较便宜。但由于EDTA在酸性溶液中的溶解度很小，因此，吸附柱的阳树脂

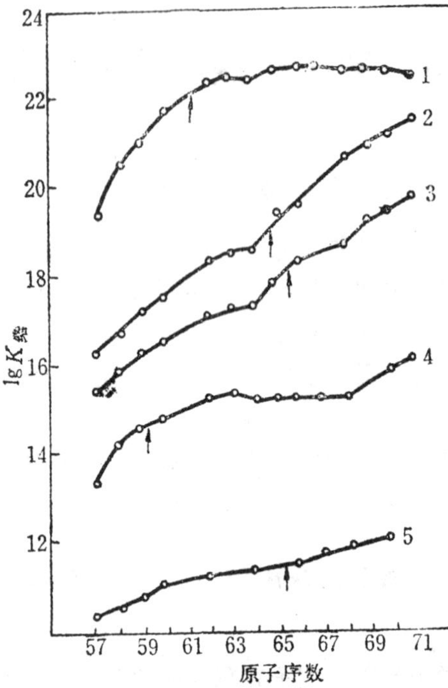

图 4-4-1 某些氨羧络合剂与稀土离子以1：1的比例形成络合物的

lgK络-Z关系

1—DTPA；2—DCTA；3—EDTA；4—HEDTA；5—NTA；箭头所示为钇的位置

应先将H^+型转成NH_4^+型，否则会因交换出来的H^+使溶液酸度提高，造成EDTA结晶堵塞交换柱，以致影响分离效果。为了获得满意的分离效果，淋洗液的酸度应控制在柱内pH值不小于2。NH_4Ac主要用于淋洗色层法，它对于制取高纯氧化钇以及镧、镨、钕的分离是有效的，但对于中、重稀土的分离效果较差。由于NH_4Ac便宜，且用它时不需延缓离子，与稀土形成的络合物溶解度较大等特点，从而在制取轻稀土和钇时也得到广泛的应用。

三、延缓离子

用EDTA淋洗时，任何与EDTA形成的络合物的稳定常数比稀土离子与EDTA形成的络合物稳定常数大的离子均可作延缓离子。表4-1-1是一些金属离子和EDTA的络合物稳定常数。

选用延缓离子不仅要考虑延缓效果，还必需考虑来源广，价格便宜，易于回收。目前应用最广的是Cu^{2+}，它不仅延缓效果好，而且有颜色，操作时容易观察和控制。采用Zn^{2+}时，EDTA易于回收，分离轻稀土时可以使用Zn^{2+}。Fe^{3+}虽然lg$K$很大，对所有稀土元素都能起延缓作用，但它易水解，只能在低pH值下操作，而pH低时，EDTA又容易结

表 4-4-1 某些金属离子与EDTA的络合物稳定常数

金属离子	Co^{2+}	Cd^{2+}	Zn^{2+}	Pb^{2+}	Ni^{2+}	Cu^{2+}	Fe^{3+}
lg$K$	16.10	16.48	15.58	18.20	18.45	18.86	25.10

晶，给操作带来困难。

第三节　用EDTA淋洗分离镨、钕

一、基本原理

1．吸附　当含有稀土离子的弱酸性溶液通过装有NH_4^+型树脂的吸附柱时，发生如下的阳离子交换反应：

$$3\overline{R-NH_4}+Pr^{3+}=\overline{R_3-Pr}+3NH_4^+$$

$$3\overline{R-NH_4}+Nd^{3+}=\overline{R_3-Nd}+3NH_4^+$$

根据质量作用定律，其浓度平衡常数为：

$$K_{Pr}=\frac{C_{\overline{Pr}^{3+}}\cdot C^3_{NH_4^+}}{C^3_{\overline{NH_4}^+}\cdot C_{Pr^{3+}}}$$

$$K_{Nd}=\frac{C_{\overline{Nd}^{3+}}\cdot C^3_{NH_4^+}}{C^3_{\overline{NH_4}^+}\cdot C_{Nd^{3+}}}$$

由于Pr^{3+}对树脂的亲和力稍大于Nd^{3+}，即$K_{Pr}>K_{Nd}$，故在吸附柱上还发生二次交换反应：

$$\overline{R_3-Nd}+Pr^{3+}=\overline{R_3-Pr}+Nd^{3+}$$

这种作用仅使吸附柱上层树脂Pr的浓度稍高，而下层树脂Nd的浓度稍高。最后，树脂被Pr、Nd饱和而使流出液出现Pr、Nd，即漏穿。这时Pr、Nd并没有得到有效分离，只是在不同时间内流出液中Pr、Nd的浓度有些不同。所以，吸附柱的作用仅是将欲分离的稀土离子吸附在树脂中，以作下步淋洗时分离Pr、Nd。

2．淋洗　将EDTA溶液通过已吸附Pr、Nd的树脂层时，在吸附柱内除了Pr^{3+}、Nd^{3+}和NH_4^+的交换反应外，还发生EDTA与Pr、Nd的络合反应。以$(NH_4)_3L^-$表示EDTA铵盐阴离子时，上述络合反应为：

$$\overline{R_3-Pr}+(NH_4)_3L^-=3\overline{(R-NH_4)}+PrL^-$$

$$\overline{R_3-Nd}+(NH_4)_3L^-=3\overline{(R-NH_4)}+NdL^-$$

由于Nd与EDTA的络合物稳定常数大于Pr，故EDTA淋洗时，不仅Nd以NdL^-被优先淋洗下来，而且一部分同时被淋洗下来的PrL^-还能与树脂上尚未淋洗下来的Nd^{3+}发生二次反应，使树脂层中Pr-Nd分层更完全。其反应为：

$$\overline{Nd^{3+}}+PrL^-=\overline{Pr^{3+}}+NdL^-$$

其浓度平衡常数：

$$K=\frac{C_{\overline{Pr}^{3+}}\cdot C_{NdL^-}}{C_{\overline{Nd}^{3+}}\cdot C_{PrL^-}}=\frac{C_{\overline{Pr}^{3+}}/C_{PrL^-}}{C_{\overline{Nd}^{3+}}/C_{NdL^-}} \qquad (4\text{-}4\text{-}1)$$

由（4-4-1）式可见，K就是在有络合剂存在下Pr、Nd间的分离系数。因为Pr、Nd与EDTA形成的络合物稳定常数为：

$$K_{PrL^-}=\frac{C_{PrL^-}}{C_{L^{4-}}\cdot C_{Pr^{3+}}} \qquad (4\text{-}4\text{-}2)$$

$$K_{NdL^-}=\frac{C_{NdL^-}}{C_{L^{4-}}\cdot C_{Nd^{3+}}} \qquad (4\text{-}4\text{-}3)$$

将（4-4-2）和（4-4-3）式代入（4-4-1）式得：

$$K=\frac{K_{NdL^-}}{K_{PrL^-}}\cdot\frac{C_{\overline{Pr}^{3+}}/C_{Pr^{3+}}}{C_{\overline{Nd}^{3+}}/C_{Nd^{3+}}}=\frac{K_{NdL^-}}{K_{PrL^-}}\cdot\frac{D_{Pr}}{D_{Nd}}$$

上式中D_{Pr}/D_{Nd}即为无络合剂时Pr与Nd的分离系数。由于$K_{NdL^-}/K_{PrL^-}>1$，故在有络合剂时，Pr、Nd间的分离系数增大了。

将从吸附柱流出来的淋洗液通入带有延缓离子的树脂分离柱时，Pr与Nd将得到进一步分离，这是由于淋洗液中的PrL^-和NdL^-能与分离柱中的延缓离子发生反应，延缓离子被淋洗下来，而Pr、Nd则再一次被吸附在树脂上。例如用Cu^{2+}作延缓离子的反应为：

$$PrL^-+\overline{Cu}^{2+}=\overline{Pr}^{3+}+CuL^{2-}$$

$$NdL^-+\overline{Cu}^{2+}=\overline{Nd}^{3+}+CuL^{2-}$$

由于NdL^-的稳定常数大于PrL^-，故Pr^{3+}首先被Cu^{2+}置换而吸附在分离柱上层，Nd^{3+}则吸附在下层。继续淋洗时，上层的Pr^{3+}发生解吸，当它流经下层吸有Nd^{3+}的树脂时，Pr^{3+}与Nd^{3+}又发生交换反应，Pr^{3+}重新吸附到树脂上。经过这样反复的吸附与解吸的交替过程，使树脂层中Pr^{3+}和Nd^{3+}带的距离更大，分层更明显，从而获得纯度高、收率高的最后Pr和Nd的各自流出液。

二、影响分离效果的主要因素

1．淋洗剂pH　淋洗剂pH高时，Pr、Nd均能与EDTA形成稳定的络合物，使分离效果降低；但pH过低时分离效果也降低，同时EDTA还能结晶析出。故一般当采用EDTA浓度为0.015～0.03mol/L时，pH控制在8～8.2为宜，此时，流出液的pH>2。

2．树脂粒度　离子交换的化学反应速度通常很快，因此，交换速度主要取决于交换离子在树脂相和液相之间的扩散速度。显然，树脂粒度细，则树脂的总表面积大，扩散速度快。但树脂也不能过细，否则阻力大，流速减慢。所以一般采用0.147～0.165mm树脂为宜。

3．流速　流速快则溶液在树脂层中停留时间短，稀土离子来不及与树脂上的可交换离子充分交换就流出来，使吸附和分离的效果降低。但流速过小则生产率降低。因此，流速必需适当，一般是稀土料液以0.3～0.4cm/min、淋洗剂以0.4～1.0cm/min为宜。

4．柱比　分离柱树脂体积与吸附柱树脂体积之比值愈大则分离效果愈好，但生产周期长，淋洗剂耗量增加。因此，必需合理选择柱比，一般以1～2:1为宜。

5．柱高与柱径之比　如果柱中树脂体积一定，则当柱高与柱直径之比值大时，分离效果增大，但一般以10～20:1为宜。

6．温度　提高温度能增加交换离子的扩散速度，从而加快交换过程速度，并且交换速度增大，使得稀土离子之间及稀土离子与延缓离子之间的重复交换次数增多。所以，提高温度还能增加分离效果，但提高温度给操作和设备带来一定困难，故一般是在常温下进行。

三、柱上操作

工业生产中，置换色层工艺通常由三个交换柱组成一个系列。第一个为吸附柱，其它两个为分离柱，均先装有NH_4^+型阳树脂。

1．吸附柱负载稀土　将吸附柱与料液高位槽连接。料液以约0.3cm/min左右的线速度通过树脂层。流出液经常用草酸检验，当溶液中有稀土出现时，立即停止进料，并以无离子水洗吸附柱，洗去停留的稀土溶液。

2．分离柱饱和Cu^{2+}-H^+将第二、三柱与$CuSO_4$-H_2SO_4溶液高位槽连接，并以约0.4cm/min左右线速度通过分离柱。当Cu^{2+}带离第三柱底部约20cm处时，切断溶液流入，并用无离子水洗柱，洗至无SO_4^{2-}离子为止。水洗流速约为1cm/min。

3．淋洗　串联第一、二、三柱，将第一柱与EDTA溶液高位槽连接，使淋洗液从第一柱顶部加入，至第三柱底部流出。流速为约0.4cm/min，当色带达到第三柱中部时可改用1cm/min，直至淋洗结束，分别得到高纯的镨和钕的溶液。

第四节　理论塔板数和塔板当量高度的确定

一、理论塔板数的确定

理论塔板的概念就是把交换柱从上而下看成若干个相等高度的树脂层组合而成。这些树脂层数称为“理论塔板数”，用n表示。每个理论塔板的高度就称“理论塔板当量高度”用h表示。

设被络合剂从树脂上淋洗下来的组成为x（以摩尔百分数表示），并设各层的分离系数相等，则为了使A、B两个组分达到某一纯度所需的理论塔板数可用下式求出：

$$n=\left[\lg\left(\frac{x_A}{x_B}\right)_m-\lg\left(\frac{x_A}{x_B}\right)_0\right]\Big/\lg\beta_{A/B} \qquad (4\text{-}4\text{-}4)$$

式中　$(x_A/x_B)_0$——树脂层中某个参考点“0”上，x_A与x_B量之比；

$(x_A/x_B)_m$——A、B组分从“0”点下移到另一点“m”时，x_A与x_B量之比；

$\beta_{A/B}$——组分A和B之间的分离系数；

n——树脂层中从0点到m点之间的理论塔板数。

从（4-4-4）式看出，若知道了分离系数和对产品纯度的要求（即在m点的x_A/x_B），就可以求出所需的理论塔板数。

二、理论塔板高度的确定

设A、B两稀土元素在树脂层中的重叠区高度为L，若重叠区内有n个理论塔板数，则理论塔板当量高度h为：

$$h=\frac{L}{n}$$

或

$$n=\frac{L}{h}=\left[\lg\left(\frac{x_A}{x_B}\right)_m-\lg\left(\frac{x_A}{x_B}\right)_0\right]\Big/\lg\beta_{A/B}$$

即

$$\lg\left(\frac{x_A}{x_B}\right)_m=\frac{\lg\beta_{A/B}}{h}L+\lg\left(\frac{x_A}{x_B}\right)_0$$

上式为一直线方程式，只要以$\lg(x_A/x_B)_m$对L作图，就可得到一条直线，这直线的斜率即为$\lg\beta_{A/B}/h$(图4-4-2)。

由图4-4-2可知：

$$h=\lg\beta_{A/B}\frac{\Delta L}{\Delta\lg(x_A/x_B)_m} \qquad (4\text{-}4\text{-}5)$$

由于$\beta_{A/B}$是已知的，因此，只要用实验方法确定了直线斜率后，就可求出理论塔板当量高度。

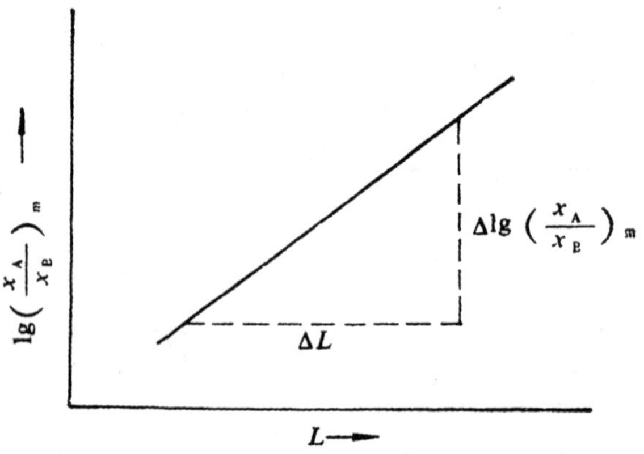

图 4-4-2 $\lg\left(\frac{x_A}{x_B}\right)_m$ 与L的关系

三、影响理论塔板当量高度的因素

理论塔板当量高度是交换过程两相接触时间及交换速度的函数。因此，其大小受淋洗剂的浓度、酸度、流速、温度、树脂粒度和交联度，以及稀土络合物稳定性的影响，但它不受柱的直径影响。通常，理论塔板当量高度随淋洗剂浓度、淋洗剂流速的提高而增大，随温度的提高而减小。

思 考 题

1. 用离子交换法分离稀土元素时，为什么常用置换色层法？这种方法的特点是什么？
2. 进一步阐明淋洗剂（络合剂）和延缓离子在分离过程中的作用。

第五章　液膜萃取及萃取色层法分离提取稀土元素

第一节　液膜萃取分离稀土

近年来，液膜分离技术受到人们很大的重视，在用液膜分离铜、铬、钴、汞、锌、铀等进行了许多研究，有的已获得了应用。同时，在用液膜分离稀土元素方面也已有一定的进展。

一、液膜分离技术的基本概念及原理

1．基本概念　目前研究得比较多的有聚合物支撑型液膜和乳化膜，即表面活性剂液膜两种。

（1）聚合物支撑型液膜　把含流动载体和有机溶剂的膜相吸着在惰性的微孔聚合体薄膜中。用此膜分隔料液相和接收相，如图4-5-1所示。由于载体有一定的选择性，料液中溶质可选择性通过膜相而进入接收相。可见它把传统的溶剂萃取工艺中的萃取和反萃取过程合为一步完成。这种类型的传质速度较慢，但不需破乳，膜溶液容易补充，操作简便。

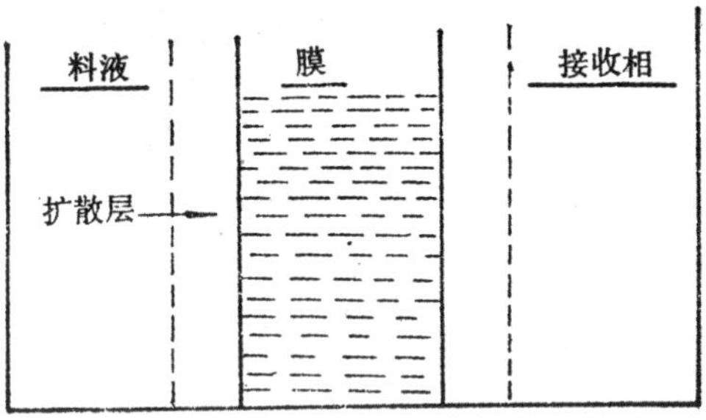

图 4-5-1　支撑型液膜示意图

溶剂萃取中的萃取剂均可作为流动载体，例如P_{204}、P_{507}、N_{503}、TBP、冠醚等。微孔聚四氟乙烯或聚丙烯薄膜可作为液膜支撑体。

（2）乳化液膜　膜一般由基质（溶剂）、流动载体和表面活性剂组成。将包含着接收相（膜内相）的小乳滴分散在料液相（膜外相）中，料液中特定的离子或化合物选择性通过膜相向膜内相迁移。这种类型的液膜传质速度快，但需破乳工序。破乳后的膜相可循环使用。

惰性溶剂煤油、苯等可作为膜基质。上述各种萃取剂可作流动载体。N_{205}（双丁二酰亚胺）等可作为表面活性剂。

2．基本原理　通过聚合物支撑液膜或乳化膜而选择性迁移是基于不同金属离子在可萃性上存在一定的差异。实现液膜分离过程的推动力一般来说是被有机液膜分开的两水相（内、外液相）之间的pH梯度。不过，任一种化学位也许都能用来推动这一分离过程。

根据料液中欲分离的离子与H^+离子的扩散迁移方向，通常分为逆向迁移和同向迁移两种机理。

逆向迁移机理　如果料液中欲分离的是阳离子Me^{n+}，则载体是用酸性萃取剂P_{204}、P_{507}、环烷酸等。这时，Me^{n+}与H^+朝相反的方面扩散，即逆向迁移。下面以乳化膜分离三价稀土离子为例。

用P_{204}作流动载体构成乳化液膜，膜内相溶液为4～6mol/L盐酸。当这种乳滴与pH为4～4.5的稀土料液（膜外相）接触时，P_{204}在膜外部界面与料液中的RE^{3+}发生萃取反应：

$$RE^{3+}+3(HA)_2=RE(HA_2)_3+3H^+$$

结果是料液中RE^{3+}浓度降低，酸度升高。生成的$RE(HA_2)_3$溶于有机膜相，并穿过乳化液膜的内部扩散到内界面处。由于内相水溶液的高酸度而发生反萃反应：

$$RE(HA_2)_3+3H^+=RE^{3+}+3(HA)_2$$

结果是内相中RE^{3+}浓度升高，酸度降低。形成的游离$(HA)_2$向膜的外部界面扩散，重新与料液中的RE^{3+}发生萃取反应。由于连续不断的上述过程，使料液中的RE^{3+}浓度逐渐降低，酸度逐渐升高；相反，膜内相中的RE^{3+}浓度逐渐升高，酸度逐渐降低。其迁移机理如图4-5-2所示。

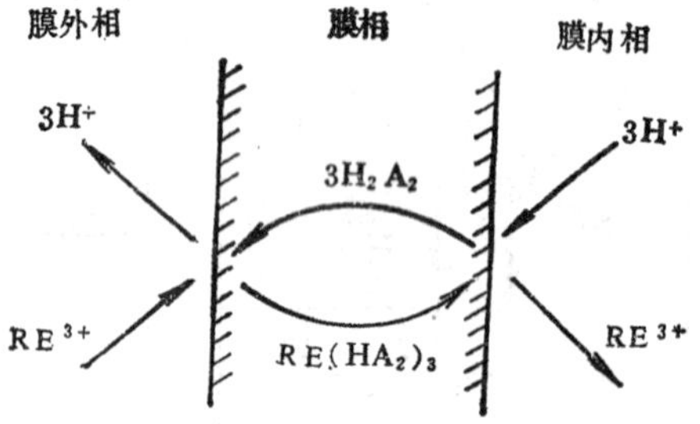

图 4-5-2　RE^{3+}与H^+逆向迁移机理示意图

用烷基磷酸或环烷酸作载体的液膜萃取稀土结果表明，传质顺序都是$Sm^{3+}>La^{3+}>Er^{3+}$，这与它们生成的萃合物稳定性顺序不同，可能由于有足够的次数进行水合和络合作用，以致达到完全平衡有关。

同向迁移机理　如果料液中欲分离的是络阴离子A^{n-}，则载体通常用碱性萃取剂胺或季铵盐，这时，A^{n-}与H^+朝相同的方向扩散，即同向迁移。。下面以乳化膜分离硫酸铀酰络阴离子为例。

用叔胺作流动载体构成乳化液膜，膜内相为稀酸溶液或水。当这种乳化液滴与含$UO_2(SO_4)_2^{2-}$的硫酸溶液接触时，界面的主要反应为：

$$UO_2(SO_4)_2^{2-}+2H^++2R_3N=(R_3NH)_2UO_2(SO_4)_2$$

液膜的迁移过程如图4-5-3所示。在液膜/料液一侧，料液为酸性，有利于叔胺萃取$UO_2(SO_4)_2^{2-}$和H^+。生成的萃合物溶于膜相，并由膜层的外侧向内侧扩散迁移，达到液膜/内相一侧，由于所用内相水溶液酸度较低，$UO_2(SO_4)_2^{2-}$和H^+从膜相中反萃下来，胺得到再生并扩散回到液膜/料液一侧。可以看出，硫酸铀酰与胺的反应和迁移都是和氢离子

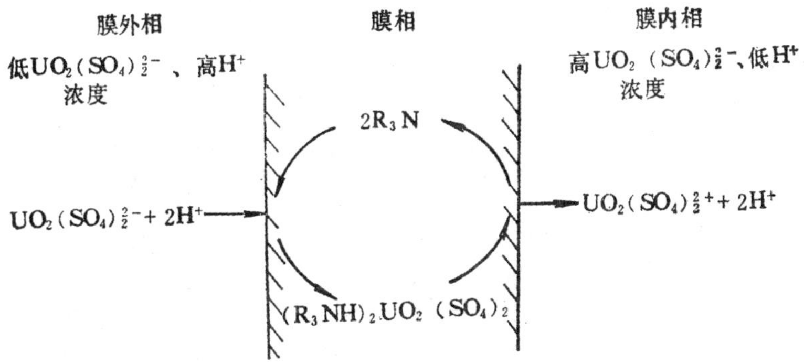

图 4-5-3 $UO_2(SO_4)_2^{2-}$与H^+同向迁移机理示意图

在同一方向耦合流动，即为同向迁移。

二、影响液膜萃取传质速率的因素

液膜萃取的传质速率包括界面化学反应速率和膜内扩散渗透速率。要想用数学的模式正确表达实际传质过程尚有困难。但是，通常是界面化学反应速率远大于膜内扩散渗透速率，即液膜萃取的传质速率受膜内扩散速率所控制。

根据斐克定律，某一溶质在体积V_{I}穿过液膜迁移到体积V_{II}的速率为：

$$-\frac{dN_1}{dt}=\frac{PS}{\delta}(\overline{C}_{\mathrm{I}}-\overline{C}_{\mathrm{II}})$$

式中 N_1——从体积V_1迁移的摩尔数；

P——渗透系数；

$\overline{C}_{\mathrm{I}}$和$\overline{C}_{\mathrm{II}}$——分别为膜两侧的溶液Ⅰ和Ⅱ在膜界面处的浓度；

S和δ——分别为膜的面积和厚度。

从上述方程式看出，膜的传质速率是随乳化液滴尺寸和厚度的减小而增大，而其尺寸和厚度主要取决于所用表面活性剂的性质。

三、乳化液膜体系的技术操作

1．制膜　在容器中加入所需的流动载体、表面活性剂和溶剂（如煤油），混合均匀后加入内相溶液（如稀盐酸）并高速搅拌（2000～3000r/min）20min左右，制成油包水系(W/O)膜相。若放置1h后乳滴破裂小于2%，这样的乳膜认为是稳定的。典型的乳化液滴直径约100μm，实际上的液滴常由若干个小液滴聚结成直径为1mm左右的聚集体(见图4-5-4)。

2．液膜萃取　在容器中加入已制备好的乳化液滴和料液（外相），然后在200r/min左右慢速搅拌，使两相混合均匀，形成W/O/W系。此过程即发生溶质的迁移。

3．澄清及后处理　转入澄清器中分出外相，并将富集了金属的液滴进行破乳。破乳可以用热学、化学、超声、离心和静电装置来实现。后一种装置具有突出的优点，因为输入的能量很低，不会使载体降解。所用电场为500V/cm左右。这时又分成有机相和水相。所得有机相返回制膜，水相则是富集了的或欲分离金属的溶液。

由于与溶剂萃取工艺相类似，故可用萃取塔或箱式混合澄清槽作为乳化液膜分离技术的设备。如果待处理溶液体积大而浓度低，且传质速率不是很慢，采用萃取塔结构最适

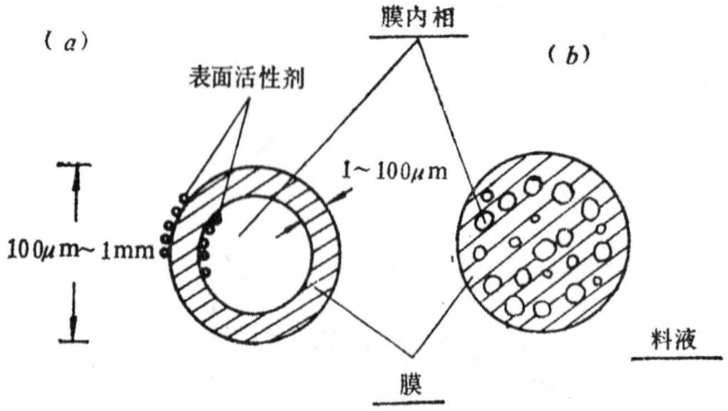

图 4-5-4 乳化液滴结构示意图
(a) 理想液滴；(b) 真实液滴

宜。

液膜萃取的优点除了膜相损失小外，金属在内相中的富集系数很高，例如净化含150～200ppm锌的溶液，可使锌富集到大约15g/L。同时，根据料液中离子性质的差异和采用不同的载体，可进行金属的分离提纯。液膜萃取的缺点通常与离子交换工艺相似，即一般较适合于处理浓度较低的溶液。

第二节 萃取色层分离稀土

萃取色层法是同时具有溶剂萃取和离子交换技术的一种特殊形式。萃取色层是采用柱上操作，所用树脂有浸渍树脂和萃淋树脂两种。第一种是将萃取剂吸附在疏水硅球上。但这种用浸渍法制备的树脂，柱体吸附的萃取剂量较少，吸附上去的萃取剂在使用过程中除正常的溶解损失外，也因相互结合不牢固而流失，影响使用寿命。第二种是用悬浮聚合原理将萃取剂和固定相在引发剂作用下聚合形成的高分子树脂，例如 P_{204} 树脂和 P_{507} 树脂等。它的优点是萃取剂含量可高达62%，而且因萃取剂是聚合到固定相上，结合牢固，流失小，使用寿命长。

萃取色层法的优点除了具有萃取法的高选择性外，还具有离子交换法的高效性，其理论塔板当量高度一般在几个毫米左右。它可以用水或无机酸作淋洗剂，而且淋洗速度快、淋洗体积小。

用萃淋树脂或浸渍树脂分离稀土元素时，其设备和工艺操作与离子交换法相类似，一般也是经过吸附-洗涤-淋洗（解吸）等步骤来完成。其分离作用主要在淋洗阶段。由于 P_{507} 树脂对稀土选择性高，反萃酸度低，故常采用它。

淋洗时，色层柱最佳分离条件的选择一般用选择性、柱效率和分离度三个指标来评价。选择性主要取决于萃取剂的性质；柱效率（即淋洗曲线上的峰宽）则是流速、温度、萃取剂含量等的函数；分离度决定于峰宽和两个最大峰值之间的距离。通常是，较高的淋洗温度、较低的淋洗剂酸度和流速均可提高稀土的分离度。

思考题

阐述液膜萃取和萃取色层分离稀土元素的基本原理及其特点。

第六章　一般化学法分离稀土元素

第一节　概　　述

一般化学法有分步结晶法、分步沉淀法和氧化还原法三种。这些方法是基于稀土元素盐类在水溶液中溶解度的差异以及某些稀土元素变价特性所采用的分离方法。

结晶法和沉淀法曾是分离单一稀土元素的主要方法，但由于这些方法存在着操作次数繁多（可达数百次），产品纯度和回收率较低，所以目前几乎被萃取法或离子交换法取代，只是在稀土分组中有时得到应用。但是，用氧化还原法从其它三价稀土元素中分离四价的铈和钛，二价的铕和镱则是目前分离这几种元素的主要方法之一。

第二节　分步结晶法和分步沉淀法

一、分步结晶法

在分步结晶法中，常采用稀土硝酸铵复盐结晶法。它是基于各种稀土元素所形成的相应硝酸铵复盐在水中溶解度的差异。由于"镧系收缩"现象，各元素的离子半径是随着原子序数的增加而减小（即碱性减弱），所以，其形成的硝酸铵复盐的溶解度是随着原子序数的增加而增大。由于上述原因，可用分步结晶法进行稀土元素的分离，其分离流程如图4-6-1所示。

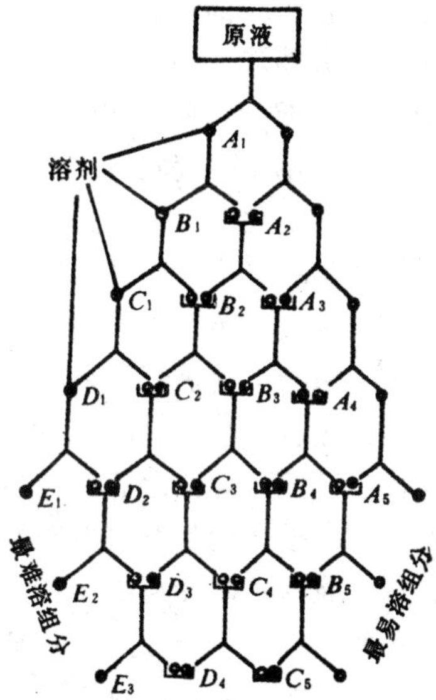

图 4-6-1　分步结晶的原则流程

○—母液；●—结晶体；⊔—合并

将稀土硝酸盐溶液和一定量的硝酸铵混合，经过蒸发浓缩、冷却结晶，便能得到四水稀土硝酸铵复盐：

$$RE(NO_3)_3+2NH_4NO_3+4H_2O=RE(NO_3)_3\cdot 2NH_4NO_3\cdot 4H_2O$$

由于镧的复盐比其它稀土元素复盐溶解度小，所以在冷却结晶时首先析出，随后析出的是其它稀土复盐，如铈、镨、钕等。按图4-6-1所示的流程将析出的沉淀及结晶母液进行多次溶解和结晶则可得纯产品。

二、分步沉淀法

在稀土分步沉淀法中常采用碱金属钠、钾或铵的稀土硫酸复盐。

在稀土的硫酸溶液中，加入碱金属硫酸盐或硫酸铵，在加热搅拌下则形成稀土硫酸复盐沉淀：

$$xRE_2(SO_4)_3 + yMe_2SO_4 + zH_2O = xRE_2(SO_4)_3 \cdot yMe_2SO_4 \cdot zH_2O$$

式中Me表示Na、K、NH_4。x、y、z是随生成条件而不同，在较低浓度碱金属硫酸盐中x、y、z一般分别为1、1、2。

稀土硫酸复盐的溶解度随原子序数的增加而增大。对于所有稀土元素，按其硫酸复盐的溶解度不同，通常可分为三组，即：

（1）难溶的铈组元素：La、Ce、Pr、Nd、Sm；

（2）少溶的铽组元素：Eu、Gd、Tb、Dy；

（3）易溶的钇组元素：Y、Ho、Er、Tm、Yb、Lu。

由于相邻稀土硫酸复盐的溶解度差别不大，所以用硫酸复盐分步沉淀法来进行分离时，操作次数繁多。但是，用此法进行稀土初分组，尤其是从稀土中分离非稀土杂质效果较好，故目前仍常采用在稀土生产中的前处理工艺上。

第三节　氧化还原法

氧化还原法是基于某些三价稀土元素可以氧化为四价（如Ce、Tb）或还原为二价（如Eu、Yb）后与其它三价稀土元素在性质上有明显的差异，因而可利用这种差异来达到分离提纯这些变价元素的目的。某些元素的标准氧化还原电位如表4-6-1所示。

一、铈的氧化分离法

当三价铈氧化成四价铈后，在pH为0.7～1.0时就容易形成氢氧化物$Ce(OH)_4$沉淀析出，而其它三价稀土离子则要在pH6～8时才能沉淀析出。铈的氧化方法很多，例如用空气、氧气、氯气、过氧化锰、过硫酸铵、高锰酸钾、溴酸钾和电解阳极氧化等。但工业生产中主要用空气或氧气氧化，而且普遍采用常压湿法空气氧化法。将经除去铀钍后的混合稀土氢氧化物调成浆液，使稀土氧化物浓度在50～70g/l，碱度在0.15～0.3mol/L，加热至85℃左右，通入压缩空气进行氧化，铈的氧化率一般可达98%左右。然后进行过滤洗涤，再用10%硝酸进行优溶，pH值控制在4～5。此时$Ce(OH)_4$难溶于稀硝酸，而三价稀土氢氧化物易溶。过滤可得铈含量80～85%的铈富集物，铈直收率约为90%。所得铈富集物可作为商品出售，或作为萃取法生产纯铈氧化物的原料。

二、钐、铕、镱的还原分离法

钐、铕、镱的还原法一般有三种，即锌粉还原法（主要对铕），汞齐还原法和电解还原法。其中锌粉还原法是目前常用的工业方法。

表 4-6-1　某些稀土元素的标准氧化还原电位（25°C）

反　　应	$\varepsilon°$，V
$Ce^{4+} + e = Ce^{3+}$	+1.61
$Ce(OH)_4 + 4H^+ + e = Ce^{3+} + 4H_2O$	+1.68
$Pr^{4+} + e = Pr^{3+}$	+1.60
$Eu^{3+} + e = Eu^{2+}$	−0.43
$Sm^{3+} + e = Sm^{2+}$	−1.72
$Yb^{3+} + e = Yb^{2+}$	−1.15
$Zn^{2+} + 2e = Zn$	−0.76

1．锌粉还原-碱度法提铕 将三价铕还原成二价铕后，用氨水沉淀稀土元素，因二价铕与碱土金属相似留在溶液中，而其它稀土元素则生成氢氧化物沉淀析出。经过滤，将二价铕与其它稀土元素分离。其化学反应为：

$$2EuCl_3 + Zn = 2EuCl_2 + ZnCl_2$$

$$RECl_3 + 3NH_4OH = RE(OH)_3 + 3NH_4Cl$$

当溶液中Eu^{2+}含量高时，也可能形成$Eu(OH)_2$沉淀而造成部分铕的损失。但生产实践表明，当溶液中存在一定量的NH_4Cl时，可减少$Eu(OH)_2$的沉淀。另外，由于Eu^{2+}在溶液中很不稳定，容易发生氧化，故影响铕收率，其氧化反应为：

$$Eu^{2+} + H^+ = Eu^{3+} + \frac{1}{2}H_2$$

$$Eu^{2+} + H^+ + \frac{1}{4}O_2 = Eu^{3+} + \frac{1}{2}H_2O$$

为了保证有较高的铕收率，可采用以下方法，即

（1）降低溶液的酸度，以减少H^+的氧化作用；

（2）将操作过程在惰性气氛或密闭容器中进行；

（3）过滤时采用惰性溶剂（如煤油、二甲苯）作过滤保护层。

由于Eu^{2+}与其它三价稀土离子在性质上有很大的不同，故目前也采用了锌粉还原-离子交换法生产纯氧化铕，并且对锌粉还原-萃取法的研究也有较大进展。

2．电解还原法 电解还原钐、铕、镱的方法有汞阴极电解还原法，锂汞阴极电解还原法和多孔石墨电极电解还原法。由于汞有毒，所以目前在稀土工业上未得到应用。

多孔石墨电极电解还原是在氯化物体系中进行。电解时Eu^{3+}在阴极上被还原成Eu^{2+}，而Cl^-在阳极上氧化成Cl_2析出，因而容易产生阳极极化现象。但是，若在电解液中加入适量的HBr（浓度为0.01～0.016M）时，可能由于Br^-在阳极氧化成Br_2，避免大量氯气的析出，使得电解电流和电压保持稳定。

电解是采用0.02～0.7mol/L的氯化稀土料液（铕的浓度为0.002～0.1mol/L），加入0.01～0.016mol/L的Br^-，pH调至4～4.7，在氮气保护下进行电解还原。在这种条件下，铕可被定量还原成Eu^{2+}。

思考题

1．分步结晶法和分步沉淀法的基本原理是什么？它对稀土化合物有哪些要求？

2．选择性氧化还原法的基本原理是什么？它有哪些特点？

第七章　稀土金属的生产

第一节　生产稀土金属的原料化合物制取

用熔盐电解法或金属热还原法制取稀土金属时，主要是采用无水稀土氯化物、氟化物和氧化物作原料。稀土氧化物一般是通过稀土草酸盐或氢氧化物在600～700℃下煅烧而制得。

一、无水稀土氯化物的制取

采用水合晶体（$RECl_3 \cdot nH_2O$）脱水法和氧化物的氯化法均可制得无水稀土氯化物。

1．脱水法　蒸发浓缩稀土氯化物溶液得到的是水合晶体$RECl_3 \cdot nH_2O$（$n=6$或7）。加热这种晶体时，常会发生水解而形成稀土的氯氧化物：

$$RECl_3 \cdot nH_2O = REOCl + (n-1)H_2O + 2HCl$$

因此，一般是在400℃和低压（约80kPa）下于氯化氢气流下进行干燥，或在300～320℃下加热水合稀土氯化物与NH_4Cl的混合物。在上述两种情况下均能使生成的稀土氯氧化物重新转变成氯化物：

$$REOCl + 2HCl = RECl_3 + H_2O$$

$$REOCl + 2NH_4Cl = RECl_3 + 2NH_3 + H_2O$$

工业上脱水是在卧式干燥窑内进行，在窑的底部加热（图4-7-1）。水合稀土氯化物与20％氯化铵混合装入搪瓷料盘内。料盘置于料车的筐架上，将料车推入窑内，用泵抽至窑

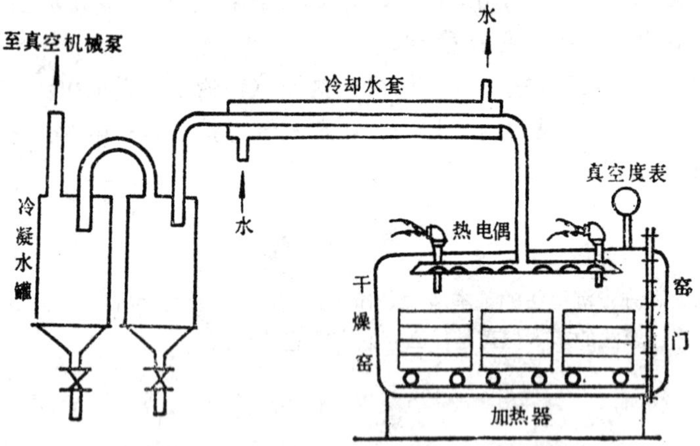

图 4-7-1　水合稀土氯化物脱水设备示意图

内压力约为80kPa的同时开始加热。在脱水过程中应始终保持在80kPa以下的压力。脱水周期约36h，最终产物还不能达到完全脱水程度。但能满足一般熔盐电解制取稀土金属的要求。

2．氯化法　用氯化剂（如氯气、四氯化碳、氯化氢、氯化铵或硫的氯化物等）与稀土氧化物作用，均可直接得到无水稀土氯化物。

用氯气氯化是在加碳下进行，在600～700℃下便发生反应：

$$2RE_2O_3+3C+6Cl_2=4RECl_3+3CO_2(\text{或}CO)$$

氯化是在氯化炉中于600～700℃下通氯气进行。此法所得产物中难免有少量碳杂质。

用四氯化碳氯化时，当加热至600～700℃时便发生反应：

$$2RE_2O_3+3CCl_4=4RECl_3+3CO_2\ (\text{或部分}CO\text{和}COCl_2)$$

用这种方法所得的产物中只含少量碳杂质。

用氯化铵氯化时可得较纯的无水稀土氯化物。其反应为：

$$RE_2O_3+6NH_4Cl=2RECl_3+6NH_3+3H_2O$$

在该法中，将稀土氧化物与按理论计算量约200%的NH_4Cl相混合，在惰性气体保护下，在温度为200～300℃反应，直至反应物料能全部溶于水为止。然后在300～320℃和0.067～0.27kPa 真空下加热氯化物，除去过剩的NH_4Cl，以免稀土产品被氮沾污。

3．稀土氯化物的净化　用上述各种方法制的无水稀土氯化物常有少量氧、碳等杂质。但一般能满足熔盐电解法生产稀土的要求，而有时为了制取高纯氯化物，往往采用真空蒸馏法，即将含杂质的稀土氯化物置于真空蒸馏设备中进行蒸馏。在真空度为5.3×10^{-4}～5.3×10^{-3}kPa、温度为850～950℃条件下蒸馏时，稀土氯化物被蒸发进入上部冷凝器中凝结，而氧（以REOCl、RE_2O_3存在）和碳等杂质留在残余物中。

二、无水稀土氟化物的制备

1．水合稀土氟化物的脱水　用氢氟酸从稀土溶液中沉淀析出的稀土氟化物是含水结晶体$REF_3\cdot nH_2O(n=0.5\text{或}1.0)$。过滤后在100～150℃下烘干，然后在真空中加热至300℃进行脱水。这种方法得到的氟化物总含有少量的REOF。但是，如果在氟化氢气流中于600℃下脱水，则可避免形成REOF。

2．氧化物的氟化　可用氟化氢气体作用于氧化物的方法得到无水稀土氟化物：

$$RE_2O_3+6HF=REF_3+3H_2O$$

在550～575℃下，反应能迅速进行。氟化可在镍或铜镍合金管中进行。在管中盛有氧化物的烧舟是与HF气流相反的方向移动。从管中排出的剩余HF气体用苏打溶液吸收，或通过干冰冷凝器除去水分后返回使用。

也可用NH_4HF_2进行氟化。此时，可将稀土氧化物与NH_4HF_2一起于200～300℃下加热得到无水稀土氟化物：

$$RE_2O_3+6NH_4HF_2=2REF_3+6NH_4F+3H_2O$$

剩余的NH_4HF_2和NH_4F可在450℃下加热除去。

稀土氟化物与氯化物不同，其吸水性很弱，但却能吸收空气中的气体，所以应将其保存在惰性气体中。

第二节　熔盐电解法生产稀土金属

一、氯化物电解

1．基本原理　电解是在无水氯化稀土与氯化钾或氯化钾、氯化钠组成的熔体中进行。熔体温度一般应保持高于稀土金属熔点50～100℃，以保证稀土金属处于熔化状态。工业上是采用石墨作阳极，用钼作阴极。因为钼在熔体中有很好的稳定性，不与熔融电解质及稀土金属发生作用。

在熔盐中$RECl_3$是以RE^{3+}和Cl^-形态存在，在直流电场作用下RE^{3+}和Cl^-分别到阴极和阳极放电析出，某些稀土金属氯化物在不同温度下的分解电压如表4-7-1所示。

$$\text{在阴极}\qquad RE^{3+}+3e=RE$$
$$\text{在阳极}\qquad 2Cl^-=Cl_2+2e$$

表 4-7-1 稀土氯化物在不同温度下的分解电压，V

稀土氯化物	700℃	800℃	900℃	1000℃
$LaCl_3$	3.066	2.997	2.936	2.876
$CeCl_3$	3.015	2.945	2.883	2.821
$PrCl_3$	2.980	2.911	2.853	2.795
$NdCl_3$	2.925	2.856	2.796	2.763
$SmCl_3$	2.911	2.861	2.815	2.736
$EuCl_3$	2.882	2.828	2.821	2.815
$GdCl_3$	2.858	2.807	2.758	2.709
$TbCl_3$	2.806	2.758	2.706	2.657
$DyCl_3$	2.735	2.690	2.645	2.599
$HoCl_3$	2.664	2.610	2.556	2.511
$ErCl_3$	2.652	2.589	2.549	2.488
$TmCl_3$	2.617	2.553	2.500	2.447
$YbCl_3$	2.606	2.542	2.488	2.434
$LuCl_3$	2.547	2.478	2.417	2.356
$ScCl_3$	2.445	2.375	2.318	2.264
YCl_3	2.690	2.643	2.596	2.548

析出的稀土金属有一部分会与氯化稀土发生二次反应，甚至与氯化钾发生反应，使电流效率降低。其反应为：

$$RE+2RECl_3=3RECl_2$$
$$2RE+RECl_3=3RECl$$
$$RE+3KCl=RECl_3+3K$$

变价稀土元素的氯化物，如$SmCl_3$、$EuCl_3$、$YbCl_3$的熔盐电解却难于获得相应的稀土金属，因为它们的三价离子在阴极上被还原成低价离子，但随着熔盐的流动，接着又在阳极上被氧化成三价离子，例如：

$$\text{在阴极}\qquad Sm^{3+}+e=Sm^{2+}$$
$$\text{在阳极}\qquad Sm^{2+}=Sm^{3+}+e$$

造成电流的空耗，所以，在电解制取混合稀土金属时，若在氯化稀土原料中含有这些元素时，电流效率将明显降低。

2. 电解质体系的选择　在选择电解质体系时，一般应考虑电解质的熔度、粘度、对稀土金属的溶解度、导电性、密度、蒸气压、表面张力等性质。现将稀土电解中常用电解质体系的主要性质叙述如下。

（1）熔度　电解质熔化温度的高低往往决定着电解温度，而电解温度的高低又对电流效率和电能消耗有很大的影响。因此，要求所用电解质具有较低的熔化温度。

氯化铈与氯化钾组成的电解质体系的状态图如图4-7-2所示。从图看出，在$CeCl_3$-KCl体系中形成两个稳定络合物K_2CeCl_5和K_3CeCl_6，相应的熔点分别为623℃和628℃。

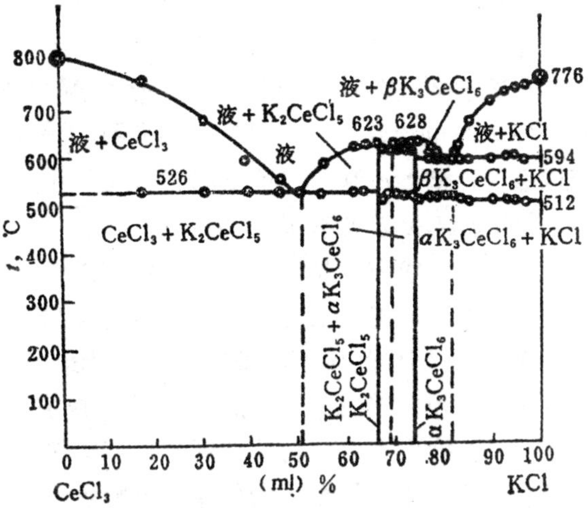

图 4-7-2 $CeCl_3$-KCl体系状态图

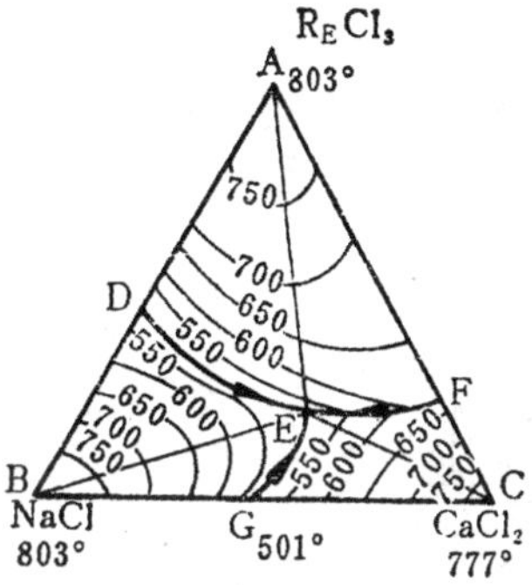

图 4-7-3 $RECl_3$-NaCl-$CaCl_2$体系熔度图

在熔融状态下，几乎所有氯化稀土能与氯化钾形成络合物是它们共同的特点，而氯化稀土与氯化钠体系则一般未发现络合物。

图4-7-3为混合稀土氯化物与氯化钠、氯化钙三元系熔度图。从图看出，在组成为21% $RECl_3$-48%$CaCl_2$-31%NaCl (mol%) 时，生成共晶混合物，共晶点为458℃，体系内没有络合物。

图4-7-4为氯化镨、氯化钾、氯化钠组成的三元体系熔度图。从图看出，由于有KCl成分，故三元系中出现了络合物。体系中存在着两个共晶点E_1、E_2和一个转熔点P。

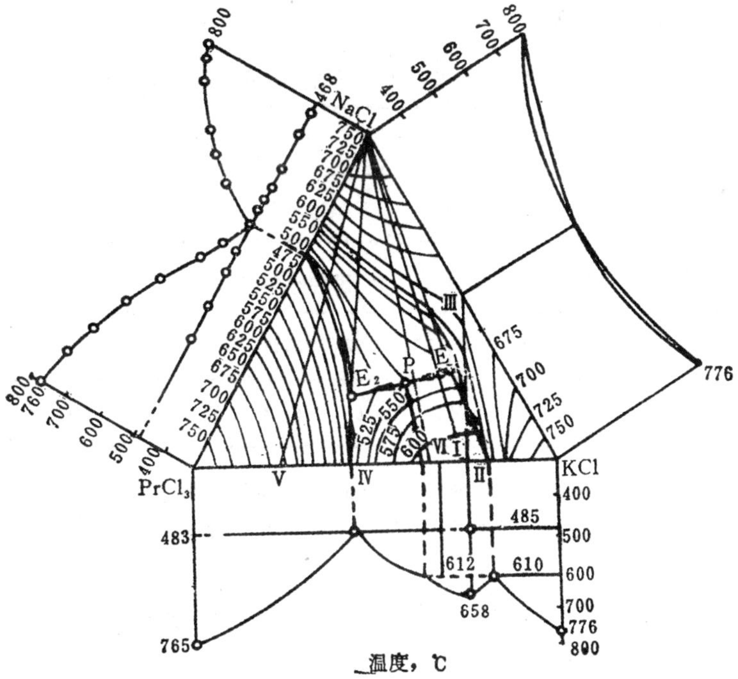

图 4-7-4 $PrCl_3$-KCl-NaCl体系熔度图

从上述各类体系的状态图可以看出，稀土氯化物与碱金属或碱土金属氯化物组成的二元或三元体系后，体系熔化温度均降低，而且均大大低于稀土金属的熔点。由于电解必需在高于金属熔点的温度下进行，故这些熔盐体系均可作为稀土电解的电解质体系。

（2）电解质对稀土金属的溶解度　由于稀土金属在其自身氯化物中的溶解度高达10～30克原子金属/100克分子熔盐，故会严重影响电流效率。但研究结果表明，加入某些电位较负的阳离子盐可使稀土金属的溶解度降低，例如添加KCl可使镧在$LaCl_3$中的溶解损失减少(见图4-7-5)。加入NaCl也有类似作用，不过效果不及KCl。

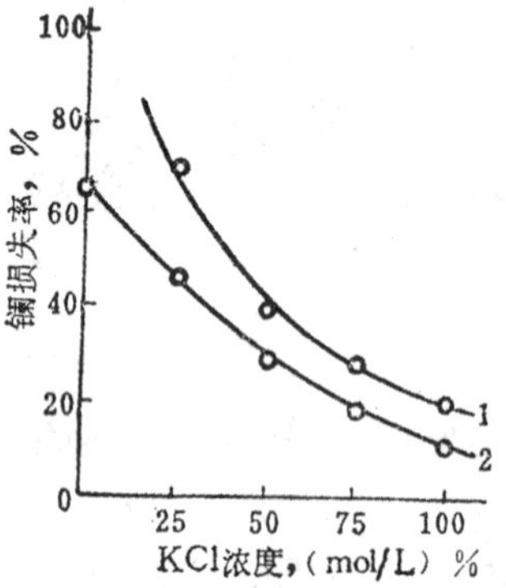

图 4-7-5　KCl浓度对镧损失率的影响

1—980℃；2—950℃

（3）电解质的粘度　熔盐的粘度对稀土电解有较大影响。粘度大则电解产生的液态金属不易与电解质分离；阳极气体不易排出；不利于泥渣沉降；不利于电解质的扩散，因而影响电解的传热传质过程。熔融稀土氯化物的粘度一般都比较大，加入碱金属或碱土金属氯化物会降低电解质的粘度。但是，在有络合物形成的范围内，粘度则会升高。制取混合稀土金属时，用$RECl_3$-KCl体系的粘度比$RECl_3$-KCl-$CaCl_2$体系小一些。

（4）电解质的电导　电解质的导电性好，则电流通过电解质的电压降小，有利于提高电流密度，增加电解槽产量。同时，导电性好还会减小电能消耗。稀土氯化物的比电导小于碱金属和碱土金属氯化物的比电导。所以，添加某些碱金属或碱土金属氯化物对提高电解质的导电性是有好处的。但是，导电性的提高并不是随添加量的增加而直线增大，它与添加物是否和稀土氯化物形成络合物有关，如表4-7-2和4-7-3所示。

表 4-7-2　$LaCl_3$-KCl系的比电导χ(900°C)

$LaCl_3$,mol%	0	5.2	13.9	24.9	38.3	50.3	59.3	69.9	84.5	100
χ值，$\Omega^{-1}\cdot cm^{-1}$	2.5427	1.6107	1.1644	1.2312	1.2125	1.4748	1.2464	1.2844	1.9006	1.127

表 4-7-3　$LaCl_3$-NaCl系的比电导χ(900°C)

$LaCl_3$, mol%	0	4.99	13.17	20.87	33.30	45.11	55.02	70.22	84.86	100
χ值，$\Omega^{-1}\cdot cm^{-1}$	3.4833	6.8854	2.1947	1.7566	1.5074	2.1039	1.3060	0.8218	1.1755	1.127

（5）电解质的密度　电解质密度是一个重要的参数，特别在电解制取稀土金属与轻金属的中间合金时，它决定着中间合金是浮在熔体之上还是沉在下面，并且直接影响合金的质量和电流效率。

熔融稀土氯化物的密度一般比碱金属或碱土金属氯化物的密度要大，故这些氯化物加入稀土氯化物中会降低熔盐体系的密度，如表4-7-4和4-7-5所示。从表中看出，熔盐的密度随KCl或NaCl含量增加而降低。同时可知，这些体系的密度均大大低于稀土金属的密

表 4-7-4 $LaCl_3$-KCl系的密度ρ(900°C)

$LaCl_3$, mol%	0	5.2	13.9	24.9	38.3	50.3	59.3	69.9	84.5	100
ρ, g/cm^3	1.4133	1.5399	1.7327	1.9778	2.2624	2.5128	2.6184	2.7595	2.9525	3.1540

表 4-7-5 $LaCl_3$-NaCl系的密度ρ(900°C)

$LaCl_3$, mol%	0	4.99	13.17	20.87	33.30	45.11	55.02	70.22	84.86	100
ρ, g/cm^3	1.5038	1.6327	2.0179	2.0505	2.3408	2.4672	2.6037	2.8622	3.0053	3.1540

度。因此，对于电解制取稀土金属来说，上述电解质体系均可采用。

（6）电解质的蒸气压　熔盐蒸气压高则电解质的挥发损失大，也给电解尾气回收利用增加负担。在混合稀土金属生产过程中，稀土直收率一般在90%左右。经物料平衡计算，约有3～4%的稀土以稀土氯化物挥发损失。

电解质中添加碱金属或碱土金属氯化物，降低其中稀土氯化物的含量，可以相对减少稀土氯化物的挥发损失。

基于上述对电解质性质的讨论，在工业生产中电解生产稀土金属时，采用KCl作添加物比NaCl、$CaCl_2$、$BaCl_2$好，原因是KCl与稀土氯化物形成的络合物堆积密度大，金属在熔体中的溶解度小，且因形成的络合物稳定，不易被空气中的水分和氧分解。但是，由于NaCl比KCl便宜，因而也有用NaCl代替KCl的。三元系如$RECl_3$-KCl-NaCl也受到人们的重视。同时，$RECl_3$-$BaCl_2$-$CaCl_2$-KCl四元系的效果也很好，它的特点是$RECl_3$可以在很低的浓度下电解，而几乎不影响电流效率。采用LiCl作添加物从提高熔体的导电率、降低能耗及降低金属的溶解损失等方面来说均比NaCl和KCl好，但因LiCl比较贵、蒸气压较大，故实际上很少用。因此，KCl是目前比较理想的电解质组成之一。

3．影响电流效率的因素

（1）电解温度　电解温度过高时，金属在电解质中的溶解度及与电解质的二次反应增加，同时电解质的循环或对流也加剧，造成部分已被还原的低价稀土离子或金属雾在阳极氧化，使得电流效率降低。电解温度过低时，熔体粘度增大，金属珠在阴极聚集不良，金属容易被循环的熔体带到阳极区被阳极气体氧化，因而降低电流效率。

适当的电解温度与电解质组成和金属熔点有关。电解制取混合稀土金属，电解质组成是38%$RECl_3$左右时，电解温度以约870℃为宜；电解制取金属镧、铈、镨时，电解质组成是35%$RECl_3$左右时，电解温度分别以镧930℃，铈900℃，镨920℃左右为宜。

（2）电解质组成　如上所述，电解质一般由稀土氯化物与碱金属或碱土金属氯化物组成。实践证明，其中$RECl_3$含量以35～48%为宜。电解质中稀土浓度过低时，将有K^+（或Na^+、Ca^{2+}）与稀土共同析出，降低电流效率。若稀土浓度过高，则熔体粘度和电阻增大，稀土金属与电解质不易分离，在熔体中金属损失大，同时阳极气体逸出困难，这些都导致电流效率降低。

（3）电流密度　适当提高阴极电流密度D_K，可加快稀土金属的析出速度，因而相对地减少金属在熔体的溶解损失及二次反应。但D_K过大时，造成电解质中其它阳离子的析出，以及导致阴极区甚至整个熔盐过热使金属的溶解损失和二次反应增加。同时还造成电能效率降低。生产实践表明，D_K一般以3～6A/cm²为宜。同样，阳极电流密度D_a也应控制适当，一般以0.6～1.0A/cm²为宜。

（4）极距　适当增大极距可减小因熔体循环而导致金属在阳极区的氧化。但极距过大时，因熔体电阻大而导致局部过热。当极距过小时，熔体的循环加剧，被溶解的金属和未完全放电的低价金属离子容易在阳极区氧化，同时阳极气体还会被循环至阴极区将凝聚的金属氧化。所以，极距的大小应视电解质循环情况、电流密度、电流分布等条件而定。

（5）氯化稀土中的水分　减压加热脱水制备的无水氯化稀土一般仍含约5%的水分。在电解时它会与氯化稀土及金属生成REOCl或RE_2O_3，致使电解过程中形成泥渣。这不仅使电流效率降低，而且REOCl和RE_2O_3分散在电解质中或覆盖在金属表面，使金属呈分散状难凝聚。同时由于$RECl_3$水解生成的HCl使电解尾气中HCl含量增加，严重腐蚀设备。因此，要求进入电解槽的原料中水分应尽量低。

（6）电解质中杂质碳　碳杂质的来源主要是石墨坩埚或电极材料，还可能是氯化稀土原料中带入的。碳是一种非常有害的杂质，有人的实验表明，当电解质中加入0.4%的石墨粉时，熔盐就发黑，金属呈分散状态，电流效率只有6%，如果加入的石墨粉增加到0.75%，就不能得到凝聚金属。这是由于碳与稀土金属作用生成高熔点的稀土碳化物，妨碍金属凝聚，致使大量金属珠被氧化损失。所以，应选择致密的石墨作阳极和坩埚，以免碳脱落。

（7）电解槽结构　目前工业生产上一般采用两种电解槽，即小型石墨坩埚电解槽和大型“陶瓷”槽（一般由耐火材料砌成）。这两种电解槽的示意图见图4-7-6和图4-7-7所示。

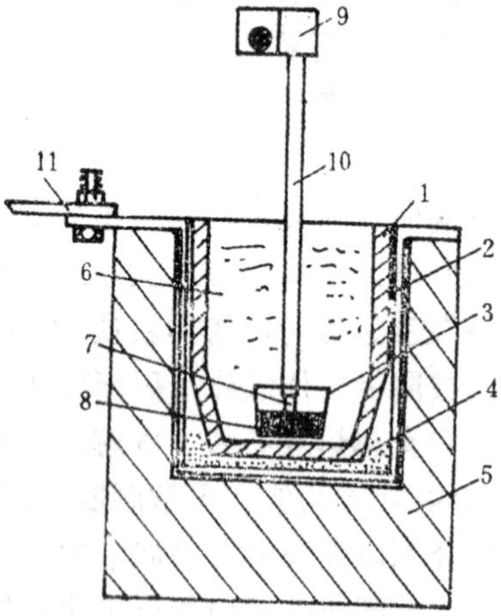

图 4-7-6　电解生产金属铈的小型电解槽

1—石墨坩埚；2—钢壳；3—瓷皿；4—碳粉；5—耐火砖隔热体；6—熔融电解质；7—钼阴极；8—析出的金属铈；9—阴极电源接头；10—瓷套管；11—阳极接头

一个合理的电解槽应当结构简单、操作方便，阴阳极结构和配置合理，电流分布均匀，电解质循环好，有利于清渣和阳极气体逸出等。

小型石墨坩埚电解槽的主要优点是阴极位于槽中央，电力线分布均匀，金属沉积在瓷

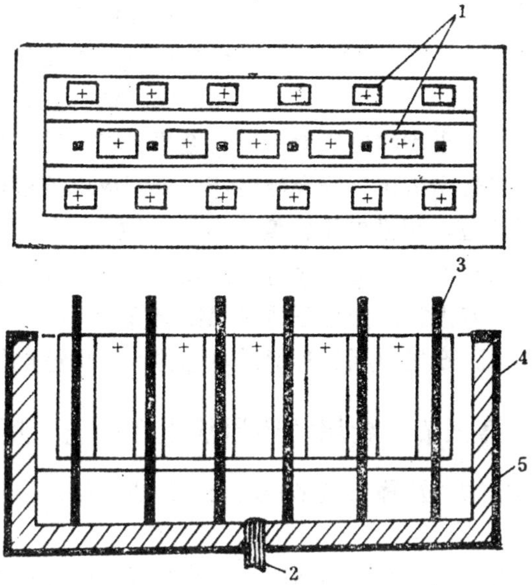

图 4-7-7 稀土电解槽

1—石墨阳极；2—阴极；3—辅助阴极（钼棒）；4—砌筑的槽体；5—钢制外壳

碗接受器中，减少金属与电解质、泥渣的接触。阴极电流密度大，有利于加快金属析出速度。同时，电解槽结构简单，且阳极气体逸出容易。因此，在生产混合稀土金属时，电流效率一般可达60%，制取镧、铈、镨时，电流效率分别达70%、65%和60%以上，金属回收率都在90%以上。其主要缺点是散热较严重，电能消耗较大，生产能力小（一般工作电流仅700～1000A），故它较适合于小规模生产。

"陶瓷"槽的主要优点是操作较简单，电能消耗较小，生产能力大（一般工作电流可达3000～10000A，甚至更高）。缺点是电流分布不均匀，阳极气体逸出较困难，金属的溶解和二次反应较严重，电流效率不够高。这些都待进一步改进。

二、在氟化物熔体中电解稀土氧化物

氟化物熔体中电解稀土氧化物电解温度可高达1000～1300℃。因此，它不仅可制取混合稀土金属和镧、铈、镨单一金属，还可用于制取熔点高于1000℃的某些钇组金属。

1．电解质的选择　选择电解质时，应考虑前面所述对电解质体系性质的要求，而对氧化物的电解来说，首先要考虑氧化物在熔体中的溶解度。研究表明，稀土氟化物与碱金属氟化物组成的电解质对氧化物有着较大的溶解度，所以，目前常用REF_3-LiF体系。加入LiF还可提高熔体的导电性。有时也加入BaF_2以减少LiF用量。

2．电极反应　溶解在熔体中的氧化物成稀土阳离子和氧阴离子形态存在，在直流电场作用下，在电极上放电析出：

在阴极　$RE^{3+}+3e=RE$

在阳极（石墨）　$2O^{2-}=O_2+4e$

$2O^{2-}+C=CO_2+4e$

$O^{2-}+C=CO+2e$

3．电解工艺条件　视稀土元素种类的不同，熔体的组成有所不同，但一般为含60～

$75\%REF_3$，$2\sim4\%RE_2O_3$，其余为碱金属、碱土金属氟化物。在电解过程中加入氧化物的速度应使其在熔体中的含量略低于溶解度，以免过剩的氧化物与金属作用而污染产品。电解是在高于所析出的金属熔点下进行。电解制取镧、铈、混合金属是在900～1000℃，而镨和钕则为1050～1100℃。平均槽电压对于混合金属、镧、铈、镨而言分别为8.5、12、11和19V。由于氟化物熔盐比氯化物的导电性好，故阴极电流密度可大一些（一般为5～8A/cm²）。为减少阳极效应，阳极电流密度应小于0.5A/cm²。

电解制取钆及其后的高熔点稀土金属时，需在1350～1700℃下进行。这就要选择合适的电解槽结构材料和供热方式。例如用石墨坩埚作电解槽，外部用铝钒土和高铝砖砌成，用石墨阳极和钨或钼阴极。石墨坩埚靠外部通电加热，以保证电解所需温度。

第三节 金属热还原法生产稀土金属

卤盐（氯化物和氟化物）及稀土氧化物的金属热还原法，一般可得到比熔盐电解法更纯的稀土金属。

稀土及某些还原剂的氯化物和氟化物的生成热及标准生成自由焓值如表4-7-6所示。从表看出，对于氯化物最适宜的还原剂是钠、锂和钙，但以钠还原氯化物不能得到与渣很好分离的金属锭。对于氟化物则是钙和锂。还可用金属镧、铈还原原子序数较大的稀土氧化物。

一、稀土氟化物的钙还原

还原是在抽真空后充入惰性气体的感应炉或电阻炉中于1400～1600℃下进行。此时发生如下的还原反应：

$$2REF_3+3Ca=2RE+3CaF_2$$

还原剂的用量应大于理论需要量10%，以保证还原较完全。在还原温度下，还原产物CaF_2的熔点较高，蒸气压较小，从而反应比较平稳，易于控制。同时，CaF_2与稀土金属的比重差大，易于金属与渣的分离。由于反应的标准自由焓变化的负值较大，故只要把反应物料加热至开始反应的温度后，反应就可自发进行。但反应产生的热量不足自动升温以达到稀土金属的熔点，故还需外部加热，使还原温度高于金属和渣的熔点（CaF_2熔点为1418℃）。

操作时，先将氟化稀土和钙的混合物加入钽坩埚（熔点高，热稳定性好）中，并将坩埚置于真空感应炉的石英管内。抽真空并慢慢加热至约600℃。在此温度下通氩气至压力为66.7kPa，并继续加热至能使反应显著进行，然后升温使金属和渣熔化。对于轻稀土金属、钆、铽和镝，1450℃的温度已足够，对于熔点更高的稀土金属，所需温度应比其熔点高50℃。在此温度下，反应几分钟即可结束。然后再保温15min，使金属与渣充分地分离。在这种条件下，金属的成锭率可达97～99%。冷却后脆渣很容易从金属锭上除去。金属锭中含0.1～2%杂质钙，为了将其除去，金属锭仍在原来的真空钽坩埚中熔炼，或另外进行自耗电极电弧熔炼。

二、稀土氧化物的镧、铈还原法

稀土氧化物的镧、铈还原法制取某些稀土金属如钐、铕、镱、铥等是基于镧、铈对氧、氯的亲和力较这些金属大（参见表4-7-6），同时这些金属具有高的蒸气压、在还原温度下与镧、铈具有较大的蒸气压差值，同时蒸发速度大，如表4-7-7所示。

表 4-7-6　稀土及某些还原剂氯化物及氟化物的生成热和标准生成自由焓

元　素	氯化物（千焦/克原子氯）			氟化物（千焦/克原子氟）		
	$-\Delta H_{298K}$	$-\Delta G^{\circ}_{298K}$	$-\Delta G^{\circ}_{1000K}$	$-\Delta H_{298K}$	$-\Delta G^{\circ}_{298K}$	$-\Delta G^{\circ}_{1000K}$
La	368.4	344.5	291.8	586.7	560.3	501.7
Ce	363.0	339.1	287.6	580.0	553.2	494.5
Pr	360.1	336.2	285.9	561.6	549.0	492.0
Nd	354.6	330.7	280.5	571.7	544.9	486.2
Sm	346.2	323.6	275.1	564.5	538.1	479.5
Eu	325.2	302.6	255.4	544.9	523.7	461.1
Gd	342.0	319.4	272.1	563.3	538.1	479.5
Tb	294.3	272.1	226.0	557.4	532.3	473.6
Dy	329.4	306.8	259.6	554.9	529.8	471.1
Ho	325.2	302.6	252.5	550.7	525.6	468.2
Er	323.6	301.4	251.2	546.5	521.4	464.0
Tm	319.4	297.2	245.7	544.9	519.7	464.0
Yb	298.4	276.3	224.8	523.9	498.7	443.1
Lu	318.1	294.3	271.1	546.5	521.4	465.2
Y	314.4					
Li	405.7	—	—	611.8	—	—
Na	411.5	385.2	321.1	568.7	539.4	470.7
Ca	399.0	376.8	327.3	606.7	581.7	521.8
Mg	320.7	295.1	241.1	549.9	526.8	471.5
Al	232.8	213.5	—	450.2	426.4	475.5

表 4-7-7　稀土金属的蒸气压与温度的关系

金　　属	蒸气压为1.33Pa时的温度，℃	蒸气压为133Pa时的温度，℃	蒸气压为133Pa时的蒸发速度，g/cm²·h	沸点 ℃
La	1754	2217	53	3454±5
Ce	1744	2174	53	3257±30
Pr	1523	1968	56	3212±30
Nd	1341	1759	60	3127±5
Sm	722	964	83	1778±15
Eu	613	897	90	1597±5
Gd	1583	2022	59	3233±5
Tb	1524	1939	60	3041±30
Dy	1121	1439	71	2335±20
Ho	1197	1526	69	2725±20
Er	1271	1609	68	2510±20
Tm	850	1095	83	1732±20
Yb	471	651	108	1193±5
Lu	1657	2098	61	3315±5
Y	1637	2082	43	3337±5

在还原操作温度下，用金属镧或铈还原稀土氧化物的反应为：

$$RE_2O_{3(s)}+2La_{(l)}=2RE_{(g)}+La_2O_{3(s)}$$

$$RE_2O_{3(s)}+2Ce_{(l)}=2RE_{(g)}+Ce_2O_{3(s)}$$

式中　RE——Sm、Eu、Yb、Tm。

对Sm、Tm而言，上述反应的标准自由焓变化ΔG°及生成物Sm、Tm的平衡蒸气压P与温度的关系分别为：

$$Sm_2O_3+2La=2Sm+La_2O_3$$

$$\lg P_{Sm}=6.09-\frac{11250}{T}$$

(1225～1473K)

$$\Delta G^\circ=102940-48.77T$$

$$Sm_2O_3+2Ce=2Sm+Ce_2O_3$$

$$\lg P_{Sm}=5.96-\frac{10667}{T}$$

(1217～1473K)

$$\Delta G^\circ=97600-47.12T$$

$$Tm_2O_3+2La=2Tm+La_2O_3$$

$$\lg P_{Tm}=10.576-\frac{20200}{T}$$

(1490～1673K)

$$\Delta G^\circ=184830-89.82T$$

$$Tm_2O_3+2Ce=2Tm+Ce_2O_3$$

$$\lg P_{Tm}=9.916-\frac{19000}{T}$$

(1225～1473K)

$$\Delta G^\circ=173850-83.78T$$

从上述各方程式看出，要使金属Sm、Tm的平衡蒸气压大和反应的ΔG°小，必需提高还原温度。因此，采用高温真空还原方法，可保证金属Sm、Tm有较大的平衡蒸气压和蒸发速度。工业上一般是在高真空还原炉中进行，使气相产物金属Sm、Eu、Yb、Tm能迅速排出反应区，在还原炉上部的冷凝区收集。图4-7-8表示还原设备示意图。操作时，将反应物料装入反应器的底部，在保持真空度不低于1.33×10^{-3}kPa下慢慢加热。当温度升至约1250℃时，还原产生的稀土金属便开始蒸馏出来，并在上部冷凝器上凝结成粗大的金属结晶物。

三、中间合金法制取稀土金属

该法主要用来制取熔点高的钇、铒、钬、镥、镝等重稀土金属。它是基于在还原过程中生成熔点较低的稀土镁合金，然后通过真空蒸馏除去镁而获得稀土金属。

还原物料一般由稀土氟化物、金属钙、镁和氯化钙组成。其中金属钙是还原剂，镁与生成的稀土金属形成合金，而氯化钙则能与生成的氟化钙（熔点较高）形成熔点低、比重小的渣。

Y-Mg合金的相图如图4-7-9所示。从图看出，当钇和镁的摩尔比为1：1时，构成的合金熔点为935℃。

还原是在充有惰性气体的反应炉中进行，以较便宜的钛、铌或钴作反应坩埚，也可用1～5mm厚的钽片坩埚。还原温度是：钇-镁合金 950℃，镝-镁合金 970℃，镥-镁合金

1120℃。

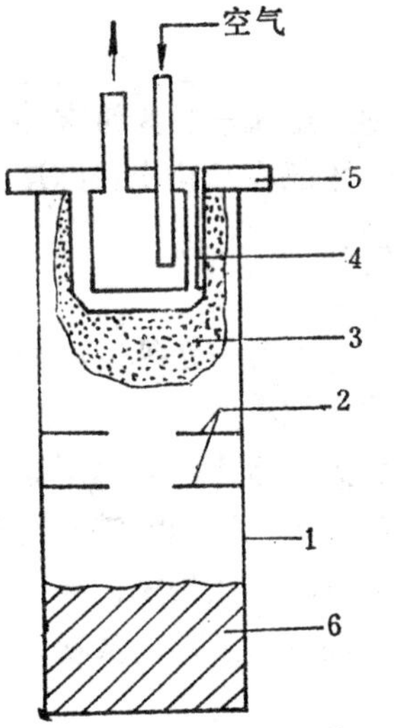

图 4-7-8　还原钐、铕、镱的设备示意图

1—钽反应罐；2—隔热板；3—凝结的金属；4—热电偶插孔；5—铜冷凝器；6—反应物料（La或Ce与RE_2O_3）

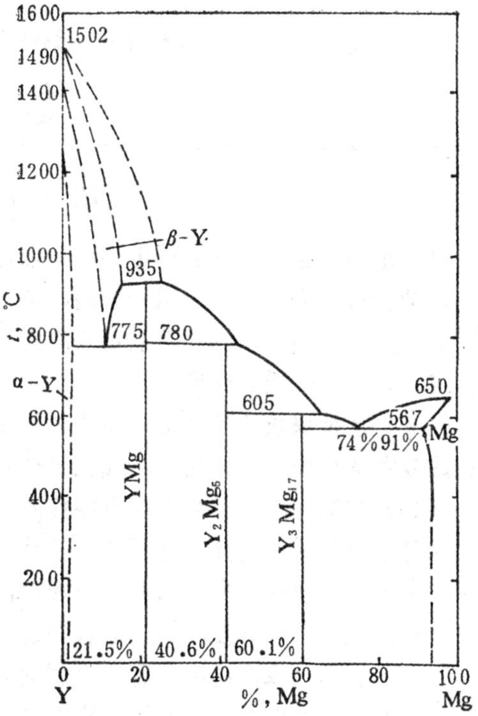

图 4-7-9　Y-Mg合金状态图

思　考　题

1．试比较上述各种制取稀土金属方法的特点及适用范围。

2．上述各种制取稀土金属方法对原材料及设备有什么要求？

主要参考资料

[1]《稀土》编写小组：《稀土》，（上、下册），冶金工业出版社，1978年.

[2] 吕松涛《稀土冶金学》，冶金工业出版社，1981年.

[3] A. H. 节列克曼等著，宋晨光等译《稀有金属冶金学》，冶金工业出版社，1982年.

[4] 李洪桂主编《稀有金属冶金原理及工艺》，冶金工业出版社，1981年.

[5] «Uranium Ore Processing», Edited by John W. Clegg and Dennis D. Foley, 1958.

[6] 1983年国际溶剂萃取会议译文集，中国金属学会有色金属冶金学术委员会等，1986年.

[7] Xu Guangxian and Xiao Jimei: «New Prontiers in rare earth. Science and applications», Science Press, Beijing, China, 1985.

[8] 杨佼庸，刘大星编著《稀土》(湿法冶金技术丛书)，冶金工业出版社，1988年.

第五篇　高纯及致密稀有金属生产

第一节　概　　述

目前用还原法或电解法产出的高熔点稀有金属及某些稀土金属一般为粉末状或海绵状，这种物料部分可直接交用户使用，部分要进一步处理，才能在结构上和纯度上满足用户的要求，进一步处理的要求视用户而定，一般有下列方面：

（1）进一步提高纯度；

（2）使金属成为致密锭，便于加工成材。为此一方面要求有一定纯度，另一方面要求锭成分和结构均匀，无缩孔、气孔等缺限。锭中的晶粒力求细小；

（3）某些用户还要求金属有特殊的物理形态，如要求为单晶体，金属须等。

此外在金属材料的加工过程中，往往产生大量废料（如车屑、边角料等），这些也要求除去在加工过程中带入的杂质并回收成锭，因此总的说来要求将金属粉末、海绵体、加工废料等处理成有一定纯度和结构的致密锭。这些要求有时可在一道工序内实现，有时需经几道工序。目前制取高纯致密稀有金属的主要方法有：

（1）真空熔炼法　在高温和真空条件下，它既能除掉部分挥发性杂质，又能使金属成为致密锭；

（2）高温烧结法　同样能达到在高温（或高温真空）下除去部分挥发性杂质和致密化的目的；

（3）区域熔炼及拉单晶法；

（4）熔盐电解精炼法；

（5）化合物热离解法。

在稀有金属冶金中应用最广的为前两种方法，同时对各种稀有金属而言，其原理和设备均大同小异，仅在工艺条件上有些差别，故本篇着重综合介绍各种稀有金属的熔炼及高温烧结的原理及其工艺。对其他方法亦作简单介绍。

第二节　高温真空精炼的基本原理

高温真空精炼随着金属及其中所含杂质性质的不同而有两种类型，一种是高温真空下金属本身的蒸气压远超过其中杂质的平衡分压，金属本身将优先挥发进入气相，再冷凝而得纯金属，这种方法称真空蒸馏法或升华法；另一种是高温真空下金属本身的蒸气压远低于杂质的平衡分压，则杂质优先挥发进入气相，从而金属得到提纯，如真空熔炼，真空烧结等。对稀有高熔点金属而言因其蒸气压低，主要采用后者；对稀土金属而言也有采用前者的。本章主要讨论后者的理论基础。

用还原法或电解法以及其它方法生产的稀有金属中，都含有一定数量的杂质，这些杂质主要以下列形态存在：

（1）以固溶体形态存在。如碳、氮、氧、氢等易与稀有金属形成间隙式固溶体，某些其他杂质也能与其形成有限固溶体。

（2）以化合物或单质的形态成单独相存在。杂质除形成固溶体外，其超过溶解度的部分则与稀有金属形成化合物相（如NbO，Ta_2C）或成单质存在。

（3）以表面吸附形态存在。

上述杂质在高温真空下可通过下列途径除去，即：

（1）吸附气体的解吸。

（2）化合物离解析出气体杂质，如：

$$2Ta_2N \longrightarrow 4Ta + N_2\uparrow$$

（3）高温真空下气体杂质及比基体金属易挥发的杂质在金属中的溶解度减小，故超过溶解度的部分气体杂质及挥发性杂质逸出。

其中吸附杂质的解吸一般很容易进行，同时化合物的离解一般也较容易。因此，为了提高精炼效果，应着重了解第（3）种方式的热力学和动力学条件。

一、气体在金属中的溶解度

对双原子气体而言，其在金属中的溶解反应为：

$$\frac{1}{2}G_2 = [G]$$

其中[G]表示处于溶解状态的G原子。

上式的平衡常数K_P为：

$$K_P = a_{[G]} / p_{G_2}^{1/2} \qquad a_{[G]} = K_P \cdot p_{G_2}^{1/2}$$

式中　$a_{[G]}$、p_{G_2}——分别为气体在金属中的活度和在气相中的平衡分压。

将活度用浓度代且整理，得：

$$C = \frac{1}{\gamma} \cdot p_{G_2}^{1/2} \cdot K_P$$

式中　C——气体在金属中的浓度；

　　　γ——气体在金属中的活度系数。

根据范特荷夫等压方程：

$$\ln K_P = \frac{-\Delta H_{溶}}{RT} + I$$

将上述三式整理得：

$$C = \frac{1}{\gamma} \cdot p_{G_2}^{1/2} \cdot \exp\left(\frac{-\Delta H_{溶}}{RT} + I\right) \qquad (5\text{-}1)$$

式中　$\Delta H_{溶}$——溶解的热效应；

　　　I——积分常数。

根据式（5-1)可知，影响气体在金属中溶解度的主要因素有：

1．气体的分压　当温度一定时，双原子气体在金属中的溶解度与该气体的分压的平方根成正比，即所谓平方根定律或西华特定律。

根据西华特定律，并根据金属-气体相图，可知金属-气体系统中，气体在金属中的含量与其分压的关系将有某种共同规律，现以Nb-N系为例说明如下。

Nb-N系的相图（靠近金属铌的部分）如图5-1所示，氮在铌中的平衡浓度与氮分压的关系如图5-2所示。

从图5-1可知，在1800℃时，氮在铌中的最大溶解度相当于b点。当含量为b点到c点之间则为α、β两种固溶体的混合物，因此反映在氮分压-平衡浓度图上（图5-2），开始在α相区内氮的溶解度与其分压的关系服从西华特定律，如图5-2中线段1～2所示；随着分压增加，溶解度增加，到b点时达到最大，b点的浓度称为该温度下α相的最大溶解度，或极限溶解度。当氮含量为b到c的范围内，由于其中α相和β相中氮的浓度都不变，只改变两相的相对数量，故平衡分压不变（如图5-2中线段2～3所示）；氮含量超过c进入β相区，此时氮分压与其在β相中溶解度的关系将继续服从西华特定律（图5-2中线段3～4）。对其他

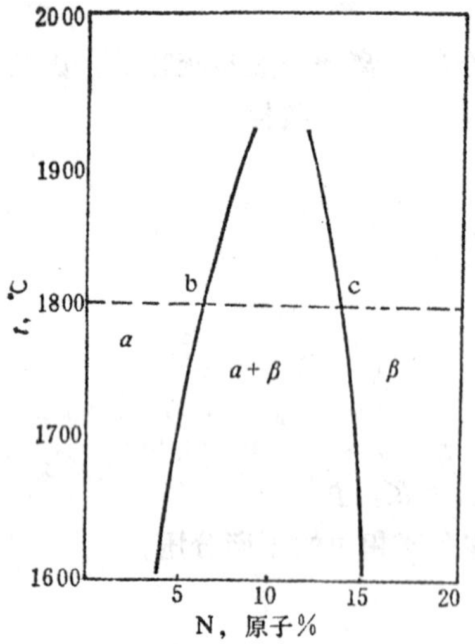

图 5-1 Nb-N系相图

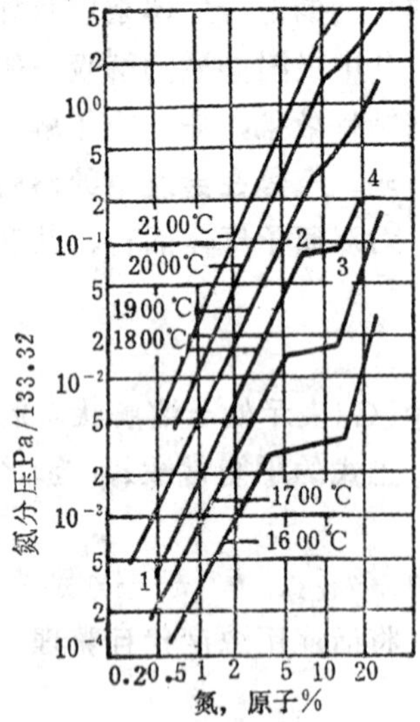

图 5-2 氮在铌中的溶解度与氮分压关系

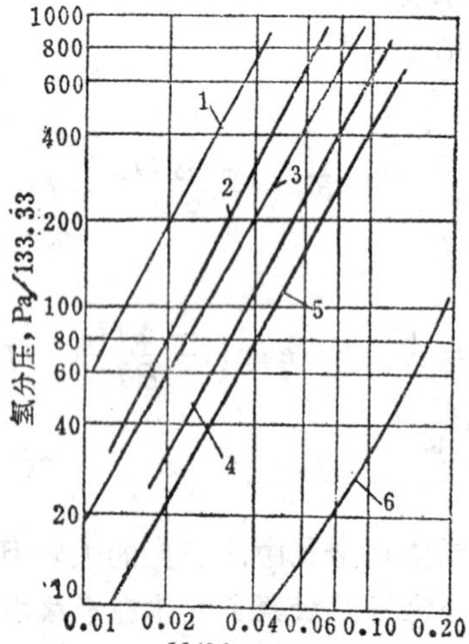

图 5-3 氢在钒、铌、钽中的溶解度与氢分压的关系

1—钒700℃；2—钽700℃；3—铌700℃；4—钽600℃；5—铌600℃；6—钽400℃

稀有金属都有类似关系。氢在钒、铌、钽中的溶解度（用原子比表示）与氢的平衡分压关系如图5-3所示。

2．温度　从式5-1可知，温度对溶解度的影响主要决定于溶解的热效应，如果溶解过程为吸热反应，温度升高，则溶解度增加；反之温度升高，则溶解度降低。

应当指出，当金属发生相变时，在不同相中气体的活度系数γ及溶解热效应$\Delta H_{溶}$均不同，因此在相变点时溶解度-温度曲线将发生突变，同样稀有金属在其熔点附近对气体的溶解度也将发生突变。

一般对稀有金属钽、铌、钛、锆而言，气体H_2、N_2、O_2、CO等在其中的溶解过程均为放热反应，故温度升高溶解度降低，氮在钨、钼、铼中的溶解度则随温度的升高而增加。

气体氮在某些稀有金属中的溶解度与氮分压及温度的关系如表5-1所示，氧在钽、铌及液体锆中的溶解度与氧分压及温度的关系如表5-2所示。至于氧在钛，锆中溶解度则很大，即使在金属熔点附近在氧分压为1.33×10^{-8}Pa时，其溶解度仍达10（原子）%以上，这里不一一列出。

二、稀有金属中间隙杂质的除去

与稀有金属形成间隙固溶体的杂质主要有氮、氢、氧、碳，它们对稀有金属的加工性能影响最大。

从表5-1、5-2及图5-3可知，这四种杂质分成两种类型：氢和氮为一种类型，其特点是在金属熔点附近且其分压为$10^{-3}\sim10^{-5}$kPa（即通常真空炉内的真空度范围）。它们在稀有金属中溶解度都很小，故有可能利用高温真空的办法使之直接从金属中逸出而除去；氧和碳则属另一类型，在金属熔点附近，即使在真空度为1.33×10^{-8}kPa（10^{-7}毫米汞柱）下，溶解度仍大大超过允许范围，而这样的条件下金属本身将大大挥发（2400K时铌的饱和蒸气压达1.46×10^{-6}kPa），因此应采取其他措施才能有效除去，下面分别讨论这两种类型杂质的除去原理。

表 5-1　氮在某些稀有金属中的溶解度〔C_N的单位为（原子）%〕

金属	溶解度（C_N）与温度（K）及氮分压（p_{N_2},kPa）的关系式	在p_{N_2}=0.13Pa时的溶解度（原子）%	
		2600K	3000K
Mo	$\lg C_N=0.5\lg p_{N_2}-0.08-\frac{4940}{T}$	1.2×10^{-4}	
W	$\lg C_N=0.5\lg p_{N_2}+0.4-\frac{10200}{T}$	3.1×10^{-6}	1.14×10^{-5}
Re	$\lg C_N=0.5\lg p_{N_2}-2.64-\frac{3510}{T}$	1.17×10^{-6}	1.74×10^{-6}
V	液体钒中$C_N=10.96\sqrt{p_{N_2}}$（2200K）	0.127（2200K）	
Nb	$\lg C_N=0.5\lg p_{N_2}-2.66+\frac{9300}{T}$	0.09	
Ta	$\lg C_N=0.5\lg p_{N_2}-2.16+\frac{9500}{T}$	0.31	0.13

1．氢和氮的除去　以吸附形态或化合物形态存在的氢和氮比处于溶解状态（固溶体或溶于液态金属中的氢、氮）容易除去，故关键是创造条件使后者有效地除去，先以氮为

表 5-2 氧在某些稀有金属中的溶解度

金属	溶解反应	溶解度与温度(K)、氧分压(kPa)的关系*	溶解度 氧分压 / 温度，K	 1.3×10^{-8} kPa	 1.3×10^{-10} kPa
V	$\frac{1}{2}O_2 \rightleftarrows [O]_\alpha$	$\lg C_O=\frac{1}{2}\lg p_{O_2}-4.25+\frac{22050}{T}$	2200		6.5(原子)%
Nb	$\frac{1}{2}O_2 \rightleftarrows [O]_\alpha$	$\lg C_O=\frac{1}{2}\lg p_{O_2}-3.61+\frac{19600}{T}$	2400	4.0(原子)%约7000ppm	
	$\frac{1}{2}O_2 \rightleftarrows [O]_{液}$	$C_O=1.29\times10^3 p_{O_2}^{1/2}$ (重) %(2800K)	2800	1500ppm	
Ta	$\frac{1}{2}O_2 \rightleftarrows [O]_\alpha$	$\lg C_O=\frac{1}{2}\lg p_{O_2}-3.61+\frac{19500}{T}$	3000	0.09(原子)%约100ppm	
Zr	$O \rightleftarrows [O]_{液}$	$C_O=1.85\times10^6\times p_O$	2650	2.46×10^{-2}(原子)%	

* C_O表示氧的溶解度，其单位除注明者外均为（原子）%。

例说明除去这类杂质的原理。

为降低氮在固溶体或熔体中的含量，则应降低其溶解度，为此根据式5-1知，可采取下列措施：

（1）提高系统的真空度，即降低气相氮的分压；

（2）对氮溶解过程为放热反应的金属（如钽、铌、钛、锆等）而言，升高温度能使其溶解度降低。

以下根据图5-2分析铌中溶解的氮的除去条件及影响因素。如原料中氮含量为1（原子)%，则1900℃时它的氮平衡分压为0.65Pa(5×10^{-3}毫米汞柱)，若温度不变而将气相氮的分压降为0.065Pa，则铌中氮将析出直到氮含量降为0.3(原子)%为止；相反地若真空度保持为0.65Pa，而将温度升高到2100℃，则氮含量也将降到0.5(原子)%为止，因此升高温度或提高系统的真空度都有利于铌中氮的除去。

对钽、钒的脱氮而言，亦有类似的规律性，从表5-1可知，在其熔点温度附近，当保持真空度为0.13Pa（10^{-3}毫米汞柱)，其中氮含量均可降到10^{-1}(原子)%左右〔对钽而言相当于100ppm〕。

分析表5-1亦可看出，对钨、钼而言，当在氢保茯气氛下烧结，只要氢中氮的分压小于133Pa（1毫米汞柱)，即能保证其中氮含量降到10^{-3}(原子)%以下。

对钛、锆而言，即使在电子束熔炼时，在高于熔点200～500℃的温度下要脱除溶解状态的氮也很困难，故应保证原料本身的纯度。

溶解氢的除去原理与氮相似，但比氮容易得多，在熔点温度下，在真空中，所有高熔点稀有金属中的氢都能有效除去。降到10ppm以下。

2．氧和碳的除去　除氧有下列方法：

（1）低价氧化物挥发除氧　某些稀有金属的低价氧化物容易挥发，因此在一定条件下，金属中溶解的氧可能发生如下反应而成低价氧化物进入气相：

$$Me+n[O]=MeO_n\uparrow \qquad (5\text{-}2)$$

考虑到高温真空下金属本身也能挥发进入气相，因此利用此反应实现脱氧的条件应当是，气相中氧化物与金属之比大于金属相中氧与金属之比，即：

$$[MeO_n]_{(g)}/[Me]_{(g)} = p_{MeO_n}/p^{\circ}_{Me} > [O]/[Me]$$

式中 $[MeO_n]_{(g)}$，$[Me]_{(g)}$——分别为气相中MeO_n和Me的含量，(分子)%；

p°_{Me}——金属的饱和蒸气压；

p_{MeO_n}——反应5-2的MeO_n的平衡分压。

$[O]$,$[Me]$——分别为金属相中氧和金属的浓度，$[Me]\approx 1$。

令$(p_{MeO_n}/p^{\circ}_{Me})/([O]/[Me]) = R$，$R$称为分离系数，则利用反应(5-2) 脱氧的先决条件应当是$R>1$。布莱韦和罗逊莱特等曾近似计算各种金属中低价氧化物挥发时的R值，如表5-3所示。从表5-3可知，对钛、钪等金属而言，不能用低价氧化物挥发法脱氧，而铌、钽、钼、钨、镓、铟、铊等则能有效地去氧，钒则处于两者之间。而碱金属、碱土金属及锌、镉等$R<10^{-4}$，故金属将优先挥发，氧以氧化物形态留在残渣中，故可用蒸馏法使之与氧分离。

表 5-3 某些金属低价氧化物挥发时的分离系数R

金 属	低价氧化物形态	R	金 属	低价氧化物形态	R
Ti	TiO	1	Al	Al_2O	10^3
Sc		1	Ga	Ga_2O	10^6
Fe	FeO	$10^{0.4}$	In	In_2O	$>10^3$
V	VO	10^1			
Zr	ZrO	10^1	Tl	Tl_2O	10^4
Hf		10^1	Si	SiO	10^8
Nb	NbO_n	10^3	Ge	GeO及其聚合物	$10^{9.5}$
Ta	TaO_n	10^5			
Mo	Mo_3O_4,MoO_3,MoO_2,O_2	10^6	Ca,Mg,Zn		$<10^{-6}$
W	W_3O_4,WO_3,WO_2,O_2	10^6	Li,Na,K		$<10^{-8}$

以上结论得到实验的证实，有人将含氧1.6(原子)%的铌丝或钽丝在2000℃左右进行真空脱氧，经过半小时左右，氧含量均降到0.1(原子)%以下，而金属挥发损失极少；对钒而言原料含氧0.7(原子)%，1610℃真空脱氧25min，氧降到0.2 (原子)%；对液态锆而言，原料含氧1280ppm，在略高于熔点温度下及3×10^{-5}Pa的真空下，经20h，氧降为380 ppm。

(2) 利用脱氧剂脱氧 其实质是加入脱氧剂使之与金属中的氧作用，生成相应的氧化物挥发，因此脱氧剂应满足下列条件：

1) 脱氧剂对氧的亲和力应比待精炼的金属大；

2) 生成的氧化物在作业条件下应有较大的平衡蒸气压；

3) 过量的脱氧剂易除去，以免污染金属。

根据上述条件，脱氧剂可用碳或某些金属，但广泛使用的为碳，故主要介绍碳脱氧的原理。

用碳脱氧主要利用下述反应使氧成CO除去：

$$[O]+[C]=CO\uparrow$$

其中$[C]$、$[O]$分别表示溶解于金属中的碳和氧，要使反应向右进行，其必要条件是反应的CO平衡分压p°_{CO}大于气相CO的分压，根据热力学定律知：

$$p^{\circ}_{CO}=a_O \cdot a_C \cdot K_P$$

$$p^{\circ}_{CO}=K_P \cdot a_O \cdot a_C = K_P \cdot C_O \cdot \gamma_O \cdot C_C \cdot \gamma_C$$

式中　a_O、a_C——分别为金属中氧和碳的平衡活度；

C_O、C_C——分别为金属中氧和碳的平衡浓度；

γ_O、γ_C——分别为金属中氧和碳的活度系数。

当温度一定，且在极稀溶液中γ_O、γ_C为常数，故上式简化为：

$$p^{\circ}_{CO}=K_P{}' C_O C_C$$

式中　K_P'——为常数。

对钽、铌而言，E.弗朗曾进行具体测定，在1900～2100℃范围内，钽中C_O、C_C服从如下方程式：

$$p^{\circ}_{CO}=C_O \times C_C \times 1.6 \times 10^4 \exp(-3.25 \times 10^4/T),\ \text{kPa} \tag{5-3}$$

对铌而言，在1600～2000℃范围内，其中C_O、C_C服从下式：

$$p^{\circ}_{CO}=C_O \times C_C \times 2.12 \times 10^5 \exp(-3.35 \times 10^4/T),\ \text{kPa} \tag{5-4}$$

根据式5-3、5-4计算，在真空度为1.3×10^{-2}Pa时，对钽而言在3000K(比钽熔点约低300℃)，其中$C_O \times C_C$值降到4.27×10^{-5}(原子)^2%，或碳、氧含量接近于10ppm；对铌而言在2500K时，其中$C_O \times C_C$值降到4.8×10^{-5}(原子)^2%，说明碳氧的除去均比较彻底。

表 5-4　碳从金属中脱氧趋势($p_{CO}=1$Pa)

金　属	Ti	Zr	Hf	V	Nb	Ta	Be	Cr	Mn	Mo	W	Fe、Co、Ni
C、O，ppm	$>10^5$	$>10^5$	$>10^5$	0.3×10^4	60	1	700	250	<250	<1	<1	<1
计算温度，K	2050	2300	2800	2290	2870	3300	1650	2400	2000	2800	3500	2000

对于其他稀有金属而言，R.F.伯恩夏赫曾假设金属中的碳、氧均成相应的碳化物和氧化物，且活度等于其浓度，同时设碳氧的摩尔浓度相等，在这种条件下估算出真空度为1Pa时，碳氧的平衡浓度如表5-4所示。

从表5-4可知，利用碳脱氧对于铌、钽、钼、钨而言，能使其中碳氧降到几个或几十个ppm，对钛、锆、铪则无效。

上述方法不仅是脱氧的措施，亦可用于脱碳，当金属中碳含量偏高，则在精炼时适当配入氧化物，则可使碳成CO除去。

3．高温真空精炼时其他易挥发性杂质的除去　根据研究，其他杂质当其饱和蒸气压超过待提纯金属两个数量级时，都能有效除去。某些金属的饱和蒸气压如图5-4所示，从图可知，铁、铝、硅的饱和蒸气压超过钛100倍以上，故真空熔炼钛时，这些杂质能有效地从钛中除去，而熔炼钨、钼、钽、铌、锆时，效果更好。

通过以上分析可综合得出以下结论：

（1）对所有稀有金属而言，在高温真空条件下，其中氢都易除去，氢含量可降至1ppm，甚至更低；

（2）对钨、钼、钽、铌而言，在其熔点附近的温度下，若系统中真空度保持为

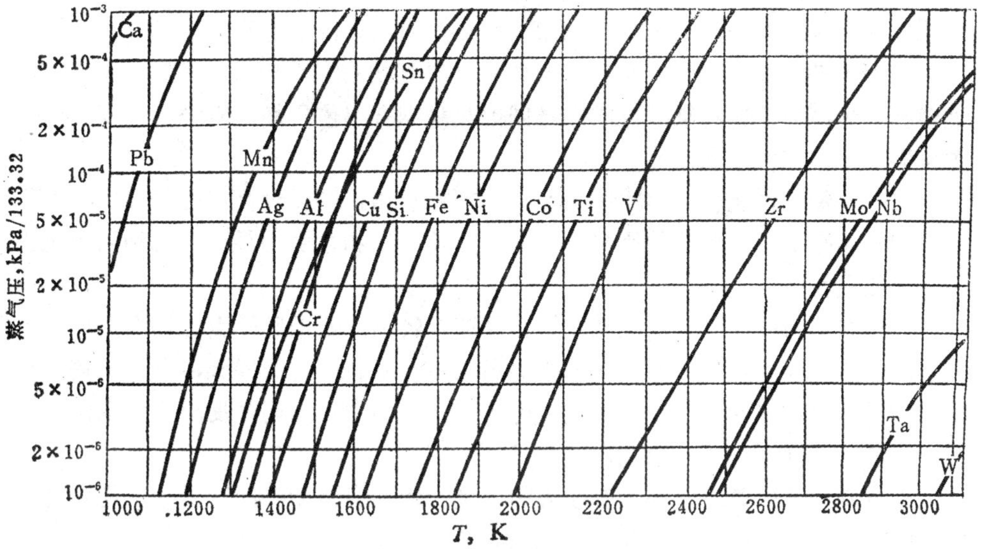

图 5-4 某些金属的饱和蒸气压

0.1Pa左右，则气体杂质氮均可降到10^{-1}(原子)%以下，即可有效地除去。对钨、钼而言，其中氧碳很容易除去；对钽、铌而言杂质氧可通过低价氧化物挥发法或脱氧剂而有效除去，其中杂质碳可通过氧的作用而除去；

（3）对钛、锆而言，在真空熔炼的温度（比其熔点高100～300℃）和真空度的条件下，氮、碳、不能除去，对锆而言氧可通过低价氧化物挥发法部分除去，钛中的杂质氧无法除去；

（4）在高温真空下，稀有高熔点金属中的铁、铝、硅都能有效除去；

（5）提高系统的真空度对所有脱气过程都是有利的，提高温度对钽、铌的脱碳、氮、氧有利。

第三节 高温烧结法制取高纯致密稀有金属

高温烧结法亦称为粉末冶金法，它主要经过压制成型和高温烧结两个主要工序，前者的任务主要是将粉末体或海绵体压制成具有一定形状和初步强度的金属压坯，后者的主要任务是在高温下使金属致密化并脱除某些挥发性杂质，分别介绍如下。

一、金属粉末的压制成型

1．压制成型的简单原理 粉末体（即粉末颗粒组成的集合体）中有大量的孔隙，例如致密钨的密度为19.3g/cm³，而一般细钨粉的松装密度只有1.5～2g/cm³，故其中孔隙度高达90%，在压制成型过程中，粉末体内部将发生以下作用：

（1）粉末的位移 在压力的作用下，使粉末发生重新排列，因而彼此填满空隙，使粉末体的体积缩小，密度增大，但这种位移达到一定程度、坯块密度增到一定程度后，压力进一步增加，粉末的进一步位移受到越来越大的阻力。

（2）变形 压制时坯块内的压力主要集中在颗粒间的接触点上，因而压力增到一定程度时，可使颗粒接触处发生弹性变形，进而发生塑性变形或脆性断裂，这种变形的结果，进一步使颗粒被挤紧，密度和强度增加。

压坯强度的增加是由于颗粒间联结力作用的结果，这种联结力是：

（1）颗粒间的机械啮合力　因颗粒具有复杂的表面形状，压制后其表面凸凹不平之处便彼此相楔和钩连起来，形成颗粒间的机械啮合，使压坯具有一定强度。颗粒表面形状愈复杂，则压坯强度愈高。

（2）颗粒表面原子间的联结力　当颗粒互相接近以致互相处于对方原子引力范围时，则互相吸引，当原子间距离达到某一定值时，相互引力最大，这种引力也成为粉末颗粒间的联结力。

当压制压力较小时，由于颗粒间接触面积较小，处于原子引力场内的原子也少，此时压坯的强度主要由颗粒间的机械啮合力所构成，随着压力的增大，颗粒间接触面积增大，处于原子引力场范围的原子增加，此时原子间的引力对压坯强度起着愈来愈大的作用，接触面积愈大，则压坯强度愈高。

在压制过程中要求压坯具有较大的密度、较高的强度，同时要求密度分布均匀，无分层、裂纹等缺限，而影响质量的因素主要有：

（1）压制压力　一般说来，随着压制压力增加，则强度和密度增加，当被压制的为塑性较好的粉末时（如铜粉等），则随着压制压力的增加，不仅因颗粒发生位移而使孔隙度减少、强度增加，而且当压力大到一定程度后，颗粒发生塑性变形，因而进一步被挤紧，其孔隙度可降至5～15%。对塑性较差的粉末而言（如钨粉等），压制压力难以达到使颗粒发生塑性变形或脆性断裂的程度，其孔隙度只能降至30～40%左右。压制压力不宜过大，否则使压坯内部应力增加，脱模时由于弹性后效而在压坯内产生分层或断裂。

（2）压制方式　在钢模压制时，由于粉末颗粒与模壁间存在摩擦力（外摩擦），使"压力损失"，造成压力的不均匀性，故在单相压制时，沿压坯高度向下压力越来越小，相应地其密度亦不均匀，如图5-5所示。在双向压制时，其效果比单向压制好，但密度则在中间最小。若密度严重不均匀，则使压制和烧结产生废品，如压坯的分层、开裂、以及烧结条的歪曲，收缩不均等。

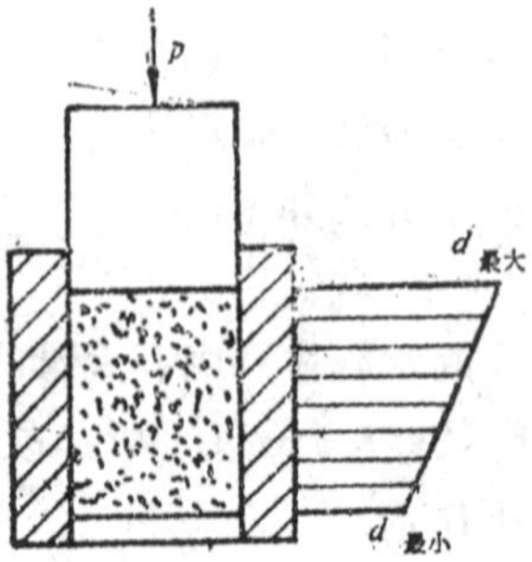

图 5-5　单向压制时压坯的密度分布

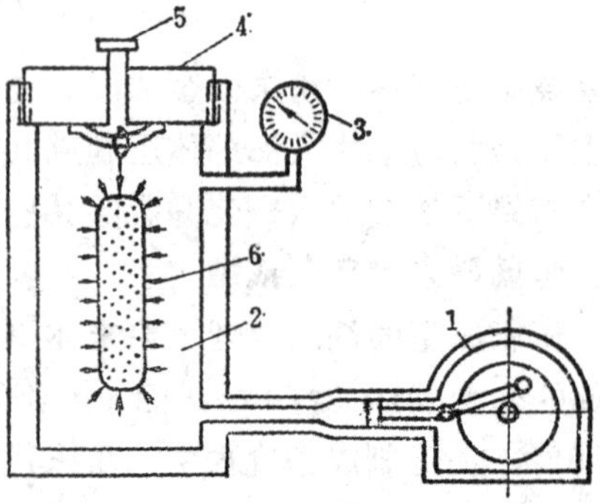

图 5-6　等静压制的示意图

1—高压泵；2—工作室；3—压力计；4—密封盖；5—阀门；6—压坯

当采用等静压制则能避免上述问题。

（3）粉末的性质　首先其粒度过细或过粗都不易压制得高密度压坯，同时若颗粒粒度搭配恰当，则细颗粒能充填粗颗粒间的孔隙，故易得到较大的密度；其次颗粒表面若被氧化，则其表面又脆又硬，难以压制；另外质软的金属粉末较硬的易压制。

（4）成型剂　在粉末中加入成型剂，在压制时起润滑作用，可使压坯的密度及强度增加，弹性后效减少，同时由于减少了粉末与模壁之间的外摩擦，故压坯的密度较均匀。成型剂可用甘油-酒精或石蜡-汽油溶液。

2．压制成型的实践　当前工业上主要采用钢模成型，即将一定量的粉末加入一定形状的压模内在液压机上压制，然后脱模得一定形状的压坯。这种方法的优点是操作过程简单，产品尺寸较精确，表面质量较好，能压制异形零件，但往往由于粉末与钢模之间的外摩擦而使压坯密度不均匀，同时不能压制大型压坯。

对于大断面的压坯，应采用液等静压制，它是获得密度均匀分布的压坯的重要成型方法，其实质是根据流体中压力大小在所有方向相等的原理，借助高压泵将液体或气体介质送入高压容器中（如图5-6所示），利用介质的压力逐渐挤压装有粉末的塑料软膜，塑料软膜本身可自由变形，几乎不阻碍粉末体的压缩，在这种情况下可认为外摩擦的影响很小，同时粉末体的压缩是各方向同时发生的，因而可得到密度均匀的压坯，在压制各种形状的压坯时，只有压制球形和圆柱形压坯，才从边缘到中心有1～2%的密度差。

由于等静压制外摩擦小，因此与钢模成型比较，其压力可降低$\frac{1}{3}\sim\frac{1}{2}$。

目前等静压制已成为压制高熔点稀有金属大型压坯的重要手段，它不但能压制各种形状的棒件，而且能压制管材及某些异形件。

二、金属压坯的烧结

由粉末压制成的压坯一般还不是致密金属，应进行烧结，在烧结过程中进行致密化、强度增加、内部结构（晶粒大小和形状、孔隙度、孔隙大小和形状）的改变等一系列变化，以下简单介绍其原理。

1．固相烧结的过程描述　高熔点稀有金属粉末的烧结过程属单元系固相烧结，它一般分四个阶段，如图5-7所示。

（1）低温烧结预备阶段　温度范围为粉末熔点绝对温度（$T_{熔}$）的20～30%，在此温度范围内主要进行：压坯内残余应力因温度作用而消除、水份及成型剂的挥发。相应地其物理性能的变化为：

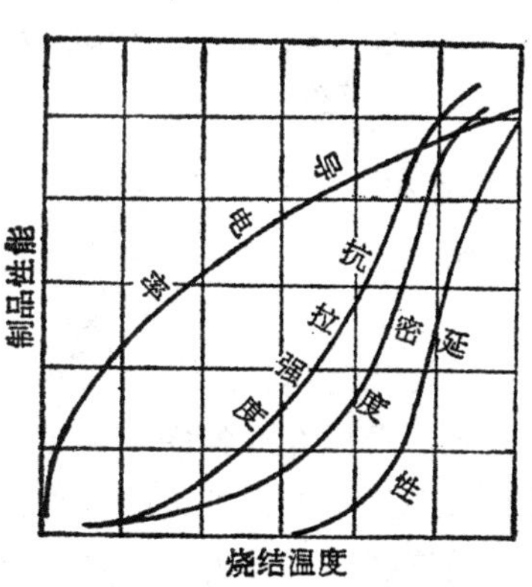

图 5-7　单元系固相烧结过程压坯性能变化

1）由于热膨胀及应力消除等引起的体积膨胀，从而使压坯的体积略有增加；

2）压坯强度基本上未增加或略有增加；

3）由于挥发性杂质及成型剂的部分除去，压坯的导电性略有增加。

（2）中温烧结阶段　温度范围为$T_{熔}$的40～50%，其特征为成型剂完全除去、粉末颗粒间开始产生金属联结、压坯开始出现收缩，因而表现出其密度、导电性、强度开始增加。

（3）高温烧结进行阶段　温度范围为$T_{熔}$的50～80%，在此阶段内烧结加剧进行，压坯显著收缩，颗粒间的点接触扩大成面接触，孔隙球状化并缩小，压坯变成烧结块。反映在其物理性能上，为密度显著增加、强度显著增加、硬度和延展性也有所增加、导电性继续增加，但逐渐趋向平缓。

（4）高温烧结完成阶段　温度范围为$T_{熔}$的85%左右，此时烧结进行缓慢或停止，孔隙封闭，开始出现晶粒长大，在其物理性能上表现为密度和强度略有增加，韧性增加，延伸率增加。

应当指出，上述四个阶段不能截然分开，彼此有所叠加。

2．烧结过程的原理概述　首先应当指出，由于粉末有较大的比表面积，相应地具有较大的表面能，同时在压制成型的过程中使粉末内部产生大量内应力和缺陷，也导致它处于高能位状态，因此从热力学原理可知，导致粉末体内颗粒间由点接触变为面接触，导致其中孔隙球状化以致消失的物质迁移过程都能自动进行，只要有足够的动力学条件（主要是温度），则上述物质迁移过程将以较大的速度进行。

至于在高温下上述物质迁移过程的机理，一般认为主要有：

（1）扩散　它包括表面扩散、体扩散和晶界扩散。

在中温烧结阶段就大量进行表面扩散，它将使粉末体内颗粒间由点接触变为面接触并使孔隙球状化，其原理如图5-8所示。在烧结前颗粒间为点接触，接触处称为接触颈（或烧

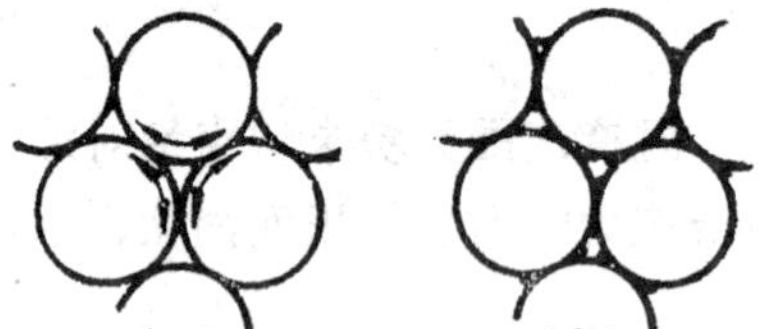

（a）　　（b）

图 5-8　表面扩散使接触颈变大，孔隙球状化示意图

（a）烧结前；（b）烧结后

结颈），根据表面化学知，在凹形表面处的自由能最低，而凸处最高，因此在凸处的原子将向凹处扩散，从而使表面平直化，复杂形状的孔隙变成简单化，球状化，与此同时接触颈增大，烧结体的强度增加。

表面扩散使孔隙球状化但不能使孔隙体积减小，因此不能使烧结体的密度增加，密度的增加主要依靠体扩散及晶界扩散。根据金属物理学知识，在晶体内存在一定的空位，在凹形表面附近（例如接触颈附近或孔隙附近）空位的浓度比晶体内部及凸形表面附近大，因此在孔隙附近及接触颈附近的空位将向晶体内及凸形表面处扩散。这种扩散实际上就是原子由凸表面向孔隙附近及接触颈附近扩散，因而使接触颈进一步长大，孔隙缩小以致消

失，烧结体得以致密化。

（2）塑性流动　物质的塑性流动也是粉末烧结过程中物质迁移的方式之一，粉末的比表面积大，表面张力力求使其比表面积缩小，但常温下它还不足以使粉末发生变形；而随着温度的升高，物质的塑性及液体性质大大增加，温度升到一定程度后，表面张力超过了粉末的抗剪切强度，因而使之发生剪切变形或流动，并进而使烧结体得以致密化。

三、高温烧结法制取致密钨、钼条

高温烧结法制取致密钨、钼条一般经过压制成型，预烧结，高温烧结三个主要工序。

1．压制成型　钨粉或钼粉首先与0.3～0.5%的成型剂（常用甘油-酒精溶液）均匀混合，然后进行钢模压型，成型压力一般为$2\sim5t/cm^2$，（钼一般为$2\sim3t/cm^2$），所得压坯残余孔隙度为30～40%，对钨而言，压坯密度达$12\sim13g/cm^3$，其断面为$10\times10mm^2$或$25\times25mm^2$，长约400～600mm，对更大尺寸的压坯则往往用等静压制。

2．预烧结　预烧结的目的主要是提高坯条的强度，增加其导电性能以利于下阶段的高温烧结过程。预烧结通常在氢气气氛下进行，有利于除去颗粒表面的氧化膜，并进而提高其导电性能。预烧结温度制度对钨而言为先在850～900℃下使挥发物挥发，然后进入1150～1300℃的高温带烧结，烧结时间为30～120min。对钼而言预烧结温度为1100～1200℃，一般经预烧结后体积收缩1～3%。

预烧结过程通常在钼丝炉内进行。

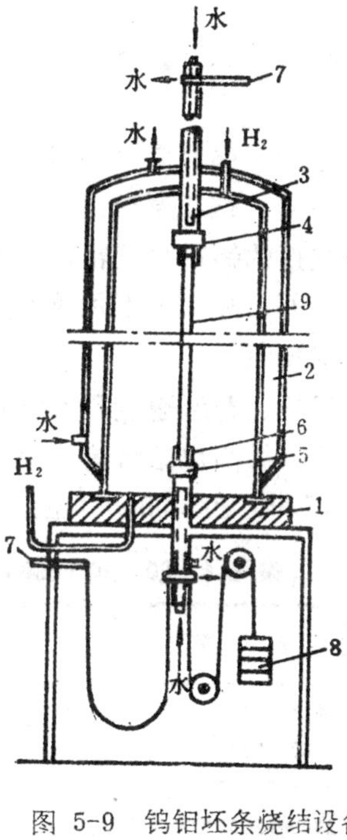

图 5-9　钨钼坯条烧结设备

1—钢板；2—水冷炉壳；3—上导电杆；4—上夹头；5—下导电杆；6—下夹头；7—电缆；8—平衡锤；9—坯条

3．高温烧结　高温烧结是使钨（或钼）坯条致密化且具有一定晶体结构的关键阶段，它是在氢气保护下，把电流直接通入钨坯条，靠坯条自身电阻发热而烧结，烧结温度用控制电流强度的方法进行调节。烧结温度对钨而言为3000℃左右，对钼而言为2200～2400℃。

烧结用的烧结炉（即锤熔炉）如图5-9所示。钨坯条9固接在上夹头4和下夹头6之间，上夹头与固定的水冷铜导电杆3连接在一起，下夹头与可上下移动的水冷铜导电杆5连接在一起。下导电杆采用软母线供电，以保证在坯条收缩时能上下自由移动。

为了防止高温烧结时坯条的氧化，需往炉子里通入干燥（露点小于-15℃）而纯净的氢气。由于钨坯条断面较大（$>1cm^2$），长度短（40～60cm），电阻不大，因此供电特点是低电压（10～20V）和大电流，对于$25\times25mm^2$的钨坯条而言，电流强度要达到9000A，才能使坯条达到3000℃左右的高温。对$18\times18mm^2$的钼坯条而言需4500A。

烧结温度不仅影响烧结速度，也影响最终产品的质量。为了避免因电阻率的改变而影响烧结温度，所以每一批新的坯条都要测定"熔断电流"，烧结电流通常为熔断电流的90～93%。坯条烧结时的升温速度和保温时间因坯条大小和粉末性质的不同而稍有不同，一般从1000℃升到最高温约需10～18min，在最高温度下保温12～15min。烧结后的钨坯条密度为17.0～18.5g/cm³，相当于残余孔隙率10～15%，坯条的收缩率为10～17%。钼坯条的孔隙率往往由35～40%降为6～10%。

四、高温真空烧结法制取高纯致密钽条

高温烧结法制取致密钽与制取钨钼的不同处主要是：由于钽的活性强和精炼除杂质的需要，其高温烧结应在真空下进行。

粉末冶金制取致密钽需经过配料、混料、压型、高温烧结等主要工序，分别介绍如下：

1．配料　其主要目的是调整碳氧比和粒度比，配料后应均匀混合，以保证成分均匀。

2．压制　压制过程与钨粉成型相似，小压坯坯条均用钢模成型，成型压力根据钽粉制取工艺不同而有所不同，钠还原产出的钽粉粒度细，成型压力为3～5t/cm²，压坯孔隙率约25～30%；电解法产的钽粉粒度粗，成型性差，成型压力约7～8t/cm²，压坯孔隙率约20～25%。钽粉塑性好，故一般不加成型剂，对于表面氧化而难成型的钽粉，可加入6%樟脑-乙醚溶液作成型剂。

3．烧结　烧结温度、升温速度和保温时间都取决于原料的化学成分和粒度，但在所有情况下都是分段升温，最高烧结温度为2400～2600℃，烧结过程中真空度控制10^{-5}～10^{-6}kPa。表5-5是某厂$20\times20\times600$mm电解钽粉压坯的烧结制度。

表 5-5　$20\times20\times600$mm的钽粉压坯烧结制度

温度范围	升温和保温
到1750℃	每100℃保温4min
1750～2000℃	每20℃保温4min
2000℃	保温60min
2000～2600℃	每25℃保温4min
2600℃	保温4h

总的烧结时间与原料中杂质含量（特别是氮、氧含量）有关，钠还原的钽粉含氧量较高，故烧结时间亦较长。一般最后保温时间为4h左右，则烧结坯条收缩率为12～15%，残余孔隙度7～15%，烧结后钽条密度为14～14.5g/cm³。

图5-10为钟罩式真空烧结炉，钽坯条在上夹头2和下夹头5之间，上夹头固定，下夹头可上下移动，以保证坯条收缩时能自动上升。

真空烧结过程中随着温度的升高，依次发生各种精炼反应。在400～900℃之间主要进

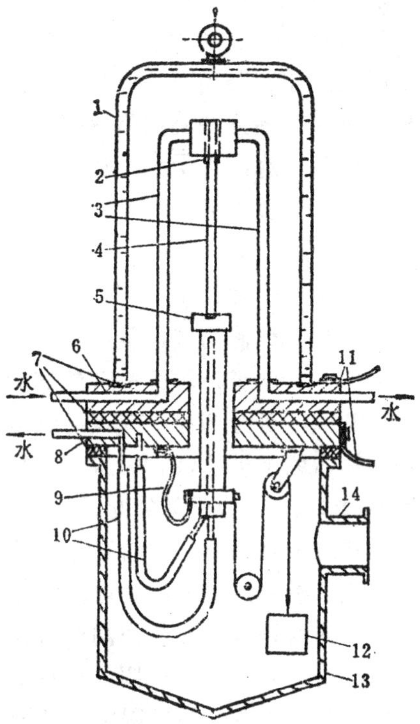

图 5-10 钟罩式真空烧结炉

1—钢制水冷炉壳；2—不动的上夹头；3—上导电杆；4—钽坯条；5—可动下夹头；6—钢板；7—橡皮垫圈；8—钢板；9—软母线；10—下夹头进出水橡皮管；11—供电母线；12—平衡锤；13—下罩壳；14—接真空

行脱氢过程，1100～1600℃则发生碱金属杂质的挥发，以及碳与氧开始作用生成CO逸出，硅与氧生成SiO逸出，到1900℃时脱氧、碳的反应迅速进行，同时以固溶体形态存在的氮也开始析出。2000℃时迅速进行钽的低价氧化物挥发过程以及铁、铝、钛等杂质的挥发过程，与此同时进行钽条的收缩和致密化过程。2600℃保温4h后上述物理化学过程基本完成。

第四节　真空熔炼法制取高纯致密稀有金属

目前真空熔炼法是生产高纯致密稀有金属及其合金锭、特别是大型锭的主要方法，它一方面能使稀有金属（或其合金）成为致密的成分均匀的锭，在结构上满足加工成材的要求；另一方面还有提纯作用，即能在高温真空下进一步除去其中间隙杂质或其他挥发性杂质。故近年来，真空熔炼法不论在生产规模或生产工艺上都有迅速的发展。

真空熔炼按其加热方式可分为：

（1）真空电弧熔炼；

（2）电子束熔炼；

（3）等离子束熔炼；

（4）真空感应熔炼。

其中真空感应熔炼是将物料放在石墨或其他耐火材料坩埚中，用感应电流加热在真空下进行熔炼，但由于一方面感应熔炼一般能达到的温度有限(通常为2000℃以下)；另一方面稀有金属活性强，在其熔点附近几乎能与所有耐火材料（如氧化镁、二氧化硅、二氧化锆、碳化物、石墨等）进行化学反应，而且在真空下这些反应更易进行，故感应熔炼法在稀冶中应用较少，常用的为真空电弧熔炼，电子束熔炼，近年来等离子束熔炼也得到迅速发展，以下着重介绍前两种方法的原理及工艺。

一、电弧熔炼

电弧熔炼是利用电弧加热金属使之熔化铸锭，其特点一方面在于采用水冷铜坩埚和保获气氛(或真空)，从而防止了从坩埚和气相带来污染，保证了纯度；另一方面坩埚中金属是顺序凝固，其晶粒结构有利于下一步加工，故是一种较好的熔铸方法。

电弧熔炼根据熔炼时的气氛不同，可分为保护气氛电弧熔炼和真空电弧熔炼，但保护气体纯度有限，例如即使保护气体氩的纯度达99.99%，其中O_2、N_2的分压仍达10Pa左右，而利用真空系统很容易使炉内O_2、N_2分压降到此数值以下，同时真空下气体杂质排除快，电弧加热均匀，因此，对稀有金属而言，常用真空电弧熔炼。

电弧熔炼在工艺上可分为自耗电极电弧熔炼和非自耗电极电弧熔炼，自耗电极电弧熔炼如图5-11所示，即将待熔炼的金属材料制成棒状作阴极（自耗电极)，水冷铜坩埚作阳极，当阴、阳极间产生电弧时，在电弧的高温下，阴极本身不断熔化，滴入水冷铜坩埚内凝固成锭。阴极本身就是待熔炼的金属，在熔炼过程中不断消耗，故称自耗电极电弧熔炼，如在真空中进行，则称真空自耗熔炼。这种方式的特点是易制得大的结构上合要求的锭，电能消耗较少，故常用。非自耗电极电弧熔炼则是以难熔材料(如钨、致密石墨棒等)代替上述自耗电极，待熔化的金属则成小块（或屑状）连续加入坩埚内熔化铸锭，这种方式的特点是物料不必先加工成棒状，可处理散料，但生产能力较小，电能消耗较大，同时易从电极带来污染。

1．电弧熔炼的设备　非自耗熔炼及自耗熔炼的设备大同小异，现以真空自耗电弧炉为代表介绍如下（参见图5-11)，它包括：

（1）炉体　其作用主要是将坩埚与真空系统联接，并安装电极升降系统，它一般是由钢板焊成，同时往往做成夹套式通水冷却。炉体加工中重要问题为密封性，应保证炉内真空良好并不漏水。

（2）坩埚系统　坩埚是自耗炉的核心部分，电弧的燃烧、自耗电极的熔化、铸锭、结晶都在坩埚内进行。为保证产品质量及高的生产效率和安全，坩埚系统应满足以下基本要求：

1）坩埚对金属应不带来污染；

2）能保证及时带走熔炼时产生的大量热量；

3）电阻及热阻小；

4）足够的强度和刚度。

根据上述要求，最适当的为水冷铜坩埚，如图5-12所示。它由坩埚(又称结晶器)，底盘和水套组成。坩埚的底部通过底盘密封，然后装在水套中进行冷却。此外在水套外还绕有稳弧线圈，通电产生磁场，使电弧稳定。

（3）真空系统　根据真空电弧炉的特点，要求真空系统有大的排气能力，特别是在

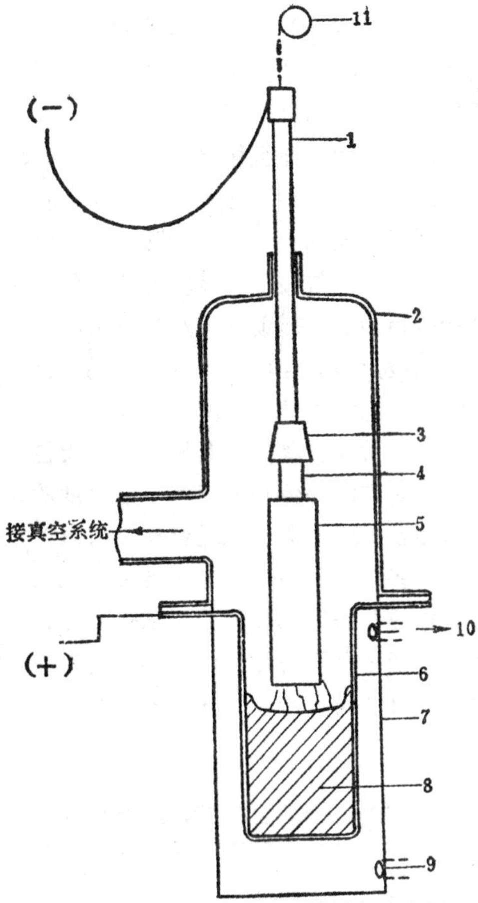

图 5-11　真空自耗熔炼炉示意图

1—电极吊杆；2—炉体；3—夹头；4—辅助电极；5—自耗电极；6—水冷铜坩埚；7—水套；8—锭；9—冷却水入口；10—冷却水出口；11—电极升降装置

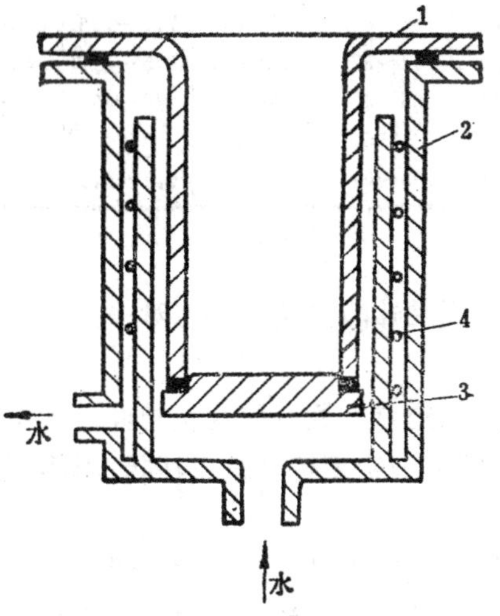

图 5-12　自耗炉坩埚系统示意图

1—坩埚；2—水套；3—底盘；4—稳弧线圈

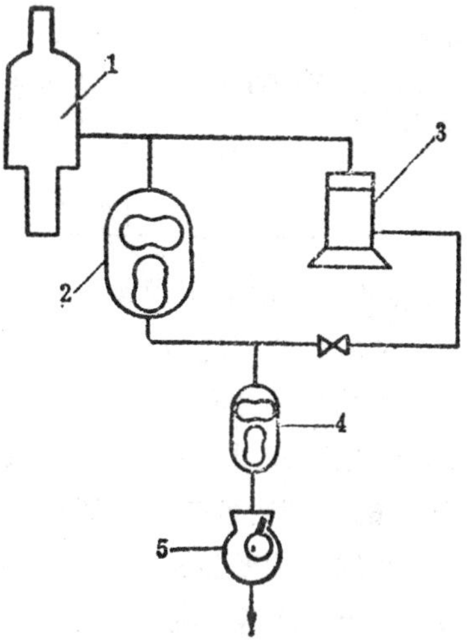

图 5-13　真空电弧熔炼的典型真空系统

1—炉体；2—机械增压泵；3—油增压泵；4—罗茨泵；5—回转机械泵

低真空下有大的排气能力，以保证炉内压力为1.3～0.13Pa以下，为此最适合的真空系统如图5-13所示。即机械增压泵2与油增压泵3并联，再经过罗茨泵4和回转机械泵5排出。这种体系的特点在于油增压泵在1.3～0.13Pa下(即正常熔炼的条件)，有最大的抽气能力，故正常工作时，能充分发挥其作用，而机械增加泵在133～13Pa下抽气能力大，因而一旦产生的气体多、以致真空度下降时，能充分发挥其作用，使真空恢复正常，加上油增压泵排除氢的能力强，机械增压泵排除水蒸气的能力强，当炉内少量漏水时，两者能共同将水蒸气和产生的氢气排出，故这种系统较适合真空电弧炉的要求。

（4）电极升降装置　包括电极吊杆、辅助电极和传动系统。辅助电极的作用主要是对上与吊杆联接，对下则与自耗电极焊接并导电，因而使自耗电极能随吊杆而升降。

（5）电源系统　常用直流发电机组或硅整流器供电。

2．稀有金属电弧熔炼的工艺　稀有金属自耗电弧熔炼一般包括下列主要工序：

（1）电极准备　即将金属粉末或海绵体加工成有一定强度的自耗电极，对海绵钛而言一般用压型的方法；对钨、钼而言，压型后往往还要预烧结以保证其强度。当压型或烧结得到的坯条尺寸不够时，还要将多根坯条拼成尺寸符合要求的自耗电极。

（2）电极焊接　即将自耗电极与辅助电极焊接，从而与电极提升装置连接在一起。

（3）熔炼过程　即下降电极产生电弧进行熔炼，熔炼过程中控制的参数随金属的种类及电极和坩埚的直径以及原料纯度及熔炼过程的具体要求而异，某些稀有金属熔炼的参数如表5-6所示。

表 5-6　某些稀有金属真空自耗熔炼参数举例

金属名称	钛	锆		铌	钽	钼	钨
坩埚直径，mm	300	220	220	150	150	150	160
电极直径，mm	220	150	160	90	78	100	84
熔炼次数	2	1	2	2	2	2	2
起弧电流，kA	4	3.5	3.5				
熔炼电流，kA	6.5～7	4.5	7.0～7.5	6～6.5	6.5～6.8	7.0～7.2	8.0～9.0
按坩埚断面积电流密度，A/cm^2	9.2～9.9	11.8	18.2～19.7	34～37	37～38.5	39.5～41.0	40～45
熔炼电压，V	30～32	33～35	34～37	38～42	46～48	46～48	60～61
稳弧磁场，安匝		1.5×1800	1.5×1800	1850	1.5×1800	2500	15×300
真空度，Pa	0.2～1	0.2～1	0.2～1	0.03～0.1	～0.1	0.1～0.2	0.2～1

从表5-6可看出如下规律性：

1）对所有稀有高熔点金属而言，熔炼时都应保证足够的真空度，这对保持电弧的稳定性和金属纯度都是必要的；

2）熔炼时按坩埚断面积计算的电流密度随金属的熔点、原料纯度而异，一般熔点愈高，则所需的电流密度愈大；选用的熔炼速度愈快，则电流密度控制愈高；同时坩埚直径愈大，则控制的电流密度愈小。

当原始电极纯度不够时，往往进行两次熔炼。第一次熔炼时熔炼速度较慢，以保证有足够的时间让杂质挥发，得到的锭再进行第二次熔炼。第二次熔炼则较快，以保证锭中的结晶较细，有利于加工。

通过真空自耗熔炼不仅能得到适合于加工的致密的锭，同时其纯度均在不同程度上得到提高。对钛、锆、铪而言，一般能除去钠、镁、氯化物、氢等杂质，其中氢能降低到20ppm以下，钛、锆中的碳、氮、氧则无法除去，往往还有少许增加。对钨、钼、钽、铌而言，则各种易挥发性杂质及碳、氮、氧都能部分除去，例如，经两次自耗熔炼后，钽中铁能降至0.003%左右，铌中氧能降至0.08%左右，钨、钼中的氧、氮、碳均能降至0.001%以下。

二、电子束熔炼

1. 电子束炉工作的基本原理　电子束炉是利用高速电子的动能转换成热能，从而使金属熔化的一种真空熔炼设备。其工作原理类似于真空二极管，如图5-14所示。将阴极钽块（或钨块）1加热到2600～2800℃，则将发射出大量热电子，若在阴极与阳极（亦称加速阳极）3之间保持大的电位差，则电子在电场作用下得到加速，即电能转化成电子的动能。根据能量不灭定律可推导出电子速度与阴阳极间电位差V的关系。当电位差（加速电压）为25kV，则算出电子速度达94000kM/sec，即接近光速的1/3。

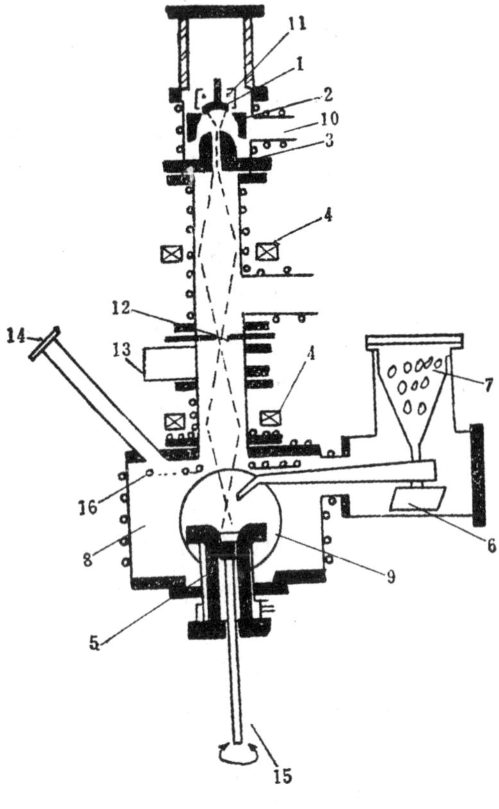

图 5-14　电子束炉结构示意图

1—阴极；2—聚束极；3—加速阳极；4—磁透镜；5—水冷铜坩埚；6—加料装置；7—料；8—熔炼室；9—接熔炼室真空系统；10—接枪室真空系统；11—钨丝；12—栅孔；13—阀门；14—观察孔；15—接锭上下旋转机械；16—水冷二次电子捕收器

与此同时，若系统内真空度达到2.6×10^{-2}Pa（2×10^{-4}毫米汞柱）以上，气体的平均自由径将大大超过设备的尺寸，即高速电子将基本上不与空间气体分子发生碰撞，或者说其在空间运动将基本上不受阻力，因而高速电子流（电子束）经磁透镜4进行两次聚焦后（有时再经过偏转磁场使之偏转一定角度），以很大的速度轰击在金属和熔池上，并将其动能转化成热能，使金属升温熔化。熔化的金属不断地滴入水冷铜坩埚(亦称结晶器)，而坩埚中液态金属则不断由下向上逐步凝固成锭。随着过程的进行而慢慢从底部将锭拉出。

2．电子束炉的结构　电子束炉一般由电子枪、炉体、进料装置、真空系统、电源系统等部件组成。电子枪的结构已在前面进行了介绍，现将其它部件简单介绍如下。

（1）炉体　炉壁一般为钢板焊接成夹套式，中间可通水冷却，电子枪及枪室的真空系统装在炉体上部或斜上方，炉体上可装一支或多支电子枪。单枪电子束炉一般垂直装在炉室上部中央(如图5-14)，由侧面水平进料；双枪或多枪时，则对称地分布于炉室的斜上方。炉室内装有结晶器、进料装置、炉门、观察孔及与真空系统相联的孔道等装置。

（2）加料装置　电子束炉可加散料和棒料。当加散料时往往设料斗通过振动装置或其它设备使料均匀掉入坩埚内(参见图5-14)。当加棒料时，棒料可从垂直方向或水平方向通过机械装置连续推到电子束加热区。

（3）坩埚及拉锭装置　电子束炉采用水冷铜坩埚(又称结晶器)，坩埚底部放底垫，其材料与待熔原料一样，底部通过螺纹或销钉与拉锭杆联接，在熔炼过程中液态金属不断滴入坩埚，底部则不断凝固并与垫底凝在一起，通过拉锭杆将凝固的锭以一定速度连续往下拉，保持液面的水平不变。在拉锭过程中拉杆亦可带动锭进行旋转。为保证坩埚内各点受热均匀，坩埚也往往可以旋转。

（4）真空系统　电子束熔炼要求真空度达10^{-2}Pa以上，否则，可能发生辉光放电，使电流过载，熔炼无法进行，因此要求真空系统排气能力大，能迅速将熔炼过程中放出的气体排除，同时要求其极限真空度高，能维持炉内真空度为10^{-2}～10^{-3}Pa。为此常将机械泵、油增压泵（或罗茨泵）以及油扩散泵串联使用。枪室往往有单独的真空系统。

电子束炉的电源系统较复杂，可参看有关专著。

3．稀有金属电子束熔炼的工艺　目前电子束炉可熔炼钨、钼、钽、铌、铪等金属及其合金。其原则流程如图5-15所示。流程中分为原料准备及熔炼两阶段，分别介绍如下。

（1）原料准备　电子束熔炼一般不用粉料(屑状除外)，因细粉料含气体杂质高，熔炼过程中急剧放气，一方面破坏真空，使操作难以进行；同时气体的析出在熔池内产生剧烈的飞溅，加上细料在加料时容易飞扬，这些飞溅物和飞扬物在坩埚法兰上形成结壳也影响操作，实收率也低，因此粉料应加工成棒料，其加工过程和自耗熔炼中电极准备大同小异，但对其平直度要求可低些，导电性不作要求。

（2）熔炼过程　将待熔炼的料棒及水冷铜坩埚底垫装好后，再密闭，抽真空，检查漏气速率，通冷却水，当熔炼室和枪室真空度到3×10^{-3}Pa左右时，将灯丝预热脱气，此时真空度将下降，到真空度恢复到3×10^{-3}Pa左右时，将枪室与熔炼室之间的横阀打开，输入高压直流电，进行正常熔炼。与此同时进行拉锭，保持熔体液面一定，熔炼过程中应控制好熔炼速度(即进料速度)、熔炼功率以及真空度，这些参数对产品质量有很大影响。某些稀有金属电子束熔炼过程的参数举例如表5-7所示。

高熔点金属往往经过一次熔炼后，再进行第二次熔炼，以进一步提高纯度和使锭的成分组织均匀，同时为了得到细的晶粒结构也可在自耗电弧炉内重熔。

4．电子束熔炼过程中对金属的提纯作用　电子束熔炼的重要特点是熔炼功率和熔炼速度都可在较大范围内调节，这就带来一个好处，即温度可较高，例如在不提高进料速度的情况下提高功率，则势必使熔池温度升高，熔池温度可控制到比金属熔点高出600℃左右；同时若降低熔炼速度相应地降低拉锭速度，则势必使金属处于液态(或高温)的时间延长，因此高温、长时间、再加上高的真空度，这三个因素就为电子束熔炼时金属的提纯创造了有利条件。实践证明，电子束熔炼钨、钼、铌、钽、钛、锆时，其纯度都能在不同程度上得到提高。某些实际数据分别如表5-8、5-9、5-10所示。一般对钨钼而言，经两次电子束熔炼后，其中C、N、O都能降到10ppm以下，钒、铁、硅等蒸气压比钨高1～2个数量级的杂质均能有效除去。对钛而言，电子束熔炼能有效地将氯化物、钠、镁、氢等杂质除掉，氢的含量可降到10ppm以下，铁的含量能降到100ppm左右，钛中碳氧无法除去。

5. 电子束熔炼的特点及与自耗熔炼的比较　从以上介绍可知电子束熔炼的主要特点是：

(1) 过程中熔炼功率和熔炼速度都可单独地加以调节，因而温度和物料处于高温的时间也可在一定范围内调节，加上真空度高，就为金属的提纯创造了有利条件；而真空自耗熔炼过程中，电流是通过自耗电极传递，电弧是在自耗电极与熔池之间燃烧，因此通过电流并产生电弧时，必然使电极相应地发生熔化，故功率与熔炼速度不能单独地任意控制，即温度和物料处于高温的时间不能任意调节，加上真空度比电子束熔炼低，因此自耗熔炼净化效果比电子束熔炼差得多。

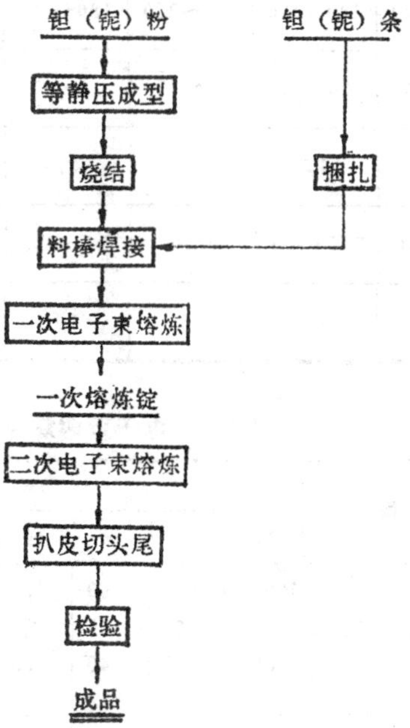

图 5-15　钽(铌)粉及钽(铌)条电子束熔炼的原则流程

上述特点的不利之处，就在于电子束熔炼过程中金属本身的挥发损失以及某些合金元素的挥发损失（当熔炼合金时）也大。而真空自耗熔炼则挥发损失少。

(2) 电子束熔炼可处理散料，真空自耗熔炼则须先加工成电极。

(3) 由于电子束熔炼其温度较高，熔炼时间较长，故相对自耗熔炼而言，比电能消耗较大，例如熔炼海绵钛时，电子束熔炼的比电能消耗约2～3kWh/kg，而真空自耗熔炼仅0.8～1.1kWh/kg，即为它的$\frac{1}{2}\sim\frac{1}{3}$。上述特点带来的另一缺点是锭的晶粒粗大，不利于加工，而真空自耗熔炼则晶粒细，有利于加工。

(4)电子束熔炼的能量密度大，电弧熔炼在最小的作用断面$10^{-3}cm^2$内能达$10^5W/cm^2$，

表 5-7 某些稀有金属电子束熔炼的参数

	钽		铌		钼		钨	铪	
原料尺寸，mm	φ45烧结棒	φ60一次锭	铌 条	φ80一次锭	φ70一次锭				φ84锭
铸锭直径，mm	60	80	80	130	70	92	80	84	110
熔炼次数	1	2	1	2	1	2	1	1	2
熔炼真空度 Pa	6×10^{-2}	1.3×10^{-2}	6×10^{-2}	1.3×10^{-2}	1.3×10^{-2}	1×10^{-2}	$\sim1.3\times10^{-2}$	$\sim1.3\times10^{-2}$	$\sim1\times10^{-2}$
熔炼功率，kW	130～140	180～190	120～130	180～190	70～75	90～95	200	46～48	58～60
熔炼速度，kg/h	20～25	20～25	12～15	22～25	25～30	28～32	8	12～14	20～24
冷却时间，h	1	1.5	2.0	3.0	—	—	—	2.5	3.5
比电能消耗 kWh/kg	6.5～5.6	7.5～9.0	9～10	7.6～8.2	2.5～2.6	2.9～3.2	25	3.4～4.0	2.5～3
成锭率，%	89	94	95	96	91	95		92～94	96

表 5-8 电子束熔炼时对净化钽铌的效果

	金 属	杂质含量，ppm											
		C	O	N	H	Cu	Al	Zr	Ti	Fe	Si	Mo	W
钽	原 料	1000	2000	100	100	30	50	100	300	500	200	—	500
	一次电子束熔炼锭	45	126	25	<5	<1.6	<3	<20	<12	<30	<12	62	25
	一次电子束二次电弧熔炼锭	60	170	40	<5	<1.6	<3	<20	<19	<30	<12	100	50
铌	原 料	70	130	<20	—	10	20	<10	300	<300	30	300	—
	一次电子束熔炼锭	<30	52	<20	—	—	<20	—	<150	<100	<10	200	287

表 5-9 电子束熔炼锆的净化效果及与碘化法比较

物 料	杂质含量，ppm				布氏硬度
	C	N	O	H	
海绵锆	70	8	430	12	91
碘化法锆	40	20	140	4	70
电子束熔炼锆	30	8	145	2	58

表 5-10 电子束熔炼铪的纯度与电弧熔炼比较

熔炼方法	杂质含量，ppm					
	Al	Fe	Si	Ti	Ni	O
电弧熔炼	60	320	70	20	28	900
电子束熔炼	25	50	70	10	27	400

而电子束熔炼能量密度达$10^8W/cm^2$。

综上所述，电子束熔炼与真空自耗熔炼各有其优缺点，都得到广泛应用。对钛而言，目前使用真空自耗熔炼较多，对钽铌而言，往往先进行电子束熔炼提高纯度后，再进行一次真空自耗熔炼以获得符合加工要求的铸锭组织。

三、其他熔炼方法简介

1. 等离子束熔炼 等离子束熔炼又可称为等离子电子束熔炼，其工作原理如图5-16所示。在炉内设金属钽管作阴极，水冷铜坩埚作阳极，当炉内抽真空达13～0.13Pa时，从钽管内通入氩气，由于氩的流速很小（对300kW的炉子而言，仅1～2 l/min），因此能保持炉内的真空度。钽管内的氩气在高频电场（约1～2MHz左右）作用下电离，形成低压等离子体。等离子体中的正离子飞向钽管，使之加热升温，电子则飞向阳极，此时总电流仅数安培，阴阳极间电压达100多伏，应采用电压较高的引束电源（约220V）。随着钽管温度的升高，发射出越来越多的热电子，形成电子束射向阳极，因而电流加大，电压降低。改用低压、大电流的主电源。

发射出的电子束一部分射到阳极，一部分与气相中的气体（包括金属蒸气）发生碰撞电离，碰撞电离得到的电子进一步射向阳极使金属熔化；碰撞电离产生的正离子则射向钽管，以维持钽管的温度为2100～2400℃，使之继续发射热电子，以保证整个过程的连续进行。当作业正常后，钽管的温度可依靠碰撞电离产生的正离子维持，并连续进行上述热电子发射和碰撞电离过程，高频电源即可停止工作。

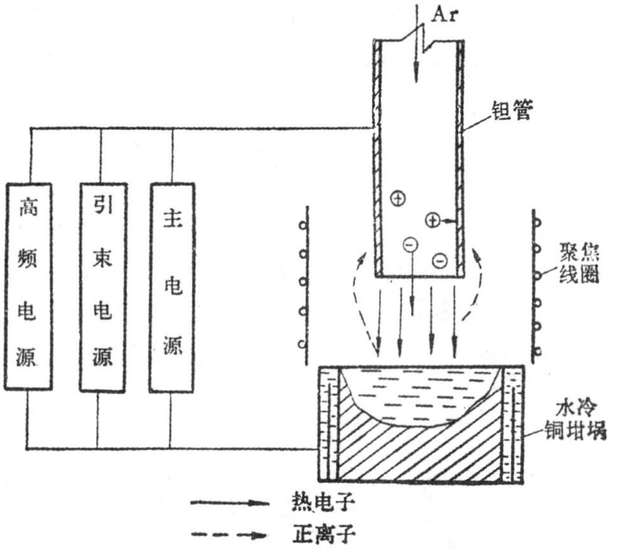

图 5-16 等离子束炉工作原理示意图

综上所述，物料加热实际上是依靠电子束，这种电子束由三部分组成，即高频电离的电子(炉子启动期间)、高温钽阴极发射的热电子、碰撞电离的电子；维持钽阴极高温靠碰撞电离的正离子，一般正离子流约为电子束的1/6，而总电流为电子束与正离子流之和。为保证电子束集中，故设聚焦线圈。

炉子的工作参数以美国2000kW的等离子束炉为例介绍如下：

电源：硅整流器 90V×6000A，4台

90V×5000A，2台

电压范围　20～90V，电流范围600～6000A

六支等离子枪

起动高频：(100～400)V×(50～500)A　2MHz

铸锭尺寸：ϕ500×2400mm

或：250×1120×2400mm

等离子束炉可以熔炼钛屑或其它残料，待处理的钛屑一般先进行破碎，加入坩埚熔化成锭，并由拉锭装置慢慢拉出。

等离子束炉的特点是熔速（即加料速）可任意调节，相应地温度和熔炼时间可调，而液面上的真空度处于自耗炉和电子束炉之间，因此对产品的提纯作用处于两者之间，同时因为真空度不太高，故合金元素损失少。

其另一特点是可处理各种形态的料，同时若采用不同断面形状的坩埚，则有可能得到各种断面形状的锭(方形、圆形等)。其单位电能消耗比电子束熔炼低，比自耗熔炼稍高，但省掉了电极制备工序。

另外，设备投资也比电子束熔炼低，因此这种方法是很有前途的。

2. 充气电渣熔炼　电渣熔炼的简单原理及其设备可用图5-17说明。在水冷铜坩埚1内放熔渣2，待熔的金属3做成棒状，插入熔渣内，以它作为一个电极并以坩埚作另一极通交流电(亦可用直流)，则电流经过熔渣时，克服其电阻而发热，使金属熔化。由于液态金属比重较熔渣大，故成滴状通过熔渣到坩埚底部凝固成锭。对稀有金属而言，由于其活性强，为防止空气扩散通过熔渣而被稀有金属吸收，故在熔渣上部空间应充入保获性气体，此时称充气电渣熔炼。

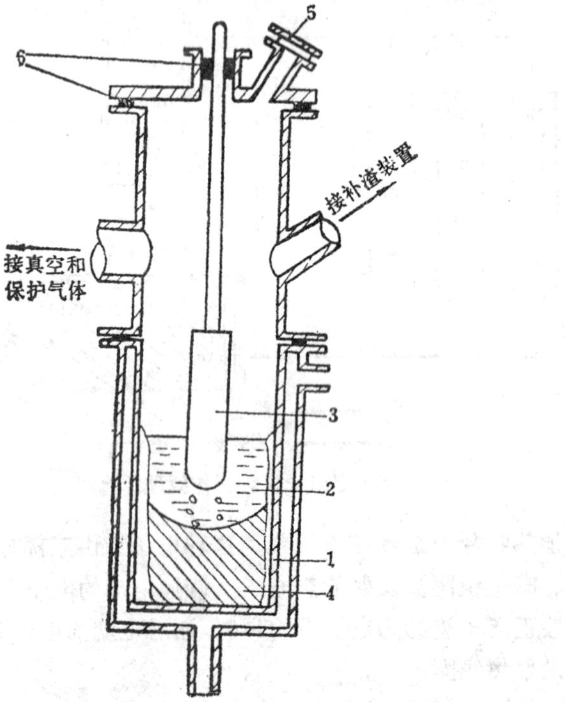

图 5-17　电渣炉示意图

1—水冷铜坩埚；2—熔渣；3—料棒；4—锭；5—观察孔；6—密封垫

电渣熔炼相对于真空自耗熔炼而言其主要优点是：晶粒细且接近于轴向结晶，有利于加工；偏析少故成分较均匀；改变坩埚断面的形状，有可能得到圆形、方形、管状等各种形状的铸件。但其缺点主要是提纯效果较差。

在电渣熔炼中，关键问题之一为正确选择熔渣，对熔渣的物化性质有下列要求：

（1）熔点恰当，比待熔金属的熔点低100～200℃；

（2）其组分（包括杂质）与待熔的稀有金属不发生化学反应，否则将导致产品不纯，最好渣中某些组分能与稀有金属中的杂质作用，将杂质萃入渣相；

（3）其密度和粘度小，以利于金属滴的沉降，同时有利于减少锭中的非金属杂质；

（4）电阻率应恰当，以保证在渣内产生足够热量。

此外还要求它在工作温度下蒸气压低，对金属的界面张力大等，因此在工作时，应根据被熔炼金属的物化性质，进行恰当选择。

对熔炼钛而言，常用的熔渣为碱土金属的氟化物(如CaF_2等)，熔渣上部充保茯气体，实践证明充气电渣熔炼的钛锭相对自耗熔炼而言硬度较低，延展性较好，但其中脱氢的能力较差。

对熔炼钼而言，可用的渣为Y_2O_3，并加碳或钇作脱氧剂,结果产出的钼锭含氧仅45～90ppm，其热加工性能超过自耗熔炼的产品。

此外对锆、铀等金属亦可用电渣熔炼法铸锭，正在不断研究和发展中。

第五节　区域熔炼法及定向凝固法提纯稀有金属

一、简单原理

区域熔炼及定向凝固法都是基于金属凝固过程中，杂质在液相和固相的平衡浓度不同。一般金属中杂质分为两类：一类是使金属熔点降低的；另一类是使金属熔点升高的，它们与金属组成的二元系相图的液相线及固相线的走向（溶质浓度极小的部分）分别如图5-18、5-19所示。根据享利定律知，在溶质浓度极小部分液相线及固相线均为直线，若令平衡时固相平衡浓度与液相平衡浓度之比为K_0，即$C_s/C_l=K_0$，则K_0为常数，称为“分配系数”或“分凝系数”。对使金属熔点降低的杂质而言$K_0<1$；对使金属熔点升高的杂质而言，$K_0>1$。

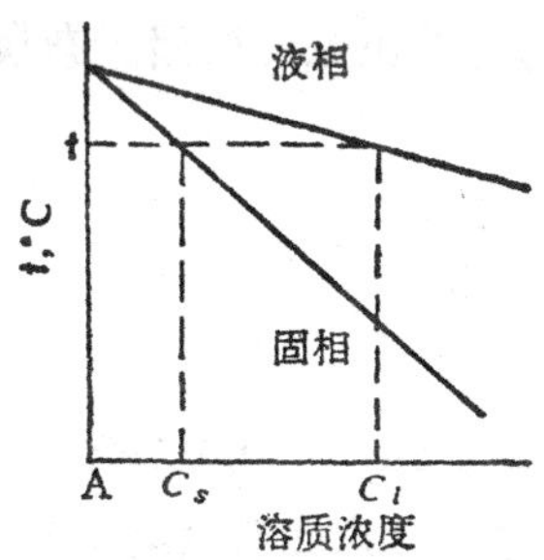

图 5-18　$K_0<1$的二元系相图（溶质浓度极小的部分）

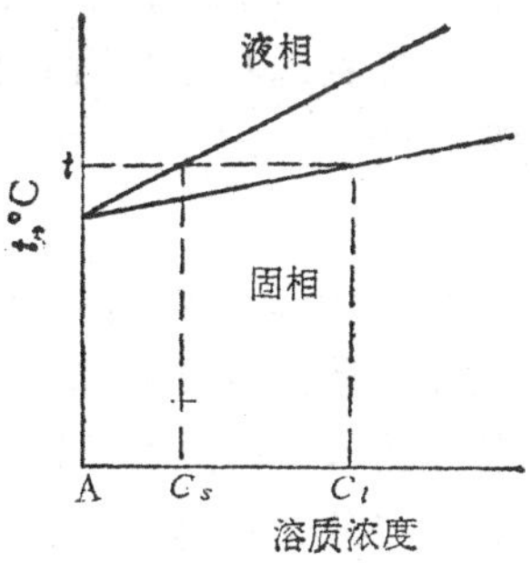

图 5-19　$K_0>1$的二元系相图（溶质浓度极小的部分）

分析图5-18、图5-19可知，在液态金属凝固过程中，杂质将发生偏析，对$K_0<1$的杂质而言，其在首先凝固的固相中的含量较少，而大部分聚集在液相中，以致在最后凝固的固相中的含量最高；对$K_0>1$的杂质而言，则与之相反，在先凝固的固相中含量高，而后凝固的固相中含量低，这种偏析现象就是定向凝固法及区域熔炼法提纯金属的依据。

1．定向凝固（又称“正常凝固”、“顺序凝固”、“定向结晶”） 过程如图5-20所示，将金属熔化后放入狭长的舟皿中，再控制一定的温度制度使之由一端向另一端慢慢凝固从而实现金属的提纯即称定向凝固。现以$K_0<1$的杂质为代表分析经定向凝固后杂质沿锭长的分布。

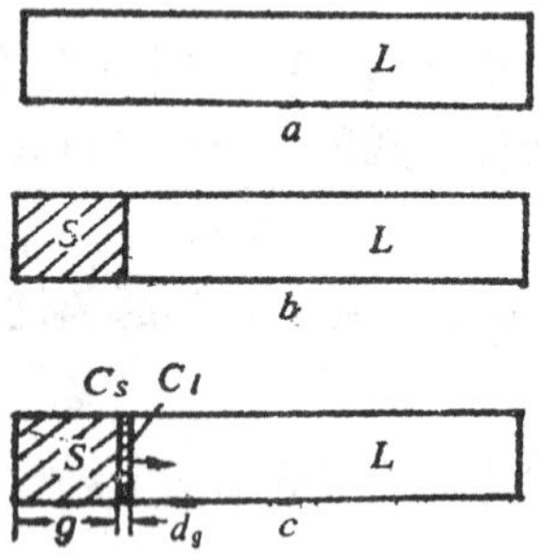

图 5-20 定向凝固的示意图

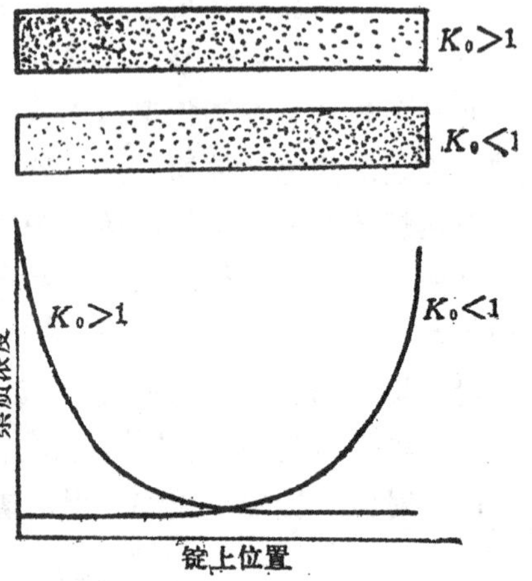

图 5-21 液相自左向右凝固后$K_0<1$和$K_0>$的杂质在锭中的分布

设金属由左向右逐步凝固，根据$K_0=C_s/C_l$，在凝固过程中析出的固相中$K_0<1$的杂质的浓度总是小于平衡液相中的杂质的浓度，杂质逐步在液相聚集，随着凝固的进行，其在液相中的浓度C_l逐步提高，相应地所析出的固相中杂质的浓度亦由左到右逐步提高，大量$K_0<1$的杂质主要集中在尾端，如图5-21所示。依此类推亦可知$K_0>1$的杂质将大部分集中在首端，将首尾含杂质高的部分切除，中间则为较纯的金属。

至于定向凝固后杂质沿锭长的具体分布曲线，可通过数学分析求出其方程式，设凝固过程中液相中杂质扩散很快以致液相中杂质浓度始终可视为均匀的，设固相中杂质不进行扩散，同时设锭的断面为均匀的矩形，锭总长度为1，则可推出定向凝固后杂质沿锭长分布的方程式为：

$$C_s=K_0C_0(1-g)^{K_0-1} \qquad (5\text{-}5)$$

式中 C_0——原始杂质的平均浓度；

g——至首端的距离，按总锭长为1计。

根据上式计算，具有不同K_0值的杂质定向凝固后沿锭长的分布如图5-22所示，从图可知，对$K_0<1$的杂质而言，K_0愈小则在首端及中部浓度愈小，愈能有效地富集在尾端；对$K_0>1$的杂质而言，K_0愈大则愈有效地富集在首端；$K_0\approx1$的杂质则难除去。稀有高熔点金属中某些杂质的K_0值如表5-11所示。

2．区域熔炼(或区域提纯) 用定向凝固法提纯金属时，每次提纯后，当要求进一步提高纯度，则应将杂质集中的首尾两端截去，再将中间部分重熔，否则两端的杂质又会均匀化，因而定向凝固法的缺点是实收率很低。为此人们在定向凝固法的基础上，提出了“区域熔炼法”，这种方法只将锭料的局部熔化为一个或数个熔区，而不把整个锭料熔化，然后使熔区从一端慢慢地移动到另一端(如图5-23所示)。对于$K_0<1$的杂质，它在熔区中的

表 5-11 稀有高熔点金属中某些杂质的K_0值

杂质＼金属	钼	钨	钽	钛	铌	铼	钒	锆
W	1.5	—	2.0	—	—	0.6	2.0	—
Ti	0.18	—	—	—	—	—	—	—
Zr	0.4	—	—	—	—	—	—	—
Fe	0.3	—	—	—	—	—	0.5	—
Nb	—	—	0.6	—	—	—	—	—
Ta	—	—	—	—	2.0	—	—	—
Si	—	—	—	0.3	0.2	—	0.5	0.1
Mo	—	0.8	—	2.0	—	0.6	—	0.4
O_2	—	—	—	—	—	—	—	1.1～1.3
N_2	—	—	—	—	—	—	—	1.1～1.3

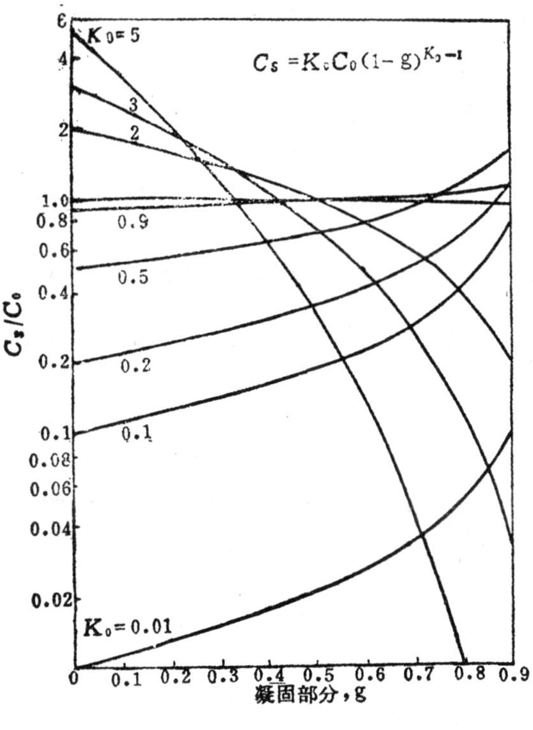

图 5-22 定向凝固后，不同K_0值杂质的分布

浓度将高于已凝固的固相中的浓度。于是它在熔区中富集并随着熔区的移动而逐渐向锭料尾部聚集。区域熔炼可以重复进行，而不需要将整块锭料熔化。这样就可保存前一次的提纯效果，并使下一次提纯是在上一次的基础上进行，达到逐步提高纯度的目的。现将其基本原理介绍如下。

（1）一次区域提纯　如图5-24所示，当熔区从左端开始向右端移动时，在左端最先凝固出来的固相中杂质的浓度应为K_0C_0。对于$K_0<1$的杂质，K_0C_0是小于C_0的，所以从

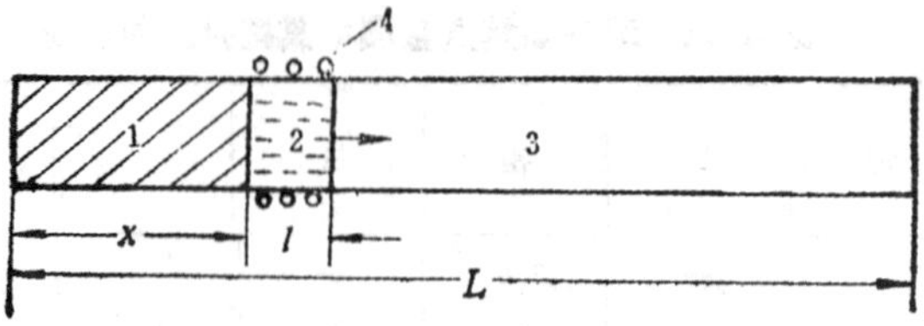

图 5-23　区域提纯示意图

1—已凝固的固相；2—熔区；3—固态锭；4—加热器

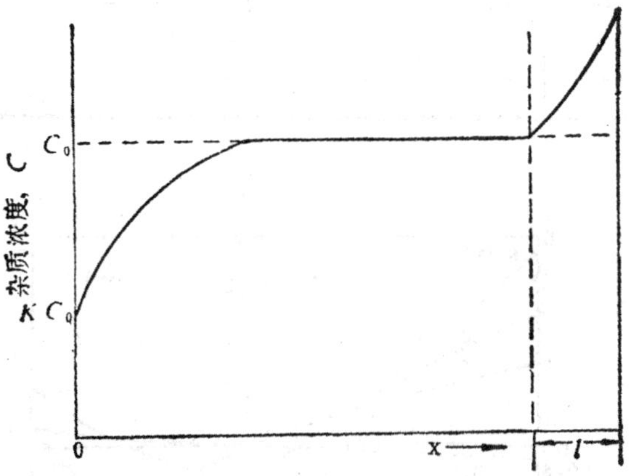

图 5-24　一次区域提纯后杂质浓度的近似分布（$K<1$）

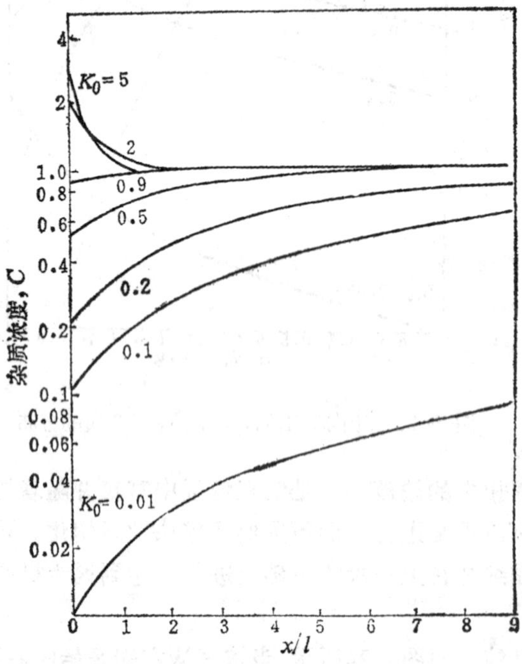

图 5-25　一次区域提纯后，不同K_0值杂质沿锭轴向分布曲线

熔区右边熔化面熔入的杂质大于熔区左边凝固面进入固相的杂质。因此，熔区中的杂质浓度 C_l 随着熔区向右移动在不断地增加，相应地析出的固相杂质浓度亦从左到右逐步增加。当熔区中杂质浓度增到 $C_l=C_0/K_0$ 时，这时的 $C_s=K_0\cdot\frac{C_0}{K_0}=C_0$。就是说这时由熔区右边进入熔区的杂质与熔区左边进入固相的杂质相等，提纯作用消失。到最后一个熔区范围内，则是定向凝固，杂质浓度急剧增加。根据数学分析，经一次区域提纯后，杂质沿锭长的分布可用下式表示：

$$C_s=C_0[1-(1-K_0)e^{-x\cdot K_0/l}] \tag{5-6}$$

式中 C_s——距首端为 x 处杂质的浓度；

l——熔区长度。

式(5-6)不适用于最后一个熔区，因最后一个熔区是定向凝固过程。

将式(5-6)作图，如图5-25所示，曲线是按锭长为10单位、熔区长为1单位、C_0 为1、K_0 从0.01到5计算绘制的。从图5-25可知，对于 $K_0<1$ 的杂质而言，K_0 愈小，提纯效果愈好。在 $x=0$ 处，$C_s=K_0C_0$，杂质浓度最低。

（2）有效分配系数　在推导式(5-6)时和推导式(5-5)一样曾假设液相中杂质扩散很快，以致熔区中杂质浓度可视为均匀的，并等于 C_l，因而 $C_s=K_0C_l$，但实际上由于熔区中传质速度有限，其成分不均匀，$C_s\neq K_0C_l$，故式(5-5)、式(5-6)仅适用于两相间完全处于平衡的情况，而与实际情况有差距。现以 $K_0<1$ 的杂质为例说明如下。

对 $K_0<1$ 的杂质而言在凝固过程中，结晶的固相中杂质浓度低，将杂质排至液相，区熔速度愈快，则单位时间内排出量愈多，由于杂质扩散速度有限，来不急扩散均匀，从而使液固相界面上液相中杂质浓度 C_l' 大于平均浓度 C_l，即 $C_l'>C_l$。在平衡时，实际上，$C_s/C_l'=K_0$，相应地 $C_s/C_l>K_0$。即 K_0 不能反映实际情况下两相中杂质浓度之比。

令实际中 $C_s/C_l=K$，则 K 反映了实际中两相杂质浓度之比，K 称为"有效分配系数"。显然当 $K_0<1$ 时，$K>K_0$；当 $K_0>1$ 时，$K<K_0$。加大液相中的传质速度或减小熔区移动速度将使 K 值接近于 K_0。将式(5-5)、式(5-6)中的 K_0 值用有效分配系数 K 代，得：

定向凝固时杂质的分布：

$$C_s=KC_0(1-g)^{K-1} \tag{5-7}$$

区域熔炼第一行程后杂质分布：

$$C_s=C_0[1-(1-K)e^{-xK/l}] \tag{5-8}$$

式(5-7)、式(5-8)能较好地符合实际情况。

（3）影响区域提纯效果的因素

1）区域提纯次数　区域提纯过程可重复进行多次，随着提纯次数增加，提纯效果亦增加，并且与 K 值及 L/l 值有关，对 $K=0.5$，L/l 为5而言，计算曲线如图5-26所示。从图可知，提纯效果随区域提纯次数增加而增加，但提纯效果不能无限制增加，经过一定次数区域提纯后，杂质浓度的分布接近一"极限分布"，此极限分布曲线随具体的熔区长度及 K_0 值等因素而变。

2）熔区长度　从式(5-6)可知，在第一次区熔时，对 $K<1$ 的杂质而言，熔区长度 l 增加，则 C_s 下降，即提纯效果增加，这一规律性在前几次区熔时同样存在，即在前几次区熔时，增加熔区长度都有利于提高提纯效果，但熔区长度增加则上述极限分布曲线往上移，

即能达到的最终纯度降低，故一般区域熔炼时前几次提纯往往控制熔区较长，后几次则用短熔区。

3）熔区移动速度　熔区移动速度（即凝固速度）降低，则有足够的时间使液相中的杂质扩散均匀，相应地K值愈接近K_0值。提纯效果愈好，但速度过低，则设备生产能力低。

4）其他　凡能强化液相传质速度的因素均能提高提纯效果。如采用感应加热时，熔区内液体由于电磁作用而激烈运动，加快了传质过程，相应地其提纯效果较一般电阻加热时好。

二、稀有金属区域熔炼的工艺

在稀有金属冶金中，广泛应用区域熔炼法制取其高纯金属及单晶体。

稀有金属冶金中常用的区域熔炼方法有水平区熔（锭料水平放置于坩埚中）和悬浮

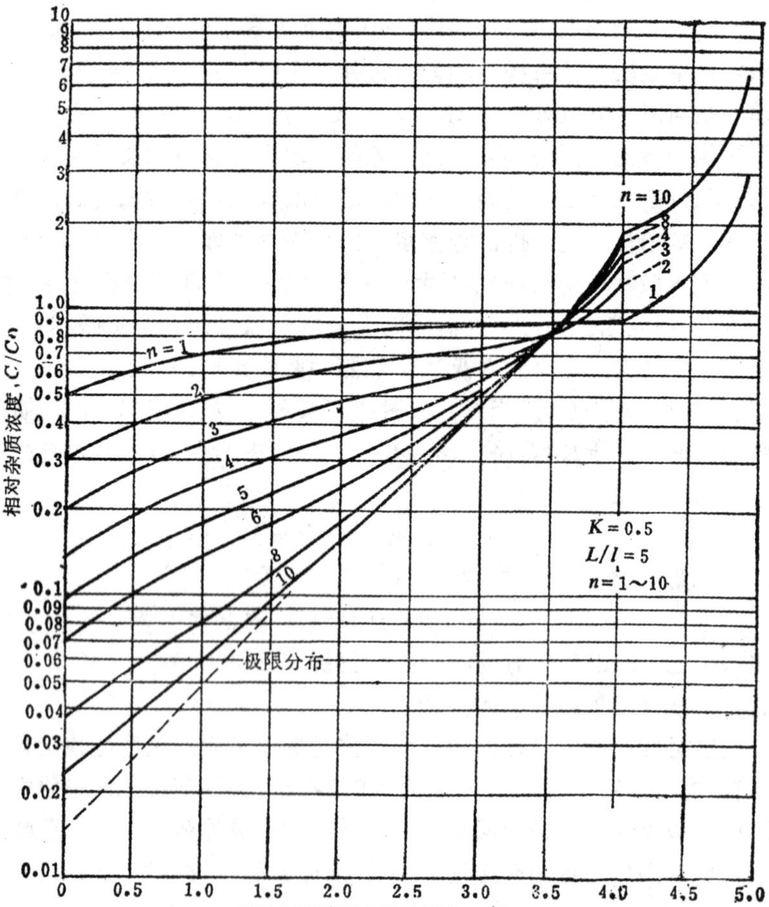

图 5-26　经几次区域提纯后，杂质的相对浓度（C/Co）与距锭料始端距离（以熔区长度为单位）的关系：$L/l=0.5$；$K=0.5$

区熔（锭料垂直放置，不用坩埚）两类；就其加热方式来说，有感应加热、电阻炉加热和电子束加热；就系统中的气氛来说，又分为真空区熔和保护气氛区熔。稀有高熔点金属一般采用电子束加热的真空悬浮区熔；稀土金属常将电泳（电传输法）与区熔过程结合在一起称电泳区熔。稀散金属常用水平区熔。分别介绍如下。

1．稀有高熔点金属的区域熔炼

（1）电子束悬浮区域熔炼的概念　悬浮区域熔炼的大体情况如图5-27所示，待提纯的金属做成棒状，垂直夹在两夹头之间，将料棒局部熔化形成熔区，由于熔区不与任何容器接触，故称悬浮区熔(或称无坩埚区熔)。保持熔区中熔体不向下流动主要靠熔融金属的表面张力，如图5-28所示，当表面张力与重力作用相等时，熔体被支持住，不流下来。当加热器或料棒移动，则熔区也跟着移动，达到区域熔炼的目的。

悬浮区熔时，当采用电子束加热，则称电子束悬浮区熔，其设备及工艺过程对稀有高熔点金属而言均大同小异。

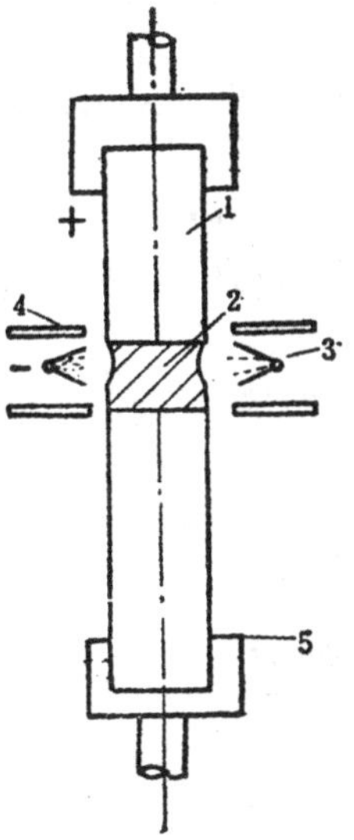

图 5-27　电子束悬浮区熔示意图

1—锭料；2—熔区；3—钨丝；4—聚束极；5—夹头

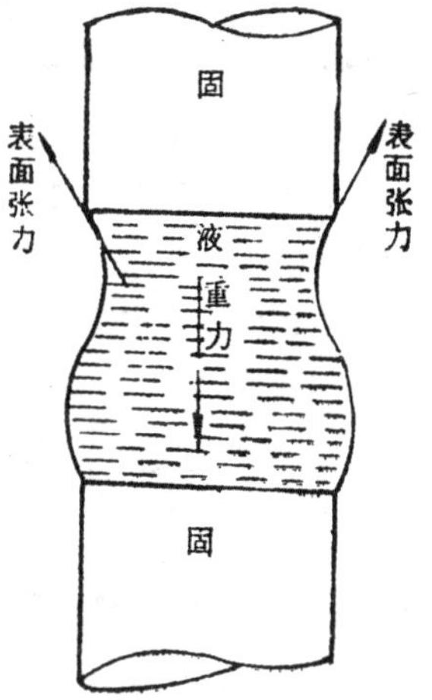

图 5-28　熔区受力情况示意图

（2）钨钼的区域熔炼　为制取超纯的钨钼棒或单晶，通常是在真空下进行电子束悬浮区域熔炼，所用的试样尺寸为$\phi(2\sim6)\times(100\sim200)$mm、真空度为$10^{-4}\sim10^{-5}$Pa、熔区移动速度为10～30cm/h，经3～5次区熔后许多杂质的含量能降低1～2个数量级。经区域熔炼所得钼单晶的成分与原料对比如表5-12所示，钨钼区熔时金属损失20～40%。

（3）钽铌的区域熔炼　与钨钼一样，钽铌常用电子束悬浮区域熔炼法制取超纯金属，所用试样尺寸为$\phi(5\sim7)\times(120\sim200)$mm、熔区移动速度为3～12cm/h、真空度为$10^{-4}$Pa左右，经区域熔炼后大部份杂质的含量均能降低一个数量级。

2．锗的水平区域熔炼　用化学法制得的金属锗纯度一般为5～6个“9”，而半导体工业中要求锗单晶纯度为8～10个“9”，因此应进一步用物理法即区域熔炼法提纯。某些杂质在锗和硅中的分配系数K_0如表5-13所示。从表5-13可知，一般化学法所得的锗中的主要杂质如铜、铁、硅、锰等其K_0值均为$10^{-1}\sim10^{-4}$，因此很容易除去。

锗的区域熔炼一般在水平式区熔炉中进行，其设备如图5-29所示。将锗放入石英或石

表 5-12 区熔后钼单晶与钼原料中杂质含量，ppm

	Ca	Na	C	K	Fe	Si	O_2
钼 原 料	10	20	70±20	40	10	20	3±5
区熔后的钼单晶	<1	<10	15	<10	<10	<1	<1

表 5-13 硅、锗中某些元素的分配系数K_0

	B	Al	Ga	In	Tl	As	Sn
在锗中	~20	0.073	0.087	0.001	4×10^{-5}	0.02	0.02
在硅中	0.8~0.9	0.002~0.004	0.01~0.004	$(4\sim5)\times10^{-4}$	—	0.3	0.02

	Zn	Cu	Ni	Fe	O_2	Mn
在锗中	4×10^{-4}	1.5×10^{-5}	3×10^{-6}	3×10^{-5}	—	—
在硅中	$\sim10^{-5}$	4×10^{-4}	2.5×10^{-5}	$8\times10^{-6}\sim5\times10^{-4}$	0.5~1.2	10^{-5}

墨舟 3，舟放入透明石英管 2 中，管内抽成真空或通入保茯性气体，管外用电阻炉或高频感应加热，使锗锭上形成一个或几个熔区，移动加热炉或移动舟，则熔区发生移动，相应地达到区熔提纯的目的。一般锗区熔时，熔区宽度约为锭长的1/10，熔区移动速度约10～20cm/h，经 6 次区熔后，若原料纯度为5个“9”，则最终的锗锭除锭的首端和尾端外

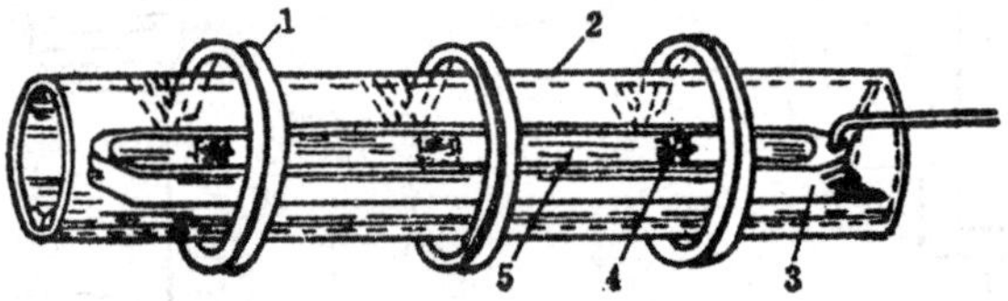

图 5-29 锗区域熔炼设备示意图

1—环形高频感应加热器；2—石英管；3—石英或石墨舟；4—熔区；5—固相

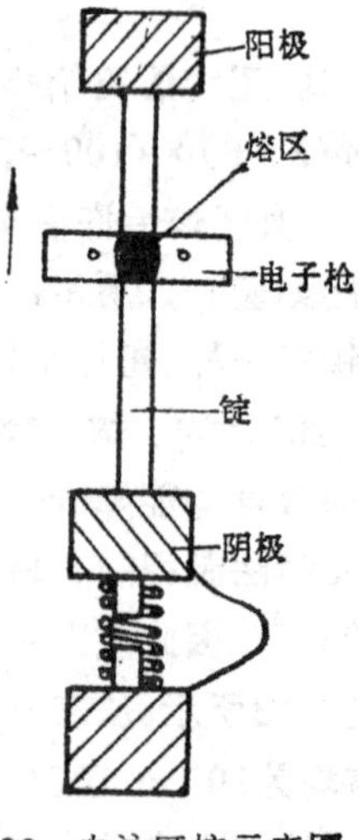

图 5-30 电泳区熔示意图

中部（约占锭的80%）的纯度可达9～10个“9”。

水平式区熔的特点是设备简单，生产能力大，因此不仅锗采用水平式区熔，而且凡是熔点不太高(1000℃以下)，并能找到适当的舟皿材料的金属，都采用水平式区域熔炼。

3．稀土金属的区域熔炼 据报道稀土金属多用“电泳(电传输)区熔”，其实质如图5-30所示。即在区熔的同时，在锭中通以大的直流电，在电场作用下，带正负电荷的杂质离子分别向阴极或阳极迁移，而集中在锭的两端，一般对稀土而言，“电泳”除去气体杂质的作用较强，而除金属杂质的作用较弱，区熔则与之相反。因此将两者结合能互相取长补短，特别是对难以除去的氧、碳等杂质效率提高，例如区域熔炼提纯钇时，如不加电场则碳、氧难除去，加直流电场后（电场强度0.5V/cm），氧含量由原料的3600ppm降为2000ppm。

电泳区域熔炼法尚处于实验室阶段。

思考题

1．某人用真空烧结法对铌进行脱氧，原料中碳与氧的摩尔比为1：1，炉温为2200K，试求在真空度分别为1×10^{-2}Pa和1×10^{-3}Pa时，理论上铌中残余氧含量（设炉内CO分压等于其真空度、脱氧方式仅按碳-氧反应进行，不考虑其他方式脱除的氧）。

2．试分析烧结的温度及真空制度对提纯效果的影响。

3．试分析真空烧结过程对设备的要求。

4．试述电子束熔炼、真空自耗熔炼、等离子束熔炼的工作原理，它们各有什么特点。

5．试述区域熔炼过程的基本原理及影响提纯效果的主要因素。

主要参考资料

[1] 李洪桂主编《稀有金属冶金原理及工艺》，冶金工业出版社，1981，第352—446页.

[2] 吴绪礼编著《锆及其冶金》，冶金工业出版社，1988. 11，第236～256页.

[3] W. G. Pfam: «Zone Melting» Chapter 3. John Wiley & Sons Inc. Chapman & Hall, Limited, New York-London.

[4] 戴永年、赵忠编著《真空冶金》，冶金工业出版社，1988.3，第301～391页.